Moderne Biowissenschaften **Band 13**

V. A. Ratner · Molekulargenetische Steuerungssysteme

V. A. RATNER

Molekulargenetische Steuerungssysteme

Autorisierte Übersetzung
In deutscher Sprache herausgegeben von
Dr. rer. nat. habil. Klaus Bellmann

Zentralinstitut für Kybernetik und Informationsprozesse
der Akademie der Wissenschaften der DDR

mit 105 Abbildungen und 22 Tabellen
und einem Anhang des Herausgebers

AKADEMIE-VERLAG · BERLIN
1977

Originaltitel: В. А. Ратнер ,,Генетические управляющие системы"
Издательство ,,Наука", Сибирское отделение
Новосибирск 1966

Aus dem Russischen übersetzt von
Beate Molik und Andreas Weihe, Berlin

Erschienen im Akademie-Verlag, 108 Berlin, Leipziger Straße 3—4

Lizenznummer: 202 · 100/505/77
Gesamtherstellung: VEB Druckhaus „Maxim Gorki", 74 Altenburg
Bestellnummer: 761 969 5 (2148/13) · LSV 1325
Printed in the GDR
DDR 48,—

Vorwort des Herausgebers

Die Prozesse der genetischen Informationsverarbeitung in molekulargenetischen Steuersystemen sind für Entwicklung und Wachstum biologischer Organismen grundlegend. Die Selbstorganisation des biologischen Systems im Verlauf der Ontogenese erfolgt auf der Grundlage der genetischen Information in der Zelle und wird durch die Prozesse der Umkodierung, Bewegung und metabolische Realisierung der genetischen Information verwirklicht.

Durch experimentelle und logische Untersuchungen über die Art der Speicherung, Kodierung und Verarbeitung der genetischen Information sowie durch Herausarbeiten allgemeiner Struktur- und Funktionsprinzipien des molekulargenetischen Speicher- und Steuersystems lassen sich unsere Vorstellungen über seine strukturelle und funktionelle Organisation vertiefen. Damit lassen sich auch Begriffe wie Wachstum, Differenzierung, Adaption, Entwicklung u. a. m. präzisieren sowie die mit ihnen verbundenen realen Phänomene von einem kausalen Standpunkt aus analysieren.

Ein erster Schritt in dieser Richtung ist die Bestandsaufnahme des heutigen Wissens über Struktur und Funktion des molekulargenetischen Systems unter systemtheoretischen Aspekten. Es ist das Anliegen von V. A. Ratner, dies zu versuchen und sowohl für Speicher-, Kodierungs- und Umkodierungsprinzipien als auch für große Klassen von Verarbeitungsprozessen der genetischen Information ein allgemeines Begriffssystem zu schaffen. Es liegt eine geschlossene Darstellung der biologischen Fakten über genetische Steuersysteme vor, die systemtheoretisch-formal aufgearbeitet wurden.

Daß dabei gelegentlich Härten auftreten können, ist einzusehen; nicht immer läßt sich ein allgemeines, formales Konzept über einen größeren Objektbereich zwanglos durchhalten. Der Objekttheoretiker möge deshalb an einigen Stellen nachsichtig sein.

Sicherlich ist unser allgemeines Wissen über den molekulargenetischen Objektbereich noch begrenzt, und vielfach befinden wir uns erst in der Phase der Problemartikulation (z. B. bei der Analyse des integrativen Zusammenwirkens von vielen Genexpressionseinheiten und der Art des Informationsaustausches zwischen ihnen oder bei der Analyse der Konformationsänderungen des Chromatins und der Regulation des Transkriptionsprozesses); die bisher erarbeiteten, teilweise sehr detaillierten Fakten dürften jedoch als ausreichend erscheinen, den Versuch des Herausarbeitens einiger fundamentaler Prinzipien, etwa im Sinne des Aufstellens von Axiomen über das Objekt, zu wagen. Als Hilfsmittel werden dazu einige formale Konzepte verwendet, wie z. B. die Linguistik für die Analyse der Polynukleotid- und Polypeptidsprache, die Theorie abstrakter Automaten für die allgemeine Beschreibung von wechselwirkenden Genexpressionseinheiten. Die klassische Informationstheorie gestattet eine globale Beschreibung von Vielfalten, eröffnet jedoch keinen Zugang zur Analyse der Semantik genetischer Informationsstrukturen. Diese dürfte m. E. mehr in Richtung einer vergleichenden Analyse der Funktion von Signalstrukturen beim Empfänger zu suchen sein, d. h. über die

quantitative und qualitative Charakterisierung der Wirkung der proteinisierten Information im metabolischen System.
Formalisierte Darstellungen von realen, insbesondere von komplexen, vernetzten Systemen führen zum Verstehen der Zusammenhänge zwischen Struktur und Funktion. Durch Abbildung des formalisierten Systems mittels mathematisch-kybernetischer Modelle, die das a priori-Wissen über den zu untersuchenden Objektbereich (geeignet parametrisiert) enthalten, kann unser Verständnis über Regulationsprinzipien und das integrative Verhalten dieser Systeme vermehrt werden; auch können Hypothesen über Strukturen und Subprozesse geprüft werden, die mit dem zu untersuchenden Phänomen in kausalem Zusammenhang stehen. Im Anhang sind einige mathematisch-kybernetische Modelle hierzu dargestellt, die in den letzten Jahren von unserer Modellierungsgruppe am Zentralinstitut für Kybernetik und Informationsprozesse der Akademie der Wissenschaften der DDR in enger Zusammenarbeit mit Vertretern der Molekularbiologie (Zentralinstitut für Molekularbiologie der Akademie der Wissenschaften der DDR) und Rechentechnik (Rechenzentrum des Zentralinstituts für Mathematik und Mechanik der Akademie der Wissenschaften der DDR, Zentrum für Rechentechnik der Akademie der Wissenschaften der DDR, Berlin-Adlershof) bearbeitet worden sind. Diese Modelle dienen der Analyse molekulargenetischer Informationsysteme, insbesondere der Analyse ihres Aufbaus, der genetischen Struktur und der Verarbeitungsprozesse der genetischen Information, wobei das Zusammenwirken von Substrukturen besondere Beachtung gefunden hat.
Wir glauben, einen an objekttheoretischen Formalismen interessierten Leserkreis anzusprechen; es werden keine besonderen mathematischen Anforderungen gestellt.
Herrn Dr. Weihe und Frau Molik, die die Übersetzung besorgten und zur Klärung mancher Fragen beigetragen haben, sei für ihre Arbeit gedankt, ebenso Frau Rüstow, die die Schreibarbeiten mit großer Geduld erledigte.

Klaus Bellmann

Berlin, Dezember 1976

Inhalt

Teil III: Genetische Informationsverarbeitung: Prozesse der Metabolismussteuerung in peripheren Subsystemen

Teil IV: Genetische Informationsverarbeitung: Genetische Steuerung der Reproduktion

Teil V: Probleme der Entstehung und Evolution genetischer Steuersysteme

Im Text verwendete Abkürzungen

mRNA — Messenger RNA, rRNA — ribosomale RNA, tRNA — Transport-RNA; PN — Polynukleotid, PN-Sprache — Polynukleotidsprache, PN-Nachricht — Polynukleotid-Nachricht, PP — Polypeptid, PP-Sprache — Polypeptid-Sprache, PP-Cistron, PP-Satz — einem bestimmten Cistron entsprechende Nachricht der Polypeptidsprache;
p, ap — polare bzw. apolare Aminosäure; g, m, k — große, mittelgroße, kleine Aminosäure;
Nukleotide: A — Adenin, T — Thymin, C — Cytosin, G — Guanin, I — Inosin, ψ — Pseudouridin, G-2OMe — Oxymethylguanin, U — Uracyl.
CAP — Protein der katabolischen Repression, cAMP — zyklisches Adenosinmonophosphat, ATP — Adenosintriphosphat;
Aminosäuren: Phe — Phenylalanin, Leu — Leucin, Ileu — Isoleucin, Met — Methionin, F-Met — Formylmethionin, Val — Valin, Ser — Serin, Pro — Prolin, Thr — Threonin, Ala — Alanin, Tyr — Tyrosin, His — Histidin, Lys — Lysin, Asp — Aspartat, $AspNH_2$ — Asparagin, Glu — Glutamat, $GluNH_2$ — Glutanin, Cys — Cystein, Try — Tryptophan, Arg — Arginin, Gly — Glycin;
RS — Regulations-Site.

Diese Arbeit wäre nicht begonnen worden ohne den stimulierenden Einfluß und die Hilfe A. A. LJAPUNOVS, eines Menschen von gewaltiger geistiger Breite, universellen Interessen und charakterlicher Größe. Seinem Andenken widme ich dieses Buch.

Einleitung

Die Entwicklung der Molekulargenetik führte in den letzten Jahren zu einem klaren Verständnis der Tatsache, daß molekulargenetische Prozesse die Grundlage aller wichtigen Lebenserscheinungen — Fortpflanzung, Stoffwechsel, Ontogenese, Evolution — bilden. Ein wesentliches Merkmal des Fortschritts auf diesem Wissensgebiet ist die wachsende Rolle der Ideen, Prinzipien und Methoden der Kybernetik, die für die Beschreibung und Verallgemeinerung molekulargenetischer Prozesse herangezogen werden. Solche Probleme wie der genetische Code, die Reduplikation des genetischen Materials, die Rolle der mRNA bei der Eiweißsynthese, die Gen-Enzym-Metabolit-Beziehungen, die Funktionsweise von Operons und Replicons, die Ontogenese u. a. besitzen kybernetischen Charakter, wobei die Experimentatoren und Theoretiker bereits im Prozeß der Fragestellung von einem mehr oder weniger ausgeprägten kybernetischen Standpunkt ausgehen. Meist geschah das in Form von Analogien oder gedanklichen Überlegungen, bedeutend seltener in Form mathematischer Modelle. Deshalb existiert heute noch keine umfassende kybernetische Theorie der molekulargenetischen Steuersysteme, sondern es gibt nur fragmentarische Versuche der Formulierung und Lösung einzelner Fragen.

In seinen letzten Arbeiten formulierte I. I. SCHMALHAUSEN [1] die Aufgabe, eine Theorie der genetischen Information zu schaffen. Wir versuchen, einen ersten Schritt in dieser Richtung zu unternehmen. Als Fundament eines kybernetischen Zugangs wählten wir das Begriffssystem und die Methoden der theoretischen Kybernetik, die sich mit abstrakten Steuersystemen befaßt. Von diesem Standpunkt aus erscheint als Hauptgegenstand unserer Untersuchung die ganze Vielfalt von Eigenschaften *genetischer Steuersysteme* — in Zellen, Organismen und biologischen Gesellschaften.

Das vorliegende Buch ist folgendermaßen aufgebaut: Es werden heuristische Prinzipien formuliert, auf denen alle weiteren Untersuchungen und Betrachtungen basieren. Für die Konstruktion von Modellen und für die Interpretation der Resultate wird eine bedeutende Anzahl von experimentellen Daten verallgemeinert. Wir stellen ein Begriffssystem auf, das uns als Grundlage für die verallgemeinernde Beschreibung genetischer Steuersysteme dient. Im theoretischen Teil wird eine Reihe allgemeiner Postulate, Hypothesen und Prinzipien formuliert. Auf dieser Grundlage basiert eine große Anzahl konkreter Aufgabenstellungen logischen und mathematischen Charakters, deren Resultate unter molekulargenetischen Gesichtspunkten interpretiert werden.

Meine tiefe Dankbarkeit möchte ich D. K. Beljajev, R. I. Salganik, S. S. Nikoro, V. V. Chvostova, L. I. Koročnik und A. D. Gruzdjev für die vielen kritischen Anmerkungen und Ratschläge bei der Durchsicht des Buches aussprechen. Eine große Hilfe bei der Ausführung einiger Arbeiten, der kritischen Diskussion aller Fragen und der Vorbereitung des Manuskripts erwiesen mir die Mitarbeiter unseres Laboratoriums A. G. Bačinskij, V. A. Kuličkow, S. N. Rodin, R. N. Čurajev und A. N. Šenderow. Einige Resultate entstammen der gemeinsamen Arbeit mit D. P. Furman, M. R. Štabny, M. A. Korostyšnevskij und G. H. Kananjan. Ihnen allen bin ich für ihre Unterstützung sehr zu Dank verbunden.

Teil I: Genetische Systeme

Kapitel 1: Genetische Prozesse und Funktionseinheiten

1.1. Fundamentale genetische Prozesse

Aus der Vielzahl von Molekültypen, die in Zellen anzutreffen sind, betrachten wir die Gruppe der *irregulären Polymere*, d. h. Moleküle, deren Funktion wesentlich durch Zahl, Zusammensetzung und Sequenz der sie bildenden Monomere bestimmt wird. Zu den irregulären Polymeren zählen DNA, RNA und Proteine, ihre Monomere sind entsprechend Nukleotide und Aminosäuren. Eine wichtige Erkenntnis molekulargenetischer Untersuchungen besteht darin, daß faktisch alle wesentlichen genetischen Prozesse und Ereignisse auf molekularer Ebene in Systemen ablaufen, die aus irregulären Polymeren bestehen.

Prozesse der Bildung, Umwandlung, Verteilung, Reparatur, des Abbaus usw. von irregulären Polymeren bezeichnen wir als *fundamentale genetische Prozesse.* Zu ihnen zählen wir folgende reale genetische Prozesse:

a) Prozesse der Bildung irregulärer Polymere — *Reduplikation* von DNA und RNA, *Transkription* (Synthese von RNA an DNA), *Translation* (Synthese von Eiweißen an RNA) und *reverse Transkription* (Synthese von DNA an RNA, z. B. bei einigen RNA-Viren) bilden die Grundlage der Reproduktionsprozesse fundamentaler genetischer Strukturen.
b) Prozesse der organisierten Verteilung irregulärer Polymere — Segregation von DNA-Molekülen und Chromosomen.
c) Prozesse der kontrollierten Umwandlung und Erneuerung irregulärer Polymere — *Mutationsprozeß* (einschließlich des Auftretens von Aberrationen), *Rekombination* und damit verbunden — *Reparaturprozesse.*
d) Prozesse des kontrollierten Abbaus irregulärer Polymere.

Charakterisieren wir nun kurz diese Prozesse und die in diesem Zusammenhang relevanten Struktureigenschaften der irregulären Polymere (siehe z. B. [2—8]).

1.2. Irreguläre Polymere

Monomere der DNA sind die vier Desoxyribonukleotide (A, T, G und C), deren jedes zur Bildung zweier Phosphodiesterbindungen mit den benachbarten Desoxyribonukleotiden über die 3'- und 5'-Hydroxylgruppen befähigt ist und die auf diese Weise die linearen Polymere bilden. Wir ordnen den Monomeren eine Orientation von der 5'- zur 3'-Hydroxylgruppe zu (5' → 3'). Die Stickstoffbasen sind in den Polymeren zur Bildung von komplementären Paaren A–T und G–C auf Grund von Wasserstoffbrückenbindungen fähig.

Einsträngige DNA-Moleküle stellen irreguläre, linear-unverzweigte Moleküle dar. Den

DNA-Strängen ordnen wir eine Orientation von 5'- zu den 3'-Phosphatresten zu (5' → 3'). Das Phosphat-Zucker-Skelett des DNA-Stranges besitzt in jedem Glied die gleiche Struktur, die Phosphodiesterbindungen sind standardisiert. Die Vielfalt der Moleküle reduziert sich auf die Vielfalt von Zahl, Zusammensetzung und Sequenz der sie bildenden Monomere (Primärstruktur). Die Kopplung der Monomere ist nur unter Einhaltung der gleichartigen Orientation im Polymer möglich.
Zweisträngige DNA-Moleküle werden durch zwei komplementäre DNA-Fäden gebildet, die in jedem Glied durch Wasserstoffbrücken verbunden sind (Sekundärstruktur). Die beiden Stränge verlaufen antiparallel, deshalb besitzen zweisträngige DNA-Moleküle keine einheitliche Orientierung. Die Besonderheiten der Primärstruktur werden in der zweisträngigen DNA durch die Basenkomplementarität „maskiert".
Linear im topologischen Sinne, haben zweisträngige DNA-Moleküle räumlich die Form rechtsdrehender Spiralen mit einer Ganghöhe von 10 Monomerpaaren (~ 3,4 Å).
In der Natur sind lineare und ringförmige, zwei- und einsträngige DNAs bekannt. Einsträngige Moleküle besitzen eine größere Bewegungsfreiheit als zweisträngige DNAs, obwohl auch die letzteren in Knäuel „gepackt" sein können, deren Durchmesser um vieles kleiner ist als die lineare Ausdehnung der Moleküle. Rechtsspiralige ringförmige DNA-Moleküle mit antiparallelen Strängen besitzen die topologischen Eigenschaften von flachen Bändern, die um 2n verdreht und in einen Ring geschlossen sind. Die zwei sie bildenden DNA-Stränge (rechte und linke Hälfte des Bandes) stellen zwei gegenseitig verflochtene, sich durchdringende Ringe dar. Es ist unmöglich, sie zu trennen, ohne nicht wenigstens eine kovalente Bindung zu spalten (siehe z. B. [2]).
Monomere der RNA sind die Ribonukleotide (A, U, G, C), die zur Ausbildung von je zwei orientierten Phosphodiesterbindungen befähigt sind. Wir ordnen den Monomeren die Orientation 5' → 3' zu. In den Polymeren können die Stickstoffbasen komplementäre Paare A–U und G–C sowie Komplementärpaare mit den DNA-Basen (A–T, U–A, G–C, C–G) bilden.
Einsträngige RNA-Moleküle sind lineare unverzweigte, irreguläre Polymere. Da nur eine gleichartige Orientation der Monomere in der Kette zulässig ist, kann man dem Molekül die Orientation 5' → 3' zuordnen. Das Phosphat-Ribose-Skelett besitzt in jedem Glied die gleiche Struktur. Die Vielfalt der Moleküle reduziert sich auf die Vielfalt von Zahl, Zusammensetzung und Sequenz der Monomere (Primärstruktur). In einigen Fällen enthalten RNA-Moleküle Minorbasen, die andere Eigenschaften als die vier Standardmonomere aufweisen und zusätzliche Funktionen erfüllen.
Zweisträngige RNA-Moleküle bestehen aus zwei komplementären, antiparallelen Ketten, die gliedweise über Wasserstoffbrücken verbunden sind. Auf Grund der Antiparallelität der Stränge besitzen sie keine einheitliche Orientierung. Räumlich stellen sie rechtsdrehende Spiralen dar. Ringförmige zweisträngige RNA ist unbekannt. Die Sekundärstruktur der RNA ist jedoch in einigen Fällen kompliziert — autokomplementäre Abschnitte in einer *RNA*-Kette wechseln mit einsträngigen Abschnitten (z. B. *t-RNA*, Genom-RNA einiger Viren). Solche RNA-Moleküle können auch eine Tertiärstruktur besitzen, die durch Wasserstoffbrücken aufrechterhalten wird.

Monomere der Polypeptide sind 20 Aminosäuren, die zur Ausbildung von je zwei orientierten Peptidbindungen befähigt sind. Wir ordnen den Monomeren eine Orientierung von der NH_2- zur COOH-Gruppe zu ($N \rightarrow C$). Aminosäuren bilden keinerlei spezifische Bindungen, weder untereinander noch mit N-Basen oder ihren Gruppen, aus. Polypeptide sind einsträngige, linear-unverzweigte irreguläre Polymere. Da nur eine gleichartige Orientierung der Monomere in der Kette zulässig ist, läßt sich dem Poly-

peptid die Orientierung $N \rightarrow C$ zuordnen. Das Skelett der Peptidbindungen ist in jedem Glied gleichartig. Die Vielfalt der Polypeptide reduziert sich auf die Vielfalt von Zahl, Zusammensetzung und Sequenz der Monomere (Primärstruktur). Außerdem werden in einigen Polypeptiden einige Aminosäurederivate gefunden, die als Resultat sekundärer Modifikationen auftreten.
Mit Hilfe von Wasserstoffbrücken können Polypeptidketten eine Reihe regulärer räumlicher Strukturen (α-Spiralen, β-Strukturen usw.) bilden, welche die Sekundärstruktur der Proteine darstellen. Ihrerseits formen diese Strukturen eine räumliche (tertiäre) unikale Konfiguration des Polypeptids, die durch einige Typen kovalenter (S—S-Brücken zwischen Cysteinresten usw.) als auch durch nichtkovalente Bindungen (Wasserstoffbrücken, VAN-DER-WAALS'sche-Bindungen) aufrechterhalten wird. Die Tertiärstruktur wird durch die Primärstruktur des Polypeptids eindeutig determiniert. Viele Polypeptide können auch Multimeraggregate bilden (Quartärstruktur), die bestimmte katalytische, spezifische oder strukturelle Funktionen erfüllen (s. 4.3, 6.3).

1.3. Reduplikation der DNA

Das äußere Bild der Reduplikation zweisträngiger DNA, basierend auf einer Reihe genetischer, molekularbiologischer und elektronenoptischer Daten, stellt sich wie folgt dar [9 bis 13]. Es erfolgt ein lokaler Bruch der Wasserstoffbrücken, und jeder der beiden DNA-Fäden synthetisiert einen komplementären Strang. Obwohl die Stränge antiparallel orientiert sind, erfolgt die Synthese auf Grund der Komplementarität zwischen den Nukleotiden synchron, sequentiell und kolinear. Im Resultat eines Reduplikationszyklus entstehen zwei genaue Kopien der zweisträngigen DNA. Die Reduplikation besitzt einen Anfangspunkt (Replikator), eine bestimmte Richtung in jedem DNA-Abschnitt und wahrscheinlich einen Endpunkt (Terminator) [9 bis 13].
Die Größe der DNA-Fragmente, die in einem sequentiellen Prozeß redupliziert werden, schwanken von $2 \cdot 10^3$ bis $3 \cdot 10^3$ Nukleotidpaaren (bei kleinen Phagen) bis zu 10^6 (bei *E. coli*) [14]. Bei Säugern werden Fragmente von $5 \cdot 10^4$ bis $10 \cdot 10^4$ Paaren redupliziert [11]. Die Geschwindigkeit der Reduplikation beträgt bei Bakterien $\sim 10^5$ Nukleotidpaare pro min [13], bei Eukaryonten und vielen Prokaryonten (λ, *E. coli* u. a.) ist die Reduplikation der Genom-DNA das Resultat von mehr als einem Reduplikationsprozeß (s. 11.2). Eine detailliertere Untersuchung des Reduplikationsmechanismus führt zu einem sehr komplizierten Bild der Organisation dieses Prozesses. Die DNA-Synthese erfolgt an jedem Strang diskontinuierlich (Größe der Fragmente ca. 10^3 Nukleotide), asynchron und an beiden Strängen in der Richtung $5' \rightarrow 3'$ [15 bis 19]. In der Nähe des laufenden Reduplikationspunktes wurden einsträngige Abschnitte gefunden, die noch keine zusätzlich synthetisierten Fragmente tragen [20]. Die reduplizierte DNA zeigt eine bestimmte Zeit lang keine vollständige Nativität und stabilisiert sich erst später [17 bis 20].
Ein besonderes Problem stellt die Notwendigkeit der kontinuierlichen Entfaltung des zweisträngigen DNA-Moleküls und des Bruches der kovalenten Bindungen bei ringförmigen DNA-Molekülen dar [2, 9, 16].
Die Reduplikation erfolgt durch eine Gruppe von Enzymen, die spezialisierte Operationen ausführen. Alle bekannten DNA-Polymerasen synthetisieren Einzelstränge mit der Richtung $5' \rightarrow 3'$ [15, 16]. Andere Polymerasen wurden bislang nicht gefunden. Obwohl die von KORNBERG untersuchte DNA-Polymerase Reparaturen ausführt [15, 16], unter-

scheidet sich die echte DNA-Polymerase von ihr wahrscheinlich nicht in dieser Eigenschaft. Es wird angenommen, daß die DNA-Polymerase an die Zell- (bzw. Kern-)membran gebunden ist. Bei der Reduplikation sind auch einige Nukleasen beteiligt (eine Endonuklease, die Einstrangbrüche katalysiert, das ω-Protein u. a.) sowie Ligasen, die diese Brüche reparieren [15, 16, 21, 22]. Weiterhin wurde ein spezifischer Eiweißfaktor der DNA-Polymerase isoliert (wedge), der für die Erkennung des Reduplikationsstarts bei *E. coli* verantwortlich ist [23].

Der Reduplikationsprozeß kann durch folgendes Modell beschrieben werden. Der Enzymkomplex aus DNA-Polymerase, Nuklease, Initiationsfaktor und weiteren notwendigen Enzymen [24] bindet an den Replikator und initiiert die Replikation. Die weiteren Ereignisse werden durch zwei Arten von Vorgängen gekennzeichnet: die ca. 1000 Nukleotidpaare umfassende Wanderung des Denaturationspunktes der DNA und die Ausbildung der Phosphodiesterbindungen. Die DNA-Polymerase macht ca. 1000 „kleine Schritte" in der Richtung $5' \rightarrow 3'$ im Strang, wobei deren Richtung mit der des „großen Schritts", d. h. der Wanderung des Denaturationspunktes, übereinstimmt. In der zweiten Etappe bewegt sich die DNA-Polymerase auf dem anderen Strang in der entgegengesetzten Richtung. Es besteht keine Notwendigkeit, daß dies eine tatsächliche räumliche Umkehr bedeutet. Es genügt, wenn in dem von der DNA-Polymerase besetzten Abschnitt des Doppelstranges einer der beiden beweglichen DNA-Stränge sequentiell durch das katalytische Zentrum bewegt wird. Sobald beide Stränge synthetisiert sind, verschiebt sich der Komplex um einen „großen Schritt", und der Prozeß wiederholt sich. Ligasen schließen nach einiger Zeit die Einstrangbrüche. Das ω-Protein sorgt für die fortlaufende Entstehung von Einstrangbrüchen vor dem laufenden Denaturationspunkt und somit für die Entfaltung der DNA-Spirale. Deshalb besitzen möglicherweise neben der DNA-Polymerase auch andere Enzyme die Fähigkeit, sich entlang des DNA-Stranges fortzubewegen.

Die Existenz und Lokalisation von Replikatoren wurde für eine Reihe von Pro- und Eukaryonten nachgewiesen [2, 12, 15, 16]. Es wird angenommen, daß diese relativ kurze DNA-Fragmente (10—15 Basenpaare) mit einer spezifischen Sequenz sind, die durch die Reduplikationsenzyme oder ihre Faktoren erkannt werden. Hinweise auf die Existenz von Terminatoren gibt es nur beim λ-Phagen [25]. Es wurden Replikatoren und Terminatoren gefunden, die sich symmetrisch zur Inversion des DNA-Stranges verhalten und zweiseitige Funktionen ausüben [2, 16, 11, 25]. Die Frequenz der Initiationsakte der Reduplikation wird durch die wechselseitige Spezifität von Replikator und erkennendem Initiatorprotein bestimmt. In einigen Fällen ist der Reduplikationsprozeß asymmetrisch organisiert (Replikation einsträngiger DNA-Phagen, konjugative Reduplikation bei Bakterien, reparative Reduplikation u. a.). Ringförmige Genome von Mikroorganismen oder replikative Formen der Phagen können sich mehrmals nacheinander reduplizieren, faktisch ohne Beteiligung von Terminatoren [14]. Die einsträngigen Replici, die einen Block von Kopien enthalten, werden im weiteren in Fragmente gespalten — wahrscheinlich unter Beteiligung von Nukleasen. Bei Bakterien wird der zweite DNA-Strang erst nach der Überführung in die Rezipientenzelle synthetisiert [26].

1.4. Transkription [2, 3, 27, 28]

Das äußere Bild der Transkription (Synthese von RNA an DNA) stellt sich wie folgt dar: Nach einer lokalen Entfaltung der zweisträngigen DNA erfolgt eine komplementäre sequentielle kolineare Kontaktsynthese der RNA an einem der beiden DNA-Stränge [2,

3]. Die Synthese verläuft in der Richtung 5' → 3', d. h. die Anlagerung des jeweiligen Monomers erfolgt am 3'-Hydroxylende der wachsenden Kette. Die Transkription wird an fixierten DNA-Abschnitten initiiert (Promotoren) [2, 3, 30, 27, 28, 31], besitzt an jedem Locus eine bestimmte Richtung und wird gewöhnlich an fixierten Abschnitten (Terminatoren) gestoppt [27, 28, 32].
Die Größe der transkribierten RNA-Moleküle reicht von 10^2 (tRNA, 5S-rRNA) bis $5 \cdot 10^4$ bis $7 \cdot 10^4$ Nukleotiden (100S-rRNA-Präkursoren, Lampenbürstenchromosomen-RNA bei Amphibien u. a.) [33, 34]. Jedoch werden die großen RNA-Moleküle oftmals weiter abgebaut und zerfallen in funktionsfähige Fragmente [33—36]. Die Geschwindigkeit der Transkription beträgt 500—1500 Nukleotide/min [27, 28]. Bei *E. coli* wird die Transkription durch das Enzym RNA-Polymerase ausgeführt. Diese besteht aus einem unspezifischen core-Enzym und zwei zusätzlichen Proteinfaktoren [27, 28, 31, 32, 37, 38]: dem σ-Faktor, welcher an der spezifischen Initiation der Transkription am Promotor beteiligt ist, und dem ϱ-Faktor, dem Erkennungsfaktor für die Termination. Ein RNA-Polymerase-Typ kann mehrere Arten von Untereinheiten mit verschiedener Spezifität besitzen, d. h. er kann verschiedene Interpunktionszeichen erkennen [39]. In einigen autonomen Teilen der zellulären Genotypen (Chromosomen, Nucleolus-Organisator, Organellen-DNA) erfolgt die Transkription durch verschiedene RNA-Polymerasen mit unterschiedlichen spezifischen Eigenschaften [40, 41].
Man nimmt an, daß die Promotoren und Terminatoren kurze Abschnitte zweisträngiger DNA (10—50 Nukleotidpaare) darstellen, die von den erkennenden Enzymen oder Proteinfaktoren belegt werden [32, 42, 43]. Ihre Spezifität kann unterschiedlich stark ausgeprägt sein. Es sind starke und schwache Promotoren bekannt, die sich in der Frequenz der effektiven Initiationsakte unterscheiden. Starke Promotoren initiieren 5—30 Transkriptionsakte pro Minute [32, 44], jedoch können Promotoren der Loci ribosomaler RNA eine bedeutend höhere Initiationsfrequenz aufweisen [46].

1.5. Replikation der RNA und reverse Transkription

Diese beiden Prozesse wurden bisher nur bei RNA-Viren und Phagen nachgewiesen. Die Replikation linearer, einsträngiger RNA erfolgt asymmetrisch, sequentiell und kolinear durch Kontaktsynthese in zwei Etappen.
Die Größe der reduplizierten RNA-Moleküle beträgt 10^3 bis 10^4 Monomere. Die Synthese verläuft in 5' → 3' Richtung (in der synthetisierten Kette) und wird durch Replikasen katalysiert, die jeweils nur für die viruseigene RNA spezifisch sind [47, 48]. Es existieren Initiatorsignale — Replikatoren, die durch die Replikase am 3'-Ende der Einstrangmatrize erkannt werden. Das 5'-Ende ist dem Replikator komplementär, da beide Stränge durch ein und dieselbe Replikase synthetisiert werden [48].
Die Reduplikation zweisträngiger RNA erfolgt auf ähnliche Weise in zwei Etappen: a) asymmetrische Synthese von einem RNA-Strang an der zweistrangigen Matrize und b) Synthese des zweiten Stranges [49].
Reverse Transkription (Synthese von DNA an RNA) wurde in mit onkogenen RNA-Viren infizierten Säugerzellen entdeckt [50—53]. Es ist möglich, daß die Enzyme dieses Prozesses (Revertasen) auch in Abwesenheit der Viren in den Zellen vorkommen [54]. Es wurde eine virusspezifische RNA-abhängige DNA-Polymerase isoliert [50, 53], die die Synthese der DNA in zwei Etappen ausführt: a) Synthese von einsträngiger DNA an

RNA und b) Synthese des zweiten DNA-Stranges. Obwohl die Details des Prozesses unbekannt sind, unterscheidet er sich wahrscheinlich nicht wesentlich von dem bereits betrachteten.

1.6. Translation [6, 55]

Der Translationsprozeß ist bei Pro- und Eukaryonten in zwei Etappen organisiert, die wir als Translation I und Translation II bezeichnen wollen. Die Translation I besteht in der Aktivation der Aminosäuren und Bildung einer ausreichenden Menge des vollständigen Spektrums an spezifischen Aminoacyl-tRNAs. Dieser Prozeß wird durch die Gruppe der Aminoacyl-tRNA-Synthetasen katalysiert, welche die entsprechenden tRNAs und Aminosäuren koppeln. Bei Pro- und Eukaryonten wurden 55 bis 56 tRNA-Fraktionen [56, 57] und eine Reihe von Synthetasefraktionen gefunden.
Die Translation II besteht in einer linearen, sequentiellen, kolinearen Kontaktsynthese des Polypeptids an der mRNA. Die Synthese erfolgt in 5' → 3'-Orientierung an der Matrize und $NH_2 \rightarrow CO$ OH-Richtung im synthetisierten Polypeptid [58]. Die Translation II wird an fixierten Abschnitten der einsträngigen RNA (Initiatorcodon AUG) initiiert [59, 60], weist eine bestimmte Richtung auf und endet an Terminatorabschnitten (terminale nonsense-Codons sind UAA, UAG, UGA) [61—63]. Die Größe der synthetisierten Polypeptide liegt zwischen 30 und 3000 Aminosäuren [64]. Große Polypeptide können nach der Translation in Fragmente gespalten werden. Die Geschwindigkeit der Translation beträgt ca. 1000 Nukleotide/min an der Matrize, d. h. sie liegt in der Größenordnung der Transkriptionsgeschwindigkeit [65].
Die Translation II wird durch den ribosomalen Komplex ausgeführt, der aus einem Ribosom, 2 Molekülen Aminoacyl-tRNA und der wachsenden Polypeptidkette besteht. Das Ribosom ist aus zwei Untereinheiten (30S und 50S bei Prokaryonten, 40S und 60S bei Eukaryonten) zusammengesetzt. Im ganzen enthalten die Untereinheiten 50—60 verschiedene Proteine und drei Typen von rRNA: 23S, 16S und 5S bei Prokaryonten, 28S, 18S und 5S bei Eukaryonten. Außerdem können eine Reihe Proteinfaktoren instabil an das Ribosom gebunden werden, die die einzelnen katalytischen Operationen gewährleisten.
Das allgemeine Schema der Translation II soll hier nur kurz beschrieben werden [6, 55]. Das Ribosom bindet sich an den Initiatorabschnitt für die Translation, wobei der Sekundärstruktur der mRNA in Nähe des AUG-Codons eine wichtige Rolle zukommen kann. Das Codon AUG wird durch das Anticodon der F-Metionyl-tRNA, welche allein an der Initiation beteiligt ist, erkannt. Die Formylgruppe ist für die Stabilisierung des ersten Aminosäurerestes im ribosomalen Komplex notwendig.
Die weiteren Schritte erfolgen nach einem Standardmuster. Zwei Moleküle Aminoacyl-tRNA sind gleichzeitig an das Ribosom gebunden — eines, das an die wachsende Polypeptidkette gekoppelt wird, und ein zweites, das auf den nächsten Schritt „wartet". Die Wahl der entsrechenden Aminoacyl-tRNA wird durch die Codon-Anticodon-Erkennung bestimmt. Jeder Schritt schließt mindestens folgende Operationen ein: Bindung der entsprechenden Aminacyl-tRNA an das Ribosom, Bruch der makroergischen Bindung und Freisetzung der tRNA, Schließung der Peptidbindung und Bildung eines neuen Gliedes in der wachsenden Polypeptidkette, Verschiebung des Ribosoms entlang der Matrize um ein Codon. Alle notwendigen katalytischen Aktivitäten sind an das Ribosom gebunden. Das terminale nonsense-Codon wird durch einen speziellen Proteinfaktor (R_1 oder R_2)

erkannt [66]. An diesem Abschnitt zerfällt der Komplex, und das Polypeptid wird freigesetzt.

Die Übereinstimmung von Transkriptions- und Translationsrichtung erlaubt eine Wechselwirkung zwischen diesen Prozessen — z. B. die Initiation der Translation noch vor Beendigung der Transkription. In einigen Fällen wird die Translationsgeschwindigkeit bei Bakterien durch die Geschwindigkeit der gleichzeitig ablaufenden Transkription limitiert.

Alle drei Typen irregulärer Polymere (DNA, RNA, Proteine) besitzen also eine lineare, unverzweigte und orientierte Primärstruktur. Die Synthese dieser Polymere verläuft nach einem Standardprinzip, das fixierten Startpunkt, Orientierung und Termination einschließt. Die Synthese erfolgt durch Enzyme, die nur bezüglich der Interpunktionszeichen (Start und Termination) und der Klasse der Monomere und Matrizen spezifisch sind, jedoch nicht gegenüber der zu synthetisierenden Sequenz. Es läuft eine sequentielle, lineare und kolineare Kontaktsynthese an Matrizen ab. Die Enzyme synthetisieren das Polymerskelett, indem sie unspezifische Bindungen schließen; die Reproduktion der Monomersequenz wird durch die Matrize bestimmt.

1.7. Segregation

Die Prozesse der Verteilung der reduplizierten DNA-Moleküle zwischen den Tochterzellen (im Fall von Viren zwischen den Tochterviruspartikeln) tritt in Abhängigkeit von der Organisationsstufe der Zellen und des genetischen Materials in mehreren Varianten auf.

Bei der intrazellulären Vermehrung von Viren und Phagen gibt es praktisch keine Segregationsprobleme. Die Tochtergenome (sowohl von DNA — als auch von RNA-Viren und -Phagen) werden einzeln in Proteinhüllen verpackt, wobei in eine Viruspartikel nicht mehr als ein Tochtergenom gelangen kann. Die einzige Ausnahme bildet der fehlerhafte Einschluß von genetischem Fremdmaterial in die Viruspartikel (z. B. bei Phagentransduktion). Bei Bakterien besitzt der Segregationsprozeß organisierten Charakter. Bakterien können neben dem chromosomalen Replicon noch Replicons verschiedener freier Episome (F, R, col u. a.) sowie autonomer temperenter Phagen (P 1, P 22 u. a.) aufweisen. In diesem Fall entsteht das Problem der Verteilung dieser Replicons zwischen den Tochterzellen. Versuche haben gezeigt, daß die Tochterzellen den vollen Satz der vorhandenen Replicons erwerben, d. h. diese Replicons bilden eine *Segregationseinheit* [67]. Der Segregationsmechanismus ist bei Bakterien mit der Zellwand verbunden. Alle autonomen Replicons (außer von virulenten Phagen) sind im mittleren Teil der Zelle an spezifische Abschnitte der Zellwand gebunden. Nach Abschluß der Reduplikation aller Replicons beginnt die Zellwand im Mittelteil der Zelle zu wachsen und schiebt die Tochterexemplare der Replicons auseinander. Obwohl die Genetik dieses Prozesses nicht erforscht ist, besteht kein Zweifel, daß das Wachstum der Zellwand unter genetischer Kontrolle steht, d. h. es existiert ein System von Genen und Proteinen, das diesen Prozeß steuert. Die an die Zellwand gebundenen DNA-Abschnitte dienen wahrscheinlich als spezifische Segregationssignale.

Bei Eukaryonten sind zwei Segregationsprozesse bekannt — Mitose und Meiose. Bei der Mitose werden die homologen Chromosomen gleichmäßig zwischen den Tochterzellen verteilt und garantieren damit die Vollständigkeit der Gensätze (haploide, diploide usw.). In diesem Fall unterscheidet sich die Mitose prinzipiell nicht von dem Segregations-

prozeß bei Bakterien. Die Rolle der Zellwand übernimmt ein spezialisierter Mitoseapparat (Zentriolen, Zentromere, Spindelapparat usw.). Bei der Meiose ist unter Einhaltung der Vollständigkeit des haploiden Chromosomensatzes die Möglichkeit der Neukombination des genetischen Materials durch die Umverteilung nichthomologer Chromosomen zwischen den Ausgangs(Eltern)-Sätzen nach Zufallsgesetzen gegeben.
Die Segregationseinheit der Mitose ist ein vollständiger Chromosomensatz, der in eine der Tochterzellen gelangt. Als charakteristisches Erkennungssignal dieser Einheit kann man die Zentriole oder ihr äquivalente Strukturen ansehen. In der Meiose wird die Segregationseinheit durch einzelne Chromosomen (oder Kopplungsgruppen) gebildet, die paarig konjugieren und unabhängig voneinander im Rahmen der Einhaltung des haploiden Chromosomensatzes verteilt werden. Als charakteristische Erkennungssignale der Segregationseinheiten können hier die Zentromeren und Telomeren angesehen werden.

1.8. Mutationen und Reparatur von Schäden

Wahrscheinlich existieren in den Zellen keine speziellen Systeme, die Mutationen in der DNA hervorrufen. Jedoch gibt es Enzymsysteme anderer Aufgabenstellung, die gewisse Fehler zulassen, welche zu Mutationen führen. Weiterhin sind Reparatursysteme bekannt, die einige Klassen von Mutationen beheben.
Das Spektrum von Schäden, die in der DNA im Resultat der Wirkung von exogenen und endogenen physikochemischen Agenzien (Mutagene, Strahlung, Wärmefluktuation, Tautomerübergänge in den Basen usw.) auftreten, ist sehr breit. Hierzu gehören Basensubstitutionen, Deletionen, Translokationen, Bruch von Phosphodiesterbindungen, Bildung von T–T-Dimeren, Basenmutationen usw. [4, 5]. Ein bedeutender Teil von „leichten" Schäden entsteht jedoch als Resultat von Fehlern, die normalerweise bei der Arbeit von Enzymen unmittelbar an der DNA auftreten. Die normale Reparatur-DNA-Polymerase des Phagen T4 z. B. macht ca. 1/3000 Fehler bei Fixierung der komplementären Basen im Prozeß der reparativen Reduplikation [68]. Analoge Fehler sind bei der Arbeit der Rekombinations- und Reduplikationssysteme möglich [69]. Somit können bei zwei fundamentalen genetischen Prozessen — Reduplikation und Rekombination —, Mutationen auftreten.
Gleichermaßen sind in Zellen Reparatursysteme entdeckt worden, die relativ schwere Defekte der DNA beheben [4, 5]. Endonukleasen führen Einstrangbrüche in der Nähe von DNA-Abschnitten mit Konformationsstörungen durch, Exonukleasen bauen verhältnismäßig lange (bis zu 10^3 Basen) defekte einsträngige DNA-Abschnitte ab, Reparatur-DNA-Polymerasen bauen Einstrangabschnitte ein, Ligasen reparieren Einstrangbrüche. Es werden jedoch in erster Linie nur *Einstrangdefekte repariert.* Für die Wiederherstellung der Struktur zweisträngiger DNA muß in den entsprechenden Abschnitten *eine der beiden Polynukleotidketten intakt sein.* Es gibt Hinweise darauf, daß einige Reparaturenzyme in der Lage sind, sich längs des DNA-Stranges zu bewegen, ohne Spezifität für die reparaturbedürftigen Basensequenzen zu zeigen (Exonukleasen, reparative DNA-Polymerasen u. a.) [4, 5].

1.9. Rekombination [2, 3, 5, 7]

In allen DNA enthaltenden lebenden Objekten werden Rekombinationsprozesse beobachtet. Bei Bakterien erfolgen sie im Resultat der Konjugation, Transduktion, Transformation oder Lysogenie, bei Phagen in der Phase des lytischen Wachstums, beim

Einbau des Prophagen in das bakterielle Chromosom und der Freisetzung aus ihm. Diese Rekombinationsprozesse sind unter dem Aspekt der Übertragungsrichtung der DNA-Moleküle und der Entstehung der Rekombinaten stets *areziprok.* In einigen Fällen sind sie phänomenologisch als Genkonversion zu charakterisieren.

Der Rekombination von DNA-Molekülen bei Mikroorganismen liegen folgende Prozesse zugrunde: homologe Erkennung und Synapsis von Zweistrangmolekülen (vollständig oder lokal); Bildung einer Serie von Einstrangbrüchen mit Hilfe von Endonukleasen; Verbindung der entstandenen Fragmente mit komplementären Einstrangabschnitten zu hybriden Intermediärstrukturen; Reparatur der entstandenen Defekte; Komplettierung der einsträngigen DNA-Abschnitte mittels Polymerasen und „Ausbau" überflüssiger Abschnitte durch Exonukleasen; Schließen der Einstrangbrüche durch Ligasen. Dabei ist sowohl die Erhaltung geringfügiger Defekte in den Hybridabschnitten der DNA (molekulare Heterozygote) als auch eine partielle Reparatur dieser Defekte, welche zu einer Konversion führt, möglich.

Bei Eukaryonten ist der Mechanismus der meiotischen Rekombination bedeutend schwieriger. Die Konjugation der Chromosomen in der Prophase der Meiose erfolgt noch vor Abschluß (in der Größenordnung von einigen Prozent) der Reduplikation der chromosomalen DNA [70, 70a]. Dieser Tatbestand könnte darauf hinweisen, daß die homologe Erkennung bei der Konjugation durch nichtreduplizierte *Einstrangabschnitte* erfolgt und keine spezifische Wechselwirkung zweisträngiger DNA-Moleküle benötigt wird [70, 70a]. Danach bilden sich die synaptinemalen Komplexe und Chiasmata, in denen die Brüche und Wiedervereinigungen der Chromatiden-DNA mit Hilfe eines dem Austauschmechanismus bei Prokaryonten ähnlichen Prozesses erfolgen [70]. In einigen Fällen scheint jedoch die Verteilung der Bruchstellen nicht vollkommen zufällig zu sein und konzentriert sich in der Nähe der Abschnitte, die als Rekombinatoren bezeichnet werden [7, 71]. Es ist unklar, inwieweit dieser Besonderheit allgemeine Bedeutung zukommt. Nach dem Austausch und der Reparatur der Schäden lösen sich die Chiasmata bei der Trennung der Chromosomen auf.

In nahezu allen Fällen wirken die Enzyme der Rekombinations- und Reparatursysteme *ohne Relation zum Informationsgehalt der Matrize.* Interpunktionszeichen (Rekombinatoren), deren Existenz nicht auszuschließen ist, bilden möglicherweise eine Ausnahme. Die gegenseitige Erkennung der homologen DNA-Abschnitte erfolgt wahrscheinlich unmittelbar, d. h. ohne Teilnahme von spezialisierten Proteinen, an der Synapsis (zwei oder einsträngige DNA) und der Bildung von molekularen Hybriden (Komplementarität einsträngiger Abschnitte). Es handelt sich also um eine lineare und kolineare (auch ein sequentieller Charakter ist nicht ausgeschlossen) Kontakterkennung durch die Matrizen. Es sind jedoch auch spezifische Rekombinationssysteme bekannt, die eine wichtige Rolle spielen. Bei λ und ihm nahestehenden anderen Phagen wurden Rekombinationssysteme entdeckt, die den Einbau des Prophagen in die Bakterienchromosomen und dessen Freisetzung kontrollieren [72]. So besteht der Abschnitt b_2 des λ-Genoms aus den zwei Zonen ReL und ReR, die dem Abschnitt att λ des Bakteriengenoms homolog sind [72]. Zwischen ihnen befindet sich ein 12 Basenpaare langer Abschnitt, an dem die Rekombination unter Mitwirkung des Erkennungsenzyms des int-Systems erfolgt. Wahrscheinlich wird dieser Abschnitt als spezifisches Signal erkannt, und die Rekombination verläuft streng lokal.

1.10. Abbau von DNA, RNA und Polypeptiden

Abbausysteme der Polynukleotide und Polypeptide existieren in den Zellen aller Pro- und Eukaryonten, teilweise überlappen sie sich mit Systemen anderer Typen (Reparatursysteme). Es ist eine große Zahl von Endo- und Exonukleasen bekannt, die in Einzelakten oder sequentiell den Polynukleotidstrang entlang arbeiten. Peptidasen und Proteasen spalten Peptidbindungen der Proteine an bestimmten Aminosäuren oder auch unspezifisch.
Die Abbauenzyme erfüllen nicht nur eine „Säuberungsfunktion", indem sie nichtfunktionierende, ungeschützte Polynukleotide und Polypeptide beseitigen. Die Wechselwirkung unspezifischer Nukleasen (exonuklease V bei Bakterien) [73] mit der mRNA im Transkriptions-Translations-Prozeß erlaubt eine Regulation der Halbwertszeit der mRNA, was von Bedeutung für die Steuerung der Operons ist (Definition des Operons siehe 1.12.).
Gleichzeitig beeinflussen eine Reihe spezieller Abbauereignisse die Funktion von Polynukleotiden und Polypeptiden: die Öffnung der kohäsiven Enden des λ-Genoms beim Übergang von der Ring- zur linearen Form [74], die Trennung von Tandems der Genom-DNA beim Phagen ΦX 174 in Genomfragmente, den Ausbau von DNA-Fragmenten des Phagen T 4 bei der Bildung der Phagenpartikel, die Fragmentierung der gigantischen RNA-Präkursoren in funktionsfähige Moleküle [rRNA u. a.), die Entfernung von N-ständigen und intermediären Peptiden im Prozeß der Ausbildung der Tertiärstruktur von Proteinen usw. Nach Erkennung einer bestimmten Gruppe von Monomeren als Initiationssignal führen die Abbauenzyme eine Reaktion oder eine Folge von Reaktionen der Spaltung von kovalenten Bindungen aus.

1.11. Die Universalität der Prozesse und der ausführenden Systeme

Summieren wir die bisherigen Ausführungen. Die fundamentalen genetischen Prozesse besitzen eine gemeinsame Besonderheit — die *Universalität der Wirkung*, d. h. *die Unabhängigkeit der Operationen vom Informationsgehalt der beteiligten Matrizen.* Diese Prozesse werden durch irreguläre Polymere, welche durch DNA-Loci kodiert werden, ausgeführt. Dies erlaubt, jedem Prozeß ein universelles Exekutivsystem zuzuordnen, das die Standardoperationen durchführt.
Die Systeme, die für die Syntheseprozesse (Reduplikation von DNA und RNA, Transkription und reverse Transkription, Translation) verantwortlich sind, führen eine Standardoperation der Addition eines Gliedes aus, dessen Auswahl durch die Matrize auf Grundlage eines Codes bestimmt wird (Komplementarität, genetischer Code). Spezifische Operationen der Systeme sind nur mit den Akten der Initiation und Termination an Polynukleotidmatrizen verbunden, möglicherweise auch mit der Erhöhung der Trefferwahrscheinlichkeit der komplementären Monomere.
Die verschiedenen Prozesse der Segregation sind ebenfalls durch Einheit und Universalität gekennzeichnet. Sie sind spezifisch nur gegenüber den Signalen der Segregationseinheiten (Zentriolen, Zentromere) und unspezifisch gegenüber dem Informationsgehalt der Chromosomen. Dem Segregationsmechanismus kann somit ein universelles Exekutivsystem zugeordnet werden, das in manchen Fällen die verdoppelten Matrizen (2n) in zwei gleichgroße Sätze (n) unter Beachtung ihrer Vollständigkeit aufteilt, in an-

deren Fällen die zusätzliche Umverteilung homologer Matrizen durch einen Vergleichsakt (Synapsis, Konjugation) bewirkt.
Den Reparatursystemen kann man ein universales Exekutivsystem zuordnen, das sequentiell entlang der DNA-Matrize arbeitet und eine Reihe von Operationen als Antwort auf die Erkennung von beschädigten Zonen der Sekundärstruktur leistet. Interpunktionszeichen existieren in diesem Fall nicht; die Rolle des Erkennungssignals spielt der Defekt des Doppelstranges. Ein universelles Exekutivsystem kann man auch dem System der unspezifischen DNA-Rekombination zuordnen. Es führt eine Reihe von Standardoperationen der Spaltung und Reparatur in jedem Abschnitt des homologen Austauschs aus. Die Lokalisation der Austauschabschnitte ist in der Mehrzahl der Fälle zufallsbedingt, jedoch ist auch die Existenz einer Interpunktion (Rekombinatoren) möglich. Schließlich läßt sich den unspezifischen Abbausystemen ein universelles Exekutivsystem zuordnen, das Standardoperationen der Spaltung von Bindungen zwischen Monomeren in Polynukleotiden und Polypeptiden ausführt.
Ungeachtet der Details dieser Prozesse, lassen sich die universellen Exekutivsysteme automatentheoretisch beschreiben. Die Automaten können dann als Komponenten bei der Konstruktion komplexer Objekte der Theorie molekular-genetischer Steuersysteme benutzt werden.

1.12. Genetische Funktionseinheiten

Mit den irregulären Polymeren sind mehrere Typen von genetischen Funktionseinheiten verbunden, die als Matrizen (siehe 2.2.) in einigen fundamentalen genetischen Prozessen sowie als Interpunktionszeichen in Relation zu den entsprechenden Einheiten fungieren. Jede Funktionseinheit besteht aus einer Menge (in einigen Fällen — einer linear geordneten Menge, d. h. einer Sequenz) von Nukleotiden. Oft existieren mehrere Typen von materiellen Trägern einer bestimmten Funktionseinheit (z. B. zwei DNA-Stränge, mRNA, usw., die einander eindeutig entsprechen). Deshalb werden wir als *Funktionseinheiten* nicht einzelne spezielle Strukturen, sondern ihre invarianten Eigenschaften bezeichnen, d. h. die *wechselseitig kolineare Sequenz der in ihnen enthaltenen genetischen Elemente*. Es ist charakteristisch, daß unter allen Realisierungsvarianten[1]) jeder Funktionseinheit immer eine zu finden ist, in der sie sich autokopiert (wenigstens passiv) und eine andere, in der die Funktionseinheit als einheitliche Matrize mit ihren Interpunktionszeichen auftritt. Von dieser Position aus führen wir folgende Typen von genetischen Funktionseinheiten auf:

Codon — Nukleotidsequenz, die als Ganzes den Einbau einer bestimmten Aminosäure im Prozeß der Translation kodiert. Jedes Codon besteht aus einem Triplett und wird strukturell gewöhnlich in Form zweier komplementärer Tripletts der zweisträngigen DNA und eines Tripletts der mRNA repräsentiert; aber es *entspricht* ebenfalls dem Anticodon der tRNA und einer Aminosäure des Proteins. Codons besitzen in Polynukleotidketten die Orientierung $5' \rightarrow 3'$, werden in zweisträngiger DNA autokopiert (seltener in anderen Polynukleotidvarianten) und funktionieren als Matrize im Prozeß der

[1]) Z. B. Codons der DNA oder der mRNA, Anticodons der tRNA — (Anmerkung des Herausgebers).

Translation der mRNA. Es sind 61 Codons für 20 Aminosäuren bekannt [75, 76], die Tripletts UAA, UAG und UGA sind die Terminationssignale der Translation. Codons sind nicht durch Interpunktionszeichen getrennt. Die Einteilung der Basensequenz der mRNA in Codons wird durch die Wirkung des „*Triplettrahmens*" der Translation II determiniert, der Startpunkt ist fixiert. Als *Anticodon* wird das entsprechende Triplett der tRNA bezeichnet. Es ist an den 3'- und 5'-Enden von modifizierten Nukleotiden (in einigen Fällen Adenin- und Uracilderivate) begrenzt wird (siehe 5.1.).

Cistron — Codonsequenz, die durch gleichartig orientierte Initiations- (an der mRNA-AUG) und Terminationssignale begrenzt wird, welche spezifisch (mitunter entsprechend ihrer Funktion) lokalisiert sind. Jedes Cistron wird gewöhnlich durch zwei komplementäre DNA-Stränge und auf RNA-Ebene durch einen mRNA-Abschnitt repräsentiert, entspricht jedoch auch einem Polypeptid. In der Mehrzahl der Fälle werden die Cistrons in zweisträngiger DNA autokopiert (manchmal in Form von mRNA). Sie treten als einheitliche Matrizen im Translationsprozeß II auf (siehe 6.1.). Es existiert eine große Vielfalt von Cistrons.

Scripton — Nukleotidsequenz, die durch gleichartig orientierte Promotoren und Terminatoren der Transkription begrenzt wird, welche entsprechend ihrer Funktion lokalisiert sind. Ein Scripton wird strukturell durch zwei komplementäre DNA-Stränge repräsentiert und entspricht einem synthetisierten RNA-Molekül. Meist werden Scriptons in zweisträngiger DNA autokopiert (manchmal in Form von RNA); sie treten als einheitliche Matrizen im Translationsprozeß auf (siehe 10.1.). Ein Scripton enthält bis zu 10—15 Cistrons; jedoch können auch keine Cistrons enthalten sein (t- und rRNA-Loci). Außerdem können Scriptons *Spacer* enthalten — Abschnitte, deren funktionelle Bedeutung unbekannt ist.

Replicon — Nukleotidsequenz, die durch gleichartig orientierte Rekombinatoren und Reduplikationsterminatoren begrenzt wird, welche in der Reihenfolge ihrer Funktion lokalisiert sind. Gewöhnlich wird ein Replicon strukturell in Form von zweisträngiger DNA repräsentiert, jedoch treten auch primitivere Varianten auf (einsträngige DNA, virale RNA u. a.). In dieser Form werden sie autokopiert, indem sie als einheitliche Matrizen im Reduplikationsprozeß fungieren (siehe 11.1.). In den meisten Fällen enthalten Replicons Scriptonsequenzen mit deren Interpunktionszeichen (bis zu vielen hundert), jedoch auch andere funktionelle Abschnitte und Spacer.

Segregon — Nukleotidsequenz, die zwei Begrenzungssignale — *Telomere* — und ein Erkennungssignal — das *Centromer* (oder eine äquivalente Struktur) besitzt. Bei Eukaryonten wird das Segregon strukturell durch die Chromosomen repräsentiert, wo es autokopiert wird und als einheitliche Struktur im Prozeß der meiotischen Segregation beteiligt ist. Segregons enthalten gewöhnlich Repliconsequenzen mit deren Interpunktionszeichen.

Genom — Gesamtheit von Replicons, welche durch Centromere und Spindelfasern (oder auf eine andere Art) mit einem Erkennungssignal, der *Centriole*, verbunden sind (oder durch eine bakterielle Zellwand miteinander in Verbindung stehen). Genome werden bei Eukaryonten in Form eines Chromosomensatzes, bei Bakterien durch einen Chromosomensatz und Plasmiden repräsentiert. In dieser Form werden die Genome autokopiert und sind als einheitliches Ganzes im Prozeß der mitotischen (oder bakteriellen) Segregation beteiligt. Genome sind keine linear geordneten kontinuierlichen Einheiten.

Genotyp — die vollständige Menge der Replicons einer Zelle, einschließlich des Genoms wie auch der Replicons zytoplasmatischer Organellen, die nicht an der mitotischen Segregation teilnehmen.

Die Aufzählung der genetischen Einheiten kann die Strukturen des Genotyps nicht erschöpfen. Hier sind nur die größten Strukturen genannt, die in den angeführten Prozessen als Einheiten auftreten. Nicht alle Elemente sind in der angegebenen Art assoziiert. So enthalten einige zelluläre Polynukleotide Basenderivate, die keine Codonbestandteile sind. Auch sind nicht alle Tripletts der mRNA Codons und gehören zu Cistrons; es existieren terminale nonsense-Strukturen, intercistronale Intervalle, Interpunktionszeichen, Spacer und andere Abschnitte, deren Funktion noch unbekannt ist. Nicht alle Scriptons enthalten Cistrons, die Scriptons der t- und rRNA erfüllen keine Matrizenfunktion. Es existieren Scriptons mit wechselnder oder überlappender Interpunktion (siehe 10.1., 12.2.). Außer mehreren Cistrons können Scriptons ausgedehnte Regulationszonen und Spacer enthalten. Die Replicons können mit Scriptons zusammenfallen (kleine Phagen), aber auch nichttranskribierbare DNA-Abschnitte enthalten. Einige ringförmige Replicons sind zur stabilen Assoziation mit anderen ringförmigen Replicons fähig und bilden bi- und polyreplikonale Systeme mit überlappender Interpunktion (siehe 11.1., 11.2.). Nicht alle Replicons gehören Segregons an. Es existieren Replicons von Organellen (Mitochondrien, Chloroplasten usw.) und Viren, welche nach Zufallsgesetzen zwischen den Tochterzellen verteilt werden. Manchmal fallen Genom und Genotyp mit einem einzigen Replicon zusammen.

Die aufgeführten Typen von Funktionseinheiten können ungeachtet dieser Details als Grundlage für die weiteren Betrachtungen dienen. Wesentlich für uns ist, daß Codons, Anticodons, Cistrons, Scriptons, Replicons und Segregons durch linear geordnete kontinuierliche Monomersequenzen repräsentiert werden, die von spezifischen Interpunktionszeichen (mit Ausnahme der Codons) begrenzt werden. Durch diese Besonderheit, die Autonomie, Diskretheit und Steuerfähigkeit gewährleistet, unterscheidet sie sich von anderen Abschnitten irregulärer Polymere.

Kapitel 2: Allgemeine Bauprinzipien realer genetischer Systeme

2.1. Genetische Systeme von Zellen, Viren, Organismen und Populationen

Die Gesamtheit der irregulären Polymere differenzierter Zellen vielzelliger Organismen bezeichnen wir als *zelluläre genetische Systeme* [77]. In der Natur existieren vielfältige Arten zellulärer genetischer Systeme.
Da, wie in Abschnitt 1.1. und 1.11. ausgeführt, die die fundamentalen genetischen Prozesse repräsentierenden intrazellulären Mechanismen an irreguläre Polymere geknüpft sind, kann man diese Polymere automatisch den genetischen Systemen der Zellen zuordnen. Als *zentrales Subsystem* der zellulären genetischen Systeme bezeichnen wir die Gesamtheit irregulärer Polymere (einschließlich mRNA und DNA-Loci), die zur Ausführung der fundamentalen genetischen Prozesse, die in diesen Zellen ablaufen, befähigt sind. Sie lassen sich in folgende Klassen unterteilen: 1. Alle Enzyme und andere Eiweiße, die die Replikation und Transkription der DNA, die reverse Transkription und die Replikation der RNA, die Translation, Segregation, Rekombination, Reparatur von Schäden und den Abbau irregulärer Polymere ausführen. 2. Folgende Klassen von RNA-Molekülen: die tRNA-Fraktionen (ca. 60 Typen), rRNA (3 Fraktion), mRNA-Typen entsprechend der Anzahl der aufgeführten Proteine. 3. DNA-Moleküle, die die Transkriptions- und Translationseinheiten für alle angeführten RNA- und Proteinfraktionen einschließen. Nicht alle zellulären genetischen Systeme besitzen einen vollständigen Satz dieser Elemente. Deshalb können die zentralen Subsysteme verschiedener Zellen eine unterschiedliche Polymerzusammensetzung aufweisen.
Die zellulären genetischen Systeme enthalten Cistrons und entsprechende mRNAs, die Proteine programmieren, welche die verschiedensten anderen biochemischen und strukturellen Funktionen ausüben. Ihre Anzahl und Vielfalt schwanken in hohem Maße. Im weiteren werden wir die Menge dieser irregulären Polymere als *peripheres Subsystem* der genetischen Systeme bezeichnen.
Die Gesamtheit zusätzlicher Moleküle irregulärer Polymere, die in Wirtszellen als Resultat einer Virusinfektion auftreten, nennen wir *virale genetische Systeme*: Die zentralen Subsysteme viraler genetischer Systeme können stark reduziert sein, da die Viruspartikeln eine Reihe fundamentaler Prozesse mit Hilfe von Makromolekülen der Wirtszelle ausführen (Reduplikation, Transkription, besonders Translation usw.). Im Fall des TNV-Sputniks, der ein einziges Cistron für das Hüllprotein enthält, besitzt das virale genetische System überhaupt kein zentrales Subsystem.
Die peripheren Subsysteme von Viren sind ebenfalls stark reduziert, enthalten jedoch mindestens ein Cistron, welches das Hüllprotein kodiert [2, 78].
Als *genetisches System eines Organismus* bezeichnen wir die Gesamtheit seiner zellulären genetischen Systeme sowie die Gesamtheit migrierender interzellulärer Strukturen polymeren Ursprungs, die die Wechselwirkung der zellulären Systeme gewährleisten oder andere Funktionen ausüben (Peptidhormone, proteinogene interzelluläre Induktoren der Morphogenese, Antikörper usw.)

Als *genetisches System einer Population* bezeichnen wir die Gesamtheit der genetischen Systeme der Individuen der Population als auch der migrierenden Polymerstrukturen, die genetische und andere Wechselwirkung zwischen den Individuen ausführen (DNA und Proteine der Gameten, transformierende DNA-Abschnitte, transduzierende Viren und transduzierte DNA-Fragmente usw.).
Alle Typen von Metaboliten und anderen Stoffen werden im Verhältnis zu den genetischen Systemen als äußere Faktoren betrachtet. Die genetischen Systeme der verschiedenen Ebenen befinden sich in ständiger Wechselwirkung mit den nichtgenetischen Komponenten der Zelle, des Organismus und der Umwelt (enzymatische Katalyse von Reaktionen, Stofftransport, Induktion, Repression, Aktivation und Inhibition von Enzymen durch Metabolite, Verwendung äußerer Metabolitenquellen, Ausscheidung von Metaboliten usw.) sowie mit fremden genetischen Systemen (intrazellulärer Parasitismus von Viren, Symbiose u. ä.).
Betrachten wir nun einige aus experimentellen Daten ersichtliche Besonderheiten zellulärer genetischer Systeme.

2.2. *Das Matrizenprinzip*

Die fundamentalen genetischen Prozesse basieren auf einem Matrizenprinzip [2, 3]. In bezug auf die Syntheseprozesse und die Reparatur irregulärer Polymere bedeutet das eine *lineare, sequentielle und kolineare Kontaktsynthese* an einer Polymerschablone (Matrize) nach einer bestimmten Regel der Monomerentsprechung (Code). Bei der Reduplikation von DNA und RNA, Transkription und reverser Transkription und der Reparatur erfolgt wahrscheinlich ein direkter Kontakt von Matrize und Produkt; als Code fungieren die Komplementaritätsbeziehungen (A–T, A–U, G–C). Es gibt auch Hinweise, daß die Komplementaritätserkennung mit Hilfe spezifischer Enzyme erfolgt. Bei der Translation wird der Kontakt indirekt hergestellt (über tRNA-Moleküle), als Regel der Monomerentsprechung dient der genetische Code.
Bei den Segregations- und Rekombinationsprozessen besteht das Matrizenprinzip in einem *kolinearen Kontaktvergleich* zweier linearer Matrizen (DNA) entweder in zweisträngiger (Synapsis bei der Segregation und Rekombination) oder in einsträngiger Form (Bildung von lokalen Molekularhybriden bei der Rekombination). Obwohl der eigentliche Mechanismus der molekularen Synapsis zweisträngiger DNA unbekannt ist, dient als Code wahrscheinlich die gegenseitige Erkennung gleicher Nukleotidpaarsequenzen. Im Fall von einsträngiger DNA erfolgt die Erkennung auf der Grundlage des Komplementaritätscodes.
Das Matrizenprinzip ist nicht nur eine allgemeine Eigenschaft aller realen genetischen Systeme, sondern anscheinend ihre *fundamentalste Gesetzmäßigkeit*, ohne die die Reproduktion irregulärer Polymere unmöglich wäre. L. A. Blumenfeld hat hierzu einige interessante Überlegungen angestellt (siehe auch [79]).
Stellen wir uns vor, daß genetische Systeme irreguläre Polymere (z. B. Proteine) ohne Zuhilfenahme eines Matrizenprinzips synthetisieren. Real würde dies eine *statistische Variation* von Polypeptidstrukturen bedeuten. Nehmen wir nun eine Polypeptidkette aus 100 Monomeren (bestehend aus 20 Typen) sowie sehr hohe Synthesegeschwindigkeiten und eine große Anzahl der Syntheseorte an. Weiterhin möge die Synthese in einer Oberflächenschicht der Erde von 20 km Höhe (Volumen ca. 10^{10} km^3 $\approx$ 10^{46} nm^3, also größer als das Volumen der Biosphäre) erfolgen, wobei in jedem Kubiknanometer pro

Mikrosekunde eine Variante synthetisiert werden möge. Dann könnten im Verlauf der gesamten geologischen Geschichte der Erde ($5 \cdot 10^9$ Jahre $\approx 10^{23}$ μsec) nicht mehr als 10^{69} Varianten entstehen. Polypeptidketten mit einer Länge von 100 Monomeren besitzen jedoch eine Variantenvielfalt von $20^{100} \approx 10^{130}$!
Folglich ist es selbst bei sehr hoch angenommenen Synthesegeschwindigkeiten im Verlauf der geologischen Erdgeschichte unmöglich, eine solche Zahl von Varianten zu erhalten, die die Reproduktion eines einzigen Polypeptidtyps einschlösse. Deshalb ist ein einzelnes genetisches System im Verlauf einer unvergleichlich geringen Zeitperiode und in einem geringeren Volumen nicht fähig, auf statistischer Grundlage eine Reproduktion zu gewährleisten (diese Aussage ist für beliebige Systeme gültig).
Diese Überlegungen führen uns zu folgender allgemeiner Behauptung: *Typen von genetischen Systemen, die irreguläre Polymere ohne Matrizenprinzip synthetisieren, können zumindest dann nicht existieren, wenn die Polymere aus einer genügend großen Zahl von Monomergliedern bestehen.* Dieser Behauptung kommt allgemeine naturwissenschaftliche Bedeutung zu — als *Postulat*, das sich auf die Gesamtheit aller direkten und indirekten Daten der Struktur realer und denkbarer genetischer Systeme gründet. Für die Theorie molekulargenetischer Steuersysteme kommt diesem Postulat annähernd *die gleiche fundamentale Bedeutung zu, wie z. B. dem 2. Hauptsatz der Thermodynamik für die thermodynamischen Systeme.*

2.3. Funktionsteilung zwischen Polynukleotiden und Polypeptiden

Bisher sind ca. 1000 verschiedene Enzyme und andere funktionelle Proteine bekannt [80]. Alle metabolischen Prozesse (oder die überwiegende Mehrzahl) werden mit Hilfe von Enzymen katalysiert. Als Grundlage dieser Behauptung dienen biochemische und genetische Erkenntnisse über die molekularen Prozesse in der Zelle. Deshalb können wir als weiteres Postulat, das die Polypeptidelemente genetischer Systeme charakterisiert, folgende Behauptung aufstellen: *Unter allen möglichen Polypeptiden oder ihren Aggregaten existieren potentiell Fraktionen, die spezifisch jeden beliebigen (oder fast jeden) biochemischen Prozeß katalysieren und eine entsprechende Spezifität gegenüber jedem beliebigen (oder fast jedem) Metaboliten, Polymerabschnitt oder einem anderen molekularen biologischen Objekt aufweisen.*
Diese Unbegrenztheit der funktionellen Vielfalt der Eiweiße ist nicht streng bewiesen. Sie stellt sich jedoch als sehr wahrscheinliche Hypothese — genauer: heuristisches Prinzip — dar —, das jedoch letztlich nicht bewiesen werden kann, da die Vielfalt der Polypeptide praktisch unbegrenzt ist. Die einzige Ausnahme, die die funktionellen Fähigkeiten von Polypeptiden betrifft, ist die *Unmöglichkeit der Ausübung von Matrizenfunktionen durch Proteine* — zumindest bei der Synthese genügend langer irregulärer Polymere. Die Unbegrenztheit der funktionellen Vielfalt von Polypeptiden folgt aus der chemischen und sterischen Vielfalt der Eigenschaften der Aminosäuren (Monomere). Das räumliche Mosaik der Aminosäurereste in der Tertiär- oder Quartärstruktur von Polypeptiden besitzt faktisch eine unbegrenzte Anzahl von Varianten der Zusammensetzung und der Lageveränderung für die Gewährleistung der Funktionen der Polypeptide. Basierend auf einer großen Zahl von Fakten läßt sich behaupten, daß die Tertiärstruktur (und in hohem Maße auch die Quartärstruktur) vollständig durch die Primärstruktur und die Organisation des Prozesses der räumlichen kooperativen Strukturausbildung determiniert wird (siehe 6.2., 6.3.).

Andererseits besitzen die einzelnen Monomere der Polypeptide kein System eindeutiger spezifischer Wechselbeziehungen, weder untereinander noch mit Polynukleotidmonomeren oder anderen Metaboliten. Bei Polypeptiden entstehen spezifische und andere Eigenschaften meist als Resultat eines *kooperativen Effekts, der sich nicht auf die Eigenschaft der einzelnen Monomere reduzieren läßt und nur auf der Ebene der Tertiär- und Quartärstruktur auftritt.* Eben aus diesem Grund sind Matrizeneigenschaften der Polypeptide in Syntheseprozessen irregulärer Polymere unwahrscheinlich.

Das Funktionsprinzip der Polynukleotide basiert auf einer anderen Grundlage. Die Monomere der Polynukleotide besitzen spezifische Eigenschaften in den komplementären Basenpaaren A–T, A–U, G–C. Polynukleotide sind durch die Komplementarität unbegrenzt langer Einzelketten, auf der Grundlage der Primärstrukturen und unter der Bedingung ihrer Kolinearität, gekennzeichnet. Diese Besonderheit befähigt die Polynukleotide zur Ausübung von Matrizenfunktionen in direkter Weise bei der Synthese von Polynukleotiden und indirekt bei der Synthese von Polypeptiden. Diese Eigenschaft ist nicht auf einen kooperativen Effekt der Monomere zurückzuführen, sondern unmittelbar auf die Monomereigenschaften selbst.

Die Besonderheiten der Nukleotide als Monomere schränken jedoch die Möglichkeiten zusätzlicher Funktionen der Polynukleotide, die durch ihre Primär-, Sekundär- und Tertiärstruktur bedingt werden, nicht ein. So besitzen tRNA-Moleküle eine nicht auf dem Matrizenprinzip beruhende Erkennungsfunktion für einige Polypeptide (Aminoacyl-tRNA-Synthetasen, ribosomale Proteine usw.), und einige DNA-Abschnitte (Promotoren, Operatoren, Terminatoren, Replikatoren u. a.) und mRNA-Sequenzen (Anfang und Ende von Cistrons u. ä.) werden auf Grund ihrer Sekundär- und Tertiärstruktur von entsprechenden Enzymen und „Hilfs-"proteinen erkannt. Obwohl Polynukleotide neben Matrizen- auch Erkennungsfunktionen ausüben, gibt es unter ihnen keine katalytisch aktiven Moleküle. Es ist nicht ausgeschlossen, daß diese Eigenschaft die Folge der geringeren Vielfalt der chemischen Eigenschaften der Nukleotide ist, die sich im Laufe der Evolution ausgebildet hat.

Zusammenfassend stellen wir fest: *Polypeptide können beliebige katalytische Operationen an Metaboliten, Polynukleotiden und Polypeptiden ausführen und sind zur spezifischen Erkennung dieser Objekte befähigt, jedoch nicht zur Ausübung von Matrizenfunktionen. Polynukleotide können Matrizen- und spezifische Erkennungsfunktionen ausüben, jedoch keine katalytischen Funktionen.* Dieses System von Beziehungen läßt sich durch folgendes Schema verdeutlichen:

↔ gegenseitige Spezifität, ⇝ Katalyse, → Matrizenfunktion, M — Metabolit.

Infolge dieser Einschränkungen übernehmen in allen fundamentalen genetischen Prozessen die Polynukleotide die Rolle der Matrizen; die Standardfunktionen der Verknüpfung der Monomere usw. werden von den Polypeptiden ausgeführt. Es liegt also eine „Arbeitsteilung" zwischen Nukleinsäuren und Proteinen vor. Damit wird die Möglichkeit eines fundamentalen genetischen Prozesses ausgeschlossen, in dem die Matrizenrolle für die Synthese von Polynukleotiden oder Polypeptiden von Polypeptiden übernommen würde. Ein solches System könnte nicht universell sein, d. h. durch Enzyme gewährleistet werden, die nicht den Informationsgehalt der Matrize erkennen (siehe 1.11.).[1])

2.4. *Interpunktionsprinzipien*

Interpunktionszeichen in den Polynukleotidmatrizen sind in allen Fällen relativ kurze PN-Abschnitte: Start- und Terminationstripletts von Cistrons, Promotoren, Operatoren, Replikatoren, Terminatoren, Centromer- und Telomerabschnitte. Es sind auch andere Signale der spezifischen Enzymerkennung bekannt — beim rekombinatorischen Eindringen des λ-Phagen in das bakterielle Chromosom, beim enzymatischen Bruch der kohäsiven Enden des λ-Phagen, beim Nuklease-Abbau einiger Typen von Nukleinsäuren usw. (siehe 4.4.). Die Interpunktionszeichen unterscheiden sich in Zahl, Zusammensetzung und Sequenz der Monomere und werden durch entsprechende Proteine (DNA-Polymerase, RNA-Polymerase, Nukleasen, Repressoren, Terminationsfaktoren usw.) erkannt; in einem Fall erfolgt die Erkennung in einem gemeinsamen Erkennungsakt — durch Ribosom und das Anticodon der tRNA (Initiatorcodon der Translation — AUG).
Die Interpunktionszeichen können die Größe der sie erkennenden Proteine oder Aggregate nicht wesentlich überschreiten. Das Interpunktionssystem erlaubt, die fundamentalen genetischen Prozesse effektiv zu gestalten.

2.5. *Das Verstärkerprinzip*

Eine erstaunliche Eigenschaft genetischer Systeme ist ihre Fähigkeit der Kontrolle großer Stoffmengen durch ein monomolekulares Objekt — den Genlocus. Dieser Erscheinung liegt das Matrizenprinzip der Synthese irregulärer Polymere zugrunde, das die Vervielfältigung einzelner Molekültypen erlaubt. Diese Besonderheit bezeichnen wir als *Verstärkerprinzip* (Vervielfältigung materieller Träger) [2, 81].
Bei höheren Tieren vermehrt sich die Zygote im Prozeß der Ontogenese bis zu $10^{10}-10^{15}$ Zellen (Bakterien in Klonen von $10^{8}-10^{12}$ Zellen), jede Transkriptionseinheit (bei Mikroorganismen — Operon) gibt $10-10^{2}$ und mehr mRNA-Kopien, jedes mRNA-Molekül wird $10-10^{2}$ (und mehr) mal translatiert, ein Enzymmolekül führt pro Minute durchschnittlich 10^{4} katalytische Operationen durch. Somit kann das Ausgangscistron der Zygote im Rahmen eines vielzelligen Organismus oder eines Klons gleichzeitig 10^{16} bis 10^{23} und mehr Metabolitenmoleküle kontrollieren, d. h. die Masse liegt in der Größenordnung von Molen (Avogadrosche Zahl $N = 6{,}6 \cdot 10^{23}$), also durchaus im makroskopischen Bereich.

2.6. *Das Hierarchieprinzip*

Genetische Systeme sind nach einem *Hierarchieprinzip* gebaut. Diese Besonderheit zeigt sich in verschiedenen Aspekten, die im weiteren ausführlich betrachtet werden. Die Hierarchie genetischer Systeme bezüglich der Organisationsebenen wurde schon er-

---

[1]) Eigen hat eine sehr fundierte und ausführliche Begründung für das notwendige Nebeneinander von Polypeptiden und Polynukleotiden gegeben [79] und hierbei das Konzept des Hyperzyklus entwickelt. (Anmerkung des Herausgebers).

wähnt (Virus, Zelle, Organismus, Population). In den folgenden Kapiteln werden wir der Hierarchie genetischer Funktionseinheiten (3.3), von Operonsystemen (Teil III) und teilweise der Hierarchie ontogenetischer Steuerprozesse (Teil IV) begegnen. Insgesamt gesehen, erlaubt das Hierarchieprinzip, mit relativ einfachen Mitteln komplexe Steuersysteme zu organisieren, die die Universalität der fundamentalen genetischen Prozesse und ihrer Exekutivsysteme mit der strengen Spezifität der Arbeit vieler Elemente vereinen.

2.7. *Einschränkung und strukturelle Lokalisation molekularer Funktionen*

Einzelmoleküle irregulärer Polymere — Elemente genetischer Systeme — können nur eine *sehr begrenzte Anzahl von Funktionen ausüben*: *katalytische, Erkennungs- oder Matrizenfunktionen.* Faktisch reduzieren sich diese Funktionen auf die Ausführung entweder von Einzelereignissen (Katalyse, Erkennung), oder von sehr einfachen und standardisierten Ereignissequenzen (Matrizensynthese von Polymeren). Im Abschnitt 1.12. wurden die Matrizenfunktionen irregulärer Polymere im Zusammenhang mit einer Gruppe von Typen genetischer *Funktionseinheiten,* die in mehreren genetischen Prozessen wirken, betrachtet. *Funktionelle Zentren* (*Sites*) sind Gruppen von Monomeren innerhalb der Polymermoleküle, die die direkte, spezifische (jedoch nicht matrizenartige) Kontaktwechselwirkung mit anderen Molekülen (Metaboliten, Polypeptiden, Polynukleotiden usw.) bewirken. Es läßt sich nun die Behauptung aufstellen, daß die funktionelle Vielfalt der irregulären Polymere nur durch diese zwei Typen von Strukturen gewährleistet wird. Das betrifft alle Matrizen, Interpunktionszeichen, katalytische Zentren, spezifischen Sites usw. In Polynukleotiden, deren Funktion auf der Ebene der Primär- oder Sekundärstruktur reguliert wird, werden die funktionellen Abschnitte wahrscheinlich durch kontinuierliche zusammenhängende Strangteile repräsentiert. In Polymeren, deren Funktion auf der Ebene der Tertiär- oder Quartärstruktur reguliert wird (Proteine, tRNA, möglicherweise auch rRNA u. a.), ist die Kontinuität auf der Ebene dieser Strukturen nicht Bedingung. Außerdem werden sie auf eine nicht kompakte Weise auf die entsprechenden Abschnitte der linearen Primärstrukturen projiziert.
Gleichzeitig existiert anscheinend ein allgemeines Prinzip der Teilnahme der Monomere bei der Bildung funktioneller Abschnitte irregulärer Polymere: Jedes Monomer ist Bestandteil eines (oder einer kleinen Zahl) Funktionsabschnittes des Polymers, d. h. es ist an der Determination einer nur kleinen Zahl von verschiedenen Funktionsakten des irregulären Polymers beteiligt. Die überwiegende Mehrzahl der untersuchten Fälle folgt diesem Prinzip.

2.8. *Autoreproduktion*

Betrachten wir ein beliebiges System, das wir durch die Gesamtheit seiner *Elemente* und der *Beziehungen* zwischen ihnen charakterisieren wollen. Die Gesamtheit der Beziehungen sei durch vollständige Aufzählung der Zustände des Systems, d. h. der Elemente und ihrer Wechselwirkungsbeziehungen erfaßbar. Als Beispiel der Beschreibung dieser Beziehungen dient die Aufstellung eines Automaten mittels Zustands-, Überführungs- und Ausgangstabellen.

Als *Reproduktion* des Systems bezeichnen wir die Gesamtheit der Prozesse der wiederholten Bildung all seiner Elemente und damit auch der Beziehungen zwischen ihnen mit der anschließenden räumlichen Trennung von Kopie und Original. Wir postulieren, daß diese Prozesse entweder durch *endogene* (d. h. innerhalb des Systems liegende) Mechanismen, *exogene* (d. h. außerhalb des Systems liegende) Mechanismen oder *spontan* (d. h. ohne Beteiligung irgendwelcher Mechanismen) ablaufen.

Als Autoreproduktion des Systems bezeichnen wir die *Gesamtheit aller endogenen Prozesse (spontane oder durch endogene Mechanismen ausgeführte), die das gesamte System reproduzieren und Kopie und Original räumlich trennen* (siehe auch [81]).

Unter dem Aspekt der Autoreproduktion besteht die wichtigste Besonderheit genetischer Systeme darin, daß sowohl die Matrizenelemente als auch die reproduzierenden Mechanismen aus Monomeren ein und derselben Molekülklassen (Polynukleotide und Polypeptide) bestehen. Als Resultat ergibt sich folgende Eigenschaftshierarchie der betrachteten Objekte:

Monomere werden durch endogene oder äußere Mechanismen reproduziert, ohne daß sie jedoch daran selbst (als Matrize) beteiligt wären. Die Beziehungen zwischen den Monomeren werden teilweise durch endogene Mechanismen (Polymersynthese), teilweise auch spontan reproduziert. Insgesamt gesehen existiert keine Autoreproduktion der Monomere.

Polymere werden nur durch endogene Mechanismen reproduziert; hieran ist nur eine Molekülklasse (Polynukleotide) durch die eigenen Elemente als Matrize beteiligt. Die übrigen Molekülklassen werden durch andere als Matrizen fungierende Elemente reproduziert.

Ein *genetisches System* reproduziert alle seine Elemente und die Beziehungen zwischen ihnen mit Hilfe endogener Mechanismen, d. h. es autoreproduziert sich als Ganzes.

Genetische Systeme der Zelle sind also im Rahmen der angeführten Einschränkungen und der Hierarchie der einzelnen Ebenen als *einfachste autoreproduktive Systeme* aufzufassen, die aus *nichtautoreproduktiven Komponenten* bestehen. Komplizierte Systeme, die sich aus zellulären genetischen Systemen zusammensetzen, besitzen dann automatisch autoreproduktive Bestandteile. Damit diese Systeme auch insgesamt autoreproduktiv sind, müssen die Beziehungen zwischen ihren Elementen (System der nächstniedrigen Ebene) durch endogene Mechanismen reproduziert werden.

Genetische Systeme sind einfachste Systeme, die in sich praktisch unbegrenzte Möglichkeiten struktureller und funktioneller Vielfalt und die Fähigkeit zur Autoreproduktion vereinen. Polymere besitzen lediglich eine unbegrenzte strukturelle und funktionelle Vielfalt. Den Monomeren kommt keine dieser Eigenschaften zu.

2.9. „Freiheitsgrad" der Segregation und Unentbehrlichkeit der Ontogenese

Es soll nun der Prozeß der Autoreproduktion unter topologischen und zeitlichen Aspekten betrachtet werden. Beachten wir dabei zunächst, daß die Elemente der Autoreproduktionssysteme, d. h. die Polypeptide, verschiedenartige Operationen nur im Rahmen einer bestimmten Funktionsklasse ausführen können: Katalyse, Erkennung von Metaboliten, Polypeptiden, Polynukleotiden u. ä. Einzelne Polypeptide üben dabei jeweils nur eine kleine Zahl dieser Funktionen aus (siehe 2.7.). Diese Einschränkung muß besonders im Fall sehr komplizierter Autoreproduktionsmechanismen beachtet werden.

Kompliziertere Funktionen sind ohne räumliche und zeitliche Koordination der Arbeit von Polypeptid- und Polynukleotidfraktionen nicht ausführbar.
Dies ist jedoch nicht die einzige erforderliche Einschränkung. Betrachten wir die denkbaren Varianten der Bildung autoreproduktiver Systeme. Die Elemente des Systems sollen durch Kontakt mit bereits vorhandenen identischen Elementen reproduziert werden; das System der Beziehungen zwischen den Systemelementen formiert sich ebenfalls im Prozeß dieses Kontakts. Die Beziehungen zwischen den Elementen mögen struktureller Art sein. Räumlich ist die Bildung ein-, zwei- und dreidimensionaler Strukturen möglich; dies führt dazu, daß nicht alle Systeme räumlich getrennt werden können; die zur Trennung fähigen Systeme weisen verschiedene „Freiheitsgrade" der Segregation auf.
Es seien zunächst im topologischen Sinne lineare Strukturen betrachtet, d. h. solche, bei denen die Elemente in linearen (eindimensionale Strukturen) Ketten verbunden sind; die Form der Ketten hat hierbei keine Bedeutung. Im dreidimensionalen Raum besitzen solche Strukturen zwei freie Koordinaten für eine Trennung ohne Zerstörung der Bindungen; die Trennung entlang der dritten Koordinate wird durch Wechselwirkungen der kontraktierenden Kettenelemente erschwert.
Zweidimensionale Strukturen können ebenfalls ohne Zerstörung der Bindungen getrennt werden, jedoch ist hier nur noch eine freie Koordinate vorhanden; die Trennung entlang der anderen beiden wird durch Wechselwirkung der kontraktierenden Kettenelemente eingeschränkt. In diesem Fall ist die Trennung zwar möglich, aber gegenüber eindimensionalen Ketten erschwert, d. h. für die Realisierung der Trennung ist eine bedeutend strengere Organisation des Prozesses erforderlich.
Dreidimensionale Strukturen können ohne die zumindest zeitweilige Zerstörung der strukturellen Bindungen *räumlich nicht getrennt* werden. Wenn die aufgelösten Bindungen nicht wiederhergestellt werden, deren Existenz jedoch unerläßlich für die Funktion ist, liegt also eine *Unverträglichkeit der Trennungsfähigkeit mit der Dreidimensionalität* vor.
Grundelemente autoreproduktiver Systeme sind lineare (nach dem Bauprinzip aus Monomeren bestehende) Polynukleotide und Polypeptide. Besonders wichtig ist die Segregation der Chromosomen. Da die autoreproduktiven Systeme (der Zelle, des Organismus) dreidimensional sind, können sie nicht ohne zeitweilige Aufhebung struktureller Bindungen reproduziert werden. Als Bedingung ihrer Autoreproduktion gilt deshalb die (vorübergehende) Bildung zweidimensionaler Strukturen; nach der Trennung in dieser Form erfolgt anschließend die erneute Ausbildung der Dreidimensionalität. Dies bleibt auch dann richtig, wenn einige Elemente zusammen mit anderen Elementen (Polypeptide) reproduziert werden können. Für die Autoreproduktion dreidimensionaler Systeme ist also die Trennung der Elemente bis hin zur Ausbildung der Bindungen zwischen ihnen erforderlich. Der „Freiheitsgrad" der Trennung ist um so höher, je geringer die Dimensionalität der zu trennenden Strukturen ist. Die einfachste Variante eines solchen Prozesses ist die *Trennung linearer Elemente, die die notwendige und hinreichende Information über die Struktur der Elemente und über den Prozeß der Bildung der Beziehungen zwischen ihnen besitzt.* Dieser Prozeß betrifft die Segregation von Chromosomen. Es ist also eine räumlich-zeitliche Organisation des Autoreproduktionsprozesses notwendig. Dieser Prozeß ist in die Bildung und Trennung linearer Elemente, die Bildung der übrigen Elemente und die Ausbildung der Beziehungen zwischen ihnen gegliedert.
Die Gesamtheit der zur Autoreproduktion eines Systems gehörenden Prozesse werden wir im weiteren als Ontogenese bezeichnen. Der zeitliche Ablauf der ontogenetischen Ereignisse oder Operation wird im Erbgut als genetisches Programm der Ontogenese

(*partiell*, Anm. d. Hrsg.) gespeichert.[1]) Die räumlich-zeitliche koordinierte Ontogenese ist somit die Organisationsform der Autoreproduktion.

---

[1]) Eine andere Möglichkeit besteht darin, daß sich der Ablauf der Ontogenese *autonom* aus der Wechselwirkung zwischen den interaktierenden Systemen (1) genetisches System (DNA, genetischer Speicher) und (2) metabolisches System (Metabolitenpool) ergibt, ohne daß ein Überprogramm zum Aufruf spezieller Genexpressionsmuster direkt in der DNA bzw. RNA abgespeichert ist (BELLMANN, K., Literatur zum Anhang [1]. (Anmerkung des Herausgebers).

Kapitel 3: Allgemeine Eigenschaften genetischer Steuersysteme

3.1. Genetische Systeme als Steuersysteme

Die Behandlung genetischer Systeme der verschiedensten Ebenen als Steuersysteme geht auf Arbeiten von A. A. LJAPUNOW und S. W. JABLONSKIJ [83 bis 85] und I. A. POLETAJEV [86] zurück.

Jedes Enzym — unter energetischem bzw. physikalischem Aspekt betrachtet — fungiert als limitierender Faktor in einer entsprechenden biochemischen Reaktion, d. h. es kann als elementarer metabolitischer Regulator beschrieben werden. Die funktionellen Eigenschaften der Proteine und Nukleinsäuren hängen von ihrer Primärstruktur ab. Die Primärstrukturen der Polypeptide und bestimmter Polynukleotidfraktionen stehen kolinear über eine Codebeziehung miteinander in Verbindung. Die Vielfalt der Primärstrukturen der Polymere reduziert sich auf ihre Länge und Zusammensetzung sowie auf die Sequenz der Monomere. In genetischen Systemen existieren Subsysteme mit Rückkopplungen. Außerdem ist eine zeitlich-räumliche Koordination der Genexpression gegeben. Schließlich erfolgt eine Vervielfältigung der materiellen Träger genetischer Eigenschaften auf vielen Ebenen.

Wenn wir die genetischen Systeme bis zu den niedrigsten strukturellen und Informationsgliedern, die eine genetische Rolle spielen, aufgliedern, ergeben sich als *genetische Elementarstrukturen* die Monomere der Polynukleotide und Polypeptide (in freier Form sowie als Bestandteile der irregulären Polymere) und als *genetische* Elementarereignisse die Operationen an einzelnen elementaren genetischen Strukturen (Einbau in Polymere, Freisetzung, Modifikationen, Substitution, Austausch usw.). Alle beliebigen, an irreguläre Polymere gebundenen Prozesse lassen sich nun auf solche genetischen Elementarereignisse zurückführen.

Die Stickstoffbasen der Polynukleotide wollen wir als Speicherzellen (im Sinne von „Gedächtniszellen") betrachten, die sich in vier Zuständen befinden können: A, (TU), G, C. Die Aminosäuren in den Polypeptiden betrachten wir als Speicherzellen, die 20 verschiedene Zustände einnehmen können; die Benennung folgt der Bezeichnung der Aminosäuren. Die geordnete Gesamtheit der Speicherzellen beider Typen möge als das „*Gedächtnis*" des genetischen Systems bezeichnet werden.

Die materiellen Träger des Gedächtnisses können entsprechend der physikalischen Unterschiede ihrer Alphabete in 3 Klassen eingeteilt werden: DNA, RNA und Polypeptide. Für jedes genetische System wählen wir im Rahmen dieser Klassen eine Menge von Zuständen des Gedächtnisses oder *Nachrichten.* Zwischen den Nachrichtenmengen möge eine bestimmte gegenseitige Entsprechung existieren, die nicht eindeutig zu sein braucht. In diesem Falle können wir davon sprechen, daß eine bestimmte Nachricht der einen Menge eine *passive genetische Information* über die ihr entsprechende Nachricht der anderen Menge enthält.[1])

[1]) siehe Seite 38

Betrachten wir nun eine Menge von Funktionen, die unmittelbar von irregulären Polymeren ausgeführt werden können: Katalyse, Erkennung Matrizenfunktionen usw. Es möge weiterhin eine gegenseitige Entsprechung zwischen der Menge der Funktionen und der Nachrichtenmenge existieren. In diesem Fall enthält eine einzelne Nachricht eine *aktive genetische Information* (semantische Information) über die ihr entsprechenden Funktionen; in diesem Sinne sind diese Funktionen *im genetischen Gedächtnis gespeichert*. Konkrete Formen der genetischen Informationsspeicherung werden im Teil III behandelt.

Die Prozesse der Synthese materieller Gedächtnisträger wollen wir als *Transkodierung passiv genetischer Information* bezeichnen. Die mit einer Vervielfältigung der materiellen Träger verbundenen Prozesse entsprechen einer *Verstärkung*, die Abbauprozesse einer Schwächung des genetischen Informationsflusses; im Grenzfall liegt eine *organisierte Löschung* der genetischen Information aus dem Gedächtnis vor. Der Mutationsprozeß kann als *zufällige Veränderung oder Verlust* der genetischen Information aufgefaßt werden. Reparaturmechanismen wirken unter Verwendung von Duplikaten der materiellen Träger diesem Prozeß aktiv entgegen.

Für die verschiedenen Fraktionen der materiellen Gedächtnisträger existieren charakteristische Zerfallszeiten. Auf der Grundlage dieser Zeiten läßt sich ein *Langzeit-* (Halbwertzeit liegt nicht unter der Zeit eines Zellzyklus) und ein *operatives* (Halbwertszeit um vieles geringer als die Zeit eines Zellzyklus) Gedächtnis unterscheiden.

Als *Erbgedächtnis* (Erbmaterial) wollen wir die Gesamtheit der Nachrichten bezeichnen, deren materielle Träger zur Reduplikation fähig sind: DNA, in seltenen Fällen RNA von

---

[1]) Eine andere Möglichkeit zur Formalisierung der genetischen Informationsverarbeitung ist die Anwendung des Sender-Kanal-Empfänger-Modells aus der Nachrichtentechnik. Der genetische DNA-Speicher, der die elementaren Informationen zur Steuerung der Ontogenese enthält, entläßt mittels Transkription ein vom Speicherzustand (binäres Ablesemuster) abhängiges Ensemble von Signalen (Nachrichten), die materiell als m-RNA realisiert sind (Signaltyp 1 ohne Empfängerspezifität). Es erfolgt als Kanalprozeß eine Umkodierung (Translation) der in den Signalen vom Typ 1 enthaltenen Information in ein Protein (Signaltyp 2 mit Empfängerspezifität; Enzym). Dieses Signal wird von einem entsprechenden Metabolitenmolekül (dem Empfänger) akzeptiert und verarbeitet, d. h. unter dem Einfluß der proteinisierten Information erfolgt beim Empfänger eine Strukturwandlung (Entstehen des Reaktionsproduktes) derart, daß der auf Grund der verarbeiteten Information gewandelte Empfänger andere (physikochemische) Verhaltensweisen zeigt als vorher. Damit realisieren sich im epigenetischen System auf molekularer Ebene alle diejenigen Vorgänge der Informationsverarbeitung, die auch bei Kommunikationsprozessen zwischen hoch entwickelten Organismen typisch sind: (1) Auswahl der Information beim Sender, (2) Kodierung der Information in empfängerspezifische Signale, (3) Übertragung mittels eines materiellen Trägers in einem Informationskanal (dort auch weitere Kanalprozesse wie Informationsstorage oder -vernichtung sowie Modifikation der Empfängerspezifität), (4) Akzeptieren des Signals durch den Empfänger (mit spezifischen „Erkennungsleistungen"), (5) Verarbeitung der Information mit dem Resultat, daß (6) eine Strukturwandlung beim Empfänger eintritt und dieser (7) dadurch ein anderes Verhalten auf Umwelteinflüsse zeigt als vor dem Empfang und der Verarbeitung der Information. Eine Besonderheit im molekularen Bereich ist u. a., daß das Signal nach der unter seinem Einfluß stattgefundenen Strukturwandlung vom Empfangssystem abgetrennt wird und unverändert (bis es abgebaut ist) die innewohnende Information einem neuen Empfänger vermittelt. Näheres, auch in Zusammenhang mit der formalen Darstellung der intrazellulären Differenzierung als Resultat der Wechselwirkung zwischen zwei abstrakten Automaten (genetischer Speicher, Metabolitenpool), siehe Bellmann, K., Literatur zum Anhang [1] (Anmerkung des Herausgebers).

Viren und Phagen. Die Strukturen des Erbmaterials gehören faktisch stets dem Langzeitgedächtnis an. *Arbeitsgedächtnis* wollen wir die Gesamtheit aller übrigen Nachrichten, deren materielle Träger nicht zur Reduplikation befähigt sind, nennen. In dieser Gruppe gibt es relativ kurzlebige (mRNA, Proteine) wie auch langlebige Träger.
Wir wollen eine Menge von Paaren und komplizierten Kombinationen genetischer Nachrichten betrachten. Diese Menge möge einer Funktionsmenge entsprechen. Die Prozesse der realen Wechselwirkung (direkte und indirekte) irreguläre Polymere während ihrer Funktionsfähigkeit bezeichnen wir als *genetische Informationsverarbeitung*. Es lassen sich drei Gruppen von Verarbeitungsprozessen unterscheiden: 1. Prozesse der Metabolismussteuerung in peripheren Subsystemen (siehe Teil III); 2. Prozesse der Reproduktionssteuerung (Teil IV) und 3. Prozesse der statistischen genetischen Informationsverarbeitung. Zur letzten Gruppe zählen der Rekombinationsprozeß, die zufallsbedingte Trennung der Chromosomen bei der meiotischen Segregation und die zufallsbedingte Formierung des Erbmaterials von Zygoten aus Gameten. Diese Prozesse werden durch eine Reihe von Mechanismen des genetischen Systems ausgeführt (siehe 3.2.) und erfolgen unter Einhaltung der Vollständigkeit der Sätze der zu kombinierenden Nachrichten.
Prozesse der räumlichen Migration materieller Träger (Transport von mRNA, DNA-Fragmenten, Gameten usw.) als auch den Segregationsprozeß betrachten wir als *genetische Informationsübertragung*. Eine besondere Rolle spielt die Organisation der Informationsübertragung beim Erbvorgang, wo die Vollständigkeit des Duplikats des Erbmaterials, das den Nachkommen übertragen wird, vorrangige Bedeutung gewinnt.
Somit können genetische Steuersysteme vollständig durch den Apparat des genetischen Gedächtnisses erfaßt werden. Von pathologischen Abnormitäten abgesehen, enthält das Arbeitsgedächtnis genetischer Systeme keine Nachrichten, die nicht im Erbmaterial (Erbgedächtnis) enthalten wären. Im Prozeß der Ontogenese entstehen wahrscheinlich keine Nachrichten, die in direkter oder fragmentarischer Form im Erbmaterial fehlen.
Die Zustände des genetischen Gedächtnisses lassen sich nach einem operationalen Kriterium in *kodierende* (genetische Information mit einer Semantik, d. h. aktive Information) und *nichtkodierende* (keinen Sinn enthaltende) Zustände unterteilen. Wenn sich nach Einführung oder Entfernung einer Fraktion eines Nachrichtenträgers aus einem genetischen System die Funktionen dieses Systems verändern, so liefert diese Nachricht eine genetische Information für das genetische System. Das gilt auch dann, wenn diese Nachricht zur Löschung der gesamten genetischen Information der Zelle (lytische Enzyme) führt.

3.2. Prozeßtypen

Es sollen nun die Besonderheiten der Gesamtheit von Informationsprozessen in zellulären genetischen Systemen betrachtet werden (s. Abb. 1).
Von den neun denkbaren Prozessen der Transkodierung zwischen drei Klassen von materiellen Trägern des genetischen Gedächtnisses treten in den meisten zellulären genetischen Systemen nur drei auf (DNA → DNA, DNA → RNA, RNA → Protein), zwei Prozesse (RNA → DNA und RNA → RNA) kommen nur in mit RNA-Viren infizierten Zellen vor, die übrigen vier (DNA → Protein, Protein → DNA, Protein → RNA, Protein → Protein) existieren nicht [87, 88]. Die realen Transkodierungsprozesse werden von entsprechenden Exekutivsystemen ausgeführt, die als notwendige Komponenten bestimmte Polypeptidfraktionen enthalten. Die Nachrichten sind in einer für die Funk-

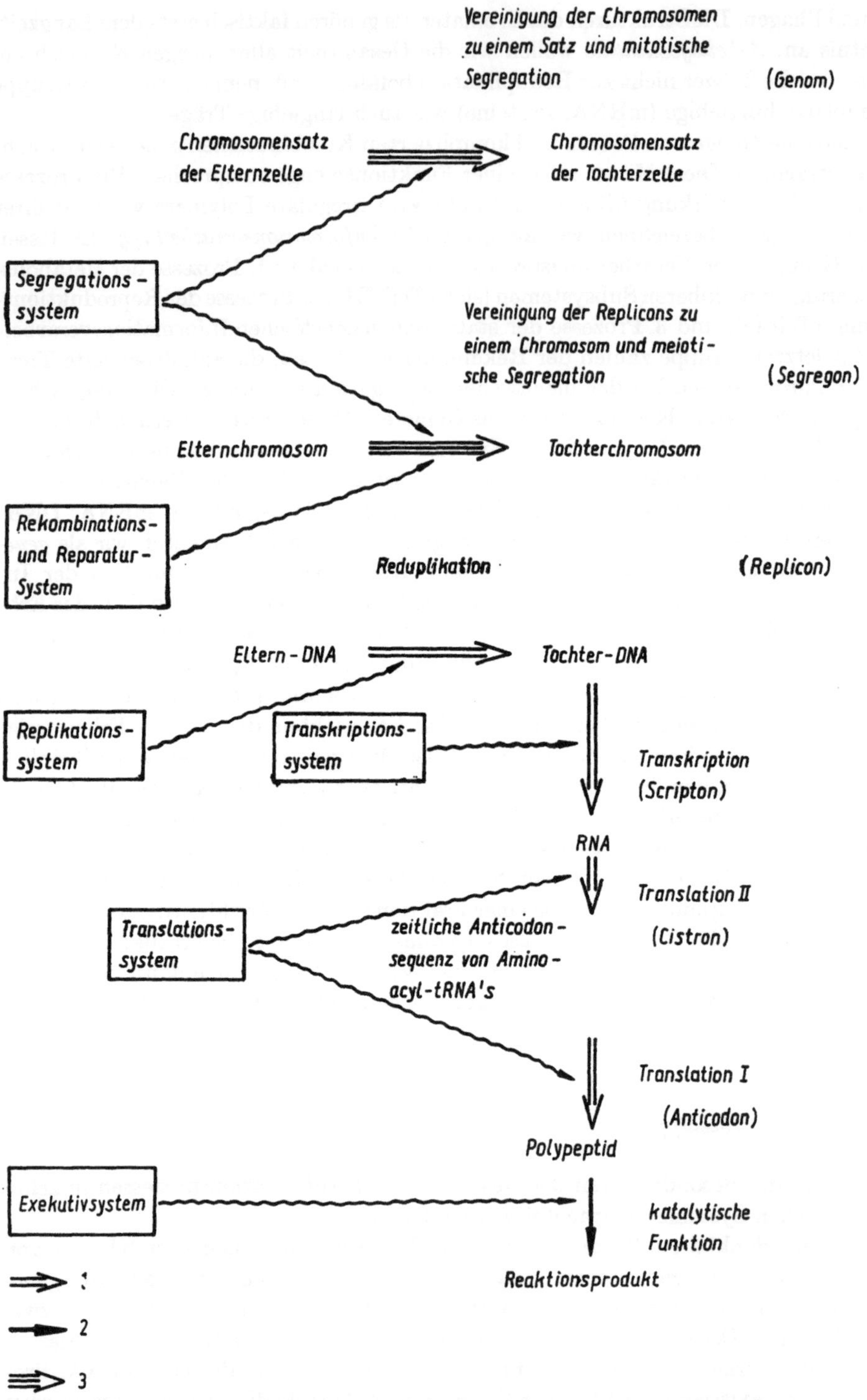

Abb. 1. Schema der Transkodierungsprozesse (1), Ausführungsprozesse (2), Prozesse der Transkodierung mit anschließender Übertragung (3), der diese Prozesse ausführenden Systeme und der beteiligten genetischen Funktionseinheiten in zellulären genetischen Steuersystemen.

tionsausübung geeigneten Form verschlüsselt. Wie bereits ausgeführt (1.11.), besitzen diese Exekutivsysteme *universellen Charakter*, d. h. sie üben ihre Funktionen in standardisierter Weise unabhängig vom Informationsgehalt der von ihnen verarbeiteten Nachrichten aus. Andererseits erfolgt die Transkodierung selbst auf Matrizengrundlage, basierend auf der geordneten Struktur der Polynukleotidnachrichten.
Die Seltenheit der Transkodierungsprozesse RNA → DNA und RNA → RNA erklärt sich durch die geringe Verbreitung genetischer Systeme, in denen das Erbmaterial durch RNA-Moleküle realisiert ist, und durch das Fehlen von entsprechenden Transkodierungssystemen in den anderen genetischen Systemen. Die Möglichkeit einer Transkodierung DNA → Protein ist formal nicht auszuschließen; daß sie dennoch nicht existiert, ist auf das Fehlen eines entsprechenden Exekutivsystems zurückzuführen.
Andere Ursachen hat die Nichtexistenz der Transkodierungsprozesse Protein → RNA, Protein → DNA und Protein → Protein. Wie bereits erwähnt (siehe 2.3.), sind Polypeptide anscheinend *nicht fähig, in universellen Transkodierungssystemen Matrizenfunktionen auszuüben*. Da die Monomere der Polypeptide weder untereinander noch mit Nukleotiden Paarbeziehungen (oder kompliziertere Wechselbeziehungen) ausbilden, wäre für Polypeptidmatrizen ein Transkodierungssystem erforderlich, das jedes Monomer erkennt, d. h. es würde weder standardisiert noch universell und mit einem sehr aufwendigen Apparat arbeiten.
Eine wichtige Besonderheit weist die Translation auf, wenn man sie als Transkodierungsprozeß betrachtet. Faktisch haben wir es hier mit zwei Informationsprozessen zu tun, die wir als Translation I und II bezeichnet haben. Die Translation I ordnet die Gesamtheit der migrierenden *Codonsignale* (materielle Träger — Aminoacyl-tRNA), die die Beziehung zwischen dem Anticodon der tRNA und der Aminosäure determinieren. Die Translation II stellt eine Transkodierung der räumlich-linearen Sequenz von Speicherzellenzuständen (mRNA) in eine *zeitliche Sequenz* von migrierenden Signalen (Anticodons der tRNA) dar, die infolge der vorangegangenen Translation lokal und synchron in eine räumliche Sequenz (Polypeptid) transkodiert wird. In genetischen Steuersystemen gibt es *keine Registriersysteme, die eine Speicherung durchführen, d. h. eine Transkodierung instabiler Zustände irgendwelcher dynamischer Prozesse in das Zustandsalphabet des genetischen Gedächtnisses, also in genetische Nachrichten.* Dies gilt sowohl für intrazelluläre als auch für äußere Prozesse. Mit anderen Worten: in den Zellen gibt es keinerlei physikalische Strukturen und Prozesse, die eine genetische Information enthielten — außer den erwähnten materiellen Trägern des genetischen Gedächtnisses. Andererseits bedeutet das, daß *keinerlei äußere Ereignisse oder Signale anderer physikalischer Natur gespeichert bzw. in Zustände* des genetischen Gedächtnisses transkodiert werden können. Die einzige Ausnahme bilden Nachrichten, die bereits in solchen materiellen Trägern gespeichert sind, und zwar in einer Form, die den materiellen Trägern und dem Code der Rezipientenzelle, in die diese Nachrichten eindringen, entsprechen bzw. identisch sind. Dafür sind jedoch keine speziellen Aufnahme- und Transkodierungssysteme notwendig. Hierdurch werden jedoch andere Signalprozesse oder Strukturen nicht ausgeschlossen, die zu Wechselwirkungen mit den materiellen Trägern des genetischen Gedächtnisses fähig sind und an der genetischen *Informationsverarbeitung* teilnehmen.
Als Matrizenprozesse muß auch der auf Matrizengrundlage verlaufende Einbau neu synthetisierter Replici (DNA-Fragmente) in ein Segregon (Chromosom) und von Segregons in das Genom (Chromosomensatz der Zelle) betrachtet werden (siehe Abb. 1). Diese Prozesse sind für die Segregation (Weitergabe der genetischen Information an die Tochterzellen) notwendig und gehen ihr voraus. Die zu reproduzierende Sequenz der

Speicherzellen codiert in diesem Fall keinerlei andere Funktionen als die Möglichkeit der gemeinsamen Segregation selbst.

3.3. Hierarchie der Transkodierungsprozesse

Im System der Transkodierungsprozesse und der genetischen Informationsübergabe kann man jedem Prozeß einen Typ von genetischen Funktionseinheiten (Nachrichten) zuordnen, deren Interpunktion im jeweiligen Prozeß repräsentiert wird (s. Abb. 1):

Prozeß	*Einheit* (Interpunktionszeichen)
mitotische Segregation	Genom (Zentriole)
meiotische Segregation	Segregon (Zentromer, Telomer)
Replikation	Replicon (Replikator, Terminator)
Transkription	Scripton (Promotor, Terminator)
Translation II	Cistron (Initiator- und Terminator-Tripletts)
Translation I	Anticodon

Die angeführten Nachrichtentypen und Informationsprozesse stellen ein *Hierarchieprinzip* dar. In den materiellen Trägern kann die Interpunktion der Nachrichten der höheren Ebene *nicht durch die Interpunktion der Nachrichten der niedrigen Ebenen erfaßt werden.* Diesen Sachverhalt wollen wir als *Einschlußprinzip* bezeichnen. In Tabelle 1 sind die Resultate der Anwendung des Einschlußprinzips auf die oben angeführten Nachrichtenebenen zusammengefaßt. Wir setzen voraus, daß alle Nachrichtenebenen existieren und distinkt sind. Für Replicon, Scripton und Cistron sind die Resultate des Einschlußprinzips leicht ersichtlich. Einige Einschränkungen sind für den untersten und die zwei oberen Nachrichtenebenen zu machen. Codons besitzen überhaupt keine Interpunktion. Für ihr Enthaltensein in einer unteren Ebene genügt, daß sie durch die Interpunktion beliebiger anderer Ebenen erfaßt werden. Das Segregon besitzt eine begrenzende Interpunktion (Telomere), die die physikalische Kontinuität des materiellen Trägers unterbricht; deshalb kann die Segregoninterpunktion durch keine der übrigen Interpunktionen erfaßt werden. Für das Genom der Zelle kann man als eine der Einschluß-

Tabelle 1

Auf dem Einschlußprinzip basierende Hierarchie der genetischen Funktionseinheiten. + keine Störung der Interpunktion; — Verlust der Interpunktion der erfassenden Nachricht unter Beibehaltung der Interpunktion der erfaßten Nachricht.

Erfaßte Nachricht	Erfassende Nachricht					
	G	S	R	Sc	C	Co
Genom (G)	+	—	unmöglich	unmöglich	unmöglich	unmöglich
Segregon (S)	+	+	„	„	„	„
Replicon (R)	+	+	+	—	—	„
Scripton (Sc)	+	+	+	+	—	„
Cistron (C)	+	+	+	+	+	„
Codon (Co)	+	+	+	+	+	+

operation äquivalente Prozedur eine *Unterordnung* der Erkennungssignale wählen. Zentromer und Zentriole sind als Erkennungssignale an ein und dasselbe Element des Segregationsapparates (Spindelfaser) gebunden, aber nicht gleichwertig. Die Zentriole verbindet und orientiert eine Gruppe von Fasern, das Zentromer hingegen nur eine Faser. Im System der Transkodierungsprozesse und der Übergabe der genetischen Information

$$\text{DNA} \rightarrow \text{DNA} \rightarrow \text{RNA} \rightarrow \text{Enzym} \rightarrow \text{Reaktionsprodukt}$$

erfolgt während jedes Schrittes infolge der Vervielfältigung der materiellen Träger eine Verstärkung der genetischen Information.
Bei den hier aufgeführten Prozessen der Transkodierung und Informationsübertragung können Fehler auftreten, die sich während der folgenden Schritte manifestieren. Wir wollen deshalb versuchen, die Zuverlässigkeit (Genauigkeit) der Transkodierung (und Übertragung) der nichtdefekten materiellen Träger auf jeder Etappe zu charakterisieren. Die Zuverlässigkeit ist eine Funktion der Verdopplungsakte und der Zahl der entstehenden nichtdefekten reduplizierten Träger.
Die Informationsprozesse und genetischen Nachrichten jeder Ebene besitzen ihre bestimmten Fehlerquellen und auch Vervielfältigungsmechanismen, die die Zuverlässigkeit der einzelnen Prozesse erhöhen:

Mitotische Segregation: Fehler in der Vollständigkeit der Chromosomensätze während der Mitose, führen zu Polyploidie.
Meiotische Segregation: Fehler in der Vollständigkeit der Segregons, führen zu Deletionen, Umbauten und Defekten bei der Trennung während der Meiose sowie zu *Bichromatiden* konjugierender Chromosomen in der Meiose.
Reduplikation: Reduplikationsfehler in einem der Stränge, führen zu Zweisträngigkeit der DNA, wodurch Reparaturmechanismen arbeiten können.
Transkription: Transkriptionsfehler, führen zu *vielfacher Transkription* und Vervielfältigung von Scriptons.
Translation II: Fehler bei der Codon-Anticodon-Erkennung, führen zu vielfacher Translation II und Vervielfältigung von Cistrons.
Translation I: Fehler bei der Aktivation der tRNA, führen zu Vervielfachung der tRNA-Synthese- und Aktivationsakte und von tRNA-Loci.

Die Reduplikationsprozesse und die meiotische Segregation bilden die Hauptprozesse bei der Reproduktion und der Vererbung der genetischen Information. In diesen Fällen werden auf der Grundlage der Vervielfältigung der materiellen Träger des Gedächtnisses aktive Systeme wirksam, die eine Reihe von Defekten beseitigen: das Reparatursystem für Einstrangdefekte, Reduktion unvollständiger Gameten, die infolge von Chromatidenaberrationen bei der Rekombination auftreten, u. a.

3.4. Stabilität von Autoreproduktionssystemen und Subsystemen der Reproduktion

Als stabil im weiteren Sinn wollen wir ein System bezeichnen, dessen wesentliche Systeme oder Regimes sich stabil gegenüber einem genügend breiten Spektrum von Störungen und Veränderungen der Parameter und konstruktiven Besonderheiten des Systems verhalten (siehe auch [89]). In jedem Spezialfall kann diese Aussage konkretisiert werden.

Die Forderung, daß die betrachteten Autoreproduktionssysteme und ihre diversen Subsysteme diesem Stabilitätsprinzip gehorchen sollen, wird durch folgende Überlegungen motiviert: Zelluläre makromolekulare Systeme sind stets stochastische Systeme, da sie in bestimmten Teilen stets eine Anzahl von Molekülen (z. B. DNA-Loci) enthalten; aus diesem Grund sind sie statistischen endogenen Fluktuationen unterworfen. Außerdem ist es unmöglich, stets alle äußeren Faktoren zu berücksichtigen, die das System beeinflussen. Jeder Zustand und jedes Funktionsregime können nur dann langzeitig existieren, wenn auftretende Störungen beseitigt oder repariert werden oder nur von schwachem Einfluß sind.
Folgende Stabilitätsvarianten sind von Interesse:

a) Synonymie genetischer Nachrichten — Existenz einer Vielzahl von äquifunktionalen Nachrichtenvarianten.
b) Existenz einer Vielzahl von äquifunktionalen Varianten von Subsystemen der genetischen Steuerung.
c) Stabilität der Regimes und solcher Eigenschaften der betrachteten Systeme, die von den elementaren Strukturelementen des Systems abhängen.

Systeme in verschiedenen Varianten σ. g. Typs dürften eine relativ große Existenzdauer besitzen; sie sind auch bezüglich ihrer Reproduktion und Evolution begünstigt.

Teil II: Genetische Sprache

In diesem Teil soll eine genaue Beschreibung und Analyse der Informationsstrukturen des genetischen Speichers erfolgen. Dabei sollen insbesondere die allgemeinen und konkreten Regeln für die Bildung von Zeichenketten aus elementaren Bausteinen analysiert werden. Als durchgängig anwendbares Analogon wird die Linguistik verwendet, die diese Aufgabe in bezug auf die natürlichen und formalen Sprachen erfüllt.

Kapitel 4: Allgemeine Charakteristik der genetischen Sprache

4.1. Definition der genetischen Sprache

In Übereinstimmung mit der von Chomsky und Miller [91] gegebenen Definition soll eine Sprache als eine abzählbare Menge von Sätzen bzw. Zeichenstrukturen bezeichnet werden, die eine endliche Länge haben und aus einer endlichen Menge von Elementen mit Hilfe von Verknüpfungsoperationen erzeugt werden. Jede Sprache besitzt ein *Alphabet* (eine Menge von Elementen), eine *Grammatik* (eine endliche Menge von Regeln, mit denen alle Sätze der Sprache erzeugt werden können) und eine Menge von *Interpunktionszeichen* oder Zeichenketten des Alphabetes, die die Funktion der Interpunktion erfüllen.

Als genetische Sprache soll eine Menge von kodierenden Zuständen des genetischen Speichers (Nachrichten oder genetische Texte, die eine Information mit einer bestimmten Bedeutung enthalten) bezeichnet werden, die real existierenden oder potentiell möglichen kodierenden Polymeren in den genetischen Systemen aller Lebensformen auf der Erde entsprechen. Das natürliche Alphabet der genetischen Sprache bilden auf der Ebene der Polynukleotide Adenin, Thymin oder Uracil, Guanin und Cytosin sowie auf der Ebene der Polypeptide die 20 Aminosäuren. Sie belegen die Speicherzellen des genetischen Speichers. Die Existenz von Interpunktionszeichen (z. B. Terminatoren, d. Hrsg.) scheint gesichert zu sein, und in vielen Fällen ist sogar ihre Struktur bekannt. Die formalen Regeln für die Erzeugung von kodierenden Nachrichten sind in der Mehrzahl der Fälle unbekannt, da aber ihre Existenz nachgewiesen ist, kann von der realen Existenz einer genetischen Sprache gesprochen werden.

Die genetische Sprache realisiert sich in zwei Formen: als genetische Sprache der Polynukleotide und Polypeptide. Bei beiden Formen der genetischen Sprache werden die Nachrichten durch *lineare* Verknüpfung von Zeichen des entsprechenden Alphabetes zu Zeichenketten gebildet. Chemisch entspricht der materiellen Realisierung der Zeichenverkettung die Bildung einer Phosphodiester bzw. Peptidbindung.

4.2. Polynukleotid-Sprache

Im weiteren sollen einige allgemeine Charakteristika der ***polynukleotidischen Form*** der genetischen Sprache (kurz der PN-Sprache) betrachtet werden. Die Zeichenketten und Interpunktionszeichen werden ***nur aus Buchstaben des Alphabets*** gebildet und enthalten keine weiteren Elemente. Das Vorhandensein paarweiser komplementärer Entsprechungen zwischen den Buchstaben des Alphabets (A–T, A–U, G–C) ermöglicht es, daß für jede Nachricht in der PN-Sprache auch ihr Komplement stehen kann. Aus der Existenz hierarchisch strukturierter genetischer Einheiten (siehe 1.12.) folgt, daß die genetische Sprache mindestens sechs Ebenen besitzt, die den definierten Ebenen der genetischen Nachrichten entsprechen. Diese Ebenen bezeichnen wir als die Ebenen der Codons, Cistrons, Scriptons, Replicons, Segregons und der Genome. Jede Ebene wird durch eine definierte Menge von Elementen (Wortschatz), Interpunktionszeichen und Regeln für die Bildung von Zeichenketten (Grammatik) charakterisiert. Die Zeichenketten einer Ebene bilden in der Regel die Elemente der nachfolgenden Ebene der PN-Sprache. In 1.12. und 3.3. wurden die funktionalen Einheiten der verschiedenen Ebenen und die zwischen ihnen bestehenden hierarchischen Beziehungen definiert, hauptsächlich auf die Eigenschaften der Interpunktionszeichen gestützt. Es muß betont werden, daß sich eine Nachricht einer bestimmten Ebene in der Mehrzahl der Fälle aus linear angeordneten Nachrichten der vorangegangenen Ebene unter Einschluß der Interpunktionszeichen ergibt. So sind die Codons immer aus den Buchstaben des Alphabetes aufgebaut (ohne Interpunktionszeichen) und die Cistrons aus Codons. Scriptons können außer den Cistrons und Interpunktionszeichen auch *Spacer* enthalten. Das sind nichtkodierende Trenn- und Endabschnitte (Terminatoren). In einigen Fällen enthalten die Scriptons keine Cistrons und Codons; das betrifft die Scriptons der rRNA und tRNA. Replicons bestehen hauptsächlich aus linear angeordneten Scriptons; manchmal können aber auch Interpunktionszeichen der Replicons im Inneren eines Scriptons lokalisiert sein (zum Beispiel beim Phagen λ und anderen Phagen, siehe 12.2.). Mit anderen Worten, es wird die Interpunktion der Scriptons nicht unbedingt durch die Interpunktion der Replikons erfaßt. Wenn dabei die Prozesse der Transkription und Replikation nicht gestört werden, kommt es zu keinen negativen Auswirkungen. Die hierarchischen Ebenen der PN-Sprache zeichnen sich durch einige charakteristische Besonderheiten aus. Weiter oben wurde bereits gezeigt (siehe 1.1.), daß sich das Vorhandensein linearer Anordnungen von Buchstaben der entsprechenden Alphabete als ein grundsätzlicher Wesenszug der Kodierung erweist. Im hierarchischen System der PN-Sprache *verringert sich die funktionale (semantische) Rolle der Kodierung über lineare Anordnungen gesetzmäßig mit der Höhe der Ebene der genetischen Nachrichten.*

Auf der Ebene der *Codons* definieren Zusammensetzung und Reihenfolge der Basen vollständig die Funktion (die Bedeutung) der Zeichenketten (Tripletts). Auf der Ebene der Cistrons ist im allgemeinen die Reihenfolge und Zusammensetzung der Codons entscheidend, es müssen jedoch noch einige Besonderheiten der Cistrons beachtet werden. Es existieren gewisse Freiheiten bei der Ersetzung von Codons durch andere, die vollständig oder partiell die Funktion (die Bedeutung) des ursprünglichen Cistrons realisieren. Auf der Ebene der Scriptons spielt die Reihenfolge der Cistrons eine zweitrangige Rolle, obwohl in einigen Fällen (z. B. bei den Operons his und trp von *Salmonella*, siehe 8.2.) eine signifikante Korrelation zwischen der Reihenfolge der Cistrons im Scripton und den aufeinanderfolgenden Katalyseschritten durch die korrespondierenden Enzyme im Zellstoffwechsel besteht. Bei den Phagen T 7, λ und wahrscheinlich auch bei

T 4 und anderen (siehe 13.2.) kodiert die Reihenfolge der Cistrons in den Scriptons in einem festgelegten Richtungssinn die Aufeinanderfolge der ontogenetischen Phasen. Auf der Ebene der *Replicons* gibt es keinen direkten Hinweis auf die Funktion der Reihenfolge der in ihnen enthaltenen Scriptons. Es ist jedoch bekannt, daß der Abstand, die gegenseitige Orientierung und die partielle Überlappung der Srciptons eine funktionale Bedeutung haben kann (siehe Phage λ, 13.2.). Für die Ebene der Segregons liegen ebenfalls keine Fakten vor, die auf eine codierende Funktion der Anordnung der in ihnen enthaltenen Replicons hinweisen. Es sind jedoch einige Fälle bekannt, bei denen die *exakte Abfolge des Richtungssinnes der aneinander angrenzenden Replikons aufgedeckt worden ist* (siehe 11.2.). Auf der *Genom*ebene existiert keine lineare Anordnung der Segregons, die das Genom bilden.
Es sollen nun einige offensichtliche Umstände aufgezeigt werden, die zu einer Einschränkung der kodierenden Funktion der Zeichenfolge auf den höheren Ebenen der PN-Sprache führen [77]. Insbesondere können durch die Zeichenfolge nur dann einige Funktionen realisiert werden, wenn diese Zeichenfolge bei der Umkodierung der Informationen dieser Ebene vom Polynukleotidspeicher in das Exekutivsystem erhalten wird. Demzufolge wirken unmittelbar (ohne Umkodierung) im PN-Speicher nur die Interpunktions- und Erkennungszeichen, d. h. sie tragen aktive Information. Sie werden ausführlich in 4.4. besprochen. Beliebige andere PN-Nachrichten, die passive Information tragen, müssen in die Zustände des Exekutivsystems umkodiert werden. Das Exekutivsystem bilden Proteine und Ribonukleinsäuren ohne Matrizenfunktion. Sie sind die materiellen Träger der Nachrichten des genetischen Speichers. Transkription und Translation sind die grundlegenden Prozesse der Umkodierung der genetischen Information von der DNA in das Exekutivsystem. Sie gehören zu den niederen Ebenen der genetischen Nachrichten und der PN-Sprache. *Bei der Realisierung der PN-Nachrichten von höheren Ebenen wie der Scriptonebene hat die Zeichenfolge keine kodierende Funktion.* Die funktionale Bedeutung der Zusammensetzung dieser PN-Nachrichten, die Orientierung und der Abstand der Zeichen wird dabei jedoch erhalten.
Für die niederen Ebenen der PN-Sprache ergeben sich folgende wichtige Einschränkungen. Wenn die Prozesse der Umkodierung und Realisierung zweier PN-Nachrichten räumlich und zeitlich getrennt ablaufen, ist ihre gegenseitige Anordnung auf der DNA ohne Bedeutung. Solche Scriptons existieren bei unterschiedlich differenzierten Zellen oder in den verschiedenen Phasen der Ontogenese. Wenn diese Einschränkung für nur zwei kleine Gruppen von Cistrons und Scriptons nicht gilt, liegt ein „entfalteter ontogenetischer Prozeß“ vor.
Die nächste Einschränkung trägt semantischen Charakter. Die verschiedenen Funktionen (Bedeutungen, siehe 2.7.), die durch die Reihenfolge der Zeichen auf den verschiedenen Ebenen der genetischen Sprache kodiert sind, sind immer nur *primitive* Funktionen: entweder handelt es sich um *einzelne* biochemische Reaktionen, wie z. B. Katalysen, oder um lineare Folgen von Standardreaktionen, wie z. B. Matrizensynthesen (Polymerisationen). Die Realisierung von komplexen Funktionen mittels Nachrichten aus strukturell nicht zusammenhängenden Speichereinheiten erfolgt durch eine posttranskriptionale (semantische) Kopplung.
Die verschiedenen Ebenen der PN-Sprache unterscheiden sich nicht nur in der Menge der Elemente und Interpunktionszeichen sowie in den Grammatikregeln, sondern auch in einigen sehr allgemeinen Kontextbesonderheiten.
Auf der Ebene der *Codons* sind die Nachrichten *von gleichem Umfang (gleichdimensioniert)*, also Tripletts [91], und bestehen aus einer endlichen Menge von Elementen (dem

Alphabet), wobei Interpunktionszeichen fehlen. Die Menge der möglichen Nachrichten ist endlich und vollständig aufzählbar (siehe Tab. 3 in 5.1.). Einige Grammatikregeln können ebenfalls angegeben werden (s. 5.2. und 5.3.).
Auf der *Cistron*ebene sind die Nachrichten der PN-Sprache *von unterschiedlicher Länge (ungleichdimensioniert). Sie bestehen aus einer endlichen Menge von Elementen und Interpunktionszeichen* (s. Tabelle des genetischen Codes) und einer Menge von generierten Nachrichten, die im allgemeinen abzählbar ist; in jedem konkreten Fall haben wir es mit ihrer endlichen Mannigfaltigkeit zu tun. Einige der Grammatikregeln können aufgezählt werden (siehe 6.2.—6.4.).
Auf der Ebene der *Scriptons* sind die Nachrichten der PN-Sprache *ungleich dimensioniert.* Sie bestehen im allgemeinen aus einer unendlichen Menge von Elementen (Cistrons, Spacer usw.) und einer endlichen Menge von Zeichenketten, die als Interpunktionszeichen dienen. Die Menge von diesen Nachrichten ist nicht überabzählbar. Falls Grammatikregeln auftreten, dürften diese wahrscheinlich nicht kompliziert sein.
Auf den übrigen Ebenen erhält man analoge Charakteristika wie auf der Scriptonebene. Hinsichtlich der Grammatikregeln sind einige Abweichungen möglich.
Im weiteren sollen die Besonderheiten von Methoden zur eindeutigen Zerlegung von Nachrichten auf den verschiedenen Ebenen der PN-Sprache betrachtet werden. Zerlegt man einen PN-Text in Nachrichten, so ist das Resultat nicht eindeutig. Der Text soll immer von links nach rechts gelesen werden. Es werden nun einige Codevarianten vorgeschlagen, bei denen die Eindeutigkeit der Zerlegung mit verschiedenen Mitteln erreicht wird [91, 92]:

1. Die Nachrichten sind durch Trennzeichen getrennt; ihre Länge spielt keine Rolle mehr. Für den Code gilt, zusammen mit den Trennzeichen, im wesentlichen das *Prinzip der Linksableitung,* d. h. keine Nachricht kann Anfangsstück einer anderen Nachricht werden.
2. Der Code ist gleichdimensioniert, die Nachrichten überlappen sich nicht, und es gibt keine Trennzeichen; aber es existiert ein markierter Anfang und ein Rahmen für die Zerlegung des Textes in Nachrichten.
3. Der Code ist gleichdimensioniert und besitzt einen Zerlegungsrahmen. Er weist keine Trennzeichen und keinen markierten Anfang auf; die Eindeutigkeit der Zerlegung wird jedoch mit anderen Mitteln des Codes gewährleistet (*kommafreier Code*) [93, 94].
4. Der Code ist ungleichdimensioniert, besitzt keine Trennzeichen und keine Markierung des Anfangs, hat jedoch die Eigenschaft der *Linksableitung* auf Grund anderer Besonderheiten des Codes. Das sind z. B. die Codes von SHANNON-FANO [95, 96] und HAFFMAN [97] (siehe auch Tab. 12 in 5.4., letzte Spalte).

In bezug auf die PN-Sprache sind die aufgezählten Varianten hinsichtlich der Wahrscheinlichkeit der Fehlerbildung nicht gleichwertig. Im Mutationsprozeß sind Basensubstitutionen, der Verlust oder das Einsetzen einer kleineren Zahl von Basen, Deletionen, Duplikationen usw. möglich. Am wahrscheinlichsten und einfachsten scheint der Mechanismus der Basensubstitution zu sein. Der Mutationsprozeß ist für die Betrachtung von zwei Beziehungen wichtig: Erstens kann eine schon vorhandene Nachricht im Endergebnis der Mutation zufällig verlorengegangen sein („vergessen" worden sein) (siehe 3.1.). Zweitens besitzen genetische Systeme keine anderen Mechanismen zur Erzeugung neuer genetischer Nachrichten als die Zufallsprozesse der Entstehung von Mutationen. Damit scheint in beiden Fällen als wahrscheinlichste Mutationsform, die bei der Zerlegung des PN-Textes in Nachrichten ein *Minimum an letalen Fehlern sichert, die*

Basensubstitution zu sein. Als schwere Fehler infolge von Basenersetzungen kommen in Betracht:

a) die Störung der Zerlegung des Textes in Nachrichten, falls die Zerlegung nicht über Interpunktionszeichen realisiert wird;
b) die Störung der Interpunktion (Mutationen vom Typ Nachricht $\rightleftharpoons$ Interpunktionszeichen);
c) der völlige Verlust oder eine Verstümmelung der Bedeutung der Nachricht ohne Veränderung der Interpunktionszeichen.

Die beiden ersten Typen sind immer Defekte, unabhängig von der Bedeutung der Nachricht, während der dritte Typ nur dann ein Fehler ist, wenn der Verlust oder die Verstümmelung zu nicht adaptierbaren Funktionsveränderungen führen.
Bei einem ungleichdimensionierten Code mit Trennzeichen gibt es keine Fehler vom Typ a). Es sind nur wenige Mutationen möglich, die eine Überführung von Nachrichten in Interpunktionszeichen und umgekehrt sowie eine Verstümmelung oder den Verlust der Bedeutung bewirken. Ein Bedeutungsverlust ist immer lokal, d. h. er betrifft nur eine einzelne Nachricht, die durch Trennzeichen eingegrenzt ist, und geht nicht über diese Schranken hinaus.
Bei einem gleichdimensionierten Code ohne Trennzeichen kommen keine Fehler vom Typ b) vor. Es sind nur Fehler vom Typ a) (selten) und c) möglich. Ein direkter Defekt in der Basenzusammensetzung ist ebenfalls immer lokal und geht nicht über die Grenzen der Nachricht hinaus. Eine Bedeutungsveränderung kann eine Gruppe von Nachrichten betreffen, die einen Sinnzusammenhang aufweisen. Mutationen vom Typ der Basendeletion oder -insertion können zu einer Verschiebung des Zerlegungsrahmens des Textes in Nachrichten führen.
Bei einem kommafreien Code finden wir keine Fehler vom Typ a) und b), jedoch Fehler vom Typ c). Sie beschränken sich häufig auf einen Bedeutungsverlust, da für die Realisierung der Eindeutigkeit der Zerlegung eine große Zahl nichtcodierender Buchstabenkombinationen notwendig ist.
Bei einem ungleichdimensionierten Code ohne Trennzeichen sind Fehler vom Typ a) und b) möglich. Zum Typ a) gehören besonders diejenigen Fehler, die Abschnitte von Nachrichten unterschiedlicher Länge ineinander überführen. Für die Realisierung der Linksableitung muß eine große Menge nichtkodierender Buchstabenkombinationen vorhanden sein, weil, wie auch im vorangegangenen Fall, die speziellen Fehler vom Typ c) im wesentlichen zu einem Bedeutungsverlust führen. Dadurch erscheinen, allgemein betrachtet, die beiden letzten Codevarianten schlechter als die beiden ersten. Es ist interessant, festzustellen, daß in der Realität diese Methoden der Kontextzerlegung in Nachrichten bezüglich der PN-Sprache nicht anzutreffen sind.
Auf der Ebene der Codons wird ein gleichdimensionierter Code ohne Trennzeichen realisiert, während auf den restlichen Ebenen der PN-Sprache ungleichdimensionierte Codes mit Trennzeichen vorzufinden sind. Die Besonderheiten der verschiedenen Ebenen der genetischen Sprache werden detaillierter in 5.1., 6.1., 10.1. und 11.1. betrachtet.

4.3. Polypeptid-Sprache

Im weiteren sollen einige Eigenschaften der polypeptidischen Form der genetischen Sprache (PP-Sprache) betrachtet werden. Insbesondere kommen keine *Interpunktionen bei den PP-Nachrichten* vor, da Informationsprozesse fehlen, in denen die materiellen

Träger der PP-Nachrichten als Matrizen fungieren würden (3.2.). Deshalb treten die materiellen Träger der PP-Nachrichten gleichzeitig mit den exekutiven Strukturen der PP-Nachrichten auf.

Wir bezeichnen als *PP-Code* die endliche Menge der Entsprechungsregeln zwischen der Menge der PP-Nachrichten und der Menge der von ihnen ausgeführten Funktionen. Zum gegenwärtigen Zeitpunkt sind bis auf einige Ausnahmen diese Regeln nicht bekannt. Die Existenz solcher Gesetzmäßigkeiten ist jedoch sehr wahrscheinlich.

Die PP-Sprache umfaßt einige Ebenen. Als niedrigste Ebene gilt die *Ebene der einzelnen Polypeptide.* Auf dieser Ebene sind die PP-Nachrichten von *unterschiedlicher Länge, das Alphabet ist endlich* (20 Aminosäuren), und die Menge der gebildeten PP-Nachrichten ist *abzählbar.* Die Grammatikregeln dieser Ebene sind offensichtlich sehr kompliziert und nur fragmentarisch bekannt (siehe 6.2.—6.4.). Es existiert eine exakte kolineare Entsprechung zwischen den linear angeordneten Polypeptiden und den linearen Cistrons der PN-Sprache. Die Grundlage dieser Entsprechung bildet der *genetische Code,* der die Codons der PN-Sprache eindeutig auf die Buchstaben des Alphabetes der PP-Sprache abbildet. Wegen der Degeneration des Codes ist die inverse Abbildung nicht eindeutig. Es muß hervorgehoben werden, daß eine solche kolineare Entsprechung von PN- und PP-Nachrichten nur auf der Ebene der Cistrons und Polypeptide existiert.

Die folgende Ebene der PP-Sprache soll als *Ebene der abgeschlossenen Multimere* bezeichnet werden. Ab dieser Ebene gilt nicht mehr das Prinzip der linearen Bildung von Zeichenkonstruktionen (Zeichenketten), sondern es werden zwei- oder dreidimensionale Strukturen aus Peptidketten (Untereinheiten) erzeugt. Auf dieser Ebene ist die Menge der Elemente wiederum abzählbar. Die PP-Nachrichten sind ungleichdimensioniert, aber in jedem Fall ist die *Zahl der elementaren Protomere klein und eindeutig durch ihre wechselseitige Zugehörigkeit definiert.* Die Bildungsregeln der PP-Nachrichten sind zwar z. T. noch unbekannt, aber vermutlich weniger kompliziert als auf der Cistronebene der PP-Sprache. Im weiteren Sinn zählen zu dieser Ebene alle proteinischen Multimere, deren Anzahl an Protomeren durch die Belegung der spezifischen Bindungsorte fixiert ist. Die Multimere dieser Ebene erfüllen alle bekannten katalytischen und Erkennungsfunktionen sowie einige andere, nicht strukturbildende Funktionen [98, 99].

Weiterhin kann man die *Ebene der nicht abgeschlossenen Multimere* definieren, auf der die Menge der Elemente *abzählbar* sein kann. Die Menge der gebildeten PP-Nachrichten ist ebenfalls abzählbar. Die gebildeten PP-Nachrichten sind von unterschiedlicher Länge, *da die Zahl der elementaren Protomere nicht durch wechselseitige Paßfähigkeit auf eine bestimmte Zahl beschränkt ist.* Die Erzeugungsregeln der PP-Nachrichten unterscheiden sich kaum von den Regeln der vorangegangenen Ebene. Zu dieser Ebene zählen wir alle Eiweißaggregate mit nicht fest vorgegebener Anzahl an Protomeren: die Hülle des Tabakmosaikvirus, verschiedene einschichtige Membranen usw. Oft sind die Untereinheiten keine reinen Polypeptide, sondern Lipoproteide (die Mikrotubuli der Spindel [100], die Elemente der Zellmembran [101] u. a.). Diese Verbindungen erfüllen häufiger strukturelle oder topographische Funktionen, als daß sie katalytisch wirksam werden.

Die Multimer-Ebenen der PP-Sprache haben keine eigenen sichtbaren Entsprechungen mit den oberhalb der Cistronebene existierenden Hierarchieebenen der PN-Sprache; man kann jedoch diese Entsprechungen nicht als nicht vorhanden bezeichnen. Die einzige darauf hinweisende und weitverbreitete Tatsache besteht darin, daß oft Cistrons, die die Untereinheiten eines Multimers kodieren, innerhalb desselben Scriptons liegen (siehe Kapitel 8.).

4.4. Spezifität und Symmetrie der Interpunktion [90]

In 4.2. wurde bereits erwähnt, daß Interpunktionszeichen und Identifikatoren auf den verschiedenen Ebenen der PN-Sprache endliche Zeichenketten aus Buchstaben des Alphabetes darstellen und daß sie direkt im PN-Speicher funktionieren. Im weiteren soll die Frage der Struktur und Funktion von Interpunktionszeichen und Identifikatoren ausführlicher betrachtet werden. Insbesondere dürfen die Buchstabenfolgen, die Interpunktions- und ähnliche Zeichen kodieren, nicht im Innern der Cistrons und analoger Abschnitte auftreten, falls sie dort keine Interpunktionen realisieren oder keine zusätzlichen Unterscheidungen besitzen (z. B. Besonderheiten in der Sekundärstruktur). Tatsächlich werden alle 64 Cistrons im Inneren oder an den Grenzen der Cistrons eingesetzt. Aus ihnen kann immer eine endliche Folge gebildet werden, die selbst im Inneren beliebige Zeichenketten mit Interpunktionsfunktion enthält. Wenn eine solche Zeichenkette tatsächlich im Inneren eines Cistrons oder einer anderen funktionalen Einheit entsteht, dann desorganisiert sie in der Mehrzahl der Fälle den entsprechenden genetischen Prozeß, d. h. Initiierung und Terminierung erfolgen am falschen Ort.
Es sind im wesentlichen zwei Möglichkeiten denkbar, warum dies nicht in den realen Strukturen des PN-Speichers vorkommen darf: Die erste besteht darin, daß für die Interpunktion immer solche Zeichenketten auftreten, die nicht in den Strukturen der Cistrons anzutreffen sind. Szybalski [102] nannte sie Singularitäten und setzte voraus, daß es genügend große Blöcke (Sequenzen aus einigen zehn Basenpaaren) von Purinen in dem einen und Pyrimidinen in dem komplementären DNA-Strang gibt. Eine realere Möglichkeit ist wie folgt zu charakterisieren. Es existiert kein prinzipieller Unterschied zwischen den Zeichenketten der Interpunktion und der Folge der Codons. Die Zahl der Varianten von Folgen ist so außerordentlich groß, daß nicht alle von ihnen in einem Individuum realisiert sein können (siehe 2.2.). Das zufällige Auftreten einer solchen (disturbierenden) Folge im Inneren irgendeines Cistrons infolge von Mutationen oder Rekombinationen ist zwar im Prinzip möglich, aber es stört die Interpunktionsprozesse. Deshalb werden solche Individuen mit großer Wahrscheinlichkeit durch Selektion ausgelesen. Tatsächlich wurden bei einer Reihe von Phagen und Bakterien promotorartige Mutationen gefunden [102], und es konnte gezeigt werden, daß einige Abschnitte im Inneren der Cistrons schwach RNA-Polymerase binden [103]. Mit anderen Worten, es gibt Abschnitte, die sich wenig von den Promotoren unterscheiden.
Eine wichtige Rolle beim Funktionieren von Interpunktionszeichen nehmen die Symmetrieeigenschaften ein. In Tabelle 2 sind einige Daten über ausgewählte Zeichen angegeben. Eine ausführliche Besprechung des Datenmaterials erfolgt in 5.1., 6.1., 10.1. und 11.1. Auf der Grundlage der angeführten Daten kann man folgern, *daß die Symmetrie der Zeichen zur Inversion der DNA fast immer die Symmetrie der von ihnen ausgeführten molekularbiologischen Funktionen kodiert*: die Entstehung von Brüchen in den beiden DNA-Strängen, die Zweiseitigkeit der Initiation und Termination der Replikation usw. In allen Fällen nehmen die Interpunktionszeichen einen Raum ein, der die Abmessungen der mit ihnen wechselwirkenden Eiweiße nicht überschreitet. Die Wirkung der Sites besteht in der Erkennung ihrer Basensequenz durch spezifische Eiweiße. *Eine Asymmetrie der Zeichen kodiert im allgemeinen auch eine Asymmetrie der Funktionen.* Die Interpunktionszeichen der Translation sind letztlich asymmetrisch. Das hängt mit ihrem Triplettcharakter und der Asymmetrie der Translation der mRNA zusammen (siehe 5.1.).
Die PN-Texte sind mit Hilfe der Interpunktionszeichen in Nachrichten (Zeichenketten)

Tabelle 2

Symmetrieeigenschaften der genetischen oder molekularen Strukturen einiger Interpunktionszeichen und der durch sie erkannten Gruppen.

Struktur	Anzahl Basen-paare	Site, seine Funktion und Symmetrie
1	2	3
1. 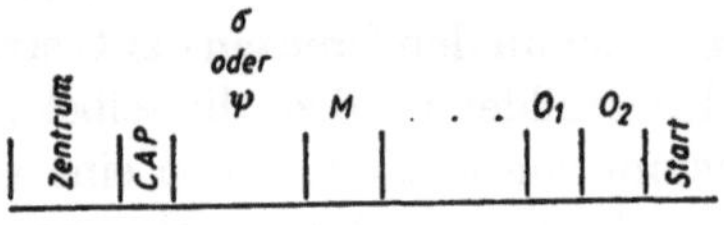	200–300	Promotor-Operator-Region des Scriptons, z. B. des lac-Operons [27]. Ausführlich siehe 8.1. Die Abfolge der Sites ist nicht bekannt, aber sie ist in jedem Fall **asymmetrisch** zur Inversion in der DNA
2. 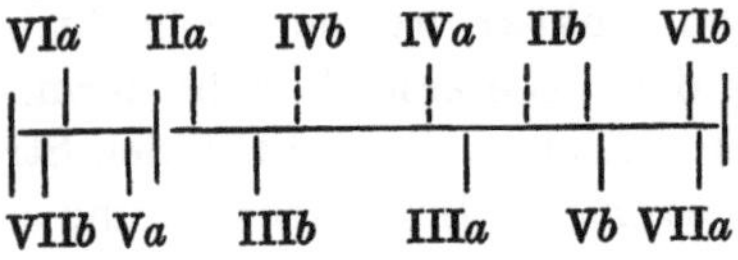	22–23	Nach genetischen Daten besteht der Operator des lac-Operons [104] aus 16 Abschnitten, ist **symmetrisch** und erkennt den lac-Repressor durch die symmetrische Tertiärstruktur (siehe 6.3., 8.1.)
3′ ←——— 5′ AATTGTGAGCGGATAACAATT TTAACACTCGCCTATTGTTAA 5′ ———→ 3′	21	Nach molekularen Daten ist der Operator des lac-Operons von *E. coli* [105a] symmetrisch bis auf eine Genauigkeit von 4 Nucleotidpaaren von 21. Die Operatorstruktur stimmt mit den genetischen Daten überein [104], steht aber häufig mit den Daten von Modellexperimenten im Widerspruch [105]
3. 5′–C, A–T–A–G, T–*H*, A–3′ 3′–G, T–A–T–C, A–G, T–5′ I II III IV V	5	Der Operatorsite, der ein Protomer des Repressors des lac-Operons [105] erkennt, ist **asymmetrisch** (siehe 6.3., 8.1.)
4. 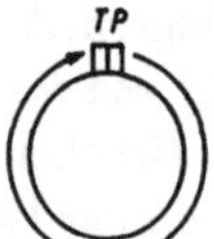	?	Die Replikation bei dem ringförmigen Phagen P2 ist unidirektional [106], Replicator und Terminator sind wahrscheinlich **asymmetrisch**
5. 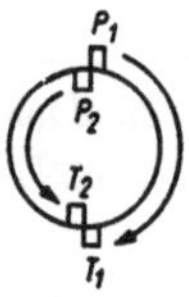	?	Die Replikation des ringförmigen Phagen λ [12, 107], des Bakteriums *E. coli* [108 bis 110] und anderer Bakterien ist bidirektional, und die Replicatoren und Terminatoren (25) sind wahrscheinlich **symmetrisch** (siehe auch 11.2.)

Tabelle 2 (Fortsetzung)

Struktur	Anzahl Basen-paare	Site, seine Funktion und Symmetrie
1	2	3
6. 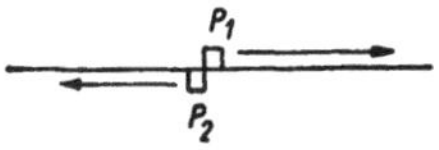 	?	Die Replikation der linearen Phagen T7 [111] und T4 [112] ist bidirektional, die Replicatoren sind wahrscheinlich **symmetrisch**. Terminatoren wurden nicht gefunden.
7. —(aa′)— —(ab′)— int ——→ —(bb′)— —(ba′)— ←—— int + xis	≦ 12	Die Sites des Phagen λ (aa′) und von *E. coli* (bb′), die an der Integration des Prophagen unter **Mitwirkung** des int-Proteins beteiligt sind, und ihre Rekombinationsprodukte — die Endsites des Prophagen (ab′) und (ba′), die zur reversen Rekombination fähig sind, wenn sie die Proteine **int** und **xis** erkennen [72]. Alle Sites sind **asymmetrisch**
8. 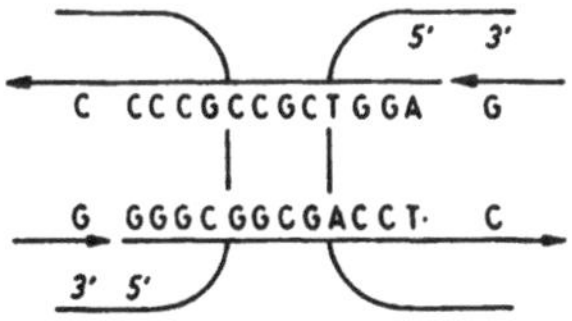 	14	Site der kohäsiven Enden des Phagen λ[1], der von einer Endonuclease erkannt wird, **symmetrisch** bis auf die Genauigkeit einer Nichtunterscheidbarkeit von Purin-Pyrimidin-Paaren. Der enzymatische Bruch der Kette ist symmetrisch[1] [113]
9. 5′—... GTPyr ↓ PuAC ... 3′ 3′—... CAPu ↑ PyrTG ... 5′	6	Site, der von der Endonuclease R von *Hemophilus influenza* [114] in einer Fremd-DNA erkannt wird, **symmetrisch** bis auf die Genauigkeit einer Nichtunterscheidbarkeit von Purin-Pyrimidin-Paaren. Die Brüche in der DNA sind symmetrisch
10. 5′— ... T/A GAATTC A/T ... —3′ 3′— ... A/T CTTAAG T/A ... —5′	6	Die Site, die von der Endonuclease RI von *E. coli* [115] in der DNA des Phagen λ erkannt wird, bildet kurze kohäsive Enden und ist **symmetrisch**

Tabelle 2 (Fortsetzung)

Struktur	Anzahl Basen-paare	Site, seine Funktion und Symmetrie
1	2	3
11. (+)5′ – GGGUGG ... CCACCC A–3′ (–)3′ – CCCACC ... GGUGGG –5′	6	Sites der spezifischen Erkennung einer Replicase auf dem (+)- und (–)-Strang der RNA des Phagen R17 und der Initiation der Replikation [48]. Sie sind zueinander **symmetrisch** und dienen als Replicatoren von zwei entgegengesetzt verlaufenden Replikationsprozessen (siehe 6.1).
12. (+)5′ – GGGGA CC ... UC CUCCC A–3 (–)3′ – CCCCU GG ... AG GAGGG –5′	5	Sites der spezifischen Erkennung einer Replicase auf dem (+)- und (–)-Strang der RNA des Phagen *Qβ* und der Initiation der Replikation [116]. Sie sind zueinander **symmetrisch** mit der Genauigkeit einer Nichtunterscheidbarkeit von Purin-Pyrimidin-Paaren und dienen als Replicatoren von entgegengesetzt verlaufenden Replikationsprozessen
13. 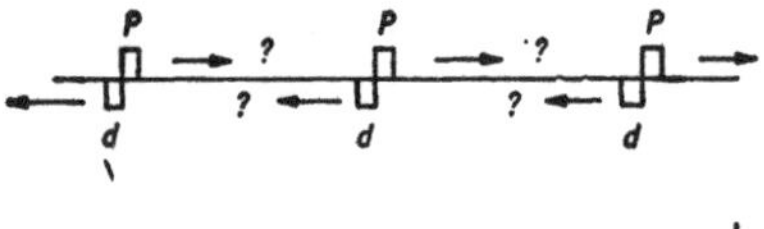	?	Die Replikation der linearen DNA der Chromosomen von Säugetieren [11] und Vögeln [111] ist in bezug auf die Replicatoren bidirektional. Die Replicatoren sind wahrscheinlich **symmetrisch**. Falls Terminatoren existieren, sind sie auch symmetrisch (siehe 11.2.)
14. initiierend: → TAC / ATG ← terminierend: ← ATT / TAA →, ← ATC / TAG →, ← ACT / TGA →	bis zu 3	Die Interpunktionszeichen der Translation in zweisträngiger DNA sind **asymmetrisch**, deshalb wird in jedem Fall nur ein Komplement in der mRNA-Struktur eine initiierende oder terminierende Funktion haben
15. ← G C C G →	2	Dimer, das von Actinomycin D erkannt wird [118]. Es ist, wie auch das Molekül des Actinomycin D, **symmetrisch** und unterdrückt sowohl die rechts- als auch die linksgerichtete Transkription

zerlegbar. In Kapitel 2 wurden die Definitionen für Nachrichten aus unterschiedlichen Ebenen unter Berücksichtigung von Besonderheiten der Interpunktion angegeben. Man kann leicht feststellen, daß einige Varianten der Anordnung von Interpunktionszeichen möglich sind, die vom funktionalen Standpunkt aus zulässig oder unzulässig sind, d. h. reguläre oder nichtreguläre Grammatiken darstellen. Im wesentlichen ist eine solche Textbesonderheit der PN-Sprache wie das *Problem der Überlappung oder Nichtüberlappung von Nachrichten* einer bestimmten Ebene vollständig auf das Problem der jeweiligen Anordnung, Orientierung, Spezifität und Zahl der entsprechenden Interpunktionszeichen zurückführbar. In diesem Abschnitt beschränken wir uns auf diese Bemerkungen zu den Eigenschaften und zur Funktion der Interpunktionszeichen. Ausführlicher werden die Interpunktionszeichen der verschiedenen Ebenen der PN-Sprache in 5.1., 6.1., 10.1. und 11.1. beleuchtet.

4.5. Genetische Sprache und natürliche Sprachen [90, 119]

Die Sprachen können in *natürliche*, die auf *spontanem* Weg entstehen, und in *künstliche (formale)* Sprachen, die für technische und wissenschaftliche Zwecke konstruiert werden, eingeteilt werden [91]. Die Grammatiken der natürlichen Sprachen waren im allgemeinen lange Zeit nicht formulierbar, während die formalen Sprachen von Anfang an in Form einer exakten Regelauflistung formuliert wurden. Die natürlichen Sprachen werden in schriftlicher und gesprochener Form realisiert, d. h. sie enthalten *syntaktische* und *phonologische* Komponenten [91], welche in ihren wesentlichen Teilen äquivalent sind, sich aber im Detail unterscheiden. In beiden Sprachformen werden die Texte nach dem Prinzip der *linearen* Verkettung von Zeichen gebildet. Außerdem ist die temporäre Folge von Lauten des mündlichen Textes *kolinear* zu der linearen Folge von Zeichen des schriftlichen Textes. Eine solche Entsprechung ist nur für solche entwickelten Sprachen typisch, bei denen sich die Schriftformen in langen Zeiträumen progressiv verändern konnten. Als Kriterium der Evolution von der primitiven Bilderschrift bis zur Einführung und Benutzung von Buchstaben gilt die Herstellung eines Isomorphismus und einer Kolinearität zwischen geschriebener und gesprochener Form der Sprache. Die Lautstruktur der Sprache ist zeitlich nacheinander geordnet; diese Besonderheit wird durch den Bau des menschlichen Sprachapparates bestimmt.

Die gesprochene Form der Sprache ging historisch der geschriebenen Form voran. Die Entwicklung der natürlichen menschlichen Sprachen führte zu mehreren Ebenen der Bildung von Zeichenketten [120, 121]: Morphem, Wort, Satz, Absatz usw. Jeder Ebene entsprechen eine eigene Elementmenge, eine Menge von Interpunktionszeichen und eine Grammatik. Die Menge der Zeichenketten (Nachrichten) der vorangegangenen Ebene bildet die Elementmenge der nachfolgenden Ebene. Deshalb ist die Struktur der natürlichen Sprachen hierarchisch und nach dem Prinzip der Inklusion aufgebaut. Die Elementmengen der niederen Ebenen sind *endlich* (Alphabet, Morphem) und die der höheren Ebenen sind *nicht überabzählbar*. Mit der Erhöhung der Ebene der natürlichen Sprachen nimmt die Bedeutung der Reihenfolge der Elemente ab.

In den natürlichen menschlichen Sprachen finden wir eine Reihe typischer sprachlicher Einheiten. Obwohl in der linguistischen Literatur konkurrierende Systeme von Definitionen und Termini existieren [121], machen wir nun von dem Gebrauch [120], das die Besonderheiten dieser Einheiten nach Möglichkeit kurz und konkret beschreibt und einen Vergleich mit den Einheiten der genetischen Sprache erlaubt (siehe 1.12.). Wir beschränken uns hier nur auf die Einheiten der Schriftform der Sprache.

Als *Morphe* (s. [120], 22—23) wird die minimale zusammenhängende Folge von Buchstaben eines Textes bezeichnet, die einen gewissen Sinn hat, z. B. ein Teil der Wortform (s. u.). Die Position der Morphe in der Wortform ist *genau festgelegt.*

Morpheme (s. [120], 59) sind Gesamtheiten der hinsichtlich ihrer Bedeutung identischen oder in den Wortformen austauschbaren Morphen.

Die Menge der Morpheme kann eingeteilt werden in die Menge der *Stammorpheme (Stämme)*, deren Morphen obligatorisch in der Struktur der Wortformen enthalten sind, und in *Affixe*, d. h. nicht obligatorische Morpheme. Die Affixe sind ihrerseits in eine Reihe weiterer Gruppen einteilbar: Präfixe, Suffixe, Postfixe, Flexionen usw. Es ist wesentlich, daß die Affixe sowohl an den *Wortbildungen* (Präfixe, teilweise Suffixe, Postfixe) als auch an den *Wortveränderungen* (Endungen, zum Teil Suffixe und Postfixe) teilhaben. Eine zusammenhängende Folge, bestehend aus einem Stamm und aus Affixen, die an der Wortbildung beteiligt sind, wird als *Grundwort* bezeichnet.

Wortformen (s. [120], 22) werden minimal zusammenhängende Folgen von Morphen genannt, die eine bestimmte Bedeutung haben und deren *Position im Text nicht exakt festgelegt ist* und/oder die in ihrem Inneren nur solche Folgen einschließen können, die diese Eigenschaften auch besitzen. Gewöhnlich sind die Wortformen durch Trennzeichen voneinander separiert.

Als *Wörter* (siehe [120], 26) werden Wortformen bezeichnet, die sich nur durch wortverändernde Morphen unterscheiden, d. h. hinsichtlich ihrer Bedeutung ähnlich oder identisch sind.

Ein *Satz* (s. [120], 1282, 1285) ist eine zusammenhängende Folge von Wortformen, die entsprechend einer aus einer endlichen Menge stammenden Regel (strukturelle Schemata) gebildet wird und die einen *diskreten Teil der Gesamtinformation kodiert*, ohne im allgemeinen die Anwesenheit des restlichen Textes zu bedingen. Gewöhnlich sind die Sätze von einem Anfang (Anfangsbuchstaben) und einem Ende (Punkt, Gedankenstrich usw.) eingegrenzt, wobei Interpunktionszeichen benutzt werden.

Man kann zwischen einfachen Sätzen, Satzverbindungen und Satzgefügen unterscheiden. Außerdem gibt es unter den Satzgefügen Konditionalsätze (siehe [120], 1573, 1575—1579), bei denen der Nebensatz die Bedingung der Realisierung des Hauptsatzes ausdrückt.

In der mathematischen Linguistik existiert auch der Begriff der *Komponenten* (oder Konfiguration), der die Eigenschaften von realen Satzteilen wie Wortverbindung, Subjekt und Prädikat zusammenfaßt. Die Definition der Komponenten ergibt sich nichtkonstruktiv; sie weist nur einige notwendige Eigenschaften auf, denen die Komponenten genügen müssen. Als Komponente wird eine Folge von Wortformen mit den folgenden Eigenschaften bezeichnet [122, 123]:

1. Sie ist in der maximalen Komponente — dem Satz — eingeschlossen.
2. Sie bildet eine zusammenhängende Folge.
3. Die in ihr enthaltenen Wortformen stehen in einem semantischen Zusammenhang und/oder sind grammatikalisch in Übereinstimmung gebracht.
4. Komponenten können sich nicht partiell, sondern nur vollständig überlappen.

In den realen Sprachen stören oft natürlich gekennzeichnete Komponenten die Forderung des Zusammenhangs. In einem solchen Fall ist es günstig, den Hilfsbegriff der *syntaktischen Struktur* einzuführen, der alle Eigenschaften besitzt, ohne jedoch die Forderung des Zusammenhangs zu stellen [122, 123].

Einige weitere linguistische Besonderheiten der natürlichen Sprachen werden später betrachtet. Die Symmetrie von Zeichenketten und Interpunktionszeichen tritt allerdings nur in entlegeneren Bereichen wie z. B. bei Kreuzworträtseln oder Wortspielen auf. Beim Aufzählen der äußeren Besonderheiten der natürlichen Sprachen wird deutlich, daß es eine hinreichend gute Analogie zu der vorher beschriebenen genetischen Sprache gibt. Die genetische Sprache ist ebenfalls linear, sie existiert in zwei isomorphen Formen, besitzt eine hierarchische Struktur sowie eine unabhängige Grammatik bzw. Interpunktion auf jeder Ebene usw. *Eine tiefere Analogie besteht zwischen Morphe und Basenposition in einem Codon der PN-Sprache.* Weiterhin kann ein Codon als Analogon zur Wortform und ein Cistron als Analogon zum Satz angesehen werden. Der Wortschatz der genetischen Sprache ist nicht sehr umfangreich (61 Tripletts), dafür sind die Sätze außerordentlich lang und strukturell reichhaltig. Die Wörter haben keine Trennzeichen, sind aber von gleicher Länge (Tripletts). Weiter unten wird gezeigt, daß diese Analogie bedeutend tiefer geht (Kapitel 5 und 6).

Da die genetische Sprache eine natürliche Herkunft besitzt, soll sie ebenfalls zu den *natürlichen Sprachen* gezählt werden. Im Unterschied zu den natürlichen, menschlichen Sprachen erweist sich die genetische Sprache auf allen Ebenen als eine Sprache der Befehle, der die *Befehlsform der Verbgruppen* in den Sätzen analog ist. Diese Besonderheit vereinfacht die Grammatik der genetischen Sprache sehr stark, wobei sie das Subjekt der Handlung (dessen Funktion das Exekutivsystem realisiert) aus den Texten ausschließt und eigentlich nur eine Operationsanweisung, d. h. eine Anweisung für das Objekt und für die Umstände der Handlung übrigläßt.[1])

Die genetische Sprache hat sich wahrscheinlich ähnlich wie die natürlichen, menschlichen Sprachen entwickelt, aber nicht alle ihrer Besonderheiten sind das Produkt der Evolution. Es kann angenommen werden, daß die Vorschriften für die Kodierung der biochemischen und Erkennungsfunktionen in den Zeichenfolgen der Polypeptidform der genetischen Sprache nicht der Evolution ausgesetzt waren, sondern daß sie zu den rein physiko-chemischen Besonderheiten der Struktur der Zeichenketten zählen. Sogar die Regeln der komplementären Entsprechung von Nukleotiden scheinen nicht durch die Evolution geprägt zu sein. *Ein grundlegendes Objekt der Evolution war die Korrespondenz von PN- und PP-Form der genetischen Sprache*: der genetische Code. Es könnten auch die Elementmengen jeder Ebene und Sprachform, die Alphabete, und die Mengen der Interpunktionszeichen evolvieren.

Wie im weiteren gezeigt werden soll (siehe 5.3. und 14.1.), besitzt die genetische Sprache eine Reihe von determinierten Besonderheiten, die ihren materiellen Trägern im Selektionsprozeß augenscheinlich einen Vorzug geben; und gleichzeitig sind einige *Zufalls*eigenschaften enthalten, die sich infolge der Stochastik im Evolutionsprozeß herausgebildet haben. In 5.4. werden einige dieser Eigenschaften näher untersucht und verglichen. Das Problem der *Evolution der genetischen Sprache ist eines der grundlegenden Probleme, die eine Lösung erfordern.* Die Konstruktion und Analyse der Grammatik der verschiedenen Ebenen der genetischen Sprache befindet sich im Ganzen noch in einem Anfangsstadium. Es ergibt sich jedoch jetzt bereits die Notwendigkeit, folgende Probleme zu formulieren und anzugehen: 1. *Aufstellung der generativen Grammatiken* der verschiedenen Ebenen der genetischen Sprache (s. zum Vergleich [91, 122]). Es existiert offenbar

---

[1]) Eigentlich ist in der DNA das *Subjekt* (genauer: dessen Struktur) kodiert, welches eine dadurch definierte „Handlung" (Operationsanweisung, Reaktion) ausführt. Es ist eine Standpunktfrage, ob man das *Subjekt* (direkt) oder die durch die Subjektstruktur eindeutig bestimmte (enzymatische) *Aktivität* als kodiert betrachtet. (Anmerkung des Herausgebers).

eine endliche Regelmenge, die die grammatikalisch richtigen Zeichenketten der verschiedenen Ebenen zu bilden erlaubt. 2. Die *Aufstellung der Transformationsgrammatiken* für die verschiedenen Ebenen der genetischen Sprache (s. [91, 122]). Darunter soll die Aufstellung der Regeln für die synonyme Umgestaltung der Zeichenketten verstanden werden. Die Synonyme spielen in der genetischen Sprache eine außerordentlich große Rolle (siehe 15.1. und 15.5.).

Die Texte der natürlichen menschlichen Sprachen werden auf der Grundlage von mehr oder weniger guten Kenntnissen der Regeln der Sprache und der Menge der primären Elemente erzeugt, wahrgenommen und ausgeführt. Für die Texte der genetischen Sprache gibt es im wesentlichen *keine erzeugende Ordnung* (siehe 3.2.), denn die Entstehung der Texte vollzieht sich auf dem Wege der zufälligen Veränderung schon vorhandener Texte und im geringeren Ausmaß auf dem Wege der zufälligen Rekombination bereits existierender Texte unter Erhaltung ihrer Integrität.

4.6. Kryptographische Probleme

Eine notwendige Voraussetzung für die Lösung der oben formulierten Aufgaben ist das Vorhandensein einer genügend großen Mannigfaltigkeit von genetischen Texten der verschiedenen Ebenen der genetischen Sprache. Das zuerst zu lösende Problem scheint das Problem der Entzifferung oder Rekonstruktion von Texten oder Textfragmenten (*Kryptographie*) zu sein. Dabei werden im wesentlichen genetische und biochemische, d. h. molekulargenetische Methoden zur Analyse der Anordnung der genetischen Nachrichten in den Texten eingesetzt.

Auf der Ebene der *Codons* bestand die zentrale kryptographische Aufgabe in der Entzifferung des genetischen Codes im Ganzen einschließlich der Basenzusammensetzung und -sequenz in den Codons, der Strukturen der Nonsense- und Initiationszeichen der Translation und der tRNA-Struktur. Im Verlauf der historischen Entwicklung wurden folgende Varianten diskutiert: 1. theoretische Aufstellung eines Codes mit einigen im voraus gegebenen Eigenschaften (Codes von Gamov und Yčas [125 bis 126], kommafreier Code [93, 94] u. a.); 2. Entzifferung der Basensequenz von Codons bei gegebener Zusammensetzung der Codons und Auslösung einer Mutation, die eine Veränderung in der Aminosäuresequenz der Eiweiße herbeiführt [77, 127 bis 129]; 3. direkte Untersuchung der Codeeigenschaften von Tripletts mit gegebener Basensequenz [75, 76]; 4. direkte Analyse der Codeeigenschaften von Polyribonukleotiden mit aufeinanderfolgenden Paaren oder Tripletts von Basen [76].

Auf der Ebene der *Cistrons* kann man die kryptographischen Aufgaben in drei Gruppen einteilen. Die erste Gruppe betrifft die Aufklärung der Primärstruktur der Cistrons (einschließlich der Interpunktionszeichen und intercistronischen Intervalle) und der Polypeptide. Im allgemeinen werden die Polymere enzymatisch in Oligomere gespalten (Oligopeptide, Oligonukleotide), deren Struktur dann anschließend mittels Hydrolyse untersucht wird. Deshalb ist die Wiederherstellung des Gesamttextes aus den entsprechenden sich überlappenden Teilstücken ein grundlegendes theoretisches Problem dieser Aufgabengruppe. Mit diesen Methoden wurden bereits einige Eiweiße der unterschiedlichsten Arten untersucht. Bei einigen RNA-Phagen (R 17, $Q\beta$ u. a.) erhielt man die Primärstruktur der RNA-Cistrons, der intercistronischen Intervalle sowie der Interpunktionszeichen. Sie stimmen ausgezeichnet mit den Primärstrukturen der entsprechenden Proteine überein (siehe 6.1). Wenn man die Primärstruktur der Proteine und den genetischen Code kennt, kann man mit Sicherheit auf die Primärstrukturen der Cistrons rückschließen. Es wurden bereits Versuche zur Synthese von Cistrons für Polypeptide mit bekannter Primärstruktur unternommen (z. B. für Insulin). Für die exakte Bestimmung der Codons kann man das Datenmaterial über mutative Veränderungen vom Missense- und Nonsensetyp benutzen.

Weiterhin kommen Rekombinationsmethoden zur Sequenzanalyse in Betracht. Es gibt bereits eine große Kollektion heteroalleler (pseudoalleler) Mutationen, die die Aufstellung von Genkarten aus Rekombinationseinheiten erlaubt. In der Mehrzahl der Fälle sind die Mutationen hinsichtlich molekularer Defekte nicht identisch (siehe z. B. die Karte der Cistrons A und B im Locus II des Phagen T4 [130]).

Wenn man jedoch beispielsweise Mutagene bekannter Wirkung und Suppressoren der Nonsense- und Missensemutationen verwendet, kann man den Charakter der verschiedenen Veränderungen feststellen. Solche Arbeiten führten z. B. CHAMPE und BENZER für eine Reihe von Sites des Genortes rII bei T 4 durch [131]. Schließlich ist eine Analyse ganzer Gruppen von Nonsense- und Missensesuppressoren bezüglich des Types der Basenveränderung bei den verschiedensten Mutationen möglich (SHENDEROV, persönliche Mitteilung). Mit Hilfe von Rekombinationsuntersuchungen konnte SHENDEROV eine Genkarte ergänzen, d. h. die Reihenfolge konkreter Veränderungen in den Cistrons eintragen.

Die dritte Aufgabe betrifft die interallele Komplementation. In diesem Fall kann man mit den Tabellen der paarweise komplementären Reaktionen einen *Baum der funktionellen Ähnlichkeit* bilden, dessen Verzweigungen als Darstellung funktionaler Zentren der Tertiär- und Quarternärstruktur des Eiweißes interpretiert werden können. Diese Frage wird in 6.5. ausführlicher betrachtet.

Auf der Ebene der *Scriptons* und *Replicons* werden im Prinzip die gleichen Methoden zur Untersuchung analoger Fragestellungen eingesetzt. Die RNA kleiner Phagen kann als ein Scripton aufgefaßt werden, auch wenn die Basensequenz in dieser RNA wie ein Replicon analysiert wird. Die Primär- und Sekundärstrukturen von mehr als 50 Fraktionen der tRNA und 5S-RNA von unterschiedlicher Spezifität und Herkunft wurden bereits relativ breit untersucht (siehe 14.3.) [64, 132]. Als Untersuchungsmethode dient die Rekonstruktion von Wörtern aus Wortsplittern. Gegenwärtig kann infolge der Komplementarität von Polynukleotiden die Struktur von DNA-Cistrons entsprechend der Primärstruktur der tRNA eindeutig angegeben werden (siehe z. B. [133]). KHORANA et al. [134] synthetisierten unter Vorgabe der Primärstruktur der Alanin-tRNA aus Hefen eine DNA, die das entsprechende Scripton abbildet. Als grundlegende Methode der Untersuchung von Primärstrukturen der Scriptons und Replicons gilt jedoch die gewöhnliche rekombinatorische genetische Analyse.

Im weiteren soll eine Beschreibung der Eigenschaften der genetischen Sprache auf der Ebene der Codons und Cistrons erfolgen.

Kapitel 5: Genetische Sprache auf der Codonebene

Wie weiter oben gezeigt wurde (siehe 4.3.), bezeichnet man die Abbildung der endlichen Menge von Codons der PN-Sprache auf die Menge der Buchstaben des Alphabetes der PP-Sprache als *genetischen Code*. Es sollen nun die Eigenschaften der Codons aufgeführt werden, ohne auf experimentelle Einzelheiten einzugehen. Die Originalarbeiten oder ihre ausführlichen Erörterungen kann man in der entsprechenden Übersichtsliteratur finden [2, 92, 77, 135].

5.1. Kontextbesonderheiten von Codons und Nonsensetripletts

Im Verlauf der historischen Entwicklung der Vorstellungen vom genetischen Code wurden auch einige Codevarianten vorgeschlagen, die zu der Klasse der gleichdimensionierten kommafreien Codes gehören [93, 94]. Diese Codes zeichneten sich durch das Fehlen eines markierten Transkriptionsbeginns und durch eine einheitliche Methode der Textzerlegung in Codons mit Hilfe der Eigenschaften der Codons selbst aus. Jedoch erwiesen sich die tatsächlichen Eigenschaften des genetischen Codes als abweichend von denen der theoretischen Überlegungen.
Eine den gegenwärtigen Stand erschöpfende Darstellung des genetischen Codes stellten Nirenberg und Khorana in Form einer Codetabelle auf [75, 76] (Tab. 3). Darin sind 61 Codons (einschließlich eines initiierenden Codons) für die 20 Aminosäuren sowie drei Nonsensetripletts, die den terminalen Akt der Translation kodieren, aufgeführt. Tripletts die keine Funktion erfüllen, sind nicht gefunden worden.
Alle Codons sind *Tripletts* und im Prozeß der Informationsübertragung nicht weiter zerlegbar [75], d. h. der genetische Code ist *gleichdimensioniert*. Codons und Nonsensetripletts *überlappen sich in den Texten nicht* [139] und *können nicht mit Hilfe von speziellen Zeichen getrennt werden*, die aus Nukleotidketten bestehen oder von anderer stofflicher Natur sind [140]. Deshalb gehört jede Base eines Cistrons oder Interpunktionszeichens obligatorisch zu einem Codon oder Nonsensetriplett. Jedoch kann man im Prinzip eine Überlappung von entgegengesetzt orientierten Codons, welche auf antiparallelen DNA-Strängen transkribiert werden, nicht ausschließen, auch wenn dafür nur eine geringe Wahrscheinlichkeit existiert.
Wie bereits weiter oben gezeigt wurde (siehe 4.2.), ist für das Erzielen einer eindeutigen Zerlegung der Nachrichten die Fixierung des Anfangs und der Phasen (des Rahmens) der Translation notwendig. Das erste linke Codon AUG, das sich im Abschnitt einer mRNA mit definierter Sekundärstruktur befindet, markiert den Anfang des Translationsrahmens (siehe 6.1.). Der Triplettcharakter des Translationsrahmens ist im wesentlichen durch die Struktur der tRNA bestimmt. Es konnte gezeigt werden, daß die tRNA

Tabelle 3

Der genetische Code unter Angabe der Anzahl und Polarität der Reste [75, 76, 135, 136].

2. Position / 1. Position	U	C	A	G	3. Position
U	(g) 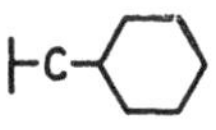 UUU phe UUC ap 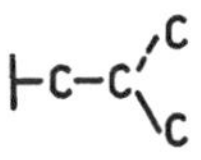 UUA leu UUG (m)	(k) $\vdash CH_2OH$ UCU UCC ser ap UCA UCG	(g) 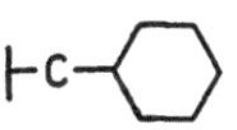 UAU tyr UAC p UAA nons. UAG	(k) $\vdash CH_2SH$ UGU cys UGC p 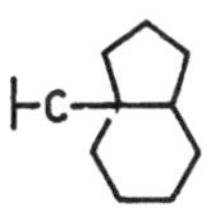 UGA nons. UGG (g) try	U C A G
C	(m) CUU CUC 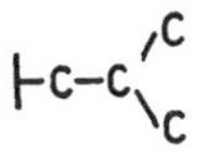 leu ap CUA CUG	(k)  CCU CCC pro ap CCA CCG	(g) CAU his CAC 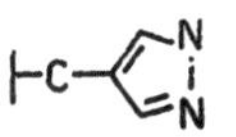 p gluN CAA CAG $\vdash C-CONH_2$	(g) 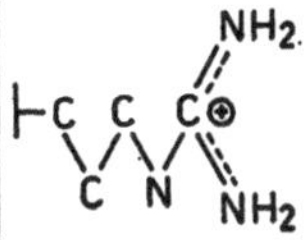 CGU CGC arg p CGA CGG	U C A G
A	(m) 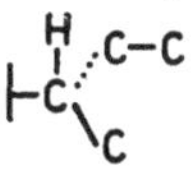 AUU AUC ile ap AUA $\vdash C-C-S-C$ *met AUG (m)	(k) ACU ACC 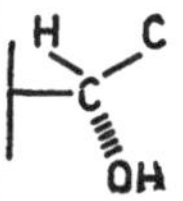 thr p ACA ACG	$\vdash C-CONH_2$ AAU AAC aspN p 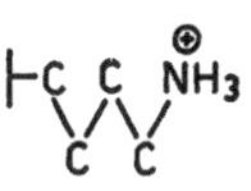 AAA lys AAG (g)	(k) $\vdash CH_2OH$ AGU AGC ser 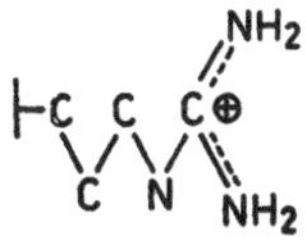 p arg AGA AGG (g)	U C A G
G	(k) GUU GUC 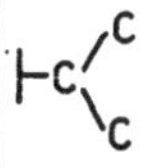 val ap GUA GUG	(k) GCU GCC $\vdash C$ ala ap GCA GCG	(m) GAU $\vdash C-COO^{\ominus}$ GAC asp glu p GAA $\vdash C-C-COO^{\ominus}$ GAG	(k) GGU GGC $\vdash H$ gly ap GGA GGG	U C A G

Anmerkung: In der ersten Spalte sind apolare (ap) Reste von mittlerer (nicht extremer) Größe und mit gemäßigten Eigenschaften angegeben; in der zweiten Spalte kleine Reste und starke Codonstämme; in der dritten Spalte relativ große, polare (p) Reste und schwache Codonstämme; in der vierten Spalte stehen extreme und anomale Varianten der Serien und Reste, gemäßigte Formen fehlen. (g) groß: (k) klein: (m) mittel. * – Initiatorcodon am 5'-Ende eines Cistrons. Die fettgedruckten Codons wurden auch in Eukaryonten gefunden [92, 137, 138].

in der Position, die dem 3'-Ende des Anticodons benachbart ist, eine modifizierte Base (Y) besitzt, die den Rahmenanfang kennzeichnet [132, 141]. Beispielsweise gilt für die tRNA^{Phe} aus Hefen [143]

$$\begin{array}{ll} 3' \longleftarrow\!\!\!-\!\!\!-\!\!\!-\!\!\!-\!\!\!-\!\!\!-\!\!\!-\!\!\!-\!\!\!-\, 5' & \\ -Y-A-A-G2OMe-U & \text{Anticodon} \\ U\text{-}U\text{-}C & \\ 5' \,-\!\!\!-\!\!\!-\!\!\!-\!\!\!-\!\!\!-\!\!\!-\!\!\!-\!\!\!-\!\!\!\longrightarrow 3' & \text{Codon für Phenylalanin.} \end{array}$$

In 46 von 53 untersuchten Fällen übernimmt Y die Funktion von A und in den restlichen Fällen die von G. Außer an der Markierung des Translationsbeginns sind die modifizierten Basen auch an der eindeutigen Erkennung der 3'-Base des Codons beteiligt (s. u.). In der Position, die dem 5'-Ende des Anticodons benachbart ist, steht in allen untersuchten tRNA U zur Kennzeichnung des Rahmenendes [132].
Punktmutationen in einem Cistron, die zu einer Basensubstitution führen, stören die Zerlegung in Codons nicht. Zu einer Störung kommt es nur bei Basendeletionen oder -insertionen sowie bei Mutationen in Loci, die den Translationsapparat (tRNA, Ribosomen, Aminoacyl-tRNA-Synthetasen usw.) kontrollieren [140]. Eine Lokalisierung der Störung (der Rahmenverschiebung) wird auf der folgenden Ebene der PN-Sprache, auf der Ebene der Cistrons, über den Interpunktionsmechanismus erreicht. Es sind jedoch Mutationen vom Typ Codon ⇌ Nonsensetriplett möglich, die die Interpunktion stören. Ihr Kontexteffekt beschränkt sich auf den bis zum nächsten Interpunktionszeichen reichenden Abschnitt. Praktisch sind alle oben aufgeführten Mutationstypen, die die Kontextzerlegung stören, letal, jedoch sind sie relativ selten. Häufiger sind Mutationen vom Typ Codon → Codon, die zu einer Bedeutungsänderung der Nachrichten führen.

5.2. Eindeutigkeit, Degeneration und Zusammenhang der Codons

Alle Codons (mit Ausnahme von AUG und möglicherweise auch GUG [75, 76]) sind *eindeutig*, d. h. jedes Codon kodiert entweder eine bestimmte Aminosäure oder einen terminalen Akt der Translation (siehe Tab. 3). Die Codons AUG und wahrscheinlich auch GUG können neben den entsprechenden Aminosäuren (Met, Val) zusätzlich den Translationsbeginn (Bindung von Formylmethionin; F–Met) kodieren. Innerhalb eines Cistrons erfüllt jedes Codon eine genau definierte Funktion. Wegen des Fehlens eines Formylrestes, der ein Peptid imitiert, das gerade synthetisiert wird, kann Methionin nicht am Anfang einer Peptidkette stehen. Formylmethionin kann umgekehrt nicht innerhalb einer Peptidkette stehen und realisiert deshalb nur eine Peptidbindung. Eine mögliche Nichteindeutigkeit könnte durch eine Verwechslung von intermediärer und initialer Position des Codons AUG entstehen. Jedoch wird offenbar diese Nichteindeutigkeit durch Besonderheiten der Sekundärstruktur der mRNA in der Umgebung des initiierenden Codons aufgehoben [142].
Die meisten Aminosäuren (außer Met und Try) und die Interpunktion werden im genetischen Code durch mehr als ein Triplett kodiert, d. h. der genetische Code ist *degeneriert*. Die Codons, die genau eine Aminosäure oder ein Interpunktionszeichen kodieren, sollen als *äquivalente Tripletts* oder *Synonyme* bezeichnet werden. Eine ganze Gruppe von Synonymen sei eine *Codonäquivalenzklasse* (Serie). Der genetische Code enthält 21 Codonäquivalenzklassen und besitzt einen mittleren Degenerationsgrad von

angenähert 3. Er berechnet sich aus dem Quotienten von Anzahl Codons und Anzahl Äquivalenzklassen. Eine Codonäquivalenzklasse heißt *zusammenhängend*, wenn man von jedem Codon dieser Äquivalenzklasse zu jedem anderen Codon dieser Äquivalenzklasse durch schrittweise Basentransformation gelangen kann, ohne diese Äquivalenzklasse zu verlassen [77, 127—129]. Es ist leicht zu zeigen, daß der genetische Code diese Eigenschaft für 18 der 21 Codonäquivalenzklassen besitzt, wobei sie für zwei Äquivalenzklassen (Met und Try) keine Bedeutung hat, da diese nur aus einem Codon bestehen. Eine Äquivalenzklasse (Ser) ist *nicht zusammenhängend*, jedoch in zwei zusammenhängenden Subklassen zerlegbar. Die Entartung des genetischen Codes hat einen bedeutenden regulativen Charakter. Wir bezeichnen die Äquivalenz von Codons als *systematische Degeneration*, wenn diese Codons Paare bilden, innerhalb derer entweder Purine (A oder G) oder Pyrimidine (U oder C) am 3'-Ende (der dritten Position) unterschieden werden können. Man kann wiederum leicht sehen, daß 30 von 32 möglichen Triplettpaaren diesem Prinzip der Degeneration genügen. Neun dieser Paare bilden singuläre Äquivalenzklassen (Phe, Tyr, Cys, His, GluN, Glu, AspN, Asp, Lys). Die restlichen 16 Paare werden in 8 Tetraden nach folgendem Prinzip zusammengefaßt: Codons, die in der ersten und zweiten Position gleiche Basen und in der dritten Position eine beliebige Base besitzen, sind äquivalent (Ser, Leu, Pro, Arg, Thr, Val, Ala, Gly). Fünf Tetraden bilden singuläre Äquivalenzklassen (Pro, Thr, Val, Ala, Gly). Drei Äquivalenzklassen (Leu, Ser, Arg) mit jeweils sechs Codons enthalten je ein Paar und eine Tetrade, wobei die Codonäquivalenzklassen Leu und Arg zusammenhängend sind. Zwei Codonäquivalenzklassen (Ile und terminale Nonsensetripletts) enthalten pro Klasse drei Tripletts; darunter ist je ein systematisches Paar. Diese beiden Äquivalenzklassen sind ebenfalls zusammenhängende Klassen. Alle sonstigen Varianten der Degeneration, die nicht den Prinzipien der systematischen Degeneration genügen, sollen *nichtsystematisch* genannt werden.

Die genetischen Mechanismen, die die systematische und nichtsystematische Degeneration realisieren, sind bekannt. Entsprechend der Wobble-Hypothese von Crick [144] können die Basen in der dritten Position der Codons nicht eindeutig erkannt werden (siehe Tab. 4). In Übereinstimmung mit den experimentellen Daten [92, 132, 145] wird

Tabelle 4

Die Nichteindeutigkeit der Erkennung von Basen in der terminalen 3'-Position eines Codons (wobbling) [144].

5'-terminale Base im Anticodon	U	C	A	G	J
3'-terminale Base im Codon	A, G	G	U	U, C	U, C, A

diese Regel von den tRNA-Fraktionen kaum verletzt (Tab. 5). Besonders klar ersichtlich wird das in solchen Fällen, wo nicht nur die möglichen Codons für die entsprechende Aminosäure bekannt sind, sondern auch die Struktur des Anticodons. Wesentlich scheint, daß die Nichteindeutigkeit der Erkennung mit dem Vorhandensein eines A-Derivates in einer zu der 3'-Position des Anticodons benachbarten Position verbunden ist [141, 143]. Die einzigen Ausnahmen bilden die tRNA und das Anticodon zu F-Met, die nicht A und G in der ersten Position des Codons unterscheiden können. Jedoch ist diese tRNA-Fraktion außerordentlich untypisch. Der Wobble-Mechanismus ist somit

Tabelle 5

Die Erkennung von Codons durch Anticodons unterschiedlicher tRNA-Fraktionen [92, 132, 145, 146].

tRNA-Fraktion	Herkunft	Anticodon	erkanntes Codon	tRNA-Fraktion	Herkunft	Anticodon	erkanntes Codon
Leu-1	*E. coli*		CUG	Arg-I	Hefe		CG(U, C, A)
Leu-IV, V	*E. coli*		UUG	Ala	Hefe	CGI	GC(U, C, A)
Met	*E. coli*		AUG	Val-I	Hefe	CAI	GU(U, C, A)
Try	*E. coli*		UGG	Ser	Hefe	AGI	poly(U, C)
Gly-III	Hefe		GGG	Tyr	Hefe	AψG	UA(U, C)
Gly-II	Hefe		GG(U, C)	Tyr-Su_{III}^{-}	*E. coli*	AUG	UA(U, C)
Val-II	*E. coli*		GU(U, C)	Tyr-Su_{III}^{+}	*E. coli*	AUC	UAG
Phe	Hefe	AAG	UU(U, C)	N-F-met	*E. coli*	UAC	AUG, GUG
Ser-I	*E. coli*		UC(U, C)	Met	*E. coli*	UAC*	AUG
Ser-III	*E. coli*		AG(U, C)	Phe	*E. coli*	AAG	
Ile	*E. coli*		AU(U, C)	Val-I	*T. utilis*	CAI	
Leu-II	*E. coli*		CU(U, C)	Ile	*T. utilis*	UAI	
Gly-I	Hefe		GG(A, G)	Tyr	*T. utilis*	AψG	UA(U, C)
Val-I	*E. coli*	CAX	GU(A, G)	Ser	Leber (Ratte)	AGI	
Ala-I	*E. coli*		GC(A, G)				
Ser-II	*E. coli*		UC(A, G)	Phe	Fruchtfleisch (Weizen)	AAG	
Leu-III	*E. coli*		CU(A, G)				
Arg-II	Hefe		AG(A, G)				

Tabelle 6

Anzahl Fraktionen isoakzeptorischer tRNA für unterschiedliche Aminosäuren [56, 57].

Aminosäure	*E. coli*	Maus	Mensch
Ala	2	2 (3)	2
Arg	2	5	4
AspN	3	2	3
Asp	2	4 (5)	2
Cys	3	3	3
Gly	2	2	2
GluN	2	2 (3)	3
Gly	3	3	2 (3)
Ile	2	2	3 (4)
Leu	5	4	5
Lys	2	3	2
Met	2	3	3
Phe	3	2 (3)	3 (4)
Pro	4	2 (3)	2
Ser	4	4	4 (7)
Thr	3	3	3 (5)
Try	5	1	1
Tyr	2	4	3 (4)
Val	2	3 (4)	2
insgesamt	56	55 (62)	56 (66)

Anmerkung: In Klammern steht die maximal mögliche Anzahl Fraktionen.

hinreichend für eine Erklärung der systematischen Degeneration. Jedoch kann er nicht die Bildung von Tetraden der Synonyme und noch weniger die Äquivalenzklassen mit jeweils sechs Codons erklären. In diesen Fällen sind zwei oder mehr tRNA-Fraktionen notwendig. Aus verschiedenen Experimenten folgt, daß bei sehr ungleichartigen Objekten (*E. coli*, Maus, Mensch) fast jede Aminosäure einige Fraktionen isoakzeptorischer tRNA besitzt [56, 57] (Tab. 6), die mit physiko-chemischen Methoden getrennt werden können. Es kann jedoch bei weitem nicht in allen Fällen gezeigt werden, daß die tRNA-Fraktionen verschiedene Codeeigenschaften haben. Wie aus Tab. 5 folgt, können viele isoakzeptorische tRNA partiell oder völlig sich überlappende Codons erkennen.
Die Existenz der acht Tetraden der Codonäquivalenzklassen und des Zusammenhangs aller Äquivalenzklassen des genetischen Codes sprechen dafür, daß die Degeneration der Äquivalenzklassen sich nicht zufällig herausgebildet hat, sondern auf der Grundlage von festen Restriktionen entstanden ist. Der Evolutionsaspekt dieses Problems wird in 14.3. betrachtet. Wesentlich ist zunächst, daß der Code keine freien Nonsensetripletts (Tripletts ohne Codefunktion) enthält. Berücksichtigt man, daß für die Kodierung der 20 Aminosäuren und der Interpunktionszeichen 21 der 64 möglichen Tripletts ausreichen würden, so ist leicht einzusehen, *daß eine im Mittel mehr als dreifache Degeneration des genetischen Codes die Mutationsverluste durch eine Verringerung der Mutationen vom Typ Codon $\rightleftharpoons$ nonsense minimiert.*

5.3. Eigenschaften der Symmetrie und Regularität des genetischen Codes

Mit x, y und z sollen die 1., 2. bzw. 3. Position eines Codons bezeichnet werden. Ein Codon ist dann durch xyz dargestellt [147—149]. xy sei der *Stamm des Codons* (in den Arbeiten von J. B. Rumer [147, 148] heißt dieser Teil Wurzel) und z die *Endung* (Flexion). Weiterhin unterscheiden wir das *Präfix* x von der *Wurzel* y. Die verschiedenen Teile des Codons sind ungleich hinsichtlich der von ihnen ausgeführten Funktion. Der Stamm xy heiße *stark*, wenn er die Bedeutung der Codons *eindeutig* definiert. Umgekehrt heiße er *schwach*, wenn er die Bedeutung der Codons *nicht eindeutig* festlegt [147, 148]. Demzufolge muß man die Stämme der 8 Tetraden der äquivalenten Codons (Ser, Leu, Pro, Arg, Thr, Val, Ala, Gly) zu den starken Stämmen zählen. Die verbleibenden 8 gehören zu den schwachen Stämmen. In Tab. 7 und 8 werden die Eigenschaften der Stämme und ihre summarische Zusammensetzung je Gruppe und Basenposition aufgezeigt. Insbesondere sind die Stämme, die C als Wurzel besitzen, stark und die mit A als Wurzel schwach. Unter den restlichen Stämmen (mit U oder C als Wurzel) gibt es vier, die als Präfix C oder G haben und stark sind, während die mit den Vorsilben U oder A zu den schwachen Stämmen gehören.
Die Codetabelle kann auch in Form eines geschlossenen Kreises dargestellt werden [150] (Abb. 2). Obwohl sich eine solche Darstellung in rein mnemonischer Weise anbietet, erlaubt sie die Sichtbarmachung einiger Eigenschaften der Regularität und Symmetrie des genetischen Codes. In dieser Form erweisen sich die weiter oben angeführten Fakten als Folgerungen aus den Symmetrieeigenschaften der Codetabelle.

1. Die Transformationen U $\rightleftharpoons$ A und C $\rightleftharpoons$ G verändern in der ersten Position nicht die Stärke der Stämme, d. h. die Tabelle der Stämme ist invariant bezüglich einer solchen Transformation. Formal entspricht das einer Drehung der Tabelle um π.

Tabelle 7

Zusammensetzung und Sequenz der Basen in schwachen und starken Stämmen der Codons [148, 149].

schwach	stark
UA-Tyr, nonsense	GC – Ala
UU-Phe, Leu	GG – Gly
AU-Ile, Met	CG – Arg
UG-Cys, Try, nonsense	GU – Val
CA-Cis, GluN	AC – Thr
AA-AspN, Lys	CC – Pro
AG-Ser, Arg	CU – Leu
GA-Asp, Gly	UC – Ser
Zusammensetzung:	
A – 7	A – 1
U – 5	U – 3
G – 3	G – 5
C – 1	C – 7

Tabelle 8

Reguläre Eigenschaften und der Zusammenhang von Gruppen starker und schwacher Codonstämme.

2 → 1 ↓	U	C	A	G
U	schwach	stark	schwach	schwach
C	stark	stark	schwach	stark
A	schwach	stark	schwach	schwach
G	stark	stark	schwach	stark

2. Die Transformationen U ⇌ A und A ⇌ C (Rumer-Transformationen [147, 148]) überführen in allen Positionen starke Stämme in schwache und umgekehrt. Formal entspricht diese Transformation einer Spiegelung der Tabelle an der vertikalen Ebene, die durch das Zentrum läuft,
3. Die Transformationen U ⇌ C und A ⇌ G in der ersten Position und U ⇌ G sowie A ⇌ C in der zweiten und dritten Position überführen alle starken Stämme in schwache und umgekehrt. Das entspricht formal einer Spiegelung an der horizontalen Ebene, die durch das Zentrum führt.
4. Bei einer Drehung um $\frac{\pi}{2}$ zerfallen die Gruppen der starken und schwachen Stämme zu je zwei gleichen Teilen in invariante und nicht invariante Untergruppen:

stark invariant (C in der 2. Position)	UC — Ser CC — Pro AC — Thr GC — Ala	schwach invariant (A in der 2. Position	UA — Tyr, nonsense CA — GluN, His AA — AspN, Lys GA — Asp, Glu
stark, nicht invariant	CU — Leu CG — Arg GU — Val GG — Gly	schwach nicht invariant	UU — Phe, Leu UG — Cys, Try, nonsense AU — Ile, Met AG — Ser, Arg

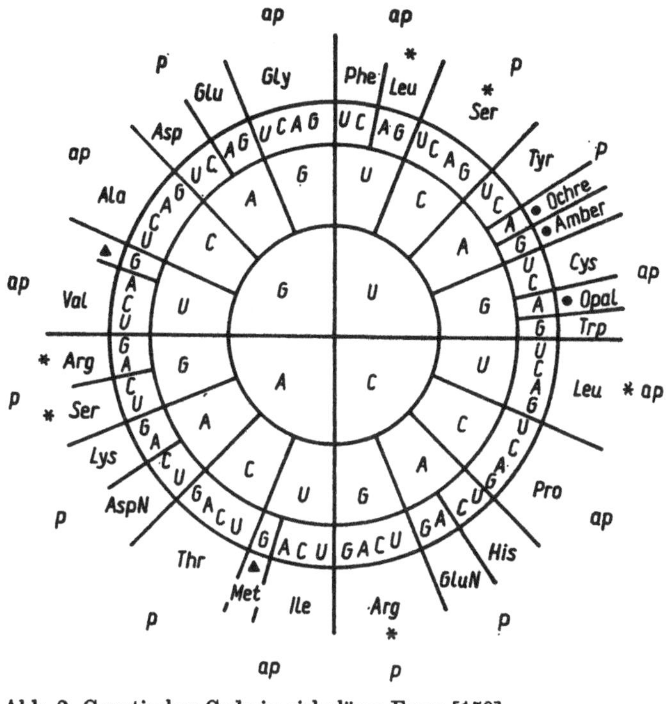

Abb. 2. Genetischer Code in zirkulärer Form [150].
Die Buchstaben des inneren Kreises (die Indices der Quadranten) entsprechen der ersten Codonposition, der zweite Kreis (die Indices der Sektoren) der zweiten Position und der dritte Kreis (die Indices der Untersektoren) der dritten Position der Basen in den Codons. Die beiden inneren Kreise fassen alle Codonstämme zusammen.
Bezeichnungen: ausgefüllte Kreise — terminale Nonsensetripletts, Dreiecke — Initiatorcodons, * — Serien mit einer Degeneriertheit > 4, p — polare Reste, ap — apolare Reste.

Es zeigt sich, daß invariante Gruppen starker und schwacher Stämme C und A und nicht invariante Gruppen sowohl schwacher als auch starker Stämme U und G in dieser Position besitzen.

Die Zugehörigkeit von Stämmen zu einer starken oder schwachen Gruppe korreliert grob mit der Größe der Aminosäurereste (Thomas [136]). Die Aminosäuren können entsprechend ihrer Größe in drei Gruppen eingeteilt werden (s. auch (64]):

kleine (k) — Gly, Ala, Val, Pro, Thr, Ser, Cys;
mittlere (m) — Leu, Ile, Met, GluN, AspN, Asp, Lys;
große (g) — Try, His, Tyr, Phe, Lys, Arg.

Entsprechend dieser Unterteilung zeigt sich, daß es unter den acht starken Stämmen 6 k, 1 m und ein g (Arg) sowie unter den acht schwachen Stämmen 6 heterogene Paare (2 k-g, 1 g-nonsense), 2 homologe Paare (m-m) und keine Paare vom Typ k-m gibt.
Es soll nun die Regularität des genetischen Codes, die mit den Polaritätseigenschaften der Aminosäuren im Zusammenhang steht, analysiert werden. In Übereinstimmung mit der üblichen Klassifikation bezeichnen wir Aminosäuren als *polar* (p), wenn sie unter bestimmten Bedingungen mit den Molekülen des Wassers Dipol-Dipol-Wechselwirkungen oder Wasserstoffbrückenbindungen eingehen können [151, 152]. Die verbleibenden Aminosäuren werden entsprechend *apolar* (ap) genannt. Danach können die Aminosäuren in folgende zwei Gruppen eingeteilt werden:

polare Aminosäuren: Ser, Tyr, His, GluN, Arg, Thr, AspN, Lys, Asp, Glu;
apolare Aminosäuren: Phe, Leu, Cys, Try, Pro, Ile, Met, Val, Ala, Gly.

Eine Analyse der Codetabelle (Abb. 2, Tab. 3) unter diesem Gesichtspunkt zeigt, daß *die Codonstämme in allen Fällen die Polaritätseigenschaften der Aminosäuren vollständig bestimmen.* (Nonsensetripletts werden als neutral betrachtet). Alle Stämme, die die *Wurzel U* besitzen, *kodieren apolare Aminosäuren,* während Stämme mit der *Wurzel A polare Aminosäuren* kodieren (Tab. 9, siehe auch [153]). Deshalb führt eine Substitution vom

Tabelle 9

Reguläre Eigenschaften und Zusammenhang von Codonstämmen polarer (p) und apolarer (ap) Aminosäuren [153] (I) und hypothetische Variante der Tabelle für den Fall, daß kein Zusammenhang existiert (II).

2 → / 1 ↓	U	C	A	G	2 → / 1 ↓	U	C	A	G
U	ap	p	p	ap	U	ap	ap	p	p
I C	ap	ap	p	p	II C	ap	ap	p	p
A	ap	p	p	ap	A	p	p	ap	ap
G	ap	ap	p	p	G	p	p	ap	ap

Typ U ⇌ A in den Wurzeln zu einer Polaritätsänderung ap ⇌ p bei allen Aminosäuren der korrespondierenden Codonäquivalenzklassen. Von den verbleibenden Codons kodieren alle Stämme mit dem *Präfix A polare* und alle Stämme mit dem *Präfix C apolare Aminosäuren.* Die Präfixe U und C sind bezüglich der Polaritätsbestimmung nicht eindeutig. Andere Symmetrieeigenschaften der Stämme können bezüglich der Polaritätseigenschaften nicht aufgestellt werden.
Eine gemeinsame Besonderheit der Tab. 8 und 9 besteht darin, daß die Gruppen der starken und schwachen Stämme und die Gruppen der polaren und apolaren Stämme

innerhalb dieser Gruppen *zusammenhängende Teilmengen* erzeugen (der Zusammenhang entspricht semantisch dem Zusammenhang der Codonäquivalenzklassen) [117, 148, 153]. Eine hinreichende Bedingung für den Zusammenhang jeder dieser beiden Gruppen in der quadratischen Codetabelle ist die Forderung, daß die Tabelle *in mindestens einer Zeile oder Spalte Elemente besitzt, die einzeln zu je einer der genannten Gruppen gehören.* Die Tabellen 8 und 9 besitzen beide diese Eigenschaft, die später (14.2. und 14.3.) noch beim Aufstellen von Hypothesen über die Entstehung und Evolution des genetischen Codes von Interesse ist.

Nach Tab. 3 kann man unter dem Aspekt der Polarität oder der Größe der entsprechenden Aminosäurereste feststellen, daß jede Spalte typische Eigenschaften besitzt. Die *Wurzel A* kodiert relativ *große, polare* Reste. Der *Wurzel C* entsprechen *kleine Aminosäurereste* der *polaren* und *apolaren* Gruppen. Wenn U als Wurzel auftritt, finden wir apolare Reste, die keine starken Abweichungen hinsichtlich Struktur oder Größe aufweisen. G als Wurzel kodiert eine große Anzahl anomaler und extremer Varianten, unter denen keine einzige mit normaler Größe auftritt. Es ist interessant, daß in dieser Spalte enthalten sind: der kleinste Rest (Gly), der längste und verzweigteste (Arg), der längste und planarste (Try) und der reaktivste Rest (Cys) sowie die anomale Subklasse synonymer Codons Ser (AGU, AGC) und das anomale Nonsensetriplett (UGA), das bei Eukaryonten noch nicht nachgewiesen werden konnte. Es entsteht der Eindruck, daß diese Spalte eine Ansammlung von Resten, Tripletts und Codonäquivalenzklassen ist, die zwar gegen einige allgemeine Prinzipien der Organisation des Codes verstoßen, seine Symmetrie jedoch nicht verletzen. *Eine zentrale Stellung für die Symmetrieeigenschaften des genetischen Codes nehmen ohne Zweifel die zweite und dritte Spalte ein, die Schlüsseleigenschaften besitzen.* Insbesondere kommen in ihnen neun von insgesamt zehn polaren Aminosäureresten vor, während der verbleibende Rest (Arg) sehr extreme Eigenschaften aufweist und in die vierte Spalte fällt. Damit ist die Apolarität jener Reste der ersten Spalte eindeutig ausgewiesen, die bezüglich der Codestruktur nur eine sekundäre Rolle spielen. Hypothesen, die diese bemerkenswerte Eigenschaft des genetischen Codes unter evolutionärem Aspekt betrachten, werden in 14.2. und 14.3. besprochen.

In Tab. 10 (s. [153]) werden 576 Typen mutativer Basensubstitutionen in den Codons nach Position (x, y, z), Polarität, Stärke oder Schwäche der Stämme und nach anderen Merkmalen klassifiziert. Synonyme Mutationen betreffen dabei in der Mehrzahl der Fälle (126 von 134 Substitutionen) die *Flexionen* z. Nur 8 der synonymen Mutationen sind in den Präfixen x möglich; *bei Veränderung der Wurzel ist die exakte Bedeutung des Codons immer verändert.* Veränderungen mit Polaritätsumkehr (ap $\rightleftharpoons$ p) betreffen niemals die Flexionen z. Sie sind im wesentlichen in den Wurzeln konzentriert (102 von 162), jedoch in einem geringeren Ausmaß auch in den Präfixen x zu finden. missense-Mutationen, die die Polarität erhalten ($p \to p$), sind mehr oder weniger gleichmäßig auf die Positionen verteilt (x:y:z = 48:36:43), aber missense-Mutationen, die die Apolarität erhalten, sind beachtlich zu den Vorsilben verschoben (x:y:z = 58:38:18). *Mutationen in der Wurzel, die die Polarität p nicht verändern, beeinflussen hauptsächlich die Stärke der Stämme* (in 28 von 36 Fällen). Die Mutationen in der Wurzel, die demgegenüber die Apolarität *ap* erhalten, beeinflussen die Stärke der Stämme jedoch kaum (nur in 4 von 48 Fällen). Mutationen vom Typ Codon → nonsense sind ohne eine offensichtliche Symmetrie auf die Positionen x, y und z verteilt; sie sind allerdings selten (23 von 576). Andere Besonderheiten der Basenpositionen in den Codons sind weniger deutlich ausgeprägt.

Man kann nun hiermit den Positionen einige Eigenschaften und Funktionen zuordnen.

Tabelle 10

Anzahlen von mutativen Basensubstitutionen in den verschiedenen Positionen der Codons [153].

synonyme Substitutionen	x 1. Position	y 2. Position	z 3. Position	$x+y+z$ Summe
	8	0	126	134
p—p: insgesamt	48	36	31	116
stark — stark	8 }	0 }	0	8 }
schwach — schwach	36 } 44	8 } 8	32	76 } 84
stark — schwach	4	28	0	32
ap—ap: insgesamt	58	38	18	114
stark — stark	16 }	32 }	0	48 }
schwach — schwach	8 } 24	6 } 38	18	32 } 80
stark — schwach	34	0	0	34
ap—p: insgesamt	60	102	0	162
stark — stark	40 }	16 }	0	56 }
schwach — schwach	6 } 46	24 } 40	0	30 } 86
stark — schwach	8 }	40 }	0	48 }
schwach — stark	6 } 14	22 } 62	0	28 } 76
Codon — nonsense	9	7	7	23
nonsense — Codon	9	7	7	23
nonsense — nonsense	0	2	2	4
insgesamt:	192	192	192	576

Anmerkung: p — Codon einer polaren Aminosäure; ap — Codon einer apolaren Aminosäure.

Von 192 Mutationen in den *Flexionen* z sind 126 synonym, und 50 verändern die Polaritätseigenschaften sowie die Stärke der Stämme nicht. Deshalb haben *die Flexionen der Codons keinen Anteil an der Kodierung der Polaritätseigenschaften der Aminosäuren und bilden in der Hauptsache synonyme Gruppen.* Alle diese Gruppen sind automatisch zusammenhängend. Von 192 Mutationen in den Wurzeln führen 102 zu Veränderungen der Polarität, aber sie haben keinen Anteil an synonymen Transformationen. Deshalb besteht die *Hauptfunktion der Wurzeln darin, daß sie an der Festlegung der exakten Bedeutung der Stämme, in diesem Fall an der Kodierung der Eigenschaften der Aminosäure (insbesondere der Polaritätseigenschaften), unmittelbar teilhaben.* Die Eigenschaften der Präfixe x der Codons sind weniger ausgeprägt: Von 192 Mutationen in den Präfixen verändern 60 die Polarität (davon wird bei 46 Mutationen die Stärke des Stammes beibehalten), und 108 Mutationen erhalten die Polarität (wovon 8 Mutationen zusätzlich die Stärke der Stämme beibehalten). Somit sind die Präfixe sowohl an der Festlegung der genauen Bedeutung der Stämme (die Hälfte aller Stämme sind stark), insbesondere an der Festlegung der Polaritätseigenschaften der Aminosäuren, als auch an Transformationen der nichtsystematischen Synonyme beteiligt.

Ganz allgemein kann man feststellen, daß die aufgeführten Eigenschaften des Codes die Stabilität des Kontextes bei Mutationen vom Typ der Basensubstitution erhöhen. Der

Anteil von Mutationen vom Typ Codon → nonsense ist nicht sehr groß (23 von 576 Mutationen in allen Positionen). Demgegenüber besitzen die synonymen Transformationen einen bedeutenden Anteil aller Veränderungen (134 von 567). 230 Mutationen, bei denen die Polaritätseigenschaften beibehalten werden, sind letal. Die Codons von Aminosäuren mit gleicher Polarität sind im allgemeinen weniger weit voneinander entfernt als die von Aminosäuren mit Polaritätsunterschieden. Es ist interessant, daß die verschiedenen Basenpositionen in den Codons unterschiedliche Fehlerwahrscheinlichkeiten im Translationsprozeß besitzen [154, 155]; $x:y:z = 10:1:100$ (siehe Tab. 11). *Der Translationsapparat gewährleistet ein Minimum an Fehlern gerade für die Wurzeln, die eine grundlegende Rolle in der Kodierung spielen,* und führt zu einem Maximum an Fehlern für *Flexionen*; diese Fehler werden aber zum größten Teil auf Grund der Synonyme neutralisiert.

Tabelle 11

Schätzung der relativen Wahrscheinlichkeiten von Translationsfehlern für polyU im in vitro-System von *E. coli* [155].

A—K	Codons, die zwei U enthalten	Abschätzung der Fehlerhäufigkeit	Position	Fehler, Erkennung
Phe	UUU, UUC	100%		
Ser	UCU	~0,01—0,02%	y	U statt C
Leu	UU(A/G), CUU	~1—1,5%	x und z	U statt (A/G) oder C
Ile	AUU	~0,01%	x	U statt A

Anmerkung: In dem Präfix (x) und in der Wurzel (y) treten Fehler mit einer Häufigkeit von $\sim 10^{-4}$ auf (2. und 4. Zeile), in der Flexion (z) mit einer Häufigkeit von $\sim 10^{-2}$ (3. Zeile unter Berücksichtigung des Vorangegangenen). Jedoch sind Schätzungen dieses Typs lückenhaft und können eine kompliziertere Interpretation aufweisen.

Der genetische Code besitzt bedeutende Eigenschaften der Symmetrie und Regularität, die im wesentlichen einigen *Grammatikregeln der Codons* äquivalent sind. Die Eigenschaften der Codonpositionen erlauben den Vergleich Codon-Wortform und Position-Morphe und rechtfertigen die Wahl der Bezeichnungen für diese Positionen: Präfix, Wurzel und Flexion.

5.4. *Ungleichmäßigkeit der Degeneration des Codes* [90, 156]

Man kann leicht feststellen, daß die Codonäquivalenzklassen des genetischen Codes sehr ungleichmäßig degeneriert sind: Der Grad der Degeneration schwankt von 6 bis 1. Es ist anzunehmen, daß diese Eigenschaft des Codes nicht zufällig auftritt, sondern mit der Häufigkeit von Aminosäuren in der Primärstruktur der Proteine korreliert. In Tab. 12 (vierte Spalte) sind Daten über den Anteil der in den verschiedenen Isoenzymfraktionen vorkommenden Aminosäuren angegeben. Untersuchungen dazu wurden auf der Grundlage der ersten Ausgabe des Atlas der Proteinstruktur (Eck und Dayhoff) von MacKey [157] ausgeführt. Einen wesentlichen Anteil an der genannten Zusammenstellung hatte Dayhoff [64]. Es wurden die Proteine einer phylogenetischen und funktionellen Gruppe

Tabelle 12

Die Häufigkeit des Auftretens der Serien in den Primärstrukturen der Cistrons. Es wird angenommen, daß jedes Cistron bis zwei terminale Nonsensetripletts haben kann [90, 156].

Serie	Degeneriertheit	Häufigkeiten der Serien bei gleichen Häufigkeiten der Codons	tatsächliche Häufigkeiten der Serien (64)	Häufigkeiten, die die Mutationsverluste minimieren bei N = 10^6	N = 10^7	N = 10^8	Gleichgewichtshäufigkeiten	Code von HAFFMAN für die tatsächlichen Häufigkeiten
Ser (S)	6	9,36	7,66	4,90	5,91	4,22	14,11	111
Len (L)	6	9,36	7,17	4,93	6,33	6,82	10,79	0100
Arg (R)	6	9,36	3,83	4,90	5,91	4,22	8,09	00101
Ala (A)	4	6,24	7,95	5,00	7,26	17,78	10,01	110
Gly (G)	4	6,24	7,46	4,97	6,78	11,01	5,26	0011
Val (V)	4	6,24	6,78	4,97	6,78	11,01	7,58	0111
Thr (T)	4	6,24	6,38	5,04	7,78	28,70	7,61	1000
Pro (P)	4	6,24	5,40	4,97	6,78	11,01	4,14	1010
Ile (I)	3	4,68	4,52	4,87	5,52	2,61	4,00	00010
Term. (X)	3	4,68	1,91	4,97	2,98	0,04	3,52	000111
Lys (K)	2	3,12	6,87	4,63	3,41	0,09	3,76	0101
Glu (E)	2	3,12	5,30	4,76	4,49	0,61	3,41	1011
Asp (D)	2	3,12	5,11	4,73	4,19	0,38	3,10	00000
AspN (N)	2	3,12	4,71	4,80	4,81	1,00	3,42	00001
GluN (Q)	2	3,12	3,93	4,60	3,91	0,06	2,81	00100
Phe (F)	2	3,12	3,44	4,70	3,92	0,24	1,87	01100
Tyr (Y)	2	3,12	3,34	4,60	3,91	0,06	1,90	10010
Cys (C)	2	3,12	3,34	4,53	2,78	0,02	1,76	01101
His (H)	2	3,12	2,16	4,63	3,41	0,09	1,76	000110
Met (M)	1	1,56	1,57	4,54	2,78	0,02	0,60	100110
Try (W)	1	1,56	1,18	4,35	1,84	0,00	0,60	100111
Entropie (bit)		4,21	4,23	4,38	4,29	3,00	4,02	L = 4,29
Abstand von der realen Verteilung der Häufigkeiten*		1,93	–	1,91	1,26	6,31	6,31	

* – der Abstand zwischen den Verteilungen wird nach der Formel

$$\varrho = \sqrt{\frac{\sum_{i=1}^{21} (P_i - P_i')^2}{21}}$$

berechnet, wobei $\{P_i\}$ die tatsächliche Häufigkeitsverteilung (nach [64]) und $\{P_i'\}$ die geschätzte theoretische Verteilung ist.

(Cytochrome, Hämoglobine usw.) durch ein hypothetisches Polypeptid dargestellt, dessen Größe und Zusammensetzung dem Gruppenmittel entspricht, und danach zwischen den Gruppen die Häufigkeiten des Auftretens der verschiedenen Aminosäuren berechnet.

Als einer der ersten untersuchte MacKey [157] die Beziehung zwischen dem Grad der Degeneration der Codonäquivalenzklassen und der Häufigkeit des Auftretens der entsprechenden Aminosäuren mit den Methoden der Informationstheorie. Wir werden die Überlegungen von MacKey auf der Grundlage der umfassenderen späteren Arbeiten von Dayhoff [64] betrachten (siehe Tab. 12).

Für einen ungleich dimensionierten Code in einem Kanal ohne Rauschen wurde in der Informationstheorie der Begriff der *Optimalität* definiert [95]. Es sei ein infiniter Text gegeben, in dem die Symbole a_i ($i = 1, 2, \ldots, n$) mit den Häufigkeiten P_i auftreten. Für die Übertragung durch einen Nachrichtenübertragungskanal soll dieser Text mit Hilfe anderer Symbole b_k ($k = 1, 2, \ldots, m$; $m \leqq n$) umkodiert werden. Wir nehmen zur Vereinfachung an, daß es sich um die binären Symbole 0 und 1 handle. Man kann nun den originalen Text mit der Textentropie

$$E(P) - \sum_{i=1}^{n} P_i \, ld \, P_i$$

und den umkodierten Text mit einer mittleren Wortlänge

$$\bar{L} = \sum_{i=1}^{n} P_i L_i$$

bewerten, wobei L_i die Länge der Worte im Binäralphabet ist, die die Symbole a_i des originalen Textes kodieren. Man kann zeigen, daß

$$\bar{L} \geqq E(P)$$

ist, d. h. die Entropie eines Textes hat die Bedeutung eines *theoretischen Minimums der mittleren Wortlänge des Codes*. Es existiert kein Verfahren der Kodierung, mit dem man die mittlere Wortlänge kleiner als diese Größe machen kann. Der Code, dessen mittlere Wortlänge mit $E(P)$ übereinstimmt, heißt optimal. In Wirklichkeit kann man einen optimalen Code nicht immer erzeugen, oft sind jedoch Codes realisierbar, die diesem Optimum genügend nahe sind. In der Informationstheorie wird die Größe $-ld \, P_i$ als Informationsmenge der Symbole a_i aufgefaßt, und die Textentropie erhält dann die Bedeutung einer mittleren Informationsmenge in einem Text je Symbol des Ausgangsalphabetes. In Abhängigkeit von P_i besitzt diese Größe ein Maximum (die *Durchlaßkapazität des Kanals*), das bei Gleichverteilung der Häufigkeiten erreicht wird:

$$P_i = \frac{1}{n}.$$

Betrachten wir nun das Problem eines optimalen genetischen Codes unter diesen Gesichtspunkten. Da der genetische Code gleichdimensioniert ist, kann der Begriff der Optimalität nicht unmittelbar dafür verwendet werden. Jedoch kann man formal immer einen Hilfscode aufstellen (z. B. mit dem Binäralphabet), der (im oben genannten Sinn) angenähert optimal für die Kodierung der Aminosäuren ist. Ein Konstruktionsverfahren für die Aufstellung eines solchen Codes wurde bereits von Haffman vorgeschlagen [97].

P_i sei die Häufigkeit des Auftretens der i-ten Codonäquivalenzklasse in der Cistronstruktur, welche mit der Häufigkeit des Auftretens der i-ten Aminosäure in den Primärstrukturen der Proteine übereinstimmt. Unter Berücksichtigung der vierten Spalte von Tabelle 12 erhält man die tatsächliche Entropie in den Polypeptidketten

$$E(P) = 4{,}23 \text{ bit.}$$

In der neunten Spalte von Tab. 12 ist der nahezu optimale Code von HAFFMAN angegeben, der mit den Daten von [90, 156] konstruiert wurde und eine mittlere Wortlänge

$$\bar{L} = 4{,}29 \text{ bit}$$

besitzt. Wenn man die Codons der verschiedenen Äquivalenzklassen als *gleichwahrscheinlich* annimmt (d. h. jedes Codon wird dann mit einer a priori-Wahrscheinlichkeit von 1/64 erwartet), so kann jedes beliebige Codon mit einer partiellen Entropie

$$H' = -ld\,(1/64) = 6 \text{ bit}$$

erwartet werden. D_i sei der Grad der Degeneration der i-ten Codonäquivalenzklasse. Dann wird für die i-te Codonäquivalenzklasse eine Häufigkeit $P_i' = D_i/64$ und eine partielle Entropie

$$H_i' = -ld(D_i/64) = 6 - ld\, D_i \text{ bit}$$

erwartet; die zu erwartende Textentropie ist

$$\bar{H}' = \sum_{i=1}^{26} P_i' H_i' = 6 - \sum_{i=1}^{26} P_i' \, ld\, D_i \, bit.$$

Für die in der dritten Spalte von Tab. 12 aufgeführte Häufigkeitsverteilung P_i' erhält man

$$\bar{H}' = 4{,}21 \text{ bit,}$$

also einen dem optimalen E(P) und fast optimalen $\bar{L}$ im Code von HAFFMAN angenäherten Wert. Es besteht eine Ähnlichkeit zwischen den echten und erwarteten Verteilungen der Codonäquivalenzklassen P_i bzw. $P_i' = D_i/64$, die jedoch statistisch nicht signifikant ist. Falls alle Codons gleichwahrscheinlich sind, unterscheiden sich die Verteilungen. In diesem Sinn ist *der tatsächliche genetische Code mit gleichwahrscheinlichen Codons hinsichtlich der Kodierung von tatsächlichen Häufigkeitsverteilungen der Aminosäuren in den Texten angenähert optimal.*

Es sei noch ein weiterer Informationsaspekt dieses Problems berücksichtigt: die *Störstabilität des Codes.* Die konvariante Reduplikation (Replikation mit Fehlern) der Cistrons sowie ihre nachfolgende Transkription und Translation in den Nachkommen können als Übertragungsprozeß von Signalen durch einen Übertragungskanal mit Rauschen betrachtet werden [90, 156]. Am Eingang X des Kanals trifft eine Folge von Triplett-Codons einer haploiden parentalen Zelle ein (Codonsynonyme gelten als gleichwahrscheinlich in jeder Äquivalenzklasse); den Ausgang Y des Kanals bildet eine Gruppe von Polypeptiden der haploiden Tochterzelle. Dem Rauschen entsprechen Mutationen sowie Transkriptions- und Translationsfehler (letale und subletale), die zu einem Verlust der Lebensfähigkeit führen. Dieses Herangehen ist für Populationsbetrachtungen wichtig, denn letale Mutationen führen zu genetischen Substanzverlusten einer Population, da letale Mutationen nicht als separate Fehler, sondern zusammen mit dem gesamten Kontext des haploiden Genoms eliminiert werden.

Wie oben eingeführt, sei P_i die Häufigkeit des Auftretens von Codons oder nonsense-tripletts der i-ten Äquivalenzklasse in einem genetischen Text (eines haploiden Genoms mit einer Länge von N Codons, $\|q^*_{ij}\|$ sei die Matrix der bedingten Wahrscheinlichkeiten der letalen Transformationen von Codons der i-ten Äquivalenzklasse in Codons der j-ten Äquivalenzklasse und $\|q_{ij}\|$ die Matrix der nichtletalen Mutationen. Diese Größen werden normiert betrachtet:

$$\sum_{i=1}^{21} P_i = 1, \quad \sum_{j=1}^{21} q^*_{ij} = 1, \quad \sum_{j=1}^{21} q_{ij} = 1.$$

Der oben eingeführte Begriff des Übertragungskanals charakterisiert haploide Individuen. Als Informationscharakteristikum dieses Kanals wird die bedingte genetische Information (in Anlehnung an die Konditionalentropie (der Herausgeber)) betrachtet, die von den Eltern zu den Nachkommen übertragen wird [95]:

$$I(Y|X) = \sum_{i,j=1}^{21} P_i \, q_{ij} \, ld \, q_{ij} - \sum_{i,j=1}^{21} P_i \, q_{ij} \, ld \sum_{k=1}^{21} P_k q_{kj}.$$

Entsprechend sind die realen Häufigkeiten der Mutationen pro Position sehr gering (10^{-8} bis 10^{-11}) [4]

$$I(Y|X) \approx E(X) = E(P) = -\sum_{i=1}^{21} P_i \, ld \, P_i.$$

Hier werden nur nichtletale Mutationen berücksichtigt, da letale Substitutionen zum Tod des Nachkommen führen und so die Informationsübertragung unterbrochen wird. Das Maximum von $I(Y|X)$ hat die Bedeutung einer Durchlaßkapazität des Kanals. Es wird durch gleiche Häufigkeiten der Codonäquivalenzklassen realisiert. Unter dem Aspekt der Berechnung individueller Mutationsverluste hat diese Größe keine selbständige Bedeutung. Die Erfassung der letalen Mutationen muß auf der Populationsebene erfolgen. Die Wahrscheinlichkeit für das Nichtentstehen einer letalen Mutation in einem Text mit einer Länge von N Codons ist

$$Q = \prod_{i} \prod_{j \neq i} (1 - q^*_{ij}) \, P_i N = \prod_i q_i{}^* P_i N,$$

wobei

$$q_i{}^* = \prod_{j \neq i} (1 - q^*_{ij})$$

die Wahrscheinlichkeit dafür ist, daß die Aminosäure der i-ten Codonäquivalenzklasse keiner letalen Substitution in einer einzelnen Position unterworfen sind. Es werde weiter angenommen, daß Individuen ohne letale Mutationen die Tauglichkeit $w_1 = 1$ und mit letalen Mutationen die Tauglichkeit $w_0 = 0$ besitzen. Dann erhält man den Ausdruck

$$\overline{I(Y|X)} = QI(Y|X) \, w_1 + (1 - Q) \, I(Y|X) \, w_0$$
$$= Q(I(Y|X) \approx QE(P) = \prod_i q_i{}^* P_i N \left(-\sum_{j=1}^{21} P_j \, ld \, P_j \right).$$

Er hat die Bedeutung einer *mittleren Informationsmenge pro Codonäquivalenzklasse, die von einer Elternpopulation auf eine Population lebensfähiger Nachkommen im Verlauf einer Generation übertragen wird.* Diese Größe kann als *Maß für die Störstabilität* einer Population gegenüber letalen Mutationen dienen. Zur Bestimmung des Maximums dieser Größe wird die Häufigkeit P_i der Codonäquivalenzklassen unter zusätzlichen Normierungsbedingungen variiert. Das Maximum der Lagrange-Funktion in logarithmischer Form ist

$$L = \ln QE(P) + \lambda\left(\sum_{i=1}^{21} P_i - 1\right)$$

$$= N \sum_{i=1}^{21} P_i \ln q_i^* + \ln E(P) + \lambda\left(\sum_{i=1}^{21} P_i - 1\right).$$

Die notwendige Bedingung des Maximums ist

$$\frac{\partial L}{\partial P_i} = N \ln q_i^* - \frac{\operatorname{ld} \tilde{P}_i + \dfrac{1}{\ln 2}}{\tilde{E}(P)} + \lambda = 0.$$

Daraus folgt

$$\tilde{P}_i = q_i^{*N\tilde{E}(P)\ln 2}\, 2^{\tilde{E}(P)\lambda - \frac{1}{\ln 2}}, \quad \text{falls} \quad \tilde{E}(P) > 0.$$

Bei Summierung über i und unter Verwendung der Normierungsbedingung erhalten wir schließlich

$$\tilde{P}_i = \frac{q_i^{*N\tilde{E}(P)\ln 2}}{\sum_{i=1}^{21} q_i^{*N\tilde{E}(P)\ln 2}}.$$

Die zu maximierenden Häufigkeiten hängen von der Länge N des Textes, von seiner Entropie und von den Häufigkeiten des Nichtentstehens letaler Substitutionen in den Codonäquivalenzklassen ab. Man kann den Schätzwert P_i in Abhängigkeit von N bei gegebenem q_i^* berechnen.

Ein wichtiges technisches Problem der Untersuchung der Störstabilität des Codes ist das Aufstellen der Matrizen $\|q_{ij}\|$ und die Ermittlung der Berechnungsfehler. Insbesondere ist bei einem entwickelten Code und einem entwickelten Transkriptions-Translations-Apparat die Wahrscheinlichkeit für Berechnungsfehler bezüglich der übertragenen Sequenzen gering (siehe Tab. 11). Weiterhin führen nicht alle von ihnen zu einem Funktionsverlust des Eiweißes. Außerdem führt das gleichzeitige Vorhandensein von transkribierter mRNA und translatierten Proteinen dazu, daß in der Mehrzahl der Fälle (ohnehin seltene) Transkriptions- und Translationsfehler nicht auftreten bzw. in der Lebenstätigkeit nicht zum Ausdruck kommen, vielmehr sind die Verluste auf letale Mutationen zurückzuführen. Die Häufigkeiten der letalen Mutationen können gegenwärtig nicht unmittelbar geschätzt werden. Da jedoch die absoluten Mutationshäufigkeiten zwischen den Codonäquivalenzklassen bekannt sind, lassen sich daraus die partiellen Häufigkeiten der Entstehung neutraler Substitutionen abschätzen. Wenn die Basentransformationen in jeder Position gleich wahrscheinlich sind und ihre Häufigkeiten mit μ bezeichnet werden, kann man unter Verwendung der Codetabelle (Tab. 3) die Matrix $\|p_{ij}\|$ der totalen Mutationshäufigkeiten zwischen den Codonäquivalenzklassen aufstellen. Wenn man nun den Atlas von Dayhoff [64] benutzt und die Positionen in den Polypeptidketten unter dem Aspekt der synonymen Substituierbarkeit der Aminosäuren analysiert (siehe Kap. 15), läßt sich der Anteil der Positionen finden, für die die i-te Codonäquivalenzklasse durch die j-te Äquivalenzklasse ersetzbar ist, und der

Tabelle 13

Hilfsmatrix für die Aufstellung der Matrix der bedingten Wahrscheinlichkeit von nichtletalen Substitutionen ($\|q_{ij}\|$) [90, 156].

Codonäquivalenzklasse		A	C	D	E	F	G	H	I	K	L	M	N	P	Q	R	S	T	V	W	Y	X
Ala	(A)	A	0	8	9	0	26	0	0	0	0	0	0	10	0	0	34	28	18	0	0	0
Cys	(C)	0	C	0	0	1	7	0	0	0	0	0	0	0	0	6	28	0	0	0	1	0
Asp	(D)	28	0	D	79	0	20	6	0	0	0	0	34	0	0	0	0	0	6	0	5	0
Glu	(E)	28	0	72	E	0	15	0	0	22	0	0	0	0	27	0	0	0	11	0	0	1
Phe	(F)	0	1	0	0	F	0	0	14	0	90	0	0	0	0	0	10	0	15	0	32	0
Gly	(G)	51	1	11	9	0	G	0	0	0	0	0	0	0	0	14	22	0	19	0	0	0
His	(H)	0	0	11	0	0	0	H	0	0	9	0	25	4	40	11	0	0	0	0	11	0
Ile	(I)	0	0	0	0	7	0	0	I	2	45	8	3	0	0	3	8	14	51	0	0	0
Lys	(K)	0	0	0	20	0	0	0	3	K	0	2	40	0	19	26	0	24	0	0	0	2
Leu	(L)	0	0	0	0	14	0	1	16	0	L	38	0	3	32	34	30	0	25	0	0	0
Met	(M)	0	0	0	0	0	0	0	58	13	78	M	0	0	0	11	0	19	30	0	0	0
AspN	(N)	0	0	31	0	0	0	12	3	42	0	0	N	0	0	0	38	23	0	0	6	0
Pro	(P)	25	0	0	0	0	0	2	0	0	7	0	0	P	7	6	24	16	0	0	0	0
GluN	(Q)	0	0	0	33	0	0	24	0	26	14	0	0	11	Q	18	0	0	0	0	0	0
Arg	(R)	0	1	0	0	0	10	2	1	12	5	1	0	4	6	R	21	6	0	1	0	1
Ser	(S)	24	2	0	0	1	8	0	2	0	2	0	9	7	0	11	S	34	0	3	1	1
Thr	(T)	38	0	0	0	0	0	0	9	11	0	1	9	9	0	6	63	T	0	0	0	0
Val	(V)	24	0	2	5	4	13	0	27	0	37	2	0	0	0	0	0	0	V	0	0	0
Try	(W)	0	0	0	0	0	7	0	0	0	20	0	0	0	0	20	50	0	0	W	0	0
Tyr	(Y)	0	1	9	0	36	0	11	0	0	0	0	12	0	0	0	17	0	0	0	Y	0
Term	(X)	0	0	0	2	0	1	0	0	4	1	0	0	0	0	2	7	0	0	0	0	X

Anmerkung. Die Elemente dieser Matrix sind die Größen $\alpha_{ij} = \alpha \dfrac{N_{ij}\, d_{ij}}{N_i\, D_i}$; dabei ist D_i — Grad der Degeneration der i-ten Codonäquivalenzklasse, d_{ij} — Anzahl der Varianten von elementaren Transformationen (Substitutionen in jeweils einer Position) zwischen i-ter und j-ter Codonäquivalenzklasse, N_i — Anzahl Positionen bezügl. einer Kollektion von untersuchten Eiweißen [64], in denen die i-te Aminosäure oder Nonsense auftritt, N_{ij} — Anzahl Positionen, in denen die i-te und j-te Codonäquivalenzklasse gegenseitig ersetzbar sind, $\alpha = 10$-Koeffizient zur Vereinfachung der Darstellung.

Die Größen $q_{ij} = \mu' a_{ij} \cong 10^{-9}\, a_{ij}$ sind die bedingten Wahrscheinlichkeiten von nichtletalen Mutationen und werden durch die Einführung von diagonalen Elementen normiert:

$$q_{ii} = 1 - \sum_{j \neq i}^{21} q_{ij}.$$

Die Größen $q_{ij}^{*} = \alpha \left(1 - \dfrac{N_{ij}}{N_i}\right) \dfrac{d_{ij}}{D}\, \mu'$ sind die bedingten Wahrscheinlichkeiten von letalen Mutationen.

$$\mu = \alpha u' = 10^{-8}.$$

Anteil der Positionen u_{ij}, für die diese Äquivalenzklasse nicht ersetzbar ist. Die Matrix der Werte $q_{ij} = u_{ij} p_{ij}$ ist für die Matrix der letalen Mutationen (siehe Legende zu Tab. 13) Voraussetzung [90, 156].

In Tab. 12 (5. Spalte) sind die Resultate der Berechnung der Häufigkeiten P_i für $N = 10^6$ angegeben. In Abb. 3 und 4 sind zum Vergleich die reale Häufigkeitsverteilung nach DAYHOFF [64], die Häufigkeiten der Codonäquivalenzklassen bei gleichwahrscheinlichen Codons und die Häufigkeiten der Äquivalenzklassen, die die Informationsverluste

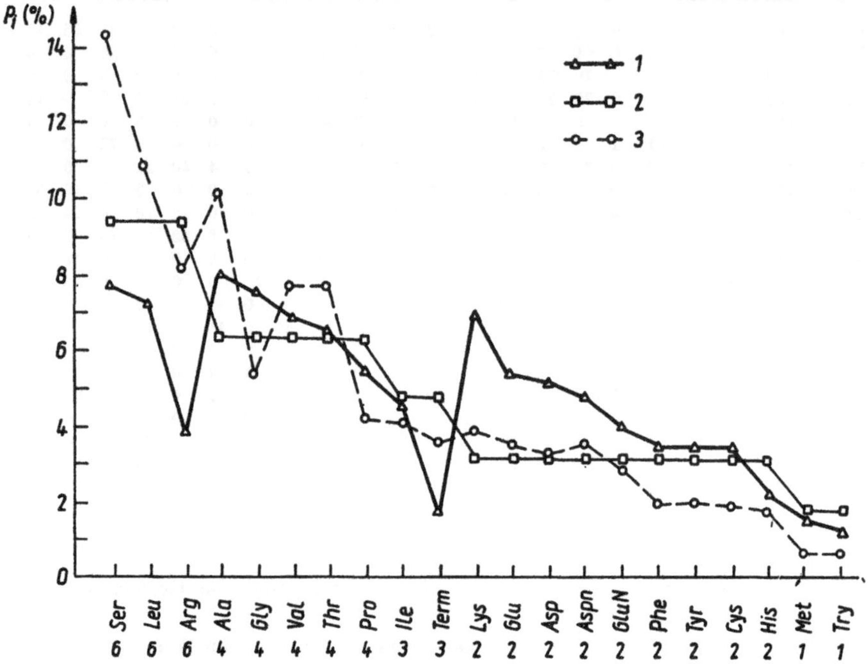

Abb. 3. Reale und theoretische Häufigkeitsverteilungen der Codonäquivalenzklassen.

1 — Reale Verteilung nach DAYHOFF [64];

2 — Häufigkeitsverteilung der Codonäquivalenzklassen bei gleichwahrscheinlichen Codons;

3 — gleichgewichtete Verteilung, die mit Hilfe der Matrix der nichtletalen Mutationen (siehe Tab. 13) berechnet wurde [90, 156].

von Zellpopulationen bei unterschiedlichen genotypischen Textlängen N darstellt [90, 156], angegeben. Für die folgenden Überlegungen benutzen wir für den Fehler der Häufigkeiten P_i

$$\sigma_i = \sqrt{\frac{P_i(1 - P_i)}{m}},$$

wobei für m (= Anzahl der Aminosäuren) aus der Stichprobe der untersuchten Eiweiße eine summarische Länge $m = 11\,100$ (siehe Tab. 12) gewonnen wird. Die reale Häufigkeitsverteilung der Codonäquivalenzklassen ist signifikant von allen Verteilungen verschieden, die die Informationsverluste bei gegebenem N minimieren.
Es ist interessant, diese Häufigkeitsverteilungen, die die Informationsverluste minimieren, für verschiedene Textlängen zu vergleichen (z. B. für $N = 10^6, 10^7, 10^8, \ldots$).

Falls die Auftretenswahrscheinlichkeiten der Letalmutationen je nach Position, Genom und Generation $u = 10^{-8}$ sind, wird bei $N \sim 10^7$ die geringste, wenn auch noch signifikante Abweichung der Häufigkeitsverteilung von der realen Verteilung beobachtet (Abb. 4). Dieses Resultat kann so gedeutet werden, daß bei kleinen Textlängen ($N \ll 10^7$)

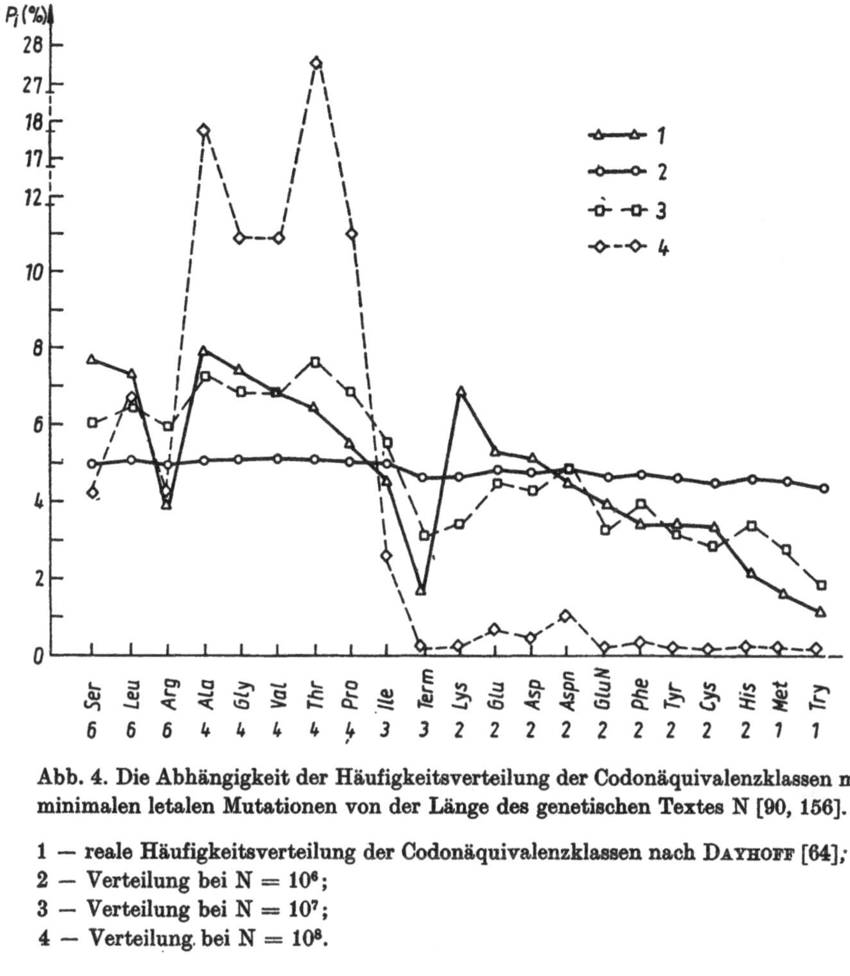

Abb. 4. Die Abhängigkeit der Häufigkeitsverteilung der Codonäquivalenzklassen mit minimalen letalen Mutationen von der Länge des genetischen Textes N [90, 156].

1 — reale Häufigkeitsverteilung der Codonäquivalenzklassen nach Dayhoff [64];
2 — Verteilung bei $N = 10^6$;
3 — Verteilung bei $N = 10^7$;
4 — Verteilung bei $N = 10^8$.

Mutationsverluste eine untergeordnete Rolle spielen, bei genügend großen Textlängen ($N \approx 10^7$) werden sie beachtlich und spielen eine bedeutende (wenn auch nicht entscheidende) Rolle in der Evolution der Aminosäurezusammensetzung der Proteine. Bei $N \gg 10^7$ sind die Mutationsverluste sehr groß: fast jedes Genom enthält mindestens eine letale Mutation und geht zugrunde. Für die Erhöhung der Störstabilität scheint damit eine Veränderung der Aminosäurezusammensetzung offenbar weniger entscheidend zu sein als z. B. der Übergang von Haploidie zu Diploidie oder die Aktivierung von Reparatursystemen. Tatsächlich gibt es bei einer natürlichen mittleren Mutationsrate von $\lambda \sim 10^{-8}$ bis 10^{-10} je nach Position, Genom und Generation [4] praktisch keine haploiden Arten mit einer Genomgröße von $N \gg 10^7$ Basenpaaren [158].

Offenbar kann die Hypothese über die Minimierung der Informationsverluste der Population in einer Generation wenigstens als eine der möglichen alternativen Varianten zur Erklärung der Korrelation zwischen den Häufigkeiten des Auftretens der Aminosäuren und der Degeneration der Codonäquivalenzklassen dienen und führt sogar zu einigen zusätzlichen Folgerungen. Die Hypothese über die Gleichwahrscheinlichkeit der Codons beinhaltet die Gleichwahrscheinlichkeit von Codontransformationen (d. h. von Mutationen, die Codons ineinander überführen) und das Fehlen von selektiven Restriktionen für die Zusammensetzung der Cistrons und Proteine. Beide Fälle sind mit dem genetischen Code vergleichbar (siehe 4.3.); die Korrelation zwischen den Auftretenshäufigkeiten der Aminosäuren und der Degeneration ihrer Codonäquivalenzklassen wird im Verlauf der Evolution der Proteinstruktur über nichtletale missense-Mutationen erreicht.

Wenn die Matrix $\|q_{ij}\|$ der bedingten Wahrscheinlichkeiten von nichtletalen Mutationen gegeben ist, können die Gleichgewichtshäufigkeiten P_i berechnet werden, zu denen sich die Zusammensetzung der Proteine in der Evolution hinbewegt. In Spalte 8 von Tab. 12 und in Abb. 3 sind die Ergebnisse der Schätzungen der Gleichgewichtswahrscheinlichkeiten dargestellt [90, 156]. Man kann feststellen, daß die Gleichgewichtswahrscheinlichkeiten mit den von DAYHOFF [64] ermittelten realen Häufigkeiten beachtlich korrelieren (s. Spalte 4 in Tab. 12 und Abb. 3). Die reale Verteilung der Häufigkeiten der Codonäquivalenzklassen, die für eine Stichprobe geschätzt wurden [64], sind nahe dem Gleichgewicht, obwohl sie sich von diesem noch signifikant unterscheiden.

5.5. Kryptographische Probleme und die Universalität des Codes

In den Jahren 1953 bis 1965 wurden vorwiegend kryptographische Probleme behandelt. Es wurden wiederholt Versuche zur theoretischen und experimentellen Entzifferung des Codes auf der Grundlage von einigen allgemeinen Überlegungen und vereinzelten experimentellen Daten ausgeführt. Nach der vollständigen Entschlüsselung des Codes auf direktem experimentellem Weg verlor dieser Aspekt seine Aktualität. Es sollen deshalb einige Untersuchungen, die wesentlich zur Entschlüsselung des genetischen Codes beigetragen haben, nur aufgezählt werden. YČAS und GAMOV [92, 124 bis 126] untersuchten in früheren Arbeiten hypothetische Varianten sich überlappender Codes. Von CRICK et al. [93] stammt die Idee des kommafreien Codes, die im weiteren von GOLOMB et al. [94] in einer allgemeinen mathematischen Form behandelt wurde. Aus diesen Untersuchungen auf dem Gebiet der tatsächlichen Eigenschaften des Codes ergaben sich immer wieder folgende Problemstellungen: die Idee des PN- und PP-Kontextes, die Überlegung über die Eindeutigkeit und Degeneration der Codierung und über den Triplettcharakter des Codes. Die Varianten der vorgeschlagenen Codes haben jetzt allerdings ihre Bedeutung verloren.

Die Kontextbesonderheiten der Codons wurden zuerst von CRICK et al. [140] im Jahre 1961 experimentell untersucht. In dieser Arbeit wurde das Fehlen von Intercodonzeichen, die Existenz eines definierten Anfangs, eines Endes und einer bestimmten Translationsrichtung bewiesen. Weiterhin wurde die Existenz bedeutungsloser Codons gezeigt, was die Argumente für einen Triplettcode erhärtete. Das Problem der Entzifferung des Codes wurde im Prinzip in den Jahren 1961 bis 1966 von NIRENBERG et al. [75], SPEYER et al. [159] und KHORANA et al. [76] gelöst. Für eine ausführliche Besprechung dieser Arbeiten siehe z. B. [2, 92, 77]. Während der ersten Etappen wurde nur die Struktur einiger Codons aufgeklärt. Es wurden verschiedene Hypothesen über den Charakter der Degeneration unter Einbeziehung einer Reihe von Hilfsdaten aufgestellt. So äußerte ECK [160] die Idee der völligen systematischen Degeneration des Codes, jedoch ohne die Position, durch die sie bedingt wird, anzugeben. Eine ähnliche Hypothese stammt auch von LUČNIK [161]. CRICK [139] zeigte die Möglichkeit des Zusammenhangs der Codonäquivalenzklassen auf, und RATNER [77, 127 bis 129] formulierte ein Prinzip des Zusammenhangs der Codonäquivalenzklassen. Auf der Grundlage dieser Hypothesen und unter Einbeziehung von unabhängig erhaltenen Daten über mutative Aminosäuresubstitutionen in Proteinen wurde die Variante der Basenreihenfolge in den Codons erhalten, die der realen am nächsten kommt. Details dieser kryptographischen Arbeiten sind in den Monographien des Autors wiedergegeben [77, 129].

Die Resultate der experimentellen Arbeit, die zu einer vollständigen Entzifferung des Codes, der Interpunktionszeichen und zum Beweis der Kolinearität von PN- und PP-Nachrichten der Cistronebene und zu anderen Besonderheiten des Codes geführt haben, sind in [135] sowie in einigen späteren Monographien [2, 92, 77] zusammenfassend dargestellt.

Die Eigenschaften der Symmetrie und der Regularität des Codes wurden mehrfach festgestellt (Zusammenstellung in [92]). Insbesondere sind hier die Arbeiten von RUMER [147, 148] zu den Symmetrieeigenschaften der Codonstämme zu erwähnen. Er versuchte, eine kanonische Reihenfolge der Basen und Aminosäuren auf rein phänomenologischer Grundlage aufzustellen. WOLKENSTEIN [151, 153] wies auf die Korrelation der Polaritätseigenschaften der Aminosäuren mit der Struktur der entsprechenden Codonäquivalenzklassen hin und MACKAY [157] auf die Optimalität des Codes. Andere Codoneigenschaften sind für die Linguistik weniger interessant.

Der in Tab. 3 und Abb. 2 angegebene genetische Code wurde zwar an *E. coli* und seinen Phagen untersucht, jedoch scheint sich dieser Code offenbar als ein *universeller* Code für alle Lebensformen der Erde zu erweisen, wenigstens in Hinsicht auf die Basenanteile der Codons. Dafür sprechen folgende Fakten: Die Alphabete der PN- und PP-Sprache sind bei den verschiedenen Arten identisch. Mutationen vom Typ der Basentransformationen einschließlich Codon-Nonsense-Transformationen, vom Typ der Rahmenverschiebung (z. B. Insertion und Deletion von Basen) und andere Mutationen, die zu Defekten der Proteine von Säugern, Amphibien, Pflanzen, Pilzen, verschiedenen Viren und Phagen usw. führen, stimmen ausgezeichnet mit dem genetischen Code von *E. coli* überein (siehe z. B. [2, 92, 77]). In vitro-Systeme aus Zellen einer bestimmten Art verwenden als Translationsmatrizen auch mRNA von anderen Arten oder Polyribonukleotide.

In Tab. 3 sind 54 Codons hervorgehoben, die bei eukaryontischen Objekten untersucht wurden [137, 138] und mit den Codons von *E. coli* übereinstimmen. Die Ausnahmen vom *E. coli*-Code sind minimal; z. B. ist das Triplett UGA bei *E. coli* ein terminales nonsense-Triplett, während es beim Meerschweinchen als Cys-Codon fungiert. In einigen Fällen wird dieser Codonsatz von tRNA-Fraktionen mit anderen Erkennungseigenschaften akzeptiert. Die Erörterung des Problems der Universalität des Codes wird in 14.1. fortgeführt.

Kapitel 6: Genetische Sprache auf der Cistronebene

Die genetische Sprache wurde bisher auf der Cistronebene bedeutend weniger gründlich untersucht als auf der Codonebene. Alle elementaren Informationen, die für eine Analyse und Formalisierung verwendet werden könnten, sind aus zwei grundlegenden Zusammenstellungen erhältlich: dem Atlas of Protein Sequence and Structure von M. O. Dayhoff [64] und dem Handbook of Biochemistry [162]. Sie enthalten Angaben über die Zusammensetzung, Primärstruktur und Funktion von über hundert Proteinen, etwa 40 tRNA-Fraktionen, Fragmenten des RNA-Genoms von einer Reihe von Viren u. a. m. Obwohl diese Daten für die Formulierung von Grammatikregeln kaum ausreichen werden, erlauben sie jedoch einige vorläufige Schlußfolgerungen und scheinen zu eindeutigen Analoga zu führen.
Auf der Ebene der Cistrons existiert die genetische Sprache in zwei Formen: der polynukleotidischen und der polypeptidischen Form. Es ist wesentlich, daß die Nachrichten der PN- und PP-Form wechselseitig *kolinear* sind, wobei die PP-Nachrichten den PN-Nachrichten eindeutig entsprechen. Eine inverse Entsprechung ist infolge der Degeneration des genetischen Codes nicht eindeutig.

6.1. Kontextbesonderheiten der DNA- und RNA-Cistrons

Zur Unterscheidung von DNA- und mRNA-Cistrons sei ein mRNA-Cistron als ein integrierter Abschnitt aus einer Folge benachbarter Codons und begrenzender Zeichen der Initiation (AUG) und Termination (UAG, UAA, UGA) definiert. Die Codons, die Interpunktionszeichen und damit auch das Cistron werden unidirektional abgelesen. Die Menge der mRNA-Cistrons ist nicht überabzählbar, aber es ist nicht möglich, sie in einem angemessenen Zeitintervall durchzumustern (siehe 2.2.). Die Längen der Cistrons sind formal nicht beschränkt, obwohl die Auftretenswahrscheinlichkeit längerer Cistrons ab einer gewissen Länge monoton abnimmt. *Die Strukturen auf der Cistronebene sind also ungleichdimensioniert* (in diesem Fall ungleich lang). Kein mRNA-Cistron — mit Ausnahme der Terminationszeichen — kann linker Teil eines anderen Cistrons sein. Deshalb gilt für die Sprache der PN-Cistrons die *Anfangsstückrelation* [91, 163]. Jedoch ist es formal einem mRNA-Cistron nicht verboten, Anfangsstück eines anderen Cistrons zu sein (s. u.).
Die Zerlegung des mRNA-Textes in Cistrons wird durch Interpunktionszeichen realisiert. In der Mehrzahl der Fälle *überlappen sich die zerlegten Cistrons nicht.* Jedoch kann die Überlappung prinzipiell nicht für solche Cistrons ausgeschlossen werden, die einen gemeinsamen Terminator und einige initiierende Tripletts AUG mit einer dafür notwendigen Sekundärstruktur der mRNA in ihrer Nähe haben (siehe z. B. Abb. 5). Das mittlere Triplett AUG wird *im Inneren* der Kette als *Met-Codon* translatiert, während

es am Ketten*anfang* als *initiierendes Codon* gelesen wird (Nichteindeutigkeit des Codons AUG). Die Trennung der mRNA-Cistrons kann auch durch intercistronische Intervalle erfolgen, die nicht nur aus terminalen nonsense-Tripletts bestehen. Bei kleinen RNA-Phagen (R 17, Qβ, f 2 u. a.) sind einige intercistronische Intervalle ganz oder teilweise untersucht worden (siehe Abb. 6 und Tab. 14) [164 bis 171]. Zum Beispiel enthält das vollständig untersuchte Intervall zwischen den Cistrons für Hüllprotein und Replicase des Phagen R 17 36 Basen und beginnt mit *zwei benachbarten terminalen Nonsensetripletts* UAA UAG [164]. Außerdem werden Nonsensetripletts im Mittelteil dieses Intervalls

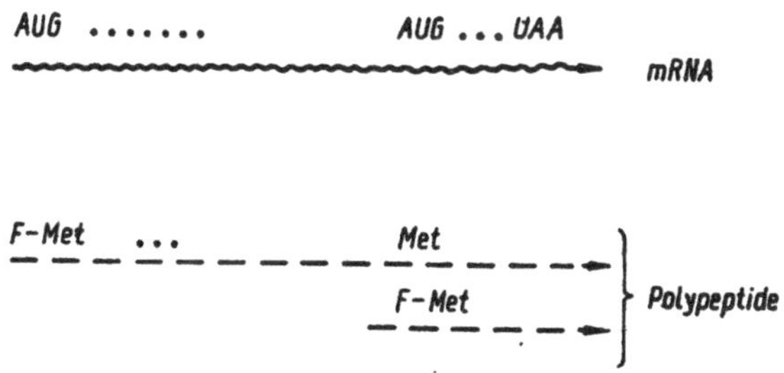

Abb. 5. Überlappung von gleichorientierten Cistrons, die einen gemeinsamen Terminator in der mRNA haben.

und anderer Intervalle häufig in einer anderen Translationsphase angetroffen. Die intercistronischen Intervalle außer den Nonsensetripletts, die zum Translationsprozeß gehören, enthalten also auch Trennabschnitte (*Spacer*), deren Funktion nicht immer bekannt ist. Die Phagen R 17, Qβ und f 2 besitzen intercistronische Spacer, die vor den Cistrons für Hüllprotein und Reifungsprotein liegen und einzelne Folgen von UUUGA enthalten, die wahrscheinlich an der Ribosomenerkennung beteiligt sind. Diese Sequenz ist der Sequenz UAAACΨT in der Anticodonschleife der F-Met-tRNA von *E. coli* komplementär [167]. Die dem Replicasecistron vorangehenden intercistronischen Intervalle enthalten diese Sequenzen nicht (siehe Tab. 14), jedoch erkennen die Ribosomen

Tabelle 14

Die Struktur von intercistronischen Intervallen in der Nähe des Anfangs der Cistrons von RNA-Phagen [165, 167, 169].

Phage	Cistron, nahe dessen Anfang der Abschnitt untersucht wurde	Nucleotidsequenz
R17	Replicase	...GGA. UUA. CC [C. **AUG**.UCG.AAG.ACA...]
R17	Reifungsprotein	...G [UU.UGA.] CCU.**AUG**.CGA.GCU.UUU...
R17	Hüllprotein	...G [UU.UGA.] AGC.**AUG**.GCU.UCU.UAA...
Qβ	Hüllprotein	...AA [U.UUG.A] UC.**AUG**.UCU.AAG.ACA...
Qβ	Replicase	...AUG.AAA.UG [C.**AUG**.UCU.AAG.ACA...]
f2	Hüllprotein	...G [UU.UGA.] AGC.**AUG**...

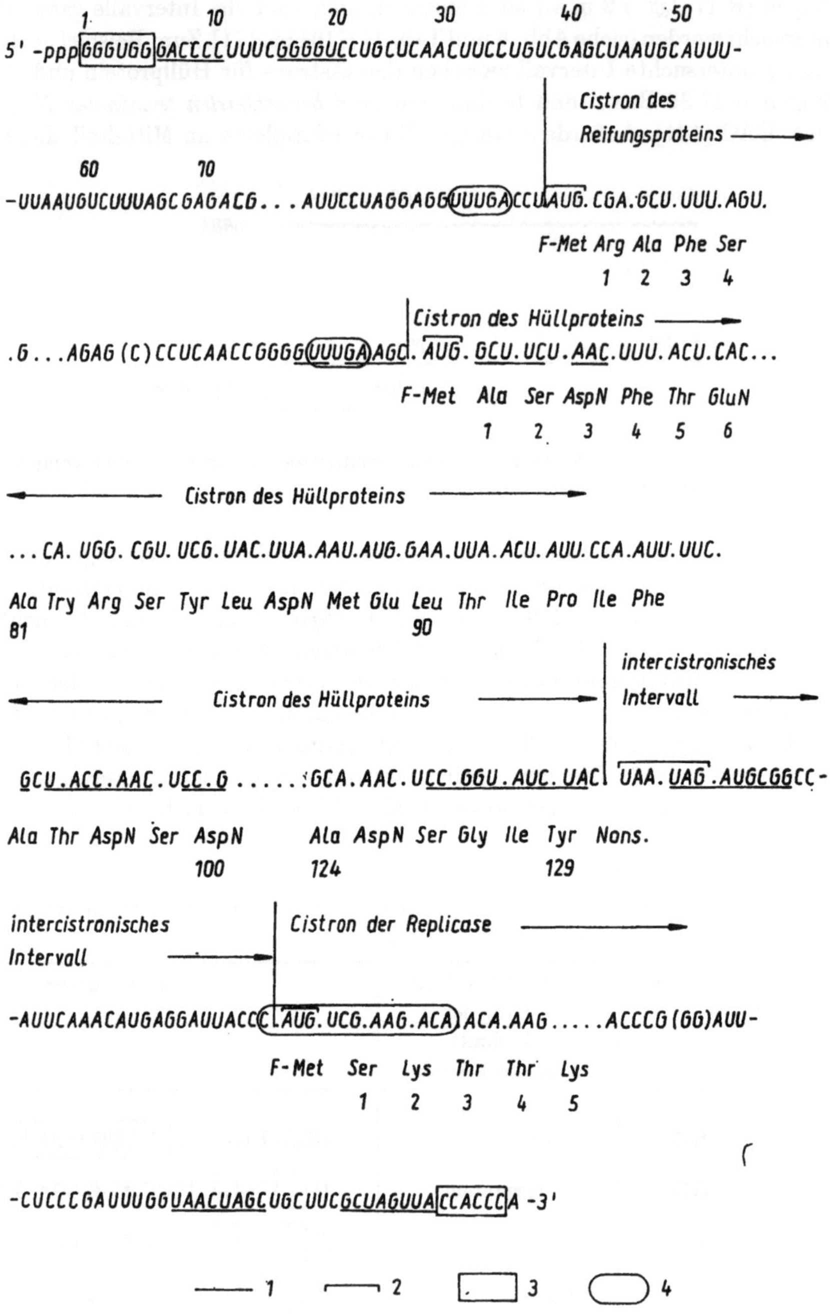
1 10 20 30 40 50
5'-pppGGGUGGGACCCCUUUCGGGGUCCUGCUCAACUUCCUGUCGAGCUAAUGCAUUU-
Cistron des Reifungsproteins
60 70
-UUAAUGUCUUUAGCGAGACG...AUUCCUAGGAGGUUUGACCUAUG.CGA.GCU.UUU.AGU.
F-Met Arg Ala Phe Ser
1 2 3 4
Cistron des Hüllproteins
.G...AGAG(C)CCUCAACCGGGGUUUGAAGC.AUG.GCU.UCU.AAC.UUU.ACU.CAC...
F-Met Ala Ser AspN Phe Thr GluN
1 2 3 4 5 6
Cistron des Hüllproteins
...CA.UGG.CGU.UCG.UAC.UUA.AAU.AUG.GAA.UUA.ACU.AUU.CCA.AUU.UUC.
Ala Try Arg Ser Tyr Leu AspN Met Glu Leu Thr Ile Pro Ile Phe
81 90
Cistron des Hüllproteins
intercistronisches Intervall
GCU.ACC.AAC.UCC.G.....GCA.AAC.UCC.GGU.AUC.UAC UAA.UAG.AUGCGGCC-
Ala Thr AspN Ser AspN Ala AspN Ser Gly Ile Tyr Nons.
100 124 129
intercistronisches Intervall
Cistron der Replicase
-AUUCAAACAUGAGGAUUACCCAUG.UCG.AAG.ACAACA.AAG.....ACCCG(GG)AUU-
F-Met Ser Lys Thr Thr Lys
1 2 3 4 5
-CUCCCGAUUUGGUAACUAGCUGCUUCGCUAGUUACCACCCA-3'
1 2 3 4

Abb. 6

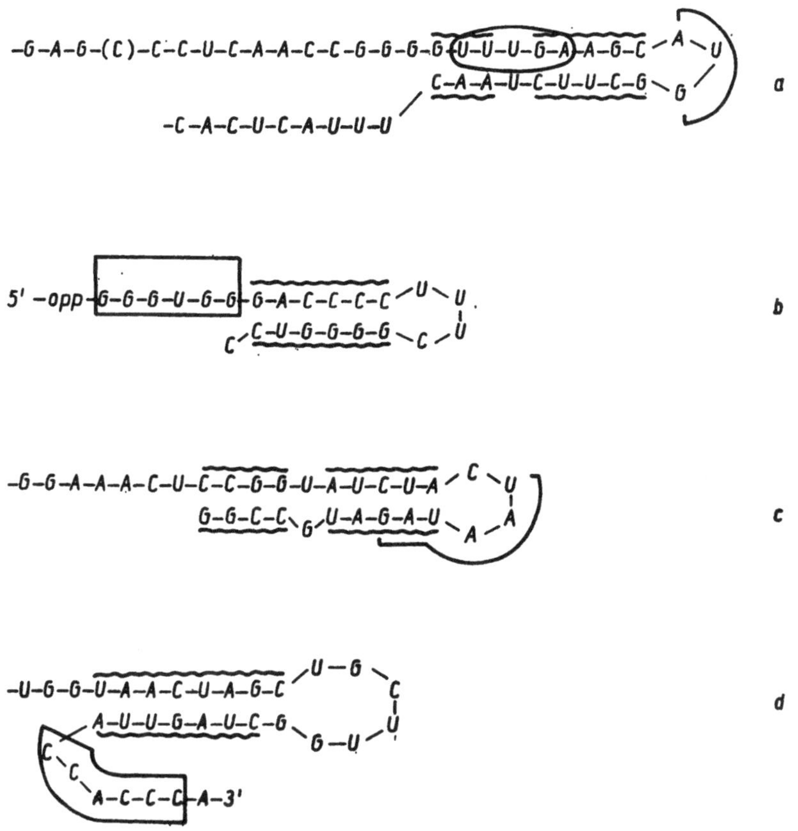

Abb. 6. Primär- und Sekundärstruktur eines RNA-Fragmentes des Phagen R17 [48, 164, 162, 170].

1 — Abschnitte, die „hairpins" bilden;
2 — Interpunktionszeichen der Translation;
3 — Sites der Initiation der Replikation;
4 — Ribosomenanlagerungsorte;

a — „hairpin" in der Nähe des Initiatorcodons des Cistrons für Hüllprotein;
b — „hairpin" in der Nähe des 5'-Endes der RNA des Phagen R 17 und dem Initiationsort der Replikation;
c — „hairpin" in der Nähe der terminalen nonsense-Tripletts des Cistrons für Hüllprotein des Phagen R 17. Sie geht ein in die Site der Erkennung des Hüllproteins als Repressor des Replicasecistrons [170];
d — „hairpin" in der Nähe des 3'-Endes der Phagen-RNA.

den Abschnitt CAUGU$\underset{(\mathrm{U})}{\mathrm{C}}$GAAGACA am Anfang des Replicasecistrons [169]. Das Hüllprotein dieser Phagen dient im Verlauf der Ontogenese auch als Repressor des Replicasecistrons (siehe 12.1.). Es erkennt eine RNA-Sequenz mit einer Länge von 58 Basen (Abb. 6), die das Ende des Hüllproteincistrons, das intercistronische Intervall und den Anfang des Replicasecistrons umfaßt. Dieser Abschnitt bildet eine sogenannte „Haarnadel" (hair pin) [170]. Der *Repressorbindungsort überlappt deshalb den Bindungsort der Ribosomen.* Dadurch wird eine Ribosomenbindung verhindert (eine Translation ist nicht möglich).

Die Sekundärstruktur der RNA (hauptsächlich bei solchen Phagen wie R 17, Qβ und f 2) ist in der Nähe der 5'- und 3'-Enden und in der Nähe vieler intercistronischer Intervalle durch folgende Besonderheit ausgezeichnet: Das erste AUG-Triplett wird nicht vor der 60. bis 70. Position angetroffen, und mehr als 30 Basen werden am 3'-Ende nicht translatiert. In den untersuchten Fällen (siehe Abb. 6) bilden Basensequenzen mit ihren Komplementen in der Nähe des 5'- und 3'-Endes der RNA Haarnadeln. Nahe diesen Haarnadeln sind die Abschnitte 5'-GGGUGG und CCACCCA-3' lokalisiert (bei R 17), die den Replikationsbeginn der Phagen-RNS kodieren (s. 12.1.). Haarnadeln können sogar in der Nähe des initiierenden und terminalen Tripletts des Hüllproteincistrons von R 17 und Qβ gebildet werden. Es ist auffällig, daß die Interpunktionszeichen in der Krümmung der Haarnadel zu finden sind [162, 164, 171]. Es ist anzunehmen, daß die Sekundärstruktur von Interpunktionszeichen einschließlich angrenzender Sequenzen funktionell integriert ist und die Bedeutung der Interpunktion bei der Regulation der Informationsabgabe unterstreicht. Besonders wichtig ist, daß die Haarnadeln im Fall des Hüllproteincistrons in der Nähe der AUG-Codons auch die Sequenz UUUGA enthalten, die wahrscheinlich von Ribosomen und der F-Met-tRNA erkannt wird. Die RNA der genannten Phagen besitzt auch in den mittleren Cistronabschnitten viele Haarnadeln [171].

In der zweisträngigen DNA weisen die Cistrons zusätzliche Besonderheiten auf. Insbesondere sind alle Codons und Interpunktionszeichen Tripletts und haben in der DNA Triplettkomplemente. Deshalb ist *keines der doppelsträngigen Tripletts symmetrisch zur Inversion der DNA* (siehe Tab. 2). Nach der Transkription von RNA von unterschied-

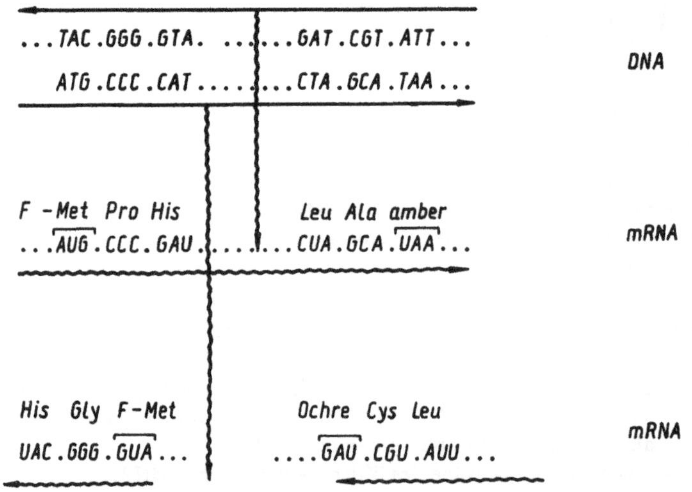

Abb. 7. Überlappung von Cistrons in einer zweisträngigen DNA.

lichen DNA-Strängen werden *unterschiedliche Tripletts* translatiert. Alle Tripletts der DNA, die zu Interpunktionszeichen komplementär sind, sind Codons und können intracistronale Abschnitte darstellen. Das gilt auch umgekehrt. Die Interpunktionszeichen der Translation werden also an der doppelsträngigen DNA nur in einer Richtung funktionell richtig transkribiert und translatiert. Diese Asymmetrie des Informationsgehaltes von komplementären DNA-Strängen ermöglicht Überlappungen von nicht zu langen Cistronabschnitten. Zum Beispiel hat die in Abb. 7 dargestellte hypothetische

Sequenz zwei Abschnitte, die an beiden DNA-Strängen sinnvoll transkribiert und im weiteren translatiert werden könnten. Ein solches System von Cistrons funktioniert nur in dem Fall normal, wenn die antiparallelen mRNA-Moleküle gleichzeitig und unabhängig (isoliert) transkribiert werden können. Man muß jedoch betonen, daß die beiden oben angeführten Möglichkeiten, obwohl sie funktionell zulässig sind, relativ selten zu erwarten sind, da zwei sich überlappende Cistrons in denselben Schritten mutieren und rekombinieren, aber einzeln bewertet werden müssen (Bewertung der funktionellen Eigenschaften der Proteine).
Die Analyse der genetischen Sprache auf der Ebene der Cistrons betrifft also im wesentlichen Textprobleme: Zerlegung des Textes in Cistrons, Bildung von Interpunktionszeichen, Probleme der Überlappung von Cistrons.

6.2. Linguistische Elemente der PP-Form der Cistrons: Reguläre Substrukturen

Die PP-Form der Cistrons besitzt zwar keine Interpunktion für Textzerlegungen und die oben angeführten Kontextbesonderheiten, dafür konzentriert sich in ihr aber die gesamte semantische und grammatikalische Struktur der Sprache der Cistrons. Die Substrukturen der PP-Cistrons können in drei Klassen eingeteilt werden:

1. Der *semantische* Teil sind die funktionalen Zentren.
2. Den *nichtsemantischen obligatorischen* Teil bilden die regulären Substrukturen und andere Abschnitte, die für die Funktion notwendig sind, obwohl sie nicht zum Zentrum gehören.
3. Den *nichtsemantischen fakultativen* Teil ergeben die äußeren und andere Reste, die nicht zum Zentrum gehören und für die Funktion entbehrlich sind.

Die Primärstruktur der Polypeptide definiert eindeutig die Sekundär-, Tertiär- und Quarternärstruktur. Die Funktion der Polypeptide ist die Realisierung der genetischen Information. Leider sind die natürlichen Regeln der Bildung von dreidimensionalen Polypeptidstrukturen und von funktionalen Zentren nur lückenhaft bekannt. Faktisch können nur einige wenige reguläre Besonderheiten der Strukturbildung aufgezeigt werden, die z. B. die Wechselwirkung von Monomeren betreffen.
Als Vertreter für die erste Klasse der regulären Substrukturen sollen die *α-Helices* analysiert werden [172]. Sie entstehen durch Sequenzen von Wasserstoffbrückenbindungen der CO- und NH-Reste zwischen jeweils drei Monomeren (n und $n + 4$; $n + 1$ und $n + 5$). Die Möglichkeit der Bildung von α-Helices in einem definierten Abschnitt des Polypeptides wird durch die Aminosäurezusammensetzung dieses Abschnittes bestimmt, jedoch werden die α-Helices nur bei Erfüllung von bestimmten *Nachbarschaftsbeziehungen* der Monomere realisiert.
Leberman [173] formulierte folgende einfache Regeln, die diese Beziehungen annähernd zum Ausdruck bringen:

1. Die Aminosäuren können in zwei Gruppen eingeteilt werden: in solche, die am Aufbau der α-Helix beteiligt sind (H), und in solche, die nicht in α-Helices vorkommen (C).

H-Gruppe: Ala (ap), Val (p), Leu (ap), Ile (ap), Met (ap), Try (ap), GluN (p), Glu (p), Phe (ap), Arg (p);

C-Gruppe: Cys (ap), Gly (ap), Ser (p), Thr (p), AspN (p), Asp (p), Tyr (p), Lys (p), His (p).

Prolin (ap) fungiert als ein Störfaktor der α-Helixbildung. Es ist interessant, daß die Mehrzahl der H-Reste (7 von 10) apolar (ap) sind, während 7 von 9 C-Reste polar (p) sind.

2. Wenn man am N-Ende der Polypeptidkette beginnt, wird eine α-Helix dann initiiert, wenn die Aminosäurereste n, n + 1, n + 3 und n + 4 zum H-Typ gehören. Eine Ausnahme bilden die Fälle, in denen zwei oder mehr Aminosäurereste Valin sind oder ein AS-Rest Arginin ist. Die α-Helix wird in Richtung des C-Endes durch zwei C-Reste oder durch Prolin terminiert.

Die Anwendung dieser Regeln auf das Hüllprotein des Tabakmosaikvirus ergibt 80% richtig eingeteilte Abschnitte der Primärstruktur in α-Helices und nichtspiralisierte Abschnitte [173]. Ähnliche Resultate wurden auch von Lewis et al. [174], Koteltchuk und Scheraga [175], Robson und Pain [176] und anderen erhalten.

Den zweiten Typ der regulären Strukturen bilden die sogenannten *β-Strukturen* [8, 177], die von zwei antiparallelen Abschnitten der PP-Kette durch Wasserstoffbrückenbindungen gebildet werden. Es ist wesentlich, daß in die β-Strukturen Abschnitte einbezogen werden können, die in der Primärstruktur voneinander entfernt sind oder zu verschiedenen Polypeptiden gehören. Einige der untersuchten Proteine haben umfangreiche Abschnitte mit β-Strukturen, z. B. α-Chymotrypsin [178]. Im Falle der β-Strukturen liegt nicht ausreichend detailliertes Material vor, so daß noch keine Bildungsregeln bezüglich der Aminosäuren angegeben werden können.

Den dritten Typ der regulären Strukturen bilden die sogenannten „β-Ausstülpungen", die von Lewis, Momany und Scheraga [179] vorgeschlagen wurden. Sie werden von Tetrapeptiden einer definierten Zusammensetzung und Sequenz gebildet und sind durch Wasserstoffbrücken zwischen den Resten in den Positionen i und i + 3 verbunden. In diesen Strukturen werden sehr selten Glu (p), Phe (ap), His (p), Met (ap) und Val (ap) gefunden. Demgegenüber sind Asp (p), AspN (p), Ser (p), Thr (p), Tyr (p) und Gly (ap) sehr häufig vertreten, wobei Ser in den i-ten Positionen und Gly in den i + 3-ten Positionen überwiegen. Die Mehrzahl der häufig anzutreffenden Aminosäuren ist polar, apolare sind selten. Deshalb sind „β-Ausstülpungen" an der Oberfläche der Tertiärstruktur der Polypeptide anzutreffen. Sie kommen auch in Molekülskeletten vor und können voneinander entfernte Abschnitte von α-Helices ausrichten und sogar β-Strukturen bilden [179]. Sie sind deshalb ein wichtiger strukturbildender Faktor für das Molekülskelett.

Den vierten Typ der regulären Strukturen in Polypeptidketten bilden kovalente *Disulfidbrücken* (S—S), die sich zwischen zwei Cysteinresten ausbilden [8, 152]. Durch die Disulfidbrücken wird das Skelett der PP-Ketten starr fixiert, jedoch haben sie auch eine wichtige funktionale Bedeutung. Disulfidbrücken kommen insbesondere in den funktionalen Zentren der Proteine vor.

In der Primärstruktur der PP-Nachrichten sind also durch die Aufeinanderfolge von Zeichen des Alphabetes oder durch paarweise Zuordnungen von Zeichen im wesentlichen diese vier Typen regulärer Substrukturen enthalten, die das Skelett der PP-Nachrichten bilden.

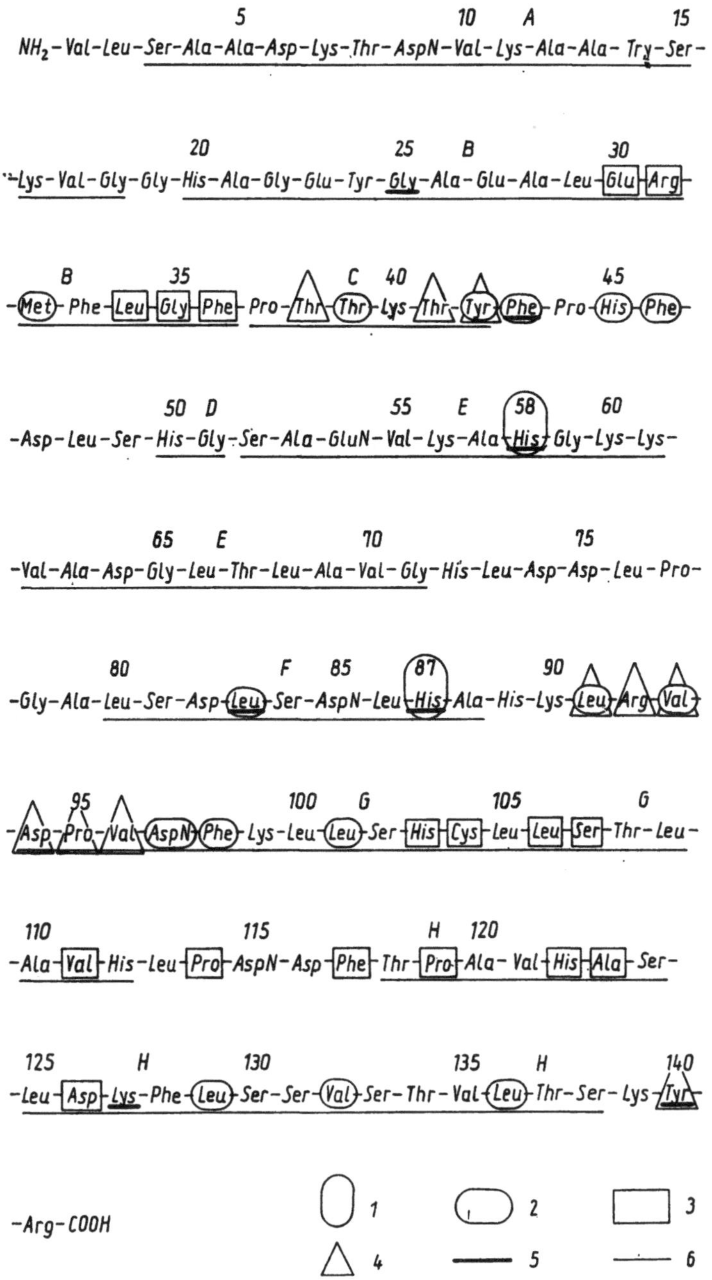

Abb. 8. Primärstruktur der α-Kette des Hämoglobins des Pferdes [64, 162, 177, 180, 181]. Es sind die Aminosäurereste angegeben, die in die Substrukturen des Skelettes und in die funktionalen Zentren eingehen.

1 — Hämbindungszentrum; 2 — Adsorptionszentrum des Häms; 3 —$\alpha_1(\beta_1)$-Zentrum der β_1-Bindung; 4 —$\alpha_1(\beta_2)$-Zentrum der β_2-Bindung;
5 — invariante Reste der Familie; 6 — Abschnitte der α-Helix der Globine;
A, B, C, D, E, F, G, H — Segmente der Sekundärstruktur.

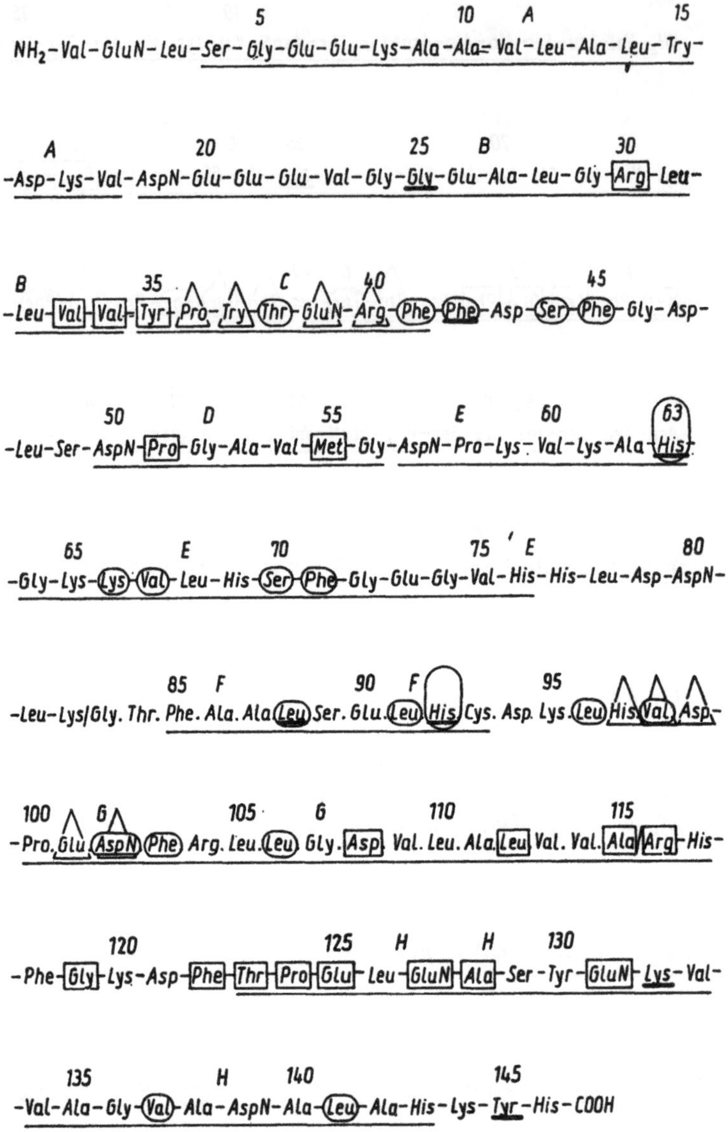

Abb. 9. Primärstruktur der β-Kette des Hämoglobins des Pferdes [64, 162, 177, 180, 181].
Zeichenerklärung siehe Abb. 8.

In den Abb. 8, 9, 10 und 11 sind einige reguläre Substrukturen in ihren primären Sequenzen für ausgewählte Proteine angegeben. Wesentlich ist, daß in der Tertiär- und Quarternärstruktur eines Eiweißes jeder Aminosäurerest mit einer bestimmten Anzahl Nachbarn über Wasserstoffbrückenbindungen ($\leq$ 3,25 Å) oder VAN-DER-WAALSsche Bindungen ($\leq$ 4 Å) verbunden ist. Daraus folgt, daß derselbe Aminosäurerest sowohl zum funktionalen Zentrum als auch zu einer regulären Struktur des Proteinskelettes gehören kann. Im folgenden Abschnitt wird gezeigt, daß es sich dabei um eine häufig vorkommende strukturelle Eigenschaft von Proteinen handelt.

6.3. Linguistische Elemente der PP-Form der Cistrons: Funktionale Zentren (Sites) [90]

Unter linguistischem Aspekt können PP-Cistrons als Sätze betrachtet werden (siehe 4.5). In die Definition des Satzes geht die Angabe einer endlichen Menge struktureller Regeln ein, denen der Satz — im Unterschied zu anderen Textabschnitten — genügen muß. Es sind gegenwärtig noch zu wenig PP-Texte untersucht, um eine Klassifikation von PP-Sätzen aufstellen zu können. Man kann jedoch einige Typen nach semantischen (funktionalen) Gesichtspunkten aussondern und klassifizieren sowie einige Beziehungen zwischen funktionalen Substrukturen aufzeigen. Wir gehen davon aus, daß die Sprache der Cistrons in der Behelfsform vorliegt, d. h. daß das Handlungssubjekt in den Sätzen fehlt. Die Befehle enthalten nur Vorschriften über die Wirkung an sich, die Objekte der Wirkung und die verschiedenen Wirkungsbedingungen. In den natürlichen Sprachen werden die Befehle als Aufforderungssätze formiert, die einfach, kompliziert-gleichgeordnet oder kompliziert-untergeordnet sein können [120, § 1284, 1356]. Es werden sogar kompliziert-untergeordnete Konditionalsätze als Aufforderungssätze angegeben [120, § 1573, 1575—1579], bei denen der Nebensatz die Bedingung für die Realisierung der Handlung des Hauptsatzes ausdrückt.
Im folgenden soll der semantische Teil der PP-Cistrons untersucht werden. Er besteht aus Aminosäureresten, die direkt durch Wasserstoffbrücken, VAN-DER-WAALSsche oder andere nicht kovalente Bindungen mit Fremdmolekülen in Kontakt treten, z. B. mit Metaboliten, Polypeptiden, Polynukleotiden oder Lipiden. Diese Aminosäurereste treten als Gruppe mit einem Molekül der anderen Molekülart in Kontakt. Solche kontaktierenden Gruppen sollen als *funktionale Zentren (Sites)* bezeichnet werden. Es muß unterstrichen werden, daß gerade die Zentren die Proteinfunktion unmittelbar realisieren, z. B. Erkennungsfunktionen, Bindungen, Katalysen und Inhibitionen. Man kann die funktionalen Zentren im wesentlichen in vier Klassen einteilen, für die es gut untersuchte Beispiele gibt:

1. Klasse R_1: katalytische oder ligandenbindende Zentren, die i. a. aus wenigen Aminosäureresten bestehen, die nicht kompakt lokalisiert sind. Unter linguistischem Aspekt kodieren diese Zentren die Hauptwirkungen, d. h. sie nehmen im Befehlssatz die Stelle des Prädikates ein.
Zu dieser Klasse gehört z. B. das Häm und Sauerstoff bindende Zentrum in Globinketten (siehe Abb. 8 bis 10 und Tab. 15). Es besteht bei allen Globinen aus zwei benachbarten Histidinresten (einem distalen und einem proximalen) und einem Valinrest (in der α-Kette des Pferdeglobins His-58, His-87 und Val-62, in der β-Kette His-63, His-92 und Val-67 und im Myoglobin des Wales His-64, His-93 und Val-68 [180, 183]). Die Histidinreste der Globine sind in der Tertiärstruktur auf nahezu identische Weise lokalisiert; das proximale Histidin vereinigt sich durch eine kovalente Bindung mit dem Eisenatom des Häms, während das distale Histidin zusammen mit Valin den Sauerstoff bindet. Das katalytische Zentrum des Lysozyms, das aus Hühnereiweiß isoliert werden kann, besteht aus den beiden polaren Resten Asp-52 und Glu-35 (Abb. 13 und 14) [64, 184, 185]. Das funktionale Zentrum des α-Chymotrypsins A von Bullen besteht aus den polaren Aminosäureresten His-57, Asp-102, Ser-195 und Ser-214 [188] (Abb. 15). Beim Gytochrom c des Pferdes besteht das hämbindende Zentrum aus den vier Resten Cis-14, Cis-17, His-18 und Met-30 (Abb. 17) [64, 162, 188], die auch bei allen anderen Gytochromen c gefunden wurden [64, 162].

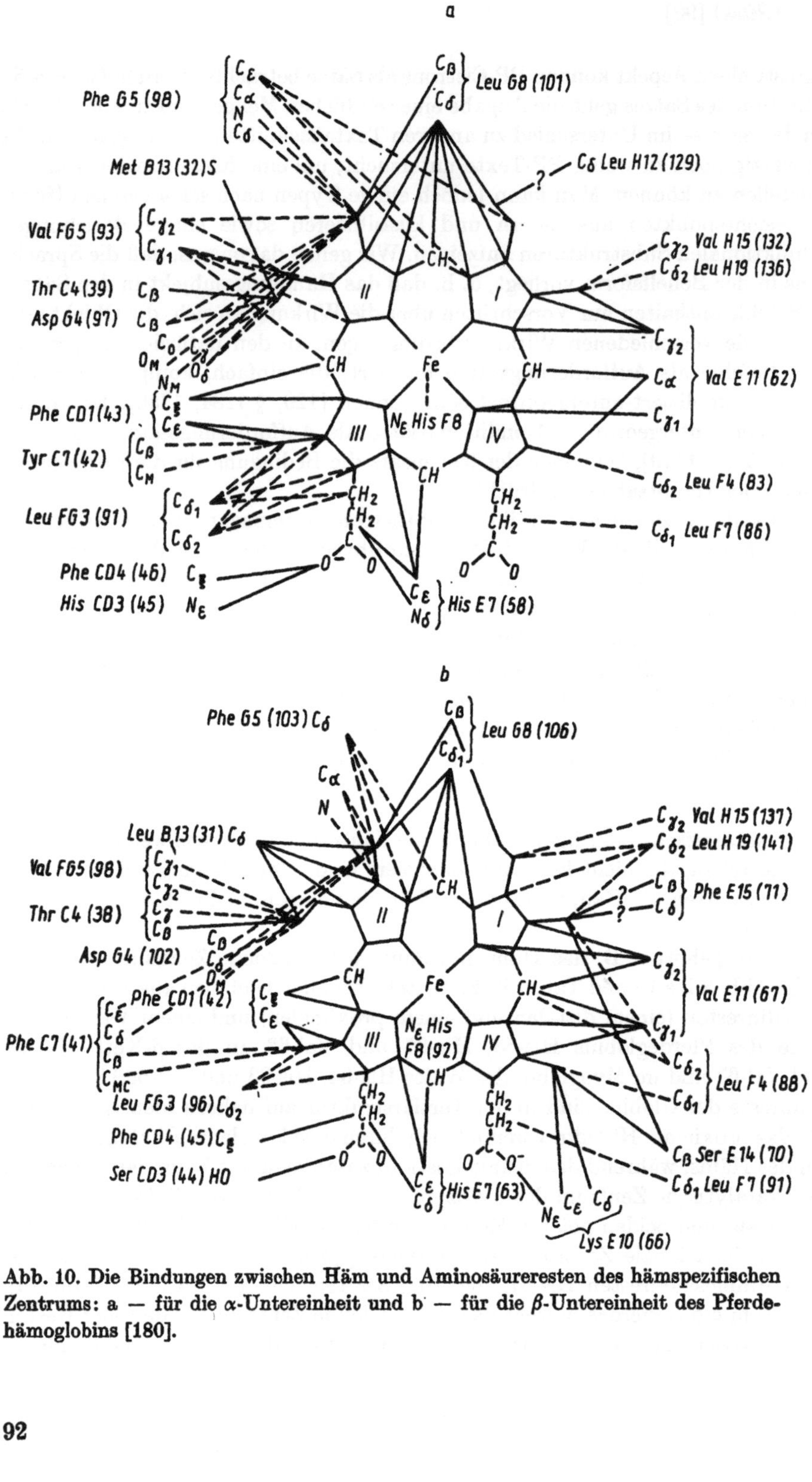

Abb. 10. Die Bindungen zwischen Häm und Aminosäureresten des hämspezifischen Zentrums: a — für die α-Untereinheit und b — für die β-Untereinheit des Pferdehämoglobins [180].

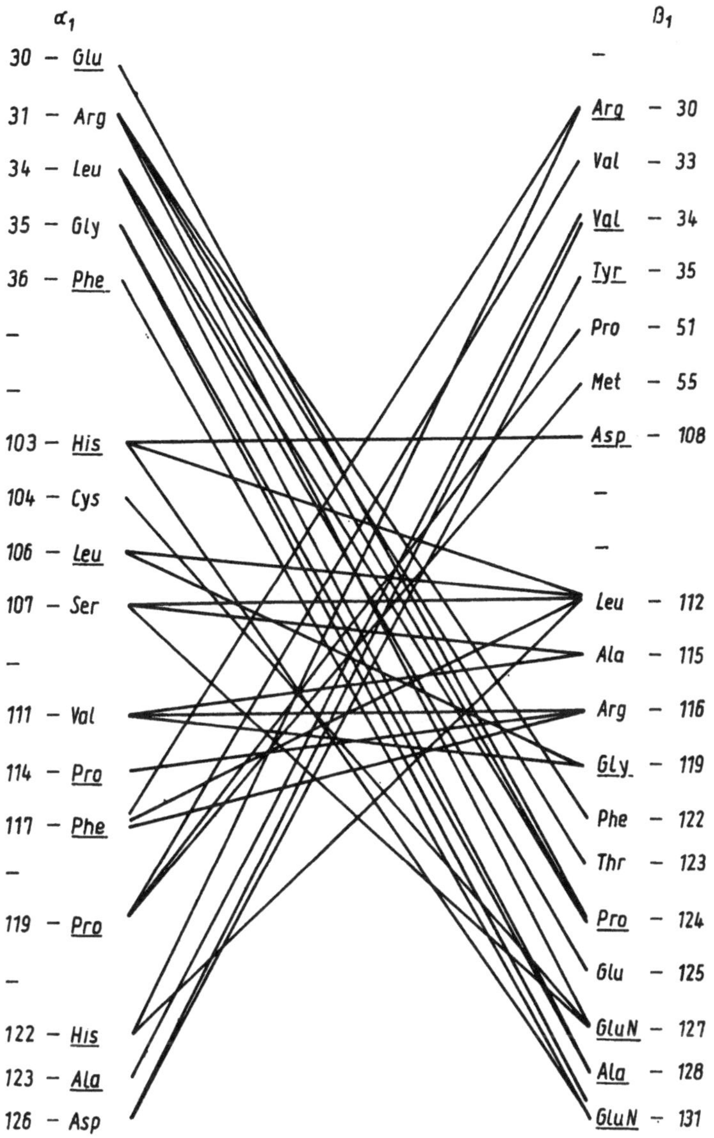

Abb. 11. Schema der Wechselwirkung von Aminosäureresten von Zentren der α_1- und β_1-Untereinheit des Pferdehämoglobins [180]. Die unterstrichenen Aminosäurereste wurden bisher in allen untersuchten Globinketten von Säugetieren nachgewiesen.

Allgemeine Merkmale der Zentren:

	Anzahl Reste	polare Reste	apolare Reste	identische Reste	mit gleichen Polaritätseigenschaften	ohne Analogon
$\alpha_1(\beta_1)$	16	6	10	4	3	3
$\beta_1(\alpha_1)$	18	8	10			4

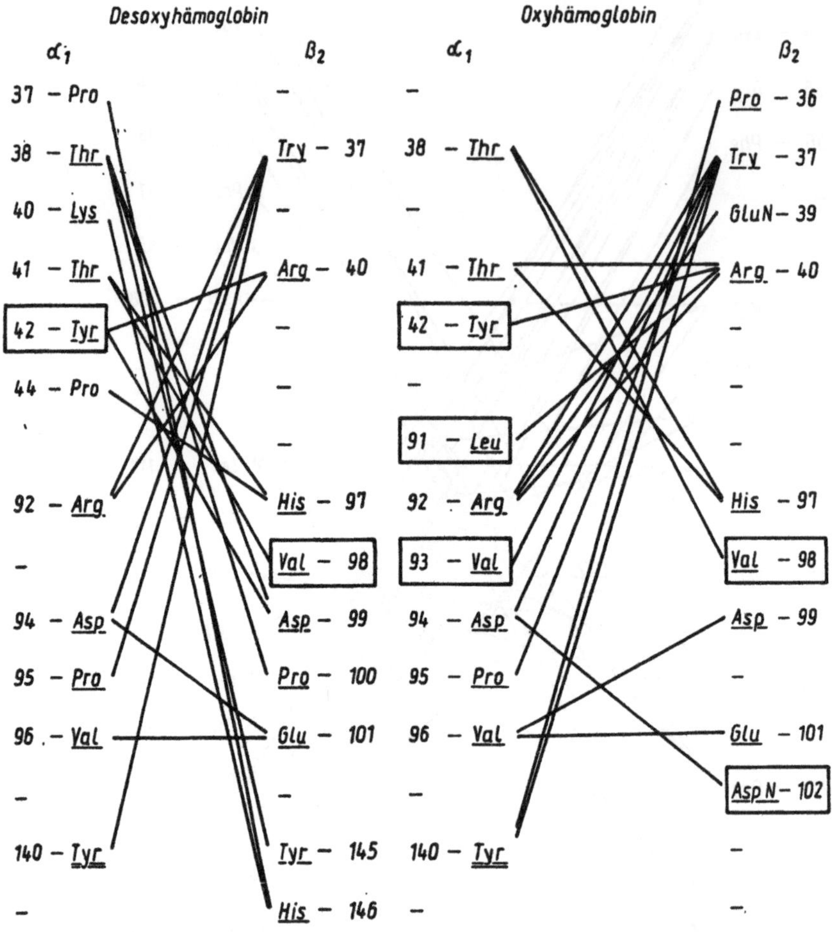

Abb. 12. Schema der Wechselwirkung der Aminosäurereste, die in die Zentren der α_1- und β_2-Untereinheit des Hämoglobins vom Pferd eingehen [180].

$=$ – für alle Globine invariante Reste; —— – für alle Säuger invariante Reste; eingerahmt die mit dem hämspezifischen Zentrum gemeinsamen Reste

Gemeinsame Merkmale der Zentren:

	Anzahl der Reste	polar	apolar	völlig übereinstimmend	hinsichtlich Polarität übereinstimmend
$\alpha_1(\beta_2)$	13	7	6	4	8
$\beta_2(\alpha_1)$	11	8	4		

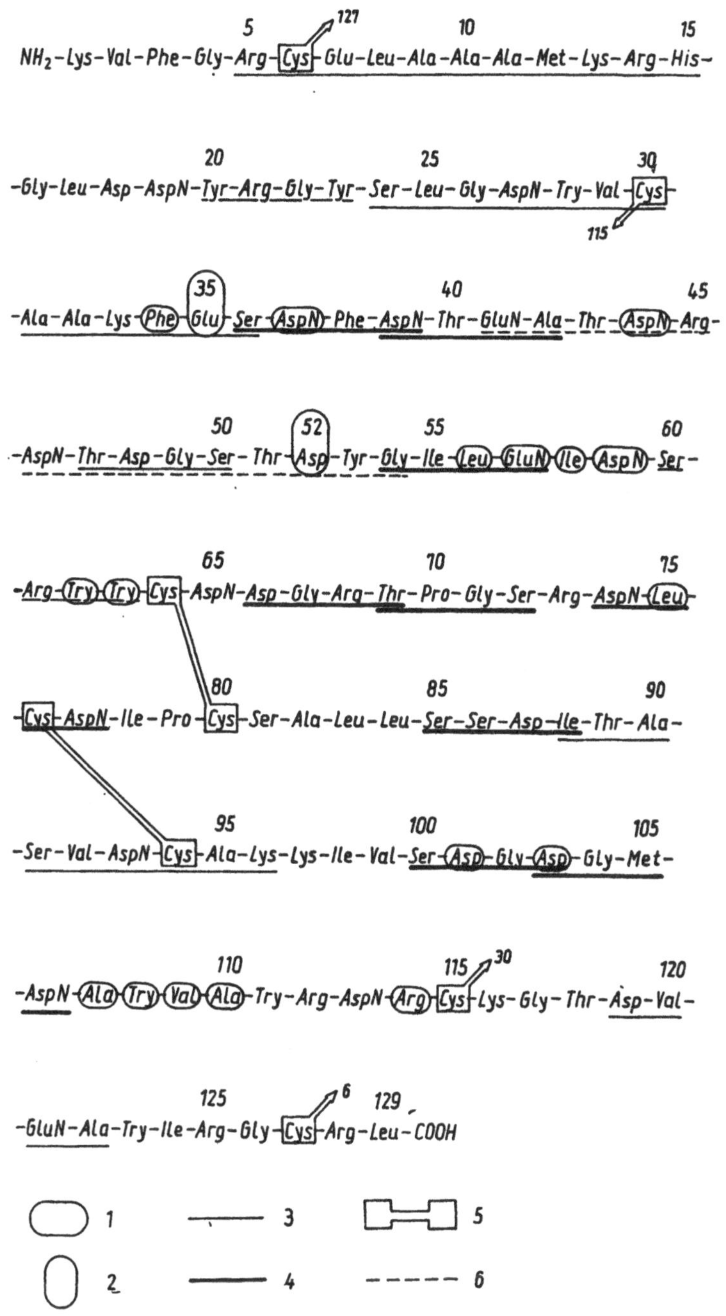

Abb. 13. Primärstruktur des Lysozyms des Hühnereiweißes [64, 179, 184, 185]. Es sind die Aminosäurereste angegeben, die in reguläre Substrukturen und funktionelle Zentren eingehen.

1 — Substrat-spezifisches Zentrum; 2 — katalytisches Zentrum, 3 — α-helicale Abschnitte; 4 — β-Strukturen; 5 — Disulfidbrücken; 6 — β-ähnliche lockere Strukturen.

Allgemeine Charakteristika des Polypeptides: 4 α-Helices, 12 β-Strukturen, 1 β-ähnlicher Abschnitt, 4 Disulfidbrücken. Das aktive Zentrum enthält 16 Aminosäurereste.

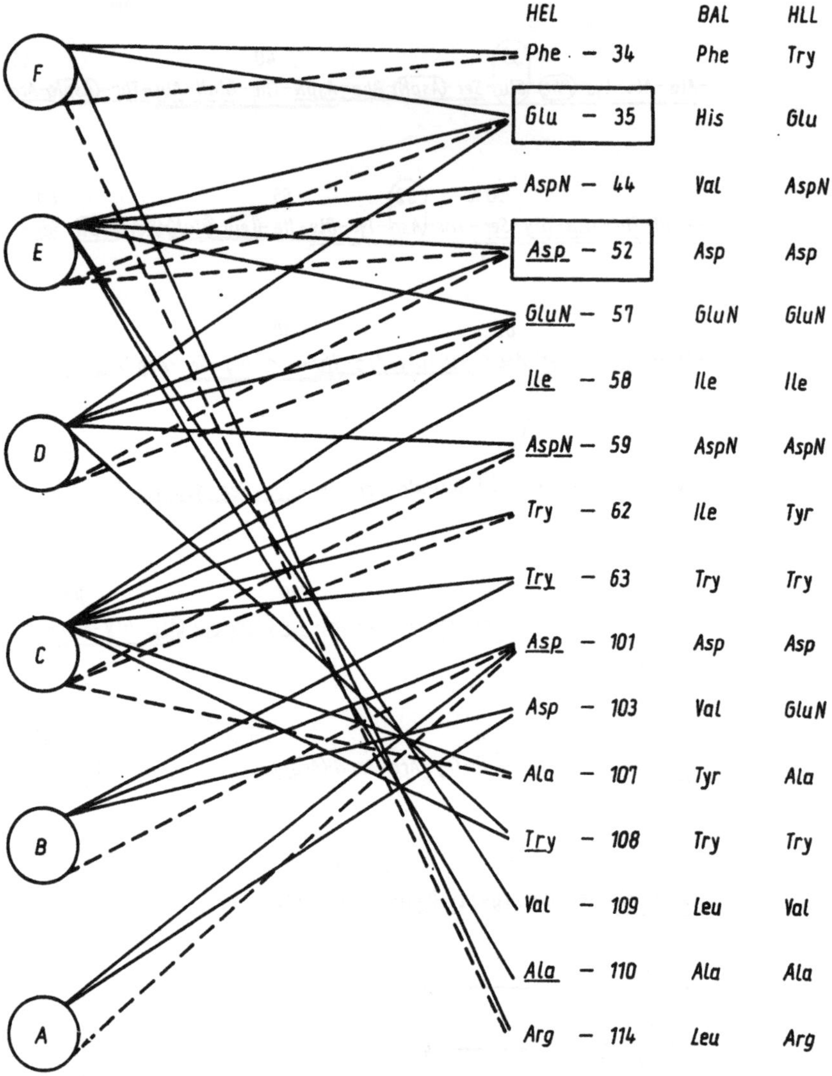

Abb. 14. Interaktion der Aminosäurereste des aktiven Zentrums des Lysozyms aus Hühnereiweiß (HEL), des α-Lactalbumins (BAL) [185] und des Lysozyms aus leukämischen menschlichen Zellen (HLL) [186, 187] mit dem Substrat (Hexasaccharid).

A, B, C, D, E, F — Monomere des Hexasaccharids; eingerahmt — Reste des katalytischen Zentrums. Es existieren sechs Kontaktgruppen des aktiven Zentrums. Gemeinsame Aminosäurereste der Lysozyme.

Tabelle 15

Vergleich der homologen Positionen der hämspezifischen Zentren der α- und β-Ketten des Hämoglobins vom Pferd [180], des Myoglobins vom Wal [64] und der V-Fraktion des Hämoglobins vom Meeresneunauge [182].

α	β	M	Hb (Neunauge)
Met-32	Leu-31	Leu-32	Phe-41
Thr-39	Thr-38	Thr-39	—
Tyr-42	Phe-41	Lys-42	Phe-51
Phe-43	Phe-42	Phe-43	Phe-52
—	—	—	Pro-53
His-45	Ser-44	Arg-45	—
Phe-46	Phe-45	Phe-46	—
His-58	His-63	His-64	His-73
—	Lys-66	Thr-67	—
Val-62	Val-67	Val-68	Ile-77
—	Ser-70	Ala-71	Ala-80
—	Phe-71	Leu-72	Val-81
Leu-83	Leu-88	Leu-89	Leu-100
Leu-86	Leu-91	Ser-92	—
His-87	His-92	His-93	His-104
Leu-91	Leu-96	His-97	Phe-108
Val-93	Val-98	Ile-99	Val-110
AspN-97	AspN-102	Tyr-103	Tyr-114
Phe-98	Phe-103	Leu-104	Phe-115
Leu-101	Leu-106	Ile-107	Leu-118
—	—	—	Ile-122
Leu-129	—	Leu-135	—
—	—	—	Ile-140
Val-132	Val-137	Phe-138	Cys-141
—	—	—	Leu-144
Leu-136	Leu-141	Ile-142	—

2. Klasse R_2: substrat- oder ligandenspezifische Zentren, die aus einigen Dutzend Aminosäureresten bestehen, die nicht kompakt lokalisiert sind. Unter linguistischem Aspekt kodieren diese Zentren *das Objekt der Hauptwirkung und den Umstand dieser Wirkung. Dem entsprechen im Befehlssatz prädikative Ergänzung und Adverbialbestimmung zum Prädikat. Häufig können die Zentren in Subzentren zerlegt werden, die einzelne Abschnitte oder Monomere des Substrates erkennen können.*

Für das hämspezifische Zentrum der α- und β-Untereinheiten des Pferdehämoglobins kann zum Beispiel das Kontaktschema zwischen den Atomen des Häm und den Aminosäureresten dieser Zentren angegeben werden (Abb. 8 und 9) [64, 180]. In Abb. 10 sind diese Zentren für einen Vergleich mit den entsprechenden Zentren vom Myoglobin der Wale [64] und vom Hämoglobin der Meeresneunaugen [182] homolog dargestellt. Daraus kann die Ähnlichkeit der Strukturen dieser Zentren leicht erkannt werden. Von 17 Aminosäureresten der α-Kette und 19 Resten der β-Kette stimmen 13 völlig und 15 in Hinblick auf die Polaritätseigenschaften überein. Außer dem distalen und proximalen Histidin sind weitere zwei Positionen für alle Globine invariant. Ein großer Teil der Aminosäurereste ist apolar. Es sind vier Mutationen im hämspezifischen Zentrum der

Tabelle 16

Zusammengefaßte Merkmale der Mutationen in den funktionalen Zentren der α- und β-Untereinheit des menschlichen Hämoglobins [193—196].

Zentren und außerhalb der Zentren liegende Abschnitte der Untereinheiten	Gesamtzahl der Reste	Anzahl der untersuchten Mutationen im Zentrum	Anzahl der betroffenen Positionen im Zentrum	Anzahl der Mutationen mit klinischen Symptomen
hämspezifisches Zentrum α	19	4	4	4
hämspezifisches Zentrum β	21	12	7	12
α_1 (β_1)	16	2	2	—
β_1 (α_1)	18	3	3	2—3(?)
α_1 (β_2)	13	2	1	1
β_2 (α_1)	11	8	6	5
gemeinsame Positionen: α		2	2	—
β		12	12	8
äußere Reste: α		22	18	—
β		29	22	—

α-Ketten des menschlichen Hämoglobins und weitere 12 Mutationen im Zentrum der β-Ketten bekannt (Tab. 16) [193—196]. Die Positionen von allen substituierbaren Aminosäuren sind für alle Säuger invariant, und die Mutationen haben klare klinische und pathologische Syndrome. Ihre Hämoglobine besitzen anomale funktionelle und strukturelle Eigenschaften. Die Ähnlichkeit von funktionellen Zentren, wie z. B. für die hämspezifischen Zentren der Globine, ist durch die Spezifität für ein und dasselbe Objekt (in diesem Fall für Häm) bedingt. Die Einzelheiten der Bindung und Funktion können sich jedoch unterscheiden.

Ein weiteres Beispiel für ein Zentrum der Klasse R_2 ist das Adsorptionszentrum des Lysocyms von Hühnereiweiß (Abb. 13 und 14) [64, 184, 185]. Es besteht aus 14 Aminosäureresten, die das Substrat (ein Hexasaccharid) mit hydrophoben und Wasserstoffbrücken binden. Insgesamt besteht das aktive Zentrum des Lysocyms aus 6 Unterzentren, die die aufeinanderfolgenden Monomere des Substrates A, B, C, D, E und F erkennen können [185]. Die katalytische Bindungsspaltung wird zwischen E und D realisiert. Jedes Unterzentrum besteht aus zwei bis sieben Resten, von denen mindestens ein Rest polar ist. Manchmal sind die Reste benachbart oder nahe beieinander: GluN-57, Ile-58, AspN-59, Try-62, Try-63 usw.

Das substratspezifische Zentrum des α-Chymotrypsin A von Bullen besteht aus 18 Aminosäureresten (Abb. 15) [188] und bildet zusammen mit dem katalytischen Zentrum das aktive Zentrum, das erst nach der enzymatischen Spaltung der Peptidbindung zwi-

Anzahl betroffener Positionen, die invariant bezüglich der Säugetiere sind (I)	Anzahl der variablen Positionen ohne Berücksichtigung der Polarität (V)	Anzahl der variablen Positionen unter Erhaltung der Polarität (V_p)	Anzahl der variablen Positionen unter Erhaltung der Apolarität (V_{ap})
4	–	–	–
12	–	–	–
2	–	–	–
3	2	–	–
2	–	–	–
8	–	–	–
2	–	–	–
5	4	–	3
6	11	4	–
4	15	5	3

schen Arg-15 und Ile-16 gebildet wird. Die Aminosäurereste des aktiven Zentrums sind bisher bei allen Trypsinen nachgewiesen worden.

Das hämspezifische Zentrum des Cytochrom c von Pferden besteht aus 15 Aminosäureresten (Abb. 17). Zwei polare Reste (Tyr-48 und Try-59) bilden Wasserstoffbrücken mit dem Häm; die verbleibenden 13 Reste sind apolar. Es ist jedoch wichtig festzustellen, daß das aktive Zentrum der Cytochrome c im großen und ganzen keine Ähnlichkeit mit dem aktiven Zentrum der Globine besitzt, obwohl in beiden Fällen Häm und Sauerstoff gebunden werden. Alle Aminosäurereste des Bindungszentrums sind bei den bisher untersuchten Cytochromen c unverändert vorgekommen [64, 162].

Zu derselben Klasse von Zentren kann auch das operatorspezifische Zentrum des lac-Operon-Repressors von *E. coli* gezählt werden [105]. In Abb. 18 ist die Struktur dieses Zentrums dargestellt. Dieser Abschnitt ist zu klein, um einen „Spalt" zu bilden, aber er reicht für die Bildung eines Vorsprunges aus, der sich in die weite Furche der nativen doppelsträngigen DNA legen kann. An der Erkennungsreaktion können 9 Aminosäuren mitwirken, wobei Arg-22, His-29 und Lys-33 die Phosphate des Zucker-Phosphat-Skelettes erkennen. Die restlichen Aminosäuren können Wasserstoffbrückenbindungen mit den Basen der DNA bilden (Abb. 18). Die Aminosäurereste dieses Zentrums sind insgesamt über einen kleinen Abschnitt der Sequenz verteilt und liegen zwischen dem 17. und 33. Aminosäurerest.

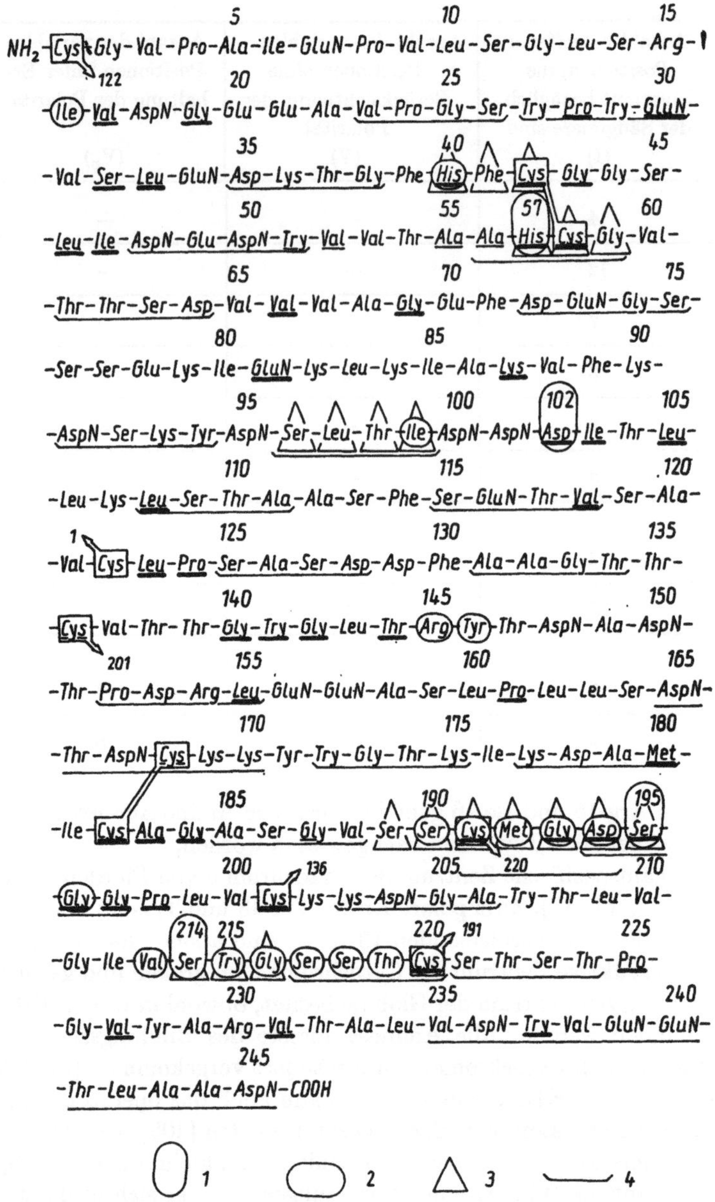

Abb. 15. Primärstruktur des α-Chymotrypsins vom Bullen [64, 162, 179, 189, 191].

1 — katalytisches Zentrum; 2 — substratspezifisches Zentrum; 3 — Zentrum der Interaktion mit dem Inhibitor (in Homologie zu Trypsin rekonstruiert [191, 192]; 4 — β-„Ausstülpungen". Die für Trypsine invarianten Reste sind unterstrichen.

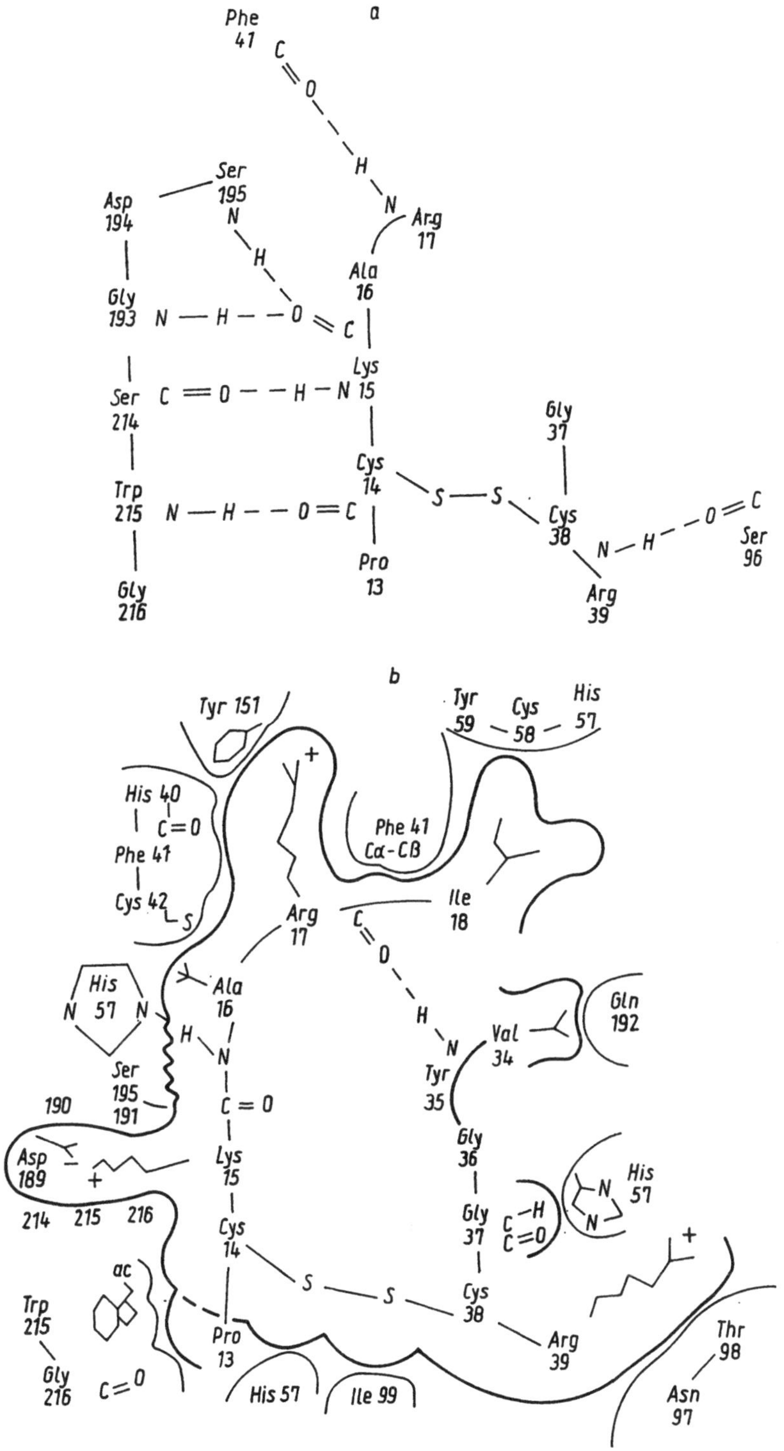

Abb. 16. Interaktionen zwischen Aminosäureresten des inhibitorspezifischen Zentrums von Trypsin und dem polypeptidischen Inhibitor [191].

a — Wasserstoffbrückenbindungen; b — hydrophobe Bindungen.

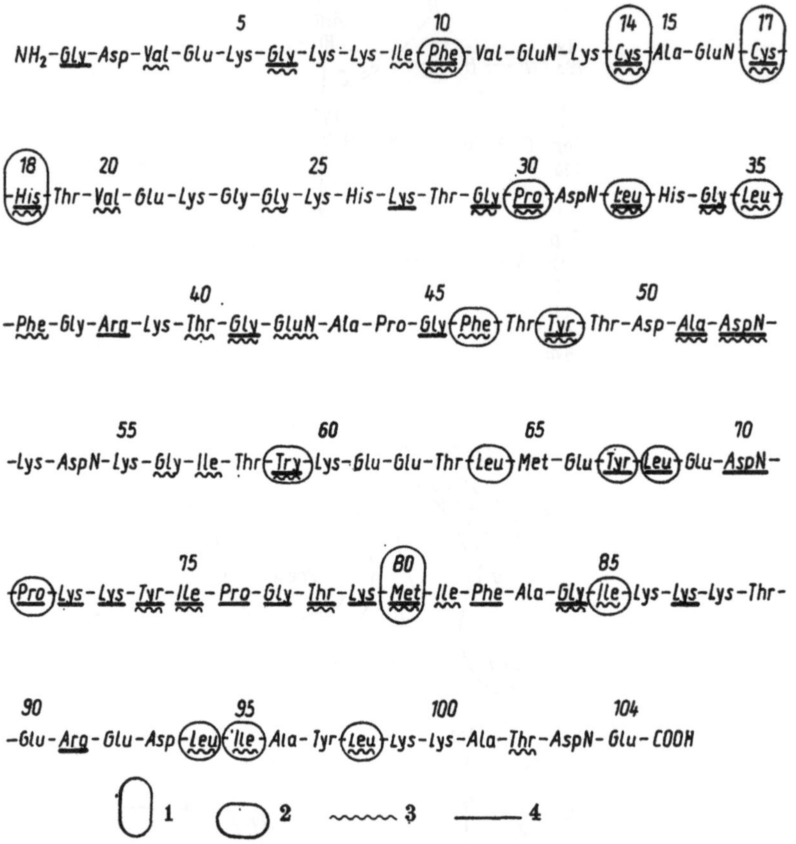

Abb. 17. Primärstruktur des Cytochroms c vom Pferd [64, 162, 188].

1 — katalytisches Zentrum;

2 — Reste, die in der Oberfläche enthalten sind;

3 — Reste, die sich im Molekülinneren befinden;

4 — unveränderliche Reste in der Familie der Cytochrome c.

a

5 10
NH₂-Met-Lys-Pro-Val-Thr-Leu-Tyr-AspN-Val-Ala-Glu-Tyr-Ala-Gly-

15 20 25
Val-Ser-(Tyr)-(GluN)-Thr-Val-Ser-Arg-Val-Val-(AspN)-(GluN)-Ala-Ser-His-

30 35 40 45
Val-Ser-Ala-(Lys)-Thr-Arg-Glu-Lys-Val-Glu-Ala-Ala-Met-Ala-Glu-Leu-

50
Aspx-Tyr-Ile-Pro-Aspx-...

b

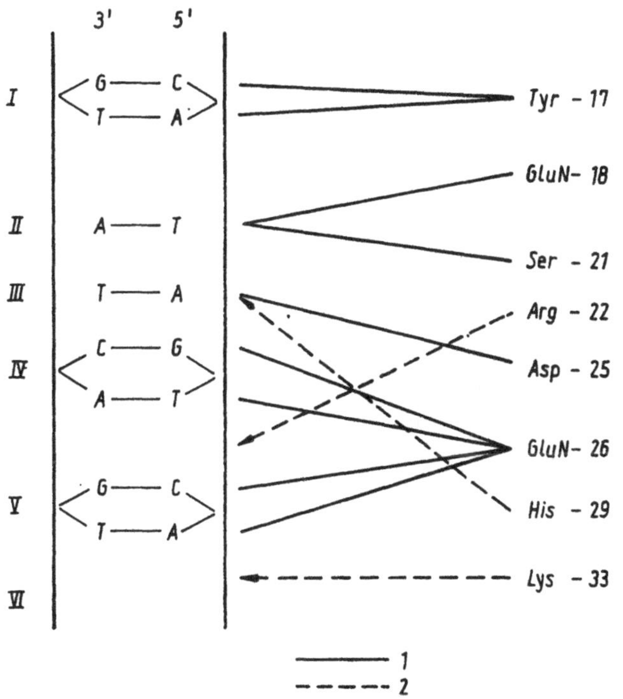

Abb. 18. Wechselwirkung zwischen dem Repressor und Operator des lac-Operons [105].

a — Primärstruktur des N-terminalen Fragmentes des Repressors;

b — Wechselwirkung der Operatorsite mit dem Zentrum des Repressors. Die Basenpaare I und II werden ohne Unterschied erkannt, bei I und IV sind Unterscheidungen möglich, V wird in dem Fall erkannt, wenn ein Paar von IV nicht erkannt wird.

1 — mögliche Wasserstoffbrückenbindungen;

2 — Erkennung der Phosphate der Basenabfolge.

3. Klasse R_3: metabolitspezifische allosterische Zentren, die wahrscheinlich aus einigen Dutzend nicht kompakt angeordneten Aminosäureresten bestehen. Die allosterische Funktion wird durch Konformationsänderungen erreicht, die auch die mit diesen Zentren verbundenen anderen Zentren betreffen können. Unter linguistischem Aspekt *kodieren Zentren* dieser Klasse *die äußere Bedingung der Realisierung der Hauptwirkung und die Nebenbedingung der Erkennung dieser Wirkung.* In einem kompliziert-nebengeordneten Befehlssatz spielen sie die Rolle eines *nebengeordneten Konditionalsatzes zum Hauptteil des Satzes sowie zum Umstand der Hauptwirkung.*
Es sind viele Beispiele von allosterischen Zentren bekannt [in Repressoren und Induktoren von Operons (Kap. 7 und 8), in retroinhibitorischen und aktivierenden Enzymen (Kap. 7 und 8) u. a.], jedoch ist kein Zentrum ausreichend gründlich untersucht worden. In einigen Fällen haben auch Zentren anderer Klassen allosterische Eigenschaften. Zu der Klasse R_3 müssen auch die Zentren gezählt werden, die die Interaktion von Proteinen mit Membranen vermitteln, da eine Membranbindung oft notwendige Voraussetzung für die Realisierung der enzymatischen Aktivität ist.

4. Klasse R_4: Zentren für die wechselseitige spezifische Erkennung von proteinischen Untereinheiten. Sie bestehen aus einigen Dutzend Aminosäureresten, die nicht kompakt lokalisiert sind. Unter linguistischem Aspekt kodieren die Zentren dieser Klasse *die äußere Bedingung der Realisierung der Hauptwirkung, die die Verbindung mit anderen Sätzen vermittelt.* In einigen Fällen sind die Zentren allosterisch, d. h. sie können linguistisch mit Hilfe von Nebensätzen und den Umständen in Gegenwart des Hauptsatzes dargestellt werden, die durch den Zustand der anderen Sätze bedingt sind.
Als Beispiel soll das Zentrum dienen, das die Interaktion der α- und β-Untereinheiten der Hämoglobine spezifiziert: $\alpha_1(\beta)_1 - \beta_1(\alpha_1)$ und $\alpha_1(\beta_2) - \beta_2(\alpha_1)$. Die Struktur dieser Zentren ist für $\alpha_1(\beta_1)$ und $\beta_1(\alpha_1)$ der Untereinheiten des Pferdehämoglobins in Abb. 11 angegeben [180]. Die Aminosäurereste sind entsprechend ihrer Position auf homologe Weise angeordnet. Man kann leicht erkennen, daß zwischen den Zentren eine *nichtzufällige Ähnlichkeit* besteht: 4 Reste von 16 bzw. 18 sind in den homologen Positionen völlig übereinstimmend und weitere 10 besitzen die gleichen Polaritätseigenschaften. Auch bezüglich der Tertiärstruktur (der räumlich realisierten Kontakte) sind die betrachteten Zentren sehr ähnlich: Beide Zentren fungieren als „Attraktoren", d. h. es werden Kontakte zu Aminosäureresten von entfernten Positionen hergestellt, und die homologen Positionen berühren sich nur in wenigen mittleren Positionen. Von den 16 Positionen des Zentrums $\alpha_1(\beta_1)$ sind 10 in den α-Ketten von Säugetierhämoglobinen invariant, und 6 Positionen sind variabel. Von den 18 Positionen des Zentrums $\beta_1(\alpha_1)$ sind 10 in den β-Ketten von Säugetierhämoglobinen invariant und 8 variabel. In den menschlichen Hämoglobinen konnten einige Mutationen in diesen beiden Zentren nachgewiesen werden [193, 194] (Tab. 16): zwei Substitutionen in $\alpha_1(\beta_1)$, drei Substitutionen in $\beta_1(\alpha_1)$ und zwei Substitutionen in Resten, die nicht zu diesem Zentrum gehören, aber eng mit ihm kontaktieren (β_1—26 und β_1—111). Alle Substitutionen betreffen invariante Aminosäurereste (bezügl. der Säugetiere); *sie führen jedoch nicht zu bedeutenden klinischen Krankheitssyndromen.* Durch diese Substitutionen werden die Affinität zu Sauerstoff und die Bindung der Untereinheiten α_1 und β_1 verändert.
In Abb. 12 sind die Strukturen der Zentren $\alpha_1(\beta_2)$ und $\beta_2(\alpha_1)$ des Pferdehämoglobins in der Oxi- und Desoxyform angegeben [180, 181]. Wie auch im vorangegangenen Fall sind sich die Zentren bemerkenswert ähnlich, sie besitzen Kontakte zu entfernteren Positionen und relativ wenig homologe Kontakte. Jedoch existiert ein wichtiger Unter-

schied: Die Zentren sind nicht eindeutig festgelegt und bestehen aus einem konstanten und einem durch Oxidierung veränderlichen Teil. Einige AS-Reste (Tyr-42, Leu-91 und Val-93 in α_1 und Val-98 sowie Asp-102 in β_2) gehören zusätzlich zu den entsprechenden hämspezifischen Zentren, d. h. *diese Zentren überlappen sich.* Diese Aminosäurereste vermitteln gemeinsam die Übertragung der Häm-Häm-Wechselwirkung zwischen α_1 und β_2 durch Oxidierung und sind damit für die Realisierung der proteinischen Funktion essentiell. Fast alle AS-Reste beider Zentren sind in der Oxi- und Desoxyform in den α- und β-Ketten der untersuchten Säugetiere invariant [180, 181]. Für das menschliche Hämoglobin sind zwei Mutationen in $\alpha_1(\beta_2)$ und sechs Mutationen in $\beta_2(\alpha_1)$ bekannt (Tab. 16), die *alle klare klinische und pathologische Syndrome infolge der gestörten Häm-Häm-Wechselwirkung haben* [180, 181].
Auch die funktionalen Zentren der Trypsine können zu dieser Klasse gezählt werden, die den polypeptidischen Inhibitor (PTI) erkennen [191, 192]. Die Struktur dieses Zentrums wurde am Trypsin des Bullen untersucht [191]; wenn man eine Homologie zum α-Chymotrypsin A des Bullen annimmt [64], kann man eine hypothetische Struktur dieses Zentrums angeben, die in Abb. 15 und 16 dargestellt ist. Das inhibitorische Zentrum umfaßt 21 Reste und besitzt keine kompakte Primärstruktur, obwohl die Aminosäurereste in einigen Positionen benachbart sind. Drei AS-Reste gehören zusätzlich zum katalytischen und neun andere AS-Reste zum Adsorptionszentrum des α-Chymotrypsins, d. h. der Inhibitor bindet einen bedeutenden Teil der Aminosäurereste, die zu den funktionalen Zentren gehören, und hemmt damit ihre Aktivität.
Man kann noch weitere Gruppen von Zentren aufzählen, z. B. die Zentren der Spezifität bei zu modifizierenden Enzymen oder Membranstrukturen, jedoch fehlen über ihre Struktur die entsprechenden Daten. Deshalb können sie hier nicht näher behandelt werden.
Der Begriff „Zentrum", der in der Sprache der PP-Cistrons auftritt, kommt den linguistischen Begriffen „Komponente" [91, 122, 123], (siehe 4.5.) und „Satzteil" am nächsten und entspricht noch exakter dem in der mathematischen Linguistik entwickelten Begriff der syntaktischen Struktur (siehe 4.5.).
Zwischen den Zentren eines PP-Satzes existieren definierte Übereinstimmungen und Wechselwirkungen, die durch die Eigenschaften der Aminosäuren bestimmt sind. Jedem Aminosäurerest einer PP-Kette kann eine nähere Umgebung zugeordnet werden, in der er mit anderen Resten über Wasserstoffbrücken- oder VAN-DER-WAALSsche Bindungen in Kontakt tritt. Die zu einem Zentrum gehörenden Reste bilden einen Teil dieser Bindungen in ihrer eigenen Tertiärstruktur aus und einen anderen Teil mit Metaboliten, Liganden oder mit Aminosäureresten interaktierender Zentren. Außerdem können einige AS-Reste gleichzeitig zu zwei Zentren gehören.
Aus den experimentell untersuchten Fällen der Wechselwirkung von polypeptidischen Satzteilen kann man folgende Annahmen ableiten:

1. Partielle Übereinstimmung von Cistronabschnitten, die zu den Klassen R_1 und R_2 gehören, d. h. die übereinstimmende Funktionen des katalytischen oder Bindungs- und Adsorptionszentrums besitzen. Aus allgemeinen Überlegungen kann man folgern, daß ein Protein nur dann seine Funktion realisieren kann, wenn das Substrat für die katalytische Reaktion oder Bindung nützlich ist. Tatsächlich bilden die Zentren vom Typ R_1 und R_2 ein einheitliches Zentrum, dessen Aminosäurereste nicht nur mit dem Substrat oder Liganden, sondern *auch untereinander interaktieren.* Deshalb können Strukturveränderungen in einem Zentrum die Konformationen der interaktierenden Zentren be-

einflussen. Zum Beispiel besteht eine Wechselwirkung von sechs Paar untereinander verbundenen Aminosäureresten des aktiven Zentrums des Lysocyms (siehe Abb. 14) mit Resten des katalytischen Zentrums (Gly-35 und Asp-52) und des Adsorptionszentrums. Beim aktiven Zentrum des Hämoglobins (siehe Abb. 10) ist das distale Histidin (in der α-Kette His-58, in der β-Kette His-63) nicht nur mit dem Liganden (über eine Wasserstoffbrückenbindung), sondern auch mit dem Häm (über VAN-DER-WAALSsche Bindungen) verbunden. Damit gehört es formal auch zu dem hämspezifischen Zentrum.

2. Allosterische Zentren (Klasse R_3) können mit beliebigen anderen Abschnitten des PP-Cistrons interaktieren. Ein indirektes, jedoch gut untersuchtes Beispiel bilden die allosterischen Effekte in den Hämoglobinen [183]. Die Bindung des Sauerstoffs in einer hämspezifischen „Vertiefung" führt zu einer Konformationsänderung, die auch die Reste Tyr-42, Leu-91 und Val-93 erfaßt und die Konformation des Kontaktes von α_1 und β_2 verändert. Das hämspezifische Zentrum ist hier gleichzeitig ein allosterisches Zentrum: $R_2(\alpha_1) \equiv R_3(\alpha_1)$. Die Konformationsänderung von $\alpha_1(\beta_2)$ transformiert die Konformation des mit ihm im Kontakt stehenden Zentrums $\beta_2(\alpha_1)$ und wird weiterhin über die Reste Val-98 und Asp-102 auch auf das hämspezifische Zentrum $R_2(\beta_2)$ übertragen. Das Zentrum $\beta_2(\alpha_1)$ kann demzufolge ebenfalls als ein allosterisches Zentrum angesehen werden: $R_4(\beta_2) \equiv R_3(\beta_2)$. Auf diese Weise entsteht eine mehrstufige allosterische Häm-Häm-Verbindung:

$$R_2(\alpha_1) \rightarrow R_4(\alpha_1) \rightarrow R_4(\beta_2) \rightarrow R_2(\beta_2).$$

3. Die Wechselwirkung von spezifischen Zentren (Klasse R_2) und Bindungszentren der Klasse R_4 kann bisher nur für den Fall der Interaktion des hämspezifischen Zentrums mit $\alpha_1(\beta_2)$, demonstriert werden. Die Wechselwirkung erklärt sich aus der partiellen Überlappung dieser Zentren. Es sind auch Wechselwirkungen denkbar, die über andere, nicht zu den Zentren gehörende Reste vermittelt werden. Dazu soll folgendes Beispiel konstruiert werden. In Fällen, bei denen Daten über die Funktion des Eiweißes und seiner Zentren vorliegen, kann die in der Primärstruktur verankerte genetische Information in eine beliebige Sprache übersetzt werden. Für die Untereinheit α_1 des menschlichen Hämoglobins, deren Struktur in Abb. 8 dargestellt ist, kann folgender Befehlssatz aufgeschrieben werden:

$$\overbrace{\text{Falls Häm erkannt wird, so,}}^{R_2 \equiv R_3}$$

$$\overbrace{\text{falls das Zentrum } \alpha_1(\beta_1) \text{ erkannt wird, so,}}^{R_4}$$

$$\overbrace{\text{falls das Zentrum } \alpha_1(\beta_2) \text{ erkannt wird, so,}}^{R_4'}$$

$$\overbrace{\text{falls das Zentrum } \alpha_1(\beta_2) \text{ nicht umstrukturiert wird, so}}^{R_4' \equiv R_3}$$

$$\overbrace{\text{binde}}^{R_1} \; \overbrace{\text{ein Sauerstoffmolekül bei verminderter Affinität,}}^{R_2}$$

$R_4' \equiv R_3$

sonst (falls das Zentrum $\alpha_1(\beta_2)$ nicht umstrukturiert wird)

R_1 R_2

binde ein Sauerstoffmolekül bei gestiegener Affinität;

R_1 R_2

setze danach unter den entsprechenden Umständen ein

R_2 R_1

Sauerstoffmolekül frei.

Die Struktur des Satzes ergibt sich aus der Analogie zwischen den Klassen der funktionalen Zentren und den grammatikalischen Satzkategorien und ist bewußt in eine solche Form gebracht worden, um leicht in einer Programmiersprache formuliert werden zu können. In einer formalisierten Form können die Befehlssätze, die der funktionellen Struktur der Eiweiße (d. h. den Zentren) entsprechen, Gegenstand einer selbständigen theoretischen Analyse sein. Es kann sogar festgestellt werden, daß bekannte genetische Untersuchungsmethoden in einigen Fällen eine von der direkten biochemischen Untersuchung unabhängige Möglichkeit zur „semantischen" Analyse der Proteine geben. In 6.5. werden zu diesem Zweck die Daten der interallelen Komplementation benutzt.
Summiert man alle bisher genannten Fakten über die Struktur der Zentren, lassen sich folgende Regeln aufstellen [90]:

1. *Die Zentren aller Klassen können nicht stetig auf die Primärstruktur der Cistrons abgebildet werden.* Diese Besonderheit ist eine wichtige Eigenschaft der genetischen Sprache auf der Ebene der Cistrons.

2. Zwei Reste eines Zentrums sollen benachbart heißen, wenn sie über kovalente, Wasserstoffbrücken- oder VAN DER WAALSsche Bindungen ($\leqq 4$ Å) miteinander verbunden sind. Es sollen nur die Übergänge zwischen benachbarten Aminosäureresten betrachtet werden: Ein Zentrum heißt *verbunden*, wenn man von jedem Rest ohne Unterbrechung zu jedem anderen Aminosäurerest übergehen kann, ohne das Zentrum zu verlassen. Es kann folgende Behauptung aufgestellt werden: *Die Zentren beliebiger Klassen eines Proteins sind obligatorisch verbunden.* Jedoch kann man in der Umgebung der Aminosäurereste, die das Zentrum R_i bilden, immer ein Gebiet finden, das mit dem Zentrum eine verbundene Gesamtheit bezüglich der Aminosäurereste bildet. Offenbar gehören die Reste dieses Gebietes zum nichtsemantischen, aber obligatorischen Teil der PP-Cistrons.

3. Im Unterschied zu den linguistischen Kategorien (Satzteil, Komponente, Konfiguration) *können sich die Zentren der PP-Cistrons und ihre Umgebungen überlappen*, d. h. einzelne Aminosäurereste können zu mehreren Zentren oder zu einem Zentrum und zur Umgebung gehören. Diese Eigenschaft realisiert die Wechselwirkung und Koordinierung der Zentren. Es sind jedoch auch andere Formen der Interaktion von Zentren bekannt.

4. Ein einzelnes PP-Cistron hat in der Regel ein katalytisches oder Bindungszentrum (R_1) und ein substratspezifisches Zentrum (R_2) und kann zusätzlich einige allosterische Zentren (R_3) und Zentren der gegenseitigen Spezifität (R_4) besitzen.

5. Es kommen häufig Gruppen von Zentren vor, die über die Zentren der wechselseitigen Spezifität verbunden sind. Falls ein solches System katalytische und substratspezifische Aktivitäten hat, so sind die Zentren dieses Systems oft in den verschiedenen Polypeptidketten lokalisiert.

6.4. Prinzipien der Synonymität von Cistrons

Das Problem der Synonymität von Cistrons hat, wie weiter unten gezeigt werden soll (siehe 15.1., 15.5.), eine fundamentale Bedeutung für das Verständnis des Evolutionsprozesses auf molekularer Ebene. Als *Synonyme* sollen Cistrons bezeichnet werden, die gleiche oder ähnliche Funktion in verwandten genetischen Systemen kodieren. Die weiteren Aussagen stützen sich auf die Untersuchung von synonymen PP-Cistrons unterschiedlicher Herkunft: z. B. Hämoglobine, Cytochrome c, Trypsine [64]. Sie sind zwar in strukturellen Details verschieden, besitzen aber die wesentlichen Strukturmerkmale ihrer Gruppe. Die Besonderheiten der Synonyme sollen auf der Ebene der Substrukturen der PP-Cistrons analysiert werden.
Eine erste Ursache von synonymen Cistrontransformationen bilden *Substitutionen in den Resten der nichtsemantischen fakultativen Teile.* In Tabelle 16 ist eine Vielzahl von Mutationen der äußeren Basen in den Ketten des menschlichen Hämoglobins aufgeführt, die nicht zu einem Funktionsverlust führen. Obwohl jedoch nicht alle beliebigen Substitutionen zugelassen sind, können Mannigfaltigkeit und Ausmaß der erlaubten Ersetzungen sehr groß sein.
Eine zweite Ursache für synonyme Cistrontransformationen können solche Substitutionen von Aminosäureresten in *nichtsemantischen obligatorischen Teilen sein, die die Funktion der Zentren nicht beeinträchtigen.* Das sind z. B. viele Veränderungen von Aminosäuren in den inneren Positionen der Hämoglobine (siehe Tab. 16). Viele dieser Mutationen fallen in die Umgebung der Zentren.
Eine dritte Ursache von synonymen Cistrontransformationen sind Substitutionen von Aminosäureresten der *substratspezifischen Zentren, die das System der spezifischen Bindungen von Metaboliten oder Polymeren an das entsprechende Zentrum nicht oder nur gering stören.* Es gibt z. B. einige Mutationen in den aktiven Zentren der Hämoglobine (siehe Tab. 16), die nicht zu einem Funktionsverlust führen. In Tab. 15 sind die hämspezifischen Zentren von vier Globinen verglichen. Von allen Globinen wird das gleiche metabolische Objekt (Häm und Sauerstoff) erkannt und gebunden. Es handelt sich deshalb um synonyme Zentren. Die paarweise Übereinstimmung der Reste in den homologen Positionen kommt relativ häufig vor, insbesondere bei den α- und β-Ketten (siehe auch Abb. 11 und 12). Noch häufiger sind Übereinstimmungen in den Polaritätseigenschaften, obwohl trotzdem insgesamt noch ausreichend Unterschiede bestehen. Die AS-Reste des Bindungszentrums stimmen jedoch völlig überein. In Abb. 14 sind die Strukturen von synonymen aktiven Zentren des Lysozyms von Hühnereiweiß, des Lysozyms leukämischer Zellen des Menschen und des α-Lactalbumins angegeben, die ähnliche Substrate besitzen. Die große Familie der Cytochrome c enthält auch im Bindungszentrum invariante Aminosäurereste (siehe Abb. 17).
Die auffällige Homologie zwischen den Zentren $\alpha_1(\beta_1)$ und $\beta_1(\alpha_1)$ sowie $\alpha_1(\beta_2)$ und $\beta_2(\alpha_1)$ der α- und β-Untereinheiten der Hämoglobine (siehe Abb. 12) spricht für eine gemeinsame Herkunft. Aber die Fähigkeit von β-Untereinheiten, Aggregate β^4 zu bilden,

zeugt von der Ersetzbarkeit von homologen Zentren. Das ist ein wichtiges Merkmal ihrer Synonymität.
Ein Synonym, das aus der strukturellen Ähnlichkeit von Zentren mit einer gemeinsamen phylogenetischen Herkunft resultiert, soll als ein *divergentes Synonym* bezeichnet werden. Im allgemeinen entstehen divergente Synonyme durch Mutationen in weniger essentiellen Positionen. Andererseits gibt es Beispiele (wie die Cytochrome c) von Zentren, die zu einer Reaktion mit dem gleichen molekularen Objekt wie ein anderes, strukturell nicht homologes Zentrum (zum Beispiel das hämspezifische Zentrum der Globine) fähig sind (siehe Abb. 9, 17 und 18 sowie Tab. 15). In diesen Fällen spricht man von *konvergenten Synonymen* bezüglichen Zentren verschiedener phylogenetischer Herkunft.
Die Einführung einer *Graduierung der Synonymität,* d. h. von partiellen Synonymen, ist prinzipiell möglich. Es sind Fälle bekannt, in denen zwei Enzyme ein und dieselbe Substratspezifität und die gleichen katalytischen Eigenschaften besitzen, aber signifikante Unterschiede bezüglich ihrer allosterischen Zentren aufweisen (z. B. die Isoenzyme der Aspartat-Transacetylase von *E. coli,* siehe 9.1.). Zu den partiellen konvergenten Synonymen gehören die Hämoglobine und Cytochrome c, die wahrscheinlich völlig verschiedene Zentren der Wechselwirkung mit anderen Proteinen oder proteinischen Untereinheiten haben. Zu diesem Problemkreis wurden bisher nur wenige Familien von Polypeptiden untersucht [64]. Noch weniger untersucht sind die funktionalen Zentren dieser Polypeptide, obwohl einige Daten bereits vorliegen. Man kann erwarten, daß die Divergenz von homologen Eiweißen zwischen den Arten sehr groß ist (siehe 15.1.), wobei wahrscheinlich kaum andere Ursachen zur Erzeugung von Synonymen in Frage kommen als die bereits genannten. Demgegenüber ist die Mannigfaltigkeit der konvergenten Synonyme vermutlich relativ gering.

6.5. Quantitative Untersuchungen zur semantischen Ähnlichkeit alleler Cistrons

Die linguistische Analyse der genetischen Information erfordert Methoden, mit deren Hilfe eine genaue Untersuchung der Struktur und Semantik von Zeichenkonstruktionen möglich ist. In 4.6. wurden bereits einige klassische genetische Methoden vorgestellt, jedoch erschöpft sich ihre Aussagekraft nicht bei den kryptographischen Problemen. Sie nehmen im Gegenteil bei der Untersuchung von genetisch-linguistischen Problemen, insbesondere auf der Cistronebene, eine zentrale Stellung ein. Beispielsweise erlaubt der Rekombinationstest die Lokalisierung von strukturellen Gendefekten und die Aufstellung von Genkarten. Jedoch können Rekombinationen nicht zu semantischen Aussagen führen. Mit anderen Worten, erlaubt der Rekombinationstest nur Aussagen über die *innere Struktur von Nachrichten* (bzw. Cistrons). In diesem Sinn ist er den physikochemischen Methoden der Strukturanalyse verwandt.
Die Ergebnisse der Komplementationsteste hatten ursprünglich eine *funktionale (semantische) Bedeutung.* Der Komplementationstest erlaubt einen Vergleich der Funktionen von mutierten Genloci, wenn nichts über den strukturellen Charakter des Defektes vorausgesetzt werden kann. Wenn man von den Schwierigkeiten experimenteller Untersuchungen absieht, gestatten beide Methoden zusammen im Prinzip eine linguistische Analyse der Cistrons, d. h. die Bestimmung der gesetzmäßigen Beziehungen zwischen Struktur und Funktion. Es gibt jedoch gegenwärtig die Tendenz, Daten der intracistronischen (interallelen) Komplementation strukturell zu interpretieren, d. h. für die Auf-

stellung von strukturellen Karten für Cistrons und Proteine zu nutzen [198–202]. Es existieren wenig begründete Hypothesen über eine Untrennbarkeit von Zonen mit Konformationsdrehungen in Polypeptiden, über Kontaktpunkt dieser Zonen usw., die im ganzen die Interpretation der Komplementationsdaten erschweren (s. z. B. [198–202]). Mit anderen Worten, die konventionellen Methoden der Konstruktion von interallelen Komplementationskarten enthalten mit diesen „Strukturhypothesen" ein *überflüssiges Element*, das man aus der Theorie entfernen muß, um die eigentlichen Aussagen über die Struktur zu erhalten. Wir wollen versuchen, diese Schwierigkeit zu umgehen.

Es sei eine Menge von heteroallelen Mutationen eines Cistrons gegeben, und diese sollen paarweise bei den Heterozygoten verglichen werden, z. B. durch einen Vergleich der Aktivität von hybriden Proteinfraktionen, die interallel komplementiert sind. Das Resultat ist eine quadratische Komplementationstabelle. Für die Einteilung der Ergebnisse in zwei Gruppen kann ein binäres Kriterium gewählt werden: 0 für Funktionserfüllung (Komplementation) und 1 für das Fehlen der proteinischen Funktion (keine Komplementation). Als ein Beispiel kann die Komplementationsmatrix von Ishikawa

	a	b	c	d	h	g	f	l	m	n	k	p	s	t
a	1	1	1	1	1	1	1	1	0	1	1	1	0	1
b	1	1	1	1	1	1	1	1	1	1	0	1	0	1
c	1	1	1	1	1	1	1	0	1	1	1	1	1	0
d	1	1	1	1	1	1	1	1	0	0	0	1	0	1
h	1	1	1	1	1	1	1	1	1	0	0	0	0	1
g	1	1	1	1	1	1	1	0	0	0	0	0	0	1
f	1	1	1	1	1	1	1	1	1	1	1	0	1	1
l	1	1	0	1	1	0	1	1	1	1	1	0	1	0
m	0	1	1	0	1	0	1	1	1	1	1	0	1	0
n	1	1	1	0	0	0	1	1	1	1	1	0	1	0
k	1	0	1	0	0	0	1	1	1	1	1	0	1	0
p	1	1	1	1	0	0	0	0	0	0	0	1	0	0
s	0	0	1	0	0	0	1	1	1	1	1	0	1	0
t	1	1	0	1	1	1	1	0	0	0	0	0	0	1

Abb. 19. Matrix der interallelen Komplementation im Locus ade-8 von *Neurospora crassa* [203].

1 — keine Komplementation; 0 — Komplementation;
a, b, c, ... — Komplementationsgruppen, die Mutanten mit gleichen Komplementationseffekten zusammenfassen.

[203] u. a. für den Locus ade-8 bei *Neurospora crassa* dienen (Abb. 19). Jede Zeile der Komplementationsmatrix enthält die Komplementationsresultate einer Mutante mit allen zu testenden Mutanten. Weiterhin soll ein Paar spontaner Mutanten (ein Zeilenpaar) bezüglich der zwischen ihnen realisierten Komplementation betrachtet werden. Ein solches Paar kann man immer (entsprechend vereinfacht) mit einer Zahl oder einem Anteil von identischen Komplementationsreaktionen charakterisieren. Dieser Anteil von identischen Reaktionen wird für jedes Mutantenpaar angegeben. Für den Locus ade-8 *Neurospora crassa* wurde in Abb. 20 eine solche Matrix dargestellt. Sie kann als die *Matrix der Ähnlichkeit von Mutanten (bezüglich der Komplementation)* bezeichnet werden.

Es handelt sich dabei um eine *funktionale (semantisch synonyme) Ähnlichkeit der mutierten Cistrons*, die auf der Ebene der Tertiärstruktur über die Wechselwirkung der Proteine realisiert wird. *Diese Matrix erlaubt eine semantische Klassifikation der Allele eines Cistrons.* Dazu wird der Matrix eine geeignete graphische Struktur zugeordnet, die auf natürliche Weise interpretierbar ist. Es sei daran erinnert, daß z. B. für die Matrix der Rekombinationsabstände von Mutanten eine lineare Genkarte aufgestellt werden kann, die einem DNA-Abschnitt entspricht und die die interpretierbare graphische Struktur zu dieser Matrix darstellt. Für die *Matrix der funktionellen Ähnlichkeit* (des Abstandes der Synonyme) kann ein Graph konstruiert werden. Die Graphen sind untereinander und mit der Genkarte vergleichbar und erlauben die Analyse von Verwandtschaftsbeziehungen von Mutanten über entsprechende Übereinstimmungen und Besonderheiten. In Abb. 21 ist ein entsprechender Graph für die semantischen Abstände der Mutationen im Locus ade-8 von *Neurospora crassa* angegeben, der nach der Matrix von Abb. 20 [202—204], konstruiert wurde. Die einzelnen *Komplementationsgruppen sind auf der Genkarte nicht zusammenhängend verteilt. Dieselben semantischen Defekte können also*

	a	b	c	d	h	g	f	l	m	n	k	p	s	t
a		12	10	12	10	10	11	8	7	7	6	8	5	9
b	12		10	12	12	10	11	8	7	7	6	7	5	9
c	10	10		10	8	8	11	10	9	9	8	7	7	7
d	12	12	10		12	12	11	6	5	5	4	9	3	11
h	10	12	8	12		12	11	8	7	7	6	7	5	11
g	10	10	8	12	12		9	6	5	5	4	9	3	13
f	11	11	11	11	11	9		11	10	10	9	4	8	8
l	8	8	10	6	8	6	11		11	11	10	5	9	6
m	7	7	9	5	7	5	10	11		12	11	4	12	4
n	7	7	9	5	7	5	10	11	12		13	6	12	4
k	6	6	8	4	6	4	9	10	11	13		5	13	3
p	8	7	7	9	7	9	4	5	4	6	5		4	8
s	5	5	7	3	5	3	8	9	12	12	13	4		2
t	9	9	7	11	11	13	8	6	4	4	3	8	2	

Abb. 20. Matrix des funktionalen (semantischen) Abstandes, die aus der Matrix der interallelen Komplementation erzeugt werden kann (Abb. 19) [202, 204].

durch unterschiedliche strukturelle Defekte hervorgerufen werden. Demgegenüber können verschiedene Mutationen in einem Genlocus sehr unterschiedliche funktionale Veränderungen bewirken, die sich über Komplementationsreaktionen demonstrieren lassen. Mit anderen Worten, die Komplementationsgruppen und die Verzweigungen des Graphen erinnern in dieser Beziehung an die funktionalen Zentren der Eiweiße. Deshalb können die Verzweigungen des Graphen, der die funktionelle Ähnlichkeit wiedergibt, auf die funktionellen Zentren bezogen werden (in Hinsicht auf ihre Ähnlichkeit); die Topologie des Graphen spiegelt die Interaktionen der Zentren wider. Dieses Herangehen scheint für die „genetische Linguistik" sehr vielversprechend zu sein.
Die interallele Komplementation ist jedoch ein funktionales Phänomen, das nur von Mutanten einer bestimmten Strukturklasse realisiert werden kann. Zum einen muß der Defekt ausreichend groß sein, um die Proteine von Homozygoten zu inaktivieren. Zum

anderen müssen die Defekte bei Heterozygoten funktional kompensierbar sein [201, 202]. Eine Untersuchung der molekularen Eigenschaften der funktionellen Zentren der Globine und anderer Proteine zeigt (siehe 6.3.), daß *weniger die unmittelbar zum Zentrum gehörenden Aminosäurereste als vielmehr die mit dem Zentrum kontaktierenden Reste der nächsten Umgebung innerhalb der Tertiärstruktur des Eiweißes für Komplementations-*

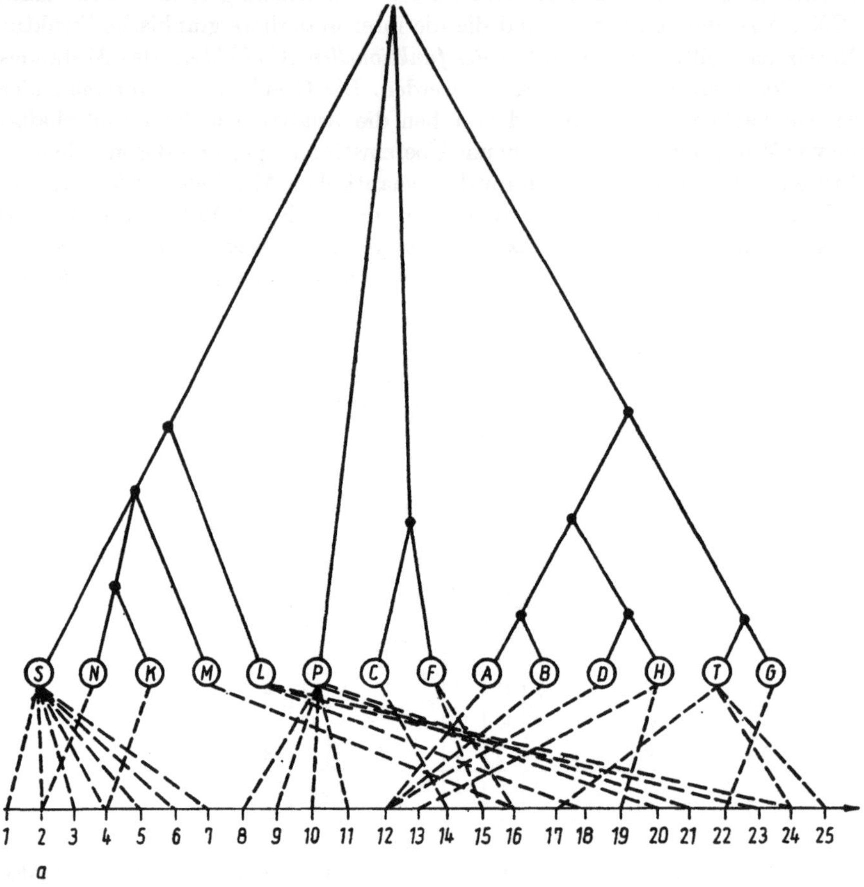

Abb. 21. Genetische Karte der Defekte im Locus ade-8 von *Neurospora crassa* (a) und der nach der Matrix von Abb. 20 gezeichnete Baum des semantischen Abstandes (b).

effekte relevant sind [202]. Es scheint, daß die früher von Crick und Orgel [205] vorgeschlagene Hypothese über homologe Kontakte in der Nähe der Symmetrieachsen von Multimeren in einem offensichtlichen Widerspruch dazu steht, daß in allen untersuchten Fällen die homologen Sites *antiparallel* kontaktieren, d. h. am unmittelbaren Kontakt sind höchstens zwei bis drei homologe Reste beteiligt (siehe 6.3.). Das reicht offenbar nicht für die Erklärung der Kompliziertheit der Komplementationsphänomene aus. Bedeutend wahrscheinlicher scheint ein „Mosaikmechanismus" für die Wiederherstellung der Aktivität von hybriden Proteinen (ohne Korrektur der defekten Kontaktzentren) zu sein: Das heißt, daß das Multimer genau dann funktionell intakt ist, wenn es von jedem funktionellen Zentrum mindestens ein intaktes besitzt [202].

Auf diese Weise gestatten Untersuchungen zu allgemeinen Eigenschaften von funktionellen Proteinzentren und molekular-linguistische Interpretationen eine kritische Überprüfung der möglichen Mechanismen für die interallele Komplementation. Ausführlicher wurde dieses Problem an anderer Stelle betrachtet [202].
Die in diesem Abschnitt beschriebene Methode zum semantischen Vergleich von Proteinen bzw. Proteinzentren eignet sich jedoch nicht nur für die Analyse der interallelen Komplementation auf der Cistronebene; sie ist in Wirklichkeit eine universelle Methode, die in all den Fällen anwendbar ist, für die eine Matrix der funktionellen Ähnlichkeit aufgestellt werden kann. Diese Methode ist z. B. zur Erkennung von Mutationen geeignet, die ein kompliziertes Erscheinungsbild besitzen, d. h. wenn ein Merkmal noch weiter zerlegt werden kann (z. B. der Locus scute von *Drosophila melanogaster* und der Locus der Melesitase von Hefe, siehe 13.4.). Das bedeutet zusammengefaßt, daß eine *beliebige Methode, die Mutanten funktionell vergleicht, die Konstruktion eines Graphen erlaubt, der den semantischen Abstand demonstriert und damit eine semantische Analyse der genetischen Nachrichten ermöglicht.* Man kann hoffen, daß dieses Heransehen auch quantitative Untersuchungen gestattet.
Probleme von Kontextbesonderheiten der genetischen Sprache auf der Ebene der Scriptons und Replicons werden in 10.1. und 11.1. betrachtet. Im folgenden Kapitel soll eine Verbindung zwischen den oben beschriebenen Vorstellungen über die genetischen funktionalen Einheiten unter linguistischem Aspekt mit den traditionellen Vorstellungen über Gene angestrebt werden.

Kapitel 7: Theorie der Gene

In diesem Kapitel soll eine informationstheoretische Definition des zentralen genetischen Begriffes „Gen“ versucht werden. Dieser Begriff ist historisch entstanden und kann nicht ohne Berücksichtigung der bereits vorhandenen Semantik als Postulat oder Bezeichnung eingeführt werden. Deshalb soll der empirische operative Genbegriff vorgestellt und unter informationstheoretischen und linguistischen Aspekten umformuliert werden. Dabei soll erstens einer definierten Methodologie gefolgt und zweitens eine Beibehaltung des historisch entstandenen Begriffsinhaltes angestrebt werden.

7.1. Operativer phänomenologischer Genbegriff

In der klassischen Genetik wurden Genomabschnitte mit den folgenden Eigenschaften als Gene bezeichnet [2, 202]:

1. Fähigkeit zur Selbstreduplikation;
2. Fähigkeit zu einer von den restlichen Genen unabhängigen Mutation (als Einheit der Mutation);
3. Unteilbarkeit und Integrität in den Prozessen des Crossing over und der Segregation (als Einheit der Rekombination);
4. definierte Lokalisierung im Genom relativ zu anderen Genen und
5. Fähigkeit zur Kontrolle der Entwicklung von einem oder mehreren Merkmalen.

Ein Gen wurde entsprechend als Punkt auf der Genkarte dargestellt, d. h. ohne innere Rekombinations- oder Mutationsstruktur. Jedoch wurde schon von der klassischen Genetik eine deutlich ausgeprägte Besonderheit der Gene bemerkt: ihre *Diskretheit.* Gewöhnlich wird diese Eigenschaft verschieden interpretiert: Gen als Einheit der Mutation, Rekombination usw. Alle diese Eigenschaften bezeugen, daß die Gene relativ autonome Strukturen sind und daß diese Autonomie bei den verschiedensten Prozessen nachweisbar wird. In der Interpretation der MORGANschen Schule stellt ein Chromosom eine lineare Abfolge von verketteten, aber funktionell nicht miteinander verbundenen Genen (eine Art Glasperlenschnur) dar. Tatsächlich zeigen untersuchte Abschnitte von Genkarten von *Drosophila,* Mais und anderen Objekten keine bedeutenden Korrelationen zwischen Lokalisation und Funktion der Gene [207, 208].
Die experimentellen Methoden, durch die die Eigenschaften der Gene ermittelt wurden, waren Rekombinations- und Komplementations-(Cis-Trans-)Tests. Beide Methoden beruhen auf einer Untersuchung des Verhaltens von alternativen vererbbaren Merkmalen, worunter man die Selbstreproduktion der Gene, ihren Nachweis über Merkmale und die Existenz von mutierten Genvarianten (Allelen) versteht. Die Diskretheit der

Gene in Segregations- und Rekombinationsprozessen und der Nachweis einer fixierten Lokalisation in den Chromosomen gingen aus Rekombinationsergebnissen hervor. Diese Tests, die auf dem Allelismus beruhen (als Allele oder alternative, nicht ersetzbare Mutanten werden (meist rezessive) Mutanten bezeichnet, die nicht untereinander rekombinierbar und die bei der Bildung von Heterozygoten nicht komplementierbar sind), lieferten bereits im Rahmen der klassischen Genetik einige Resultate, die nicht mit dem vorhandenen Genkonzept vereinbar waren. So stand die Entdeckung des *Positionseffektes* [209] im Widerspruch zu der These über die Unkorreliertheit von Genfunktion und Genort. Die Entdeckung der partiellen Komplementation im Locus scute-achaete von *Drosophila* (siehe 13.4.) stimmte nicht mit der Auffassung von der genetischen Unteilbarkeit der Gene überein [210—214]. Der Nachweis verschiedener *pseudoalleler* Objekte (deren nichtkomplementierbare Mutationen untereinander rekombiniert werden können) stand ebenfalls im Widerspruch zu klassischen Vorstellungen über den Allelismus [197, 215].

Der Übergang zu mikrobiologischen Objekten und eine weitere Verbesserung des Auflösungsvermögens von experimentellen Methoden zeigten, daß die scheinbaren Ausnahmen von der Regel selbst Regelcharakter besitzen. Bei Anwendung einer entwickelteren Rekombinationsanalyse erwiesen sich alle untersuchten Gene als „langgestreckt" und der Pseudoallelismus als eine häufig vorkommende Erscheinung [2, 206]. Eine eingehende Komplementationsanalyse einer Reihe von Loci zeigte, daß die partielle Komplementation weit verbreitet ist [197]. Andererseits lieferten bereits die klassischen Tests zur Rekombination und Komplementation einige Resultate, die keine einfache Interdretation mehr gestatten. Der Rekombinationstest für kleine Abstände kompliziert sich purch Genkonversion und negative Interferenzphänomene [7], der Komplementationstest durch polare Mutationen in den Operons und durch interallele Komplementation [2, 197]. Dadurch wurde eine rein phänomenologische Definition des Genbegriffs in Frage gestellt. Jedoch kann, unter allen Vorbehalten, dieser phänomenologische Genbegriff jetzt auf folgende Weise verfeinert werden: *Als Gene sollen Loci des Genoms (untrennbare Abschnitte) bezeichnet werden*, die die folgenden Eigenschaften besitzen [2]:

1. die Fähigkeit zur konvarianten Reduplikation (einschließlich der entstehenden Veränderungen);
2. die Fähigkeit zu diskreten zufälligen Veränderungen, die nicht die anderen Gene beeinflussen;
3. eine definierte Position im Genom in Relation zu anderen Genen;
4. die Fähigkeit zum Austausch beliebiger Abschnitte mit homologen Genen im Rekombinationsprozeß mit einem geringwahrscheinlichen intragenischen Austausch;
5. die Fähigkeit zur Kodierung einer diskreten molekularen Funktion (eines Merkmals).

Auf dieser Stufe der Phänomenologie löst sich auch der Begriff „Allel" auf. Alle rezessiven nichtpolaren Punktmutationen, die in Heterozygoten komplementierbar sind, werden wie zuvor als *nichtallel* bezeichnet. Mutationen bilden, selbst wenn sie nicht partiell komplementierbar sind, Cis-Trans-Gruppen (*Cistrons*) [130]. Eine weitere Unterteilung ist mit Hilfe des Rekombinationstests möglich. Partiell komplementierbare Mutanten, die untereinander rekombinierbar sind, werden als *Heteroallele* (Pseudoallele) bezeichnet, sonst als *Isoallele* oder echte Allele [2, 206]. Man kann demzufolge nicht oder partiell nicht komplementierbare Mutationen in *isoallele Gruppen* einteilen, die in *pseudoallelen Relationen* zueinander stehen. Dadurch kann man auch mit klassi-

schen genetischen Methoden funktionale Einheiten wie Cistrons charakterisieren. Man muß jedoch darauf hinweisen, daß diese Einheiten keine molekularbiologisch definierten Nachfolger des Genbegriffs bilden, da der Genbegriff eine fundamentale Bedeutung für die Genetik hat, während der Begriff des Cistrons einen sehr speziellen Inhalt besitzt.
Die klassische Hypothese über die Genkontrolle von Merkmalen (die ein-Gen-ein-Enzym-Hypothese) wurde bedeutend modifiziert, wobei insbesondere biochemische, morphologische und regulatorische Gesichtspunkte geklärt werden konnten. Insgesamt scheint es, als ob sich mit dem klassischen Komplementationstest allein nur ein Typ funktioneller Einheiten, die *Cistrons*, nachweisen läßt. Man kann jedoch unter Verwendung polarer Mutanten auch Skriptons und mit Hilfe von partiell komplementierbaren Mutationen auch Sites von Polypeptiden untersuchen. Die im vorangegangenen Kapitel aufgeführten Fakten zeigen, daß die Cistrons allein die Genomstruktur noch nicht erschöpfend bestimmen, sondern daß sie nur eine gewisse Strukturebene in der Hierarchie der genetischen Einheiten bilden (siehe 1.12.).
Eine zweite Eigenheit des Genbegriffes besteht darin, daß er unter heuristischem Aspekt nur eingeschränkt konkretisiert werden darf, da er eine Arbeitshypothese verkörpert: Der Experimentator (der Genetiker) kennt die Struktur seines Untersuchungsobjektes nicht von vornherein, die Aufklärung der Struktur ist das durch das Experiment zu spezifizierende Ziel seiner Arbeit. Jedoch kennt er das durch diese Struktur vermittelte Phänomen, dem er eine Bezeichnung (einen Arbeitsterminus) zuordnet. Der fundamentale und allgemeine Begriff des Gens schien für die Bezeichnung von beliebigen funktionalen genetischen Einheiten gut geeignet zu sein (M. Golubošky) [208].
Im folgenden Paragraphen sollen informationstheoretische und linguistische Aspekte in die Definition des Genbegriffes und in die Klassifikation der Gene einfließen.

7.2. *Gene als informationelle Einheiten* [2, 77]

Wir betrachten im weiteren den genetischen Speicher, der eine Menge von Nachrichten enthält, die auf der Grundlage von Regeln der genetischen Sprache gebildet werden können (siehe 3.1.). Alle Nachrichten bestehen aus linearen Folgen von Speicherzellen (elementare Symbole, Monomere). Die Nachrichtenmenge kann in Relation zur Menge der von ihr kodierten Funktionen gesetzt werden. Es sollen zwei beliebige genetische Nachrichten betrachtet werden. Sie werden als *relativ diskret* bezeichnet, falls keine Speicherzelle existiert, der gleichzeitig beide Nachrichten angehören. Die Informationsprozesse, die diese Nachrichten realisieren, seien voneinander unabhängig. Falls diese Nachrichten mehrere Informationsprozesse realisieren, können sie sowohl diskret als auch nicht diskret sein. Für den Vergleich von Funktionen, denen bestimmte Nachrichten zugrunde liegen, soll ebenfalls die Eigenschaft der Diskretheit benutzt werden. Sehr komplexe Funktionen von lebenden Systemen (z. B. Fortpflanzung) werden entweder durch den genetischen Speicher als Ganzes oder von bedeutenden Teilen dieses Speichers kodiert. Die Einteilung der Funktionen korrespondiert mit der Einteilung ihrer Nachrichten, d. h. man kann Teilmengen von diskreten Funktionen kennzeichnen, die in einigen Informationsprozessen von diskreten, nicht trennbaren genetischen Nachrichten kodiert werden. Diese Teilmenge ist hier von besonderem Interesse.
Aus der Diskretheit kann man folgern, daß die von diskreten Nachrichten kodierten Funktionen nicht kompliziert sein können und insbesondere nicht aus einer Informationsumarbeitung resultieren (siehe 3.2.). Es kann sich im Prinzip nur um Funktionen

der Umkodierung, der Übertragung von passiver Information oder der Ausführung von aktiven Informationen handeln. Die Umkodierungsprozesse von nicht trennbaren genetischen Nachrichten sind im wesentlichen Reduplikation, Transkription und Translation I und II (siehe 1.3. bis 1.6. sowie 2.2.). Die relativ geringwahrscheinlichen Prozesse wie reverse transcription und RNA-Replikation stehen mit dem weiteren nicht im Widerspruch. Zu den Prozessen der Übertragung nicht trennbarer Nachrichten zählt wohl nur die meiotische Segregation. Die Prozesse der Realisierung von nicht trennbaren Nachrichten umfassen katalytische, erkennende und andere Funktionen bezüglich Metaboliten und Polymeren. Diese Funktionen werden unmittelbar von den materiellen Trägern dieser Nachrichten ausgeführt.

Die Teilmengen der diskreten und nicht trennbaren genetischen Nachrichten des genetischen Speichers bilden *Texte der genetischen Sprache in der PN-Form. Beliebige, nicht in Texte zerlegbare und diskrete (bezüglich einiger Informationsprozesse als Ganzes funktionierende) Nachrichten des genetischen Speichers sollen als Gene bezeichnet werden.* Es werden nur Nachrichten des genetischen Speichers betrachtet, da sie als Matrizen fungieren oder eine Erkennungsfunktion besitzen und keine unmittelbare katalytische Funktion realisieren. Sie können jedoch mittelbar durch die Prozesse der Umkodierung auch aktive Information tragen, die von anderen molekularen Objekten realisiert wird.

Die Klassifikation der Gene muß nun auf die Klassifikation der diskreten, nicht trennbaren PN-Nachrichten des genetischen Speichers aufgebaut werden. Weiter oben (siehe Kap. 3 und 4) wurden die Ebenen der genetischen Nachrichten sowohl allgemein als auch unter linguistischem Aspekt betrachtet. Dabei ist insbesondere das System der PN-Nachrichten hierarchisch organisiert: Es umfaßt mindestens fünf Ebenen (Codons, Cistrons, Scriptons, Replicons und Segregons mit den entsprechenden Interpunktions- und Hilfszeichen). Die Zeichen der Interpunktion und Erkennung sind ebenfalls nicht trennbare Basensequenzen, die bezüglich des Erkennungsprozesses durch Eiweiße diskret sind und die man ebenfalls zu den Genen zählen muß. Daraus folgt eine natürliche Einteilung der Gene in zwei große Gruppen: in *Strukturgene* (grundlegende Zeichenketten bzw. Nachrichten aller Ebenen der genetischen Sprache) und in *Interpunktionsgene* (Zeichen der Interpunktion und Erkennung der entsprechenden Ebenen) (siehe Tab. 17).

Die Ebenen der Strukturgene wurden weiter oben eingeführt. Zu den Interpunktionsgenen gehören: auf der Ebene der Cistrons die Initiatortripletts und wahrscheinlich die Ribosomenbindungsorte sowie die Sites des spezifischen Abbaus von Polypeptiden; auf der Ebene der Scriptons die Promotoren, Operatoren und Terminatoren der Transkription, die Sites für positive Regulationen und andere Sites, die bei der Translation oder dem RNA-Abbau mitwirken oder die Scriptonzonen markieren (siehe 12.2.); auf der Ebene der Replicons die Replicatoren, Terminatoren der Reduplikation, die möglichen Sites der Regelung der Initiation und Termination sowie die Sites, die die Integrität der Replicons stören (die Angriffsorte der Nucleasen, die kohärenten Enden von Phagen) etc.; auf der Ebene der Segregons z. B. Centromere und Telomere sowie Sites, die entweder spezifisch an der Realisierung des Segregationsprozesses mitwirken oder die die Segregons zerstören. Die entsprechend der Definition zu charakterisierenden Gene besitzen also alle in 7.1. aufgezählten phänomenologischen Eigenschaften. Zusätzlich existieren noch sogenannte Spacer; das sind Gruppen von Speicherzellen, deren Funktion noch unbekannt ist, d. h. es ist möglich, daß sie nicht als Nachrichten erscheinen, obwohl sie alle übrigen Eigenschaften von Genen besitzen.

Tabelle 17
Klassifikation der Gene (unteilbarer funktionaler Einheiten).

Strukturgene	Interpunktionsgene	genetischer Prozeß
1. Codon (Anticodon)	Basen, die Begrenzungen des Anticodons sind	Translation I
2. Cistron	Initiierende (AUG) und terminierende (UAA, UAG und UGA) Tripletts, verschiedene Sites der Translationsregulation	Translation II
3. Scripton	Promotor, Terminator, Operator und andere Sites der Transkriptionsregulation	Transkription
4. Replicon	Replicator, Terminator, Sites der Replikationsregulation, kohäsive Enden von Phagen usw.	Replikation
5. Segregon (Verkettungsgruppe)	Centromere, Telomere	meiotische Segregation
	andere Interpunktionsgene: Rekombinatoren, Degradationsorte usw.	Rekombination, Reparaturprozesse, Abbauprozesse usw.

Auf diese Weise können die *Gene aller Ebenen und Kategorien als informationelle Einheiten, Nachrichten oder Zeichenketten betrachtet werden.* Strukturell können sie nur von den Interpunktionszeichen getrennt werden. Die *Interpunktionsgene wiederum machen die Strukturgene erkennbar und gewährleisten ihre Diskretheit und Aktivitätsregulierung.* Deshalb entspricht dem Problem der Diskretheit von Strukturgenen der PN-Sprache im wesentlichen das Problem der Zerlegung von Nachrichtentexten der PN-Sprache (siehe 4.2.). Wie an den entsprechenden Stellen gezeigt wird (siehe 4.2., 6.1., 10.1., 11.1.), sind auch Zerlegungen des Textes in Cistrons, Scriptons oder Replicons möglich, wenn sich die entsprechenden Einheiten völlig oder teilweise überlappen. In diesen Fällen kann man nicht mehr von zueinander diskreten Einheiten sprechen, jedoch bleibt die Diskretheit gegenüber anderen Einheiten der entsprechenden Strukturebene erhalten. Eine Überlappung von Sciptons konnte beim Phagen λ (siehe 12.2.) und eine Überlappung von Replicons bei einigen Bakterien und Phagen (s. 11.2.) nachgewiesen werden. Die Diskretheit der Codons gewährleistet die Realisierung eines bestimmten Translationsmechanismus (durch einen „Translationsrahmen"), und die Diskretheit der Interpunktionszeichen sichert das Vermeiden von Überlappungen von genetischen Einheiten sowie die Spezifität der Erkennung. Eine besondere Stellung in der Hierarchie der Gene nehmen die *Cistrons* ein. Erstens ist die Ebene der Cistrons die einzige Strukturebene mit einer kolinearen Entsprechung zwischen der PN- und PP-Form der Nachrichten. Zweitens handelt es sich um die niedrigste Ebene, die noch Interpunktionszeichen besitzt, mit deren Hilfe die Nachrichten diskret umkodiert und durch den Komplementationstest charakterisiert werden können. *Deshalb können die experimentellen Tests nur Nachrichten oberhalb der Codonebene untersuchen und höchstens eine Zerlegung in Cistrons leisten.* Es wird deutlich, daß eine völlige Identifikation Gen — Cistron nicht möglich ist.

Die Klassifikation der Gene umfaßt nicht solche mit Hilfe von genetischen oder biochemischen Experimenten klar gekennzeichneten Informationsstrukturen wie z. B. die Projektion der funktionalen Proteinzentren auf Cistrons oder von Fragmenten der Polypeptide oder der RNA auf Cistronabschnitte u. ä. Die genannten Strukturen (z. B. die funktionellen Zentren) gehören nicht zu den Genen. Im Fall der funktionellen Zentren ist das wichtigste Prinzip bei der Charakterisierung der Gene, eine zusammenhängende Zeichenkette zu sein, durch die Unstetigkeit ihrer Projektion auf die Strukturen des PN-Speichers nicht erfüllt. Die Scriptonzonen (siehe 12.2.) sind ebenfalls keine selbständigen Informationsstrukturen; man muß sie eher als regulatorische Abschnitte für eine disjunkte Aktivierung sich überlappender Scriptonabschnitte bezeichnen. Funktionale Fragmente von Polypeptiden (z. B. von der β-Galaktosidase) müssen erst noch umfassender untersucht werden, bevor sie in die Klassifikation eingeordnet werden können. Darauf soll weiter unten noch eingegangen werden.
Das Problem des *Allelismus* kann folgendermaßen theoretisch analysiert und dargestellt werden. Ein beliebiges Gen sei per definitionem eine endliche Sequenz von Symbolen. Deshalb kann es durch eine endliche Anzahl von elementaren Schritten (Substitutionen, Insertionen und Deletionen einzelner Monomere) in ein beliebiges anderes Gen umgewandelt werden. Jedoch sind die Wahrscheinlichkeiten für die verschiedenen Transformationen sehr unterschiedlich. Ein Durchmustern sowohl aller vorhandenen Sequenzen als auch aller ihrer Transformationsvarianten ist jedoch nicht möglich. Die Umbildung von einfachen Sequenzen in andere und umgekehrt sind insgesamt unwahrscheinliche Ereignisse, falls diese Sequenzen hinreichend verschieden sind. Deshalb sind also relativ verschiedene Sequenzen offensichtlich nichtallel. Die wahrscheinlichsten Mutationen sind Basensubstitutionen; sie ergeben sehr viele Varianten des Ausgangsgens (seine nächste „Umgebung"). Dabei treten Substitutionen auf, die die Funktion des Gens völlig stören (das ist meist das Resultat der Substitutionen); es gibt aber auch eine Reihe von synonymen Substitutionen (siehe 6.3. und 6.4.). Experimentell werden gerade solche „Umgebungen" untersucht.
Für eine beliebige genetische Nachricht (für ein Gen) soll auf dem kürzesten Weg (mit der minimalen Anzahl von elementaren Transformationen) eine Menge von Varianten aus der „Umgebung" des Gens erzeugt werden. Sie bilden *allele Nachrichten*. Der Cis-Trans-Test demonstriert bei weitem nicht alle Fälle einer so definierten Allelität. Er ist erstens nur auf nichtduplizierte Genstrukturen mit einer Interpunktion anwendbar. Codons und Interpunktionszeichen können damit nicht untersucht werden. Zweitens ist er im Fall der Strukturgene nur auf rezessive Mutationen anwendbar. Weiterhin zeigt er nicht den Typ oder die Eigenschaften, sondern nur die *Alternativität von Nachrichten*. Unter der Alternativität von Nachrichten wird hier ihre Umwandelbarkeit (ihre Synonymität) verstanden, falls die Nachrichten, kodierend sind, und ihre Ersetzbarkeit durch genau eine kodierende Nachricht, falls die synonyme Nachricht keine Funktion kodiert. Fast alle durch Mutation entstandenen Nachrichten gehören zu der „Umgebung" der Ausgangsnachricht und können mit ihr verglichen werden. Deshalb kennzeichnet der Cis-Trans-Test trotzdem in der Mehrzahl der unkomplizierten Fälle Allele.
Durch die Einführung einer hierarchischen Klassifikation der Gene wird die Relation von zwei konkreten Mutationen bezüglich Isoallelität, Heteroallelität oder Nichtallelität auf entsprechende Informationsprozesse und Organisationsebenen bezogen und dadurch relativiert [2, 77, 119]. Als *Isoallele* werden Nachrichten aus der Umgebung einer Ausgangsnachricht bezeichnet, die einen Unterschied in genau einem Element dieser Ebene aufweisen. *Heteroallele* sind dann Nachrichten aus dieser Umgebung, die sich in mehreren

Elementen unterscheiden. Als *nichtallel* werden Mutationen bezeichnet, die verschiedene Nachrichten einer Ebene transformieren. Zwei Mutationen können nur dann auf allen Ebenen isoallel sein, wenn sie ein Basenpaar mutieren. Mutationen, die verschiedene Basen eines Codons verändern, sind in bezug auf das Codon heteroallel und können in bezug auf das entsprechende Cistron oder auf Einheiten höherer Ebene isoallel sein. Mutationen, die verschiedene Codons eines Cistrons nichtallel bezüglich der Codons transformieren, sind heteroallel bezüglich des Cistrons und bezüglich der entsprechenden Einheiten auf höherer Ebene. Interpunktionsgene sind Elemente der Ebene, zu der die entsprechenden Strukturgene gehören. Die mit der Informationsstruktur des genetischen Speichers verbundene Problematik führt zu Untersuchungen von Umformungsprozessen genetischer Informationen in den Systemen der genetischen Stoffwechselkontrolle und der Regulation der Ontogenese.

Teil III: Genetische Informationsverarbeitung: Prozesse der Metabolismussteuerung in peripheren Subsystemen

Kapitel 8: Operontypen

Als Operons bezeichnet man Scriptons (siehe 1.12.) mit eigenständigen, spezifischen Steuersignalen [2, 77, 216—218]. Grundlegendes Faktenmaterial über Operons und Operonsysteme wurde in einer Reihe ausführlicher Übersichtsarbeiten und Monographien publiziert [2, 77, 219, 220]. Im folgenden sollen in Form einer Übersicht die wichtigsten Eigenschaften von Operons und Operonsystemen, ihrer Grundelemente und Prinzipien ihrer Wechselwirkungen zusammengefaßt werden, um im weiteren diese Kenntnisse für die Konstruktion einfachster Funktionsmodelle nutzen zu können.

8.1. Negative Induktion von Operons

Das klassische Beispiel für ein induzibles Operon mit negativer Regulation ist das lac-Operon von *E. coli*. Das lac-Operon enthält drei Strukturcistrons Z, Y, X, die die Synthese der Enzyme *β*-Galaktosidase, Galaktosid-Permease und Thiogalaktosidtransacetylase kontrollieren [2, 77, 210, 217]. Die Permease katalysiert die Resorption von Lactose durch die Zellmembran in die Zelle, *β*-Galaktosidase spaltet die intrazelluläre Lactose in Galaktose und Glukose (Abb. 22) [216, 217]. Über die Funktion der Trans-

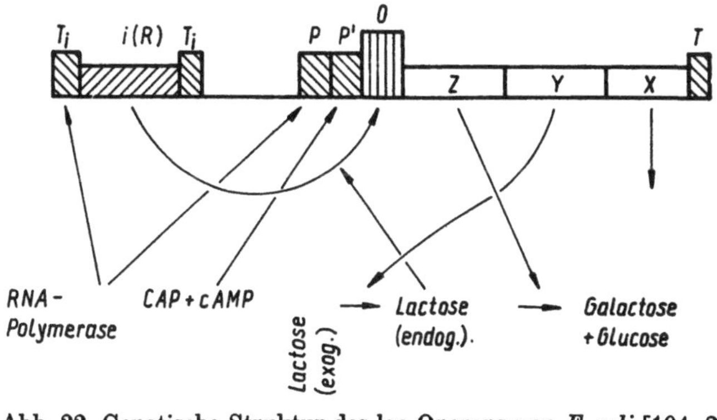

Abb. 22. Genetische Struktur des lac-Operons von *E. coli* [104, 216, 217, 221].

acetylase in Zusammenhang mit diesen Zuckern ist nichts bekannt [216, 217]. Neben den Strukturcistrons enthält das lac-Operon einen *Promotor* [229], der die RNA-Polymerase und die mit ihr in Wechselwirkung stehenden, die Transkription aktivierenden Eiweißfaktoren erkennt; einen Transkriptionsterminator, der vom freien *ϱ*-Faktor der Polymerase erkannt wird, und den *Operator*, das Signal der spezifischen negativen Kontrolle der Transkription (Abb. 23) [2, 77, 216—220]. Nahe dem Promotor des lac-

Operons, jedoch nicht angrenzend, befindet sich das *Regulatorcistron* i(R), welches über einen eigenen Promotor und Terminator verfügt [216, 217, 223].

Die Beziehungen zwischen den angeführten genetischen Elementen und ihren inneren Parametern stellen sich wie folgt dar: Der Promotor besitzt einen komplizierten inneren Bau und wird durch verschiedene Eiweißkomponenten der RNA-Polymerase erkannt [27]. Als Erkennungssites konnten die Sites für das core-Enzym und den σ-Faktor, der für die Initiation der Transkription notwendig ist [27], und die Erkennungssites für das Protein der katabolischen Repression (CRP oder CAP) isoliert werden. Dieser Site ist

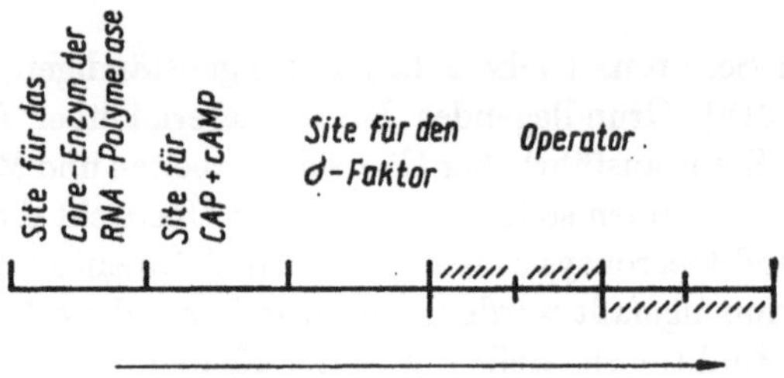

Abb. 23. Struktur der Promotor-Operator-Region des lac-Operons von *E. coli* [27, 104, 105, 105a, 221, 222].

zusammen mit dem Metaboliten cAMP für die Bindung der RNA-Polymerase erforderlich [222, 224, 225]. Die Größe des Promotors beträgt 200—300 Basenpaare zweisträngiger DNA [226]; er ist im lac-Operon terminal angeordnet [227, 221, 225].

Der Operator des lac-Operons ist zwischen Promotor und Strukturcistron Z lokalisiert [104, 105, 221, 227] und besitzt eine Größe von 21 Nukleotidpaaren [104, 105]. Es konnte gezeigt werden, daß sich der Operator symmetrisch zur Inversion der DNA-Helix verhält und einen Eiweißrepressor — ein Produkt des Regulatorcistrons i(R) — erkennt [225, 228]. Möglicherweise erkennt jede Untereinheit des Repressors einen Abschnitt von 5 Basenpaaren [105] (siehe 6.3.). Anderen Angaben zufolge besteht der Operator aus zwei Abschnitten, welche symmetrisch lokalisiert sind [105, 105a] (siehe Tab. 2). Operator und Promotor werden unabhängig voneinander durch entsprechende Proteine erkannt [230]. Wahrscheinlich sind Promotor- und Operatorsite durch nichtkodierende Abschnitte der DNA, *Spacer*, getrennt. Letztere können aus einem einzigen Basenpaar bestehen [105].

Der Regulator i(R) stellt ein Cistron dar, welches die Synthese der Repressor-Protomere kontrolliert [223, 228]. Der Repressor, ein tetrameres Protein [228, 231], ist mit drei Typen von Spezifitätszentren ausgerüstet: jedes Repressorprotomer besitzt ein Erkennungszentrum für den Operatorabschnitt [105], für ein Molekül Lactose (Effektor) [231] und mehrere Zentren für die übrigen Protomere, die in ihrer Gesamtheit das Tetramer bilden. Das Operator-spezifische Zentrum wird durch die N-ständigen Seitenketten des Repressorpeptids kodiert [105] (siehe 6.3.). Der Repressor ist ein allosterisches Multimer mit einer Symmetrieachse mindestens 2. Ordnung; Konformation und Affinität zum Operator verändern sich, wenn 2 der 4 Moleküle des Effektors (Lactose) gebunden werden [232, 233]. In Abwesenheit von Lactose befindet sich der Repressor im aktiven Zustand, in Gegenwart von Lactose verliert er die Repressor-Eigenschaft [233]. Diese Variante der Wechselwirkung Repressor — Operator — Effektor nennt man *negative Induktion*.

Es sollen nun die kinetischen Besonderheiten der Arbeit des lac-Operons betrachtet

werden. Zunächst sei ein Überschuß an RNA-Polymerase und ihrer Proteinkomponenten (σ und ϱ) vorausgesetzt. Der Regulator i(R) wird kontinuierlich und mit niedriger Frequenz transkribiert und translatiert [234], da in der Zelle gleichzeitig ca. 10 Repressormoleküle anwesend sind [223, 228]. Der Promotor des Cistrons i(R) besitzt wahrscheinlich eine niedrige Affinität zur RNA-Polymerase (*schwacher Promotor*) [223]. Demgegenüber hat der synthetisierte Repressor eine sehr hohe Affinität zum Operator; die Dissoziationsgeschwindigkeit (Halbwertzeit $T_{1/2}$: 5 bis 6 min) ist gegenüber der Assoziation ($K_a = 7 \cdot 10^9$ M^{-1} sec^{-1}) sehr niedrig [235]. Der Repressor ist ein stabiles Molekül; seine intrazellulare Konzentration nimmt nur durch Verdünnung bei Zellteilung ab [236].
Die RNA-Polymerase besitzt eine hohe Affinität zum Promotor des lac-Operons (*starker Promotor*), an den sie sich aktiv anlagert. Für die Transkriptionsinitiation ist außerdem die Gegenwart von CAP und ein hohes Angebot an cAMP notwendig [224, 225]. Liegt ein aktiver Repressor vor, so wirkt dieser durch die Bindung an den Operator wie eine „Schranke", die die Initiation verhindert [230]. Ist der Repressor inaktiv, so genügt dies für den Ablauf der Initiation [28].
Bei Fehlen eines aktiven Repressors bindet sich ein Molekül RNA-Polymerase im Verlauf weniger Sekunden an den Promotor und initiiert nach 1–2 min die Transkription [28]. Es ist unklar, ob die Promotor- und Operatorabschnitte des lac-Operons transkribiert werden. Die molekulare Geschwindigkeit der Transkription beträgt 1200 bis 1500 Nukl./min (20–25 Nukl./sec) [237], die Größe der mRNA des lac-Operons beträgt 4500–6000 Nukleotide [238], d. h. ihre Transkription dauert 3–5 min. Fast gleichzeitig mit der Transkription wird am 5'-Ende der mRNA des lac-Operons die Translation initiiert, die wiederholt abläuft und annähernd die gleiche Geschwindigkeit aufweist (12 Nukl./sec) [239, 240]. Nachfolgend baut eine Nuclease, am 5'-Ende beginnend, die mRNA mit einer Halbwertzeit von ca. 2 min ab [239, 241]. Die synthetisierten Enzyme sind in sich teilenden Zellen stabil und werden durch Zellteilung verdünnt.
Die beschriebenen Mechanismen ergeben folgendes Funktionsschema des lac-Operons: Der Regulator i(R) arbeitet mit konstanter Effektivität in den Grenzen einer Induktionsänderung um das 10^4-fache [234]. Als Effektor des Operons dient Lactose, das Substrat der induzierten Enzyme. Bei Bereitstellung von CAP und einer hohen cAMP-Konzentration hemmt der Repressor — in Abwesenheit des Effektors — die Transkription fast vollständig. Diesen Zustand des Operons wollen wir als *geschlossen* bezeichnen (Abb. 24a). Wird der Effektor zugegeben, bindet er im Verlauf weniger Sekunden den Repressor und inaktiviert ihn damit [442]. Die Halbwertzeit des Repressor-Operator-Komplexes verringert sich [233]. Nach 1–2 min stellt sich eine konstante Effektivgeschwindigkeit der Transkription und Translation und des Zuwachses der synthetisierten Enzyme ein (Abb. 24b); der *offene* Zustand des Operons liegt vor. In Abhängigkeit von der Konzentration des Effektors kann sich die Geschwindigkeit des Enzymzuwachses um 10^4 vergrößern, die Konzentration der β-Galaktosidase kann 11%, die der Permease 5% und die der Transacetylase 3% vom Gesamtzelleiweiß erreichen [243]. Die Entfernung des Effektors stellt in wenigen Sekunden die Aktivität des Repressors wieder her. Nach einigen Sekunden wird die Transkription des lac-Operons gehemmt, die vorhandene bzw. im Transkriptionsprozeß befindliche mRNA degradiert mit einer Halbwertzeit $T_{1/2} = 2$ min [239, 241], und die Enzymsynthese wird eingestellt. Im weiteren werden die Enzyme des lac-Systems durch das Wachstum der Zellkultur verdünnt.

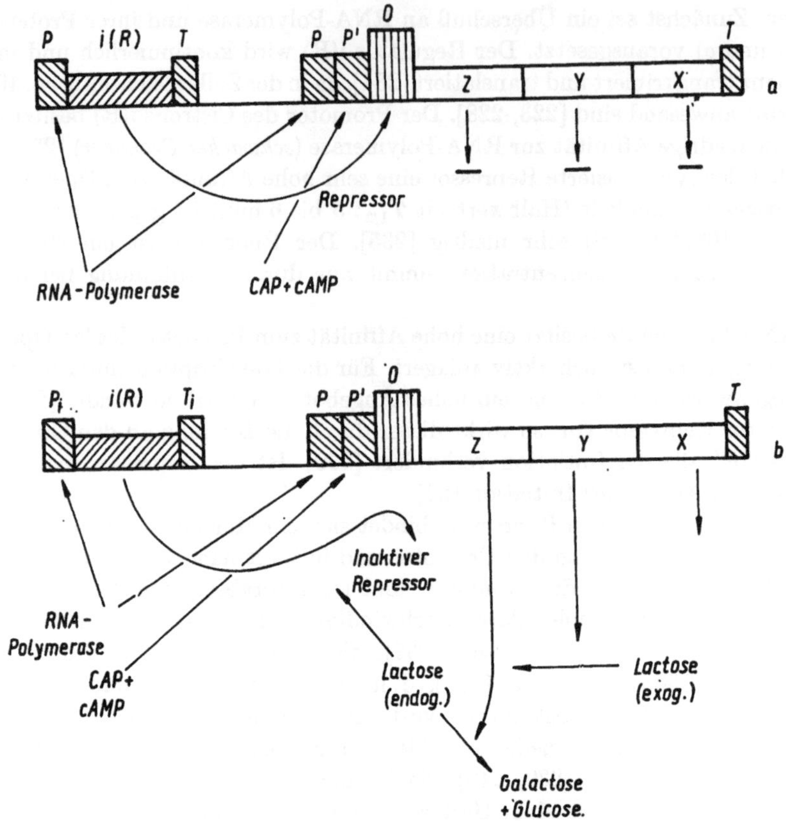

Abb. 24. Funktionsschema des lac-Operons [216, 217, 77, 2].
Erläuterungen im Text.

Der beschriebene Mechanismus der Induktion kann durch Punktmutationen im Regulatorcistron verhältnismäßig leicht gestört bzw. verändert werden. So wurden Mutanten der Typen i^r [244] und i^{rc} [245] isoliert, bei denen Lactose die Synthese der Enzyme des lac-Systems hemmt. Folglich sind die Mechanismen negativer Induktion und Repression (siehe 8.2.) einander ähnlich.

Beispiele negativer Induktion bieten auch einige andere Operons: das Galaktoseoperon (gal) von *E. coli* [77, 246, 247], das Histidase-Operon (hut) von *Salmonella typhimurium* [248] u. a. Abb. 25 zeigt die Struktur des gal-Operons. Seine Promotor-Operator-Zone enthält zwei voneinander unabhängige Promotorsites, die mit der RNA-Polymerase in Wechselwirkung treten; eine Site für die Erkennung von CAP und zwei Operatoren für die Bindung des Repressors des gal-Operons ($O_{gal\,R^+}$) und des Repressors der Polysaccharidsynthese für die Kapsel des Mikroorganismus ($O_{cap\,R^+}$) [247]. Entsprechend unterliegen diese Operatoren der Wirkung der Regulatorcistrons: einem separaten Repressor des gal-Systems R_{gal} und einem der allgemeinen Regulatoren des Synthesesystems der Polysaccharide CAPR [249]. Die Konzentration des gal-Repressors in der Zelle ist niedrig: ca. 17 Moleküle pro Locus [250]. Die induzierten Operons der Histidase (hut) sind von Interesse, weil ihr Regulator hist C einem der beiden Operons hut zugehörig ist, als Effektor der Induktion jedoch nicht das gemeinsame Substrat (Histidin) dient, sondern das erste Zwischenprodukt seines Katabolismus Urokanat (siehe Abb. 40) [248]. Außerdem ist eines der beiden hut-Operons der katabolischen Repression durch die Site R unterworfen.

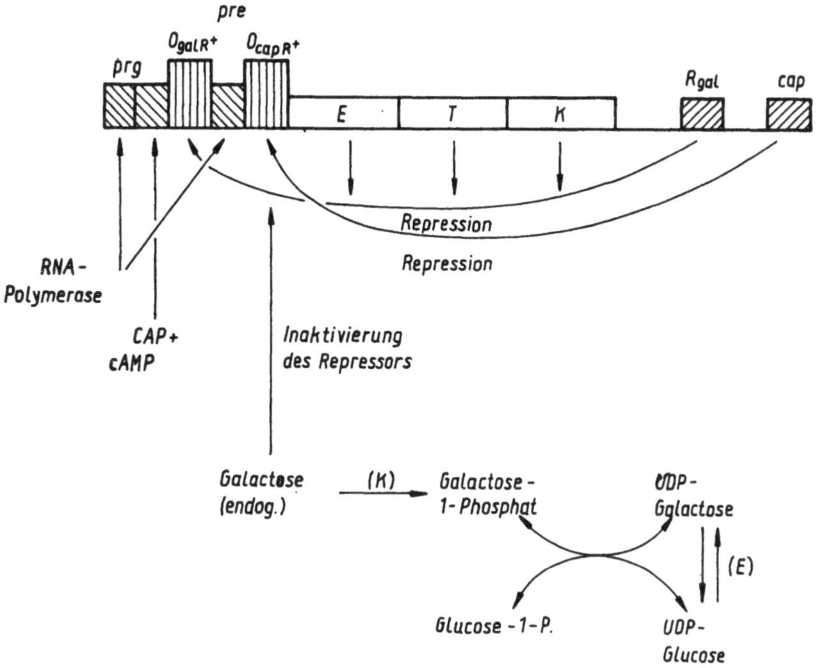

Abb. 25. Das Operon gal und der katabolische Stoffwechsel der Galaktose bei *E. coli* [77, 247]. Das Operon enthält zwei Operatoren und zwei Promotoren. Der Promotor prg enthält eine Site für die katabolische Repression. Die Lage der Sites ist noch nicht endgültig aufgeklärt.

8.2. Negative Repression von Operons

Der Mechanismus der negativen Repression ist am ausführlichsten an den Operons der Tryptophansynthese (trp) von *E. coli* und *Salmonella typhimurium* und der Histidinsynthese (his) von *Salmonella* untersucht worden. Die trp-Operons von *E. coli* und *Salmonella* enthalten jeweils 5 Cistrons, einen Operator und zwei Promotoren: einen starken Promotor p_1, der das Operon links begrenzt, und einen schwachen (Hilfs-)promotor p_2, der die Cistrons B und E trennt und der dem Operator nicht unterworfen ist (Abb. 26) [45, 77, 251—254]. Die Möglichkeit der Verknüpfung der trp- und lac-Operons von *E. coli* [255] verweist auf die Existenz eines Terminators der Transkription im trp-Operon. Der Regulator trpR ist in allen Fällen einzeln lokalisiert [249]. Die Größe des trp-Operons beträgt ca. 6700 Basenpaare [65]. Der Regulator trpR synthetisiert mit konstant niedriger Effektivität ein Aporepressor-Protein und unterhält damit eine Konzentration von ca. 10 Repressormolekülen pro Zelle [256]. Der Aporepressor besitzt zwei Spezifitätszentren: eine allosterische Site für die Erkennung des Effektors Tryptophan und eine operator-spezifische Site, welche nur nach Wechselwirkung des Apo-

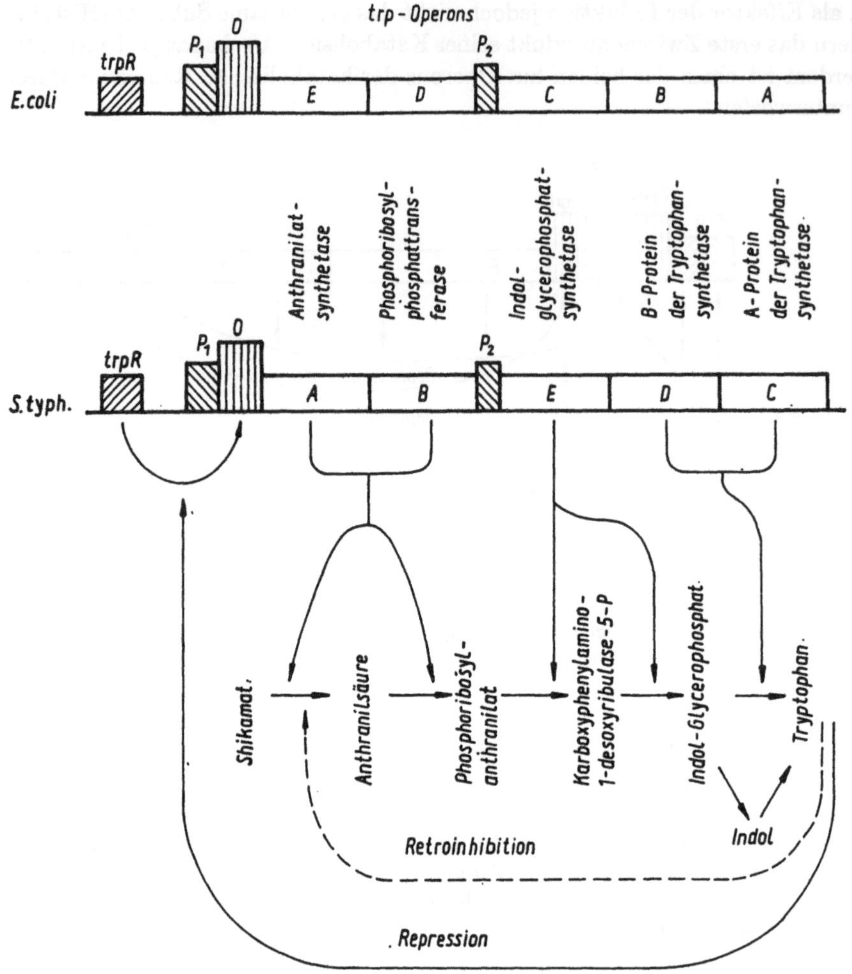

Abb. 26. Genetische Struktur der trp-Operons und der Tryptophansyntheseweg bei *E. coli* und *Salmonella typhimurium* [45, 251, 252, 77]. Erläuterungen im Text.

repressors mit dem Effektor funktioniert. Als Effektor der Repression fungiert also Tryptophan; außerdem inhibiert Tryptophan das erste Enzym seines Syntheseweges, die Antranilatsynthetase [251].

Gut erforscht ist die Kinetik der mRNA- und Enzymsynthese des Tryptophansystems. Im dereprimierten Zustand beträgt die Initiationsgeschwindigkeit ca. 5 Moleküle RNA-Polymerase/min, die molekulare Geschwindigkeit der Transkription bei 30 °C — 1500 bis 1600 Nukleotide/min; 4—4,5 min nach Beginn der Initiation wird das Operon transkribiert, dabei sind 20—22 Moleküle RNA-Polymerase gleichzeitig an das Operon gebunden [2, 65, 267]. Jedes mRNA-Molekül wird durch ca. 20 Ribosomen in jedem Cistron mit einer Geschwindigkeit von 1000 Nukl./min translatiert. Im ganzen besitzt die mRNA eine Halbwertzeit $T_{1/2}$: 1 bis 1,5 min [257]; sie wird unter Einwirkung einer 5'-Nuclease [258] abgebaut.

Der Funktionsmechanismus des trp-Operons stellt sich damit wie folgt dar: In Gegenwart einer kleinen, nicht überschüssigen Menge Tryptophan ist das Operon vollständig

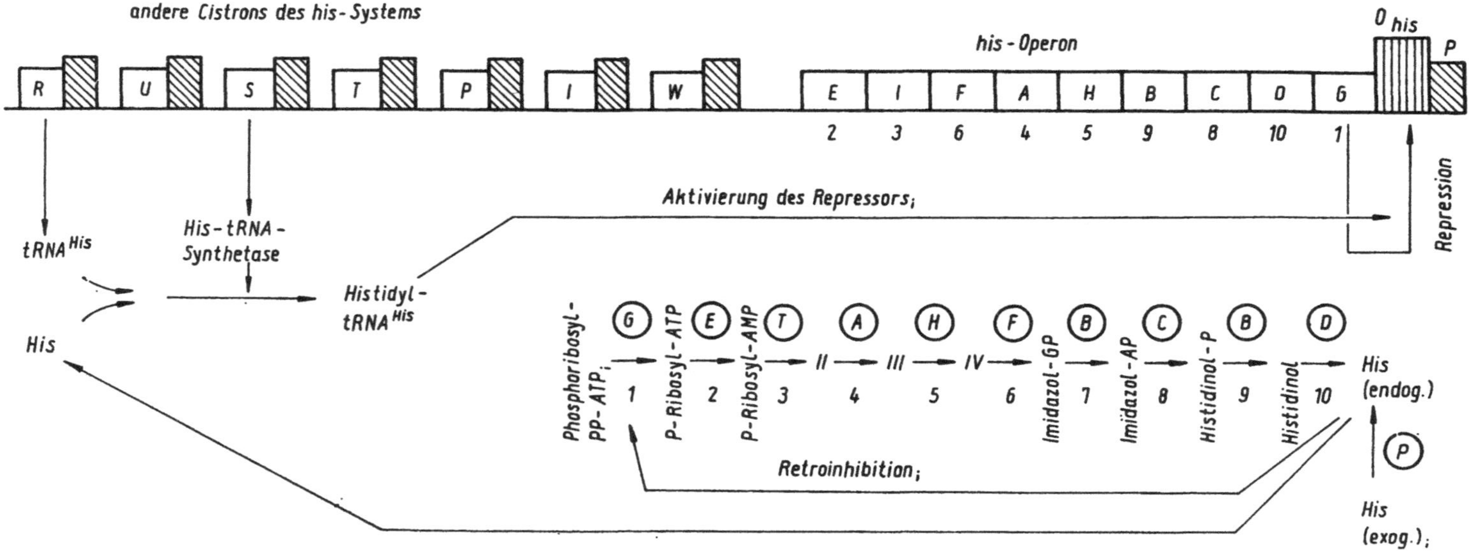

Abb. 27. Steuerung der Histidinsynthese durch das his-Operon bei *Salmonella typhimurium* [77, 259, 260, 260a].
Loci außerhalb des Operons his: P — Permease, R-t-RNA^{His}, S-Histidyl-tRNA-Synthetase; als Effektor der Repression fungiert His-$TrNA^{His}$. Die Produkte der Loci U, W, J, T modifizieren wahrscheinlich die $tRNA^{His}$. Als Regulator-Cistron fungiert G.

dereprimiert, Transkription und Translation erfolgen mit den oben beschriebenen maximalen Geschwindigkeiten. Die Enzyme des Systems synthetisieren Tryptophan in einer Menge, die im Gesamttranslationsprozeß der Zelle vollständig verwertet wird. Diesen Zustand des Systems nennen wir *offen*. Nach Zugabe eines Überschusses an Tryptophan (z. B. von außen) wird die Aktivität des ersten Enzyms des Tryptophansyntheseweges, der Antranilat-Synthetase, innerhalb weniger Sekunden gehemmt. Wenn der Überschuß der Aminosäure über einen längeren Zeitraum aufrechterhalten wird, so funktioniert nach Bindung des Effektors (Tryptophan) an den Aporepressor dieser als Repressor und hemmt die Transkription des Operons. Diesen Mechanismus bezeichnet man als *negative Repression*. Nach einigen Minuten ist ein großer Teil der mRNA des Operons degradiert, und die Syntheseleistung erniedrigt sich erheblich. Diesen Zustand bezeichnen wir als *geschlossen*. Da der Promotor p_2 keiner Repression unterliegt, werden die drei letzten Cistrons auch im geschlossenen Zustand, wenn auch schwach, transkribiert und translatiert.

Ein ähnliches Bild negativer Repression durch das Endprodukt beobachten wir im Operon der Histidinsynthese (his) von *Salmonella typhimurium* (Abb. 27). Dieses Operon (das größte aller bekannten Operons) enthält 9 Cistrons, deren Produkte die 10 Reaktionsschritte des Histidinsyntheseweges katalysieren. Die Größe des his-Operons liegt bei 11000 Basenpaaren [259]. Als Regulator fungiert das erste der 9 Cistrons [260a]. Zusätzlich sind mehrere, getrennt lokalisierte Sites auf verschiedene Weise am Regulationsprozeß beteiligt, darunter his P — das Cistron der Histidinpermease, his T — das Scripton der t-RNA^{His}, his S — das Cistron der Histidyl-t-RNA-Synthetase u. a. [261]. Als Effektor der Repression wirkt jedoch nicht freies Histidin, sondern Histidyl-$tRNA^{His}$ [261]. Außerdem inhibiert Histidin das erste Enzym seines Syntheseweges [262]. Ferner ist von Interesse, daß Histidyl-$tRNA^{His}$ auch die Synthese der Histidyl-tRNA-Synthetase reprimiert [264].

Die Mechanismen der negativen Repression und die Funktionszustände der his- und trp-Operons sind sehr ähnlich. Zudem fällt in beiden Operons eine ausgeprägte Korrelation zwischen der Reihenfolge der Syntheseetappen der Aminosäuren und der Lokalisationssequenz der Cistrons auf.

Als weitere, bereits erforschte reprimierbare Operons wären das Leucinoperon (leu) von *Salmonella typhimurium* (siehe 9.1.), zwei gegensätzlich orientierte Operons der Biotinsynthese (bio) von *E. coli* u. a. zu nennen [263].

8.3. Positive Induktion und Repression von Operons

In einer Reihe katabolischer und anderer Operons wird die Induktion anders realisiert als im lac-Operon, und zwar mit Hilfe eines positiven Mechanismus. Am gründlichsten erforscht ist dieser Mechanismus am Beispiel des Arabinose-Operons (ara) von *E. coli*. Abb. 28 zeigt das ara-Operonsystem und den Katabolismus dieses Zuckers [265—267]. Das ara-Operon enthält drei Strukturcistrons und eine komplizierte Promotor-Operator-Region einer Größe von ca. 500 Nukleotidpaaren [258], in welcher die Bindungssite für die RNA-Polymerase, den positiven Aktivator (I) und den katabolischen Repressor sowie der Operator lokalisiert sind. Angrenzend oder sehr nahe dem ara-Operon liegt das Regulatorcistron C(R); das Cistron der Arabinose-Permease ara E ist getrennt lokalisiert.

Der Regulator C(R) produziert einen Repressor, der das ara-Operon über den Operator 0 hemmt [265—267]. Der Repressor ist effektorempfindlich, d. h. er bindet Arabinose.

Der Zucker inaktiviert den Repressor, die Inaktivierungskinetik folgt einer S-förmigen Abhängigkeit [267]. Das Repressorprotein konnte isoliert werden: es ist ein Tetramer mit mehr als einem Bindungsort für Arabinose [265, 269]. Nach Bindung des Effektors verliert das Regulatorprodukt nicht nur seine Repressoreigenschaften, sondern fungiert gleichzeitig als *positiver Induktor* (*Aktivator*) der Transkription [265, 269, 270]. Der Aktivator erkennt eine andere Site (I) der Promotor-Operator-Region [265—267]. Im übrigen ähneln die Eigenschaften des ara-Operons denen des oben beschriebenen lac-Operons.
Ein positiver Induktionsmechanismus wurde auch für die Rhamnose(rha)- und Maltoseoperons (mal) von *E. coli* gefunden [271, 272], die den katabolischen Stoffwechsel dieser Zucker, der dem der Arabinose und Galaktose sehr ähnlich ist, kontrollieren.

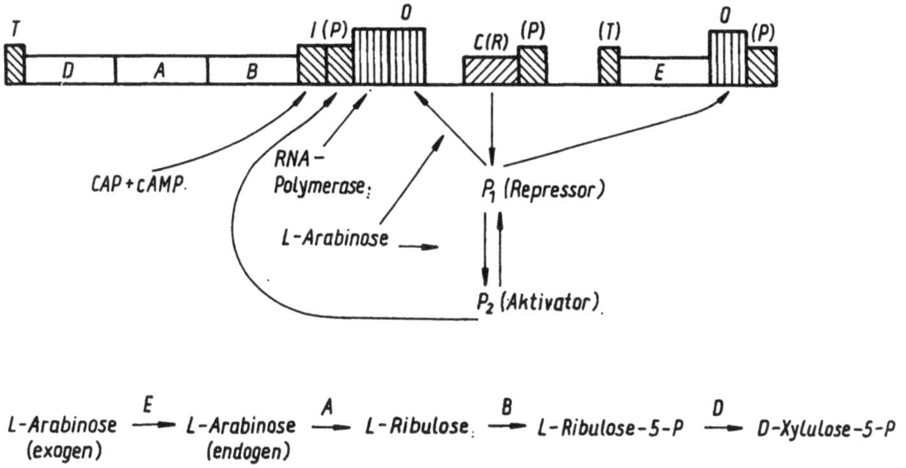

Abb. 28. Das ara-Operon und der Arabinosekatabolismus bei *E. coli* [265—267]. Erläuterungen im Text.

Eine besondere Variante positiver Induktion stellt sich in der Regulation des Operons der basischen Phosphate (pho) von *E. coli* dar [77, 273—276]. Das Phosphataseoperon besitzt ein Cistron für die basische Phosphatase und eine komplizierte Promotor-Operator-Region (Abb. 29). Das System besitzt zwei Regulatoren: phoR, der ein Induktoreiweiß des pho-Operons produziert; und phoS — bestehend aus zwei Cistrons a und b —, der wahrscheinlich für die Synthese von Repressorprotomeren für das pho-Operon verantwortlich ist [274]. Das Eiweißprodukt des Cistrons Sa konnte isoliert werden [274]. Der Repressor besteht möglicherweise aus Produkten aller Regulatorcistrons, einschließlich des Induktorproteins. Als Effektor wirkt wahrscheinlich ein Überschuß an anorganischem Phosphat in der Zelle. Der Effektor ist für die Repression unbedingt erforderlich. Neben dem pho-Operon hemmt der Repressor auch das phoS-Operon [274].
Das pho-Operon funktioniert in folgender Weise. Die basische Phosphatase wandelt organisches in anorganisches Phosphat um. Bei niedriger Konzentration von organischem Phosphat arbeitet der Regulator phoR, welcher einen Induktor produziert, der die Transkription des Phosphataseoperons in Gang setzt [275]. Der Regulator phoS synthetisiert seine Produkte ebenfalls, jedoch haben sie bei Fehlen einer genügend hohen Konzentration von anorganischem Phosphat keinen Einfluß auf die Synthese von Phosphatase. Diesen Zustand kann man als *offen* betrachten. Bei Überschuß an anorganischem Phosphat bilden die Produkte der Regulatoren phoR und phoS ein

Repressoroligomer (oder sind an dessen Formierung beteiligt), welches die Synthese der basischen Phophatase reprimiert. Außerdem hemmt dieses Oligomer die Synthese der Repressorprotomeren [275]. Im Endresultat stellt sich ein bestimmtes, niedriges Niveau von Phosphatase- und Repressorkonzentration ein, d. h. das System schwingt um dieses Gleichgewicht. Diesen Zustand wollen wir als *geschlossen* bezeichnen. Neueren Angaben zufolge soll als Effektor des pho-Operons nicht anorganisches Phosphat, sondern ein

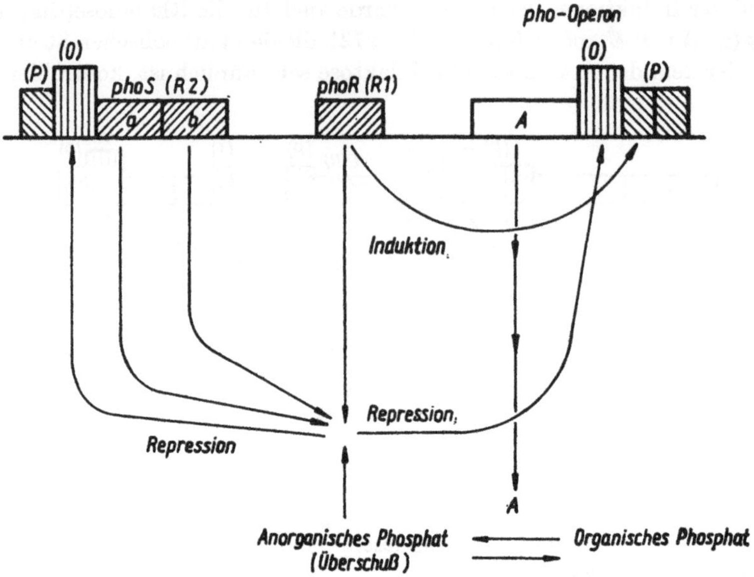

Abb. 29. Das Operon der basischen Phosphatase (pho) von *E. coli* [273 bis 276, 77]. phoA — Cistron der basischen Phosphatase; (O) — hypothetische Operatoren, die gegenüber dem Repressor, Produkt der Regulatorcistrons phoR und S, sensitiv sind; (p) — hypothetische Promotoren, der Promotor von pho muß eine induktorsensitive Site besitzen; phoR — das den Induktor produzierende Regulatorcistron; phoS-Regulatorgen, bestehend aus den Cistrons a und b, deren Oligomerprodukte zusammen mit dem Eiweißprodukt von phoR und bei einem Überschuß an anorganischem Phosphat den Repressor der basischen Phosphatase bilden.

Überschuß der metabolisch an Phosphat gebundenen Purin- oder Pyrimidinnukleotide fungieren [277].

Ein Operon mit einem komplizierten System positiver Regulation kontrolliert auch die Riboflavinsynthese (rib) in *Bac. subtilis* [278—281]. Es besitzt einen gemeinsamen Regulator und wahrscheinlich mehrere Operatoren und Promotoren. Der Regulator produziert ein Aktivatorprotein, das teilweise oder vollständig durch Wechselwirkung mit dem Endprodukt Riboflavin inaktiviert wird. Hier beobachten wir somit einen exemplarischen Fall von *positiver Repression*. Riboflavin wirkt auch nicht als Retroinhibitor des ersten Enzyms seiner Synthesekette.

Abschließend sei auf die Vielfalt der Varianten einzelner Operons und der Mechanismen der Induktion und Repression bei Bakterien hingewiesen. In den folgenden Kapiteln werden komplizierte Varianten von Operons und Operonsystemen dargestellt, die komplexe Stoffwechselketten und ontogenetische Programme kontrollieren (siehe Kapitel 9., 10.7., 12.2., 12.3.).

Kapitel 9: Komplexe Operonsysteme der Metabolismussteuerung

9.1. *Familien verzweigter anabolischer Prozesse und ihre Operonsysteme*

Die Stoffwechselwege der Biosynthese von Aminosäuren, Nukleotiden und einer Reihe anderer Metaboliten allgemeiner Bedeutung bei Enterobakterien sind gut erforscht — teilweise auch die genetischen Systeme, die diese Prozesse steuern. Die anabolischen Prozesse werden in mehrere Familien sich verzweigender Stoffwechselwege eingeteilt, die nach ihren Ausgangsmetaboliten benannt werden [282]:

1. Aspartat-Familie (Asp, Asp-NH_2, Lys, Met, Thr, Ileu, Purine, Pyrimidine)
2. Pyruvat-Familie (Ala, Val, Leu)
3. Glutamat-Familie (Glu, Gly, Pro, Arg)
4. Serin-Familie (Ser, Gly, Cys)
5. Histidin
6. Familie der aromatischen Aminosäuren (Phe, Tyr, Try).

Ihrerseits fungieren die Ausgangsmetaboliten als Produkte von Synthesewegen, die zu bestimmten Intermediärmetaboliten des zentralen amphibolischen Stoffwechselweges der Zelle führen (siehe 9.3, Abb. 38).

In Abb. 30 sind die Stoffwechselwege der Asp- und Pyruvat-Familie dargestellt, in Abb. 31 die bekannten, diese Prozesse bei *E. coli* und *Salmonella typhimurium* kontrollierenden genetischen Loci. Dieses System veranschaulicht wichtige Eigenschaften der komplexen Regulation des Anabolismus [77, 282, 283]. Auf der Etappe 1 wirken drei voneinander unabhängige Aspartatkinasen, welche — ebenfalls voneinander unabhängig — durch verschiedene Endprodukte reprimiert und inhibiert werden (Lys, Met, Thr, Ileu). Ein solches *separates* Regulationssystem erlangt im Falle einer Kompartimentietierung (räumliche Trennung von Prozessen in einer Zelle) besondere Bedeutung.

Die Lys- und Met-Zweige sind relativ autonom und haben neben der Regulation durch ihre Asparatkinasen keinen Einfluß auf die übrigen Zweige. Jeder der Zweige wird durch sein Endprodukt reprimiert, letzteres bewirkt außerdem noch eine vollständige Inhibition der Enzyme, die unmittelbar nach der Abzweigung wirksam sind. Lysin reprimiert auch die der Verzweigung vorausgehende Etappe 2. Viele Cistrons, die die Etappen 1—10 kontrollieren, konnten auf den Genkarten von *E. coli* und *Salmonella typhimurium* gefunden werden (Abb. 31), jedoch gibt es bisher keine eindeutigen Beweise für die Existenz von Operonsystemen.

Die bei *Salmonella* eng benachbarten Cistrons thr, A, B, C, D kontrollieren die gemeinsamen Syntheseetappen 1—2—7—11—12, aber es ist nicht erwiesen, ob sie ein Operon bilden. Ein Teil (1—7—11) wird durch Threonin inhibiert und durch die Kombination der beiden folgenden Produkte (Threonin + Isoleucin) reprimiert. Einzeln besitzen diese jedoch keine repressorischen Eigenschaften. Diese Repressionsvariante wird als

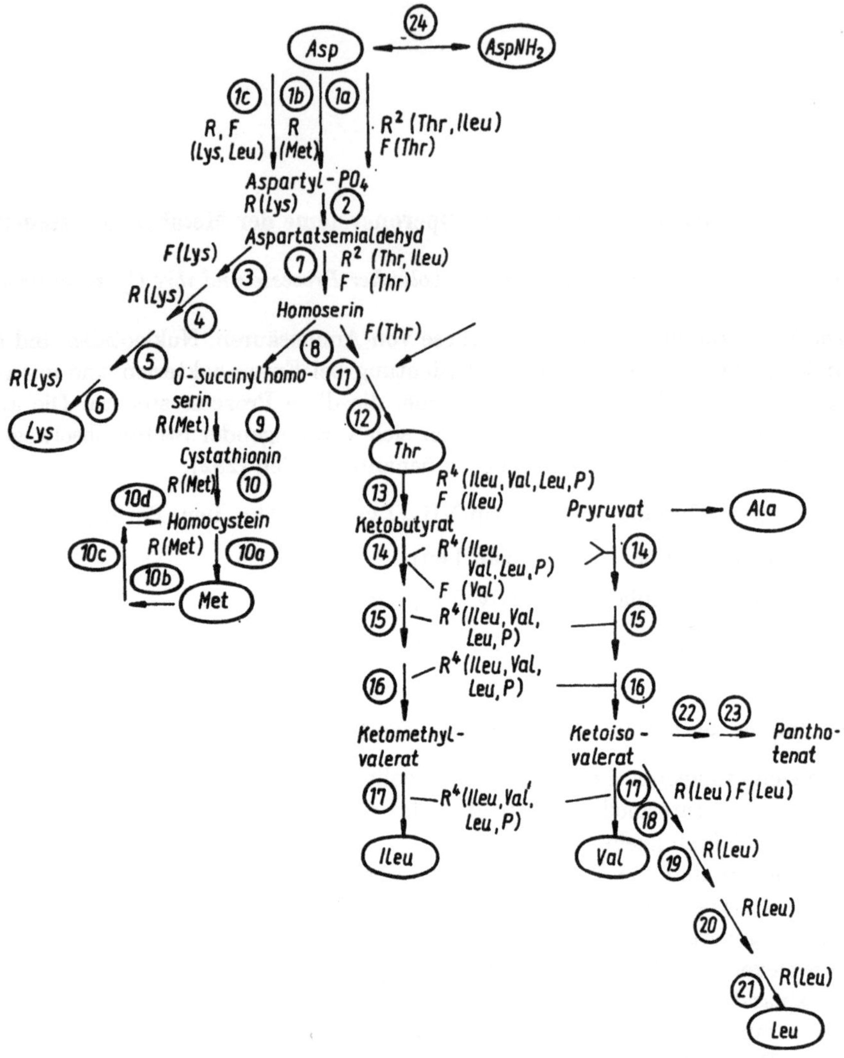

Abb. 30. Die Asparagin- und Pyruvatfamilie bei *E. coli* und *Salmonella typhimurium* [282, 283, 284, 77].

R — Repression; F — Inhibition; R^k — kollektive Repression mit Angabe der Aminosäuren in Klammern. Die Numerierung der metabolischen Etappen wurde in Abb. 31 übernommen.

Multirepression bezeichnet. Die Wichtigkeit einer kollektiven Regulationsform wird hier augenscheinlich: Threonin ist nicht nur das Endprodukt, das der massenhaften Verwertung bei der Translation unterliegt, sondern auch das Substrat für die Synthese einer anderen Aminosäure — Isoleucin. Ein Überschuß an Threonin oder Isoleucin im einzelnen gibt keinen Aufschluß über die Produktivität des Gesamtsystems und darf deshalb das gemeinsame Synthesesystem nicht vollständig hemmen.

Die Etappen 14—17 für die Asparat- und Pyruvatfamilie verlaufen bei *E. coli* gemeinsam und werden auf Grund der starken sterischen Ähnlichkeit von Isoleucin und Valin

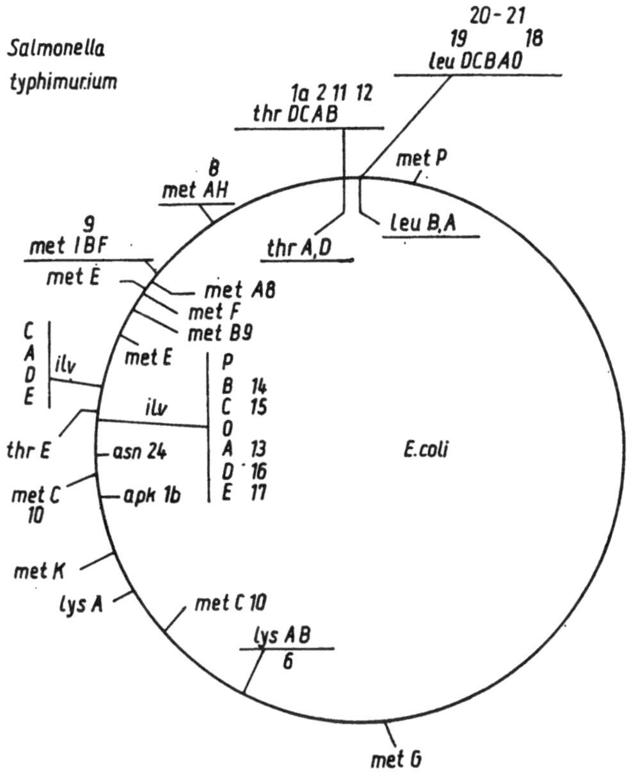

Abb. 31. Lokalisation der die Aminosäuresynthesen der Asp- und Pyruvatfamilie kontrollierenden Gene bei *E. coli* und *Salmonella typhimurium* [249, 285].

und ihren Präkursoren durch ein und dieselben Enzyme kontrolliert, wobei zwei *konjugierte* Prozeßketten gebildet werden. Diese unikale Situation führt zur Bildung einer ebenso unikalen Regulationsvariante. Die die Etappen 13—17 kontrollierenden Cistrons von *E. coli* sind benachbart angeordnet und bilden wenigstens zwei reprimierbare Operons: ilv OADE und ilv PB, und wahrscheinlich ilv C [249, 282]. Alle Enzyme dieser Gruppe unterliegen der *kollektiven Repression* durch 4 Endprodukte: Isoleucin, Valin, Leucin und Pantotenat. Jedes dieser Produkte bewirkt eine teilweise Hemmung der Enzymaktivitäten, jedoch nur in Gegenwart eines Überschusses an Leucin oder Leu-tRNA^{Leu}. Außerdem werden die ersten Etappen dieses Abschnitts (13—14) durch Isoleucin und Valin einzeln inhibiert.

Hartfield und Burns [286, 287] haben ein Molekularmodell der Multirepression im ilv ADE-Operon vorgeschlagen (Abb. 32). Es wird angenommen, daß sich die Protomeren der Threonindesaminase zu inaktiven Tetrameren zusammenlagern: zu Aporepressoren, für die Leu-tRNA^{Leu} als Effektor fungiert. Die Zugabe des Effektors reprimiert dieses Operon. Gleichzeitig beschleunigt die Zugabe der einzelnen Produkte Isoleucin, Valin, Threonin die Reifung der aktiven Form des Enzyms; die Zugabe der Kombinationen Ileu + Val oder Ileu + Thr führt zu einer vollständigen Hemmung der Reifung. Somit ist also der Effektor Leu-tRNA^{Leu} für die Repression stets notwendig; Ileu, Val und Thr schwächen jedoch diese Repression, indem sie die Threonindesaminase aktivieren;

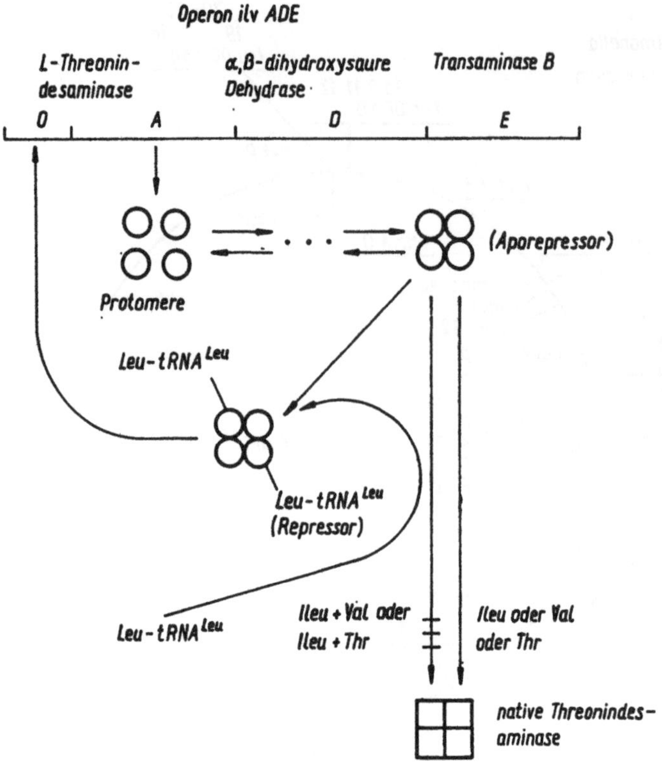

Abb. 32. Modell der Multirepression des Operons ilvADE bei *Salmonella typhimurium* [286, 287].

die Paare Ileu + Val oder Ileu + Thr stellen die Repression durch Inhibition der Threonindesaminase wieder vollständig her. Die Analyse dieses Falls führt zu einer Vorstellung über die komplizierte Kinetik dieses Prozesses. Semiphänomenologisch können wir ihn als eine Variante der kollektiven Repression R^n (Ileu, Val, Leu, Pantotenat) und Inhibition bezeichnen.

Eine der Endketten in der Pyruvatfamilie bildet die Leucinsynthese. Neben der Teilnahme an den kollektiven Regulationsvarianten in den gemeinsamen Abschnitten reprimiert Leucin diese Synthesekette autonom (Etappen 18—21). Bei *Salmonella* entsprechen diesen Etappen die Cistrons Leu, A, B, C und D, die das reprimierbare Operon leu OABCD bilden [77, 282]. Außerdem inhibiert Leucin die lysinsensitive Asparatkinase (Etappe 1). Die funktionelle Bedeutung dieser Inhibition ist noch unverstanden.

Die Alaminsynthese wird in dieser Familie wahrscheinlich nicht reguliert.

Wenden wir uns kurz der Glutamatfamilie zu. Abb. 33 und 34 zeigen die Hauptstoffwechselwege und die Lokalisation der entsprechenden Cistrons auf den Genkarten von *E. coli* und *Salmonella*. Die Glutamatsynthese wird offensichtlich nicht durch operonale Mechanismen reguliert. Die Zentralkette der Synthesen dieser Familie ist eine Sequenz von 8 Etappen der Argininsynthese (1—8) [77, 282, 284, 287]. Alle Enzyme dieser Gruppe werden durch Arginin reprimiert, das Enzym der 1. Etappe wird durch Arginin inhibiert. Auf der Genkarte von *E. coli* konnten die Cistrons aller Etappen lokalisiert werden.

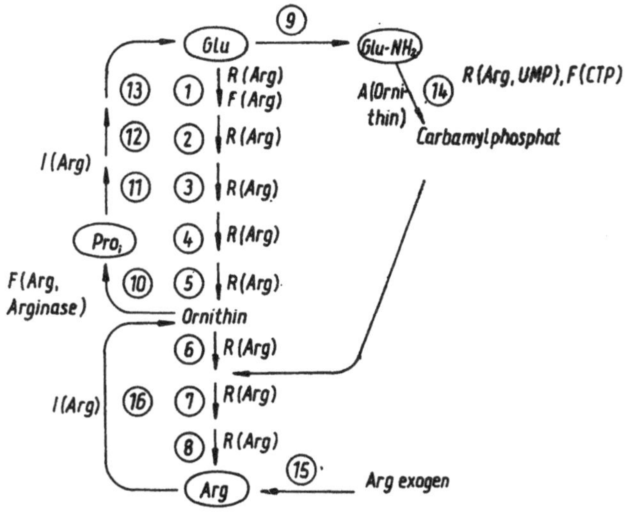

Abb. 33. Die Glutamatfamilie bei *E. coli* [282, 284, 77].
R — Repression, I — Induktion, F — Inhibition, A — Aktivierung, → metabolische Prozesse.

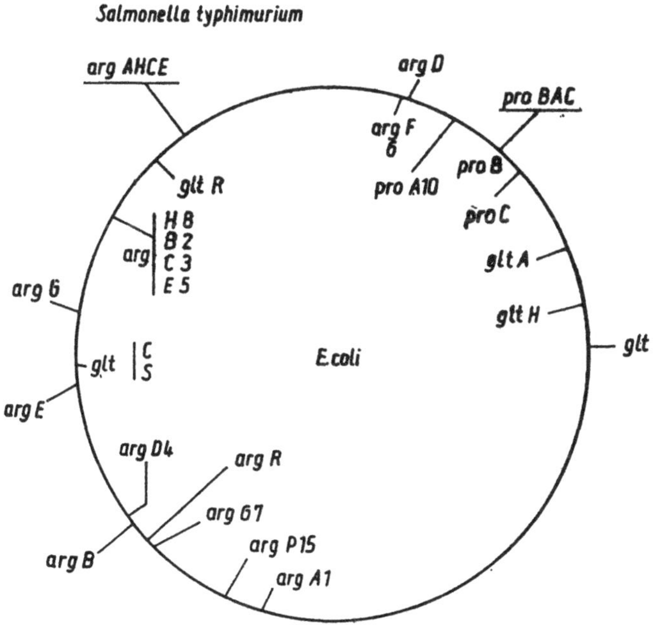

Abb. 34. Lokalisation der die Aminosäuresynthesen der Glutamatfamilie kontrollierenden Gene bei *E. coli* und *Salmonella typhimurium* [249, 285, 288].

Sie sind in wenigstens fünf Gruppen verteilt, d. h. sie bilden kein einheitliches Operon, sind aber alle einem gemeinsamen Regulator argR unterworfen. Die Gruppe arg, H, B, C bildet ein Operon [288]. Einzeln ist auch das Cistron der Permease arg P lokalisiert. Offenbar ist die Streuung der Gene des arg-Systems darauf zurückzuführen, daß der Syntheseweg des Arginins nicht von den übrigen Stoffwechselwegen isoliert ist [77]. Arginin fungiert auch als Substrat eines katabolischen Weges, der durch 3 Enzyme kontrolliert wird (Etappen 16—10—13). Bei Hefen werden diese Enzyme durch einen Überschuß an Arginin induziert. Jedoch reagiert die Arginase (Etappe 16) in Anwesenheit von Arginin und Ornithin mit der Ornithintranskarbamylase (Etappe 12) und hemmt deren Aktivität [287]. Dadurch werden Synthese und Abbau von Arginin effektiv voneinander isoliert [287].

Von Interesse ist, daß *E. coli*-Mutanten mit einem Defekt des Regulatorgens argR isoliert werden konnten, die ihre repressorische Aktivität eingebüßt haben, aber dafür *durch Arginin induzierbar* sind [77, 282]. Folglich sind die Mechanismen negativer Repression und negativer Induktion recht ähnlich.

Die Umwandlung von Glutamat in Glycin wird durch das Enzym Glutaminsynthetase katalysiert (Etappe 9). Dieses Enzym ist interessant auf Grund der Vielfalt seiner metabolischen Inhibitoren und Aktivatoren sowie der Kompliziertheit seines kollektiven

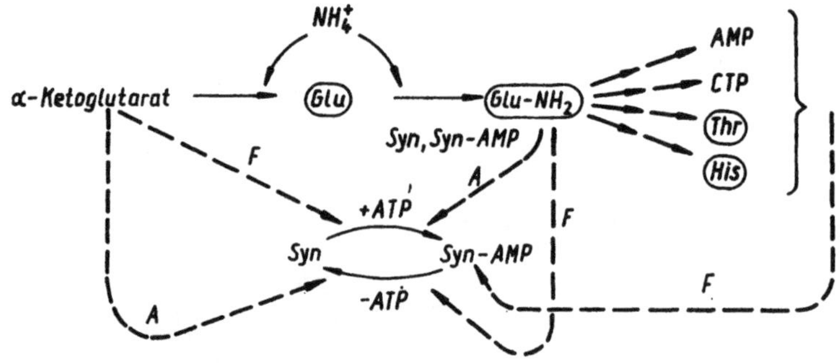

Abb. 35. Regulationsschema der Glutaminsynthetase bei *E. coli* [290]. Bezeichnungen wie in Abb. 34.

--→ Inhibition und Aktivierung.

Regulationsmechanismus (Abb. 35) [289, 290]. Die Glutaminsynthetase von *E. coli* besteht aus 12 Protomeren und liegt in zwei Formen vor: einer adenylierten (Syn-AMP) und einer nichtadenylierten (Syn) [290]. Diese Synthetase ist das Schlüsselenzym der Regulation des zellulären Stickstoffverbrauchs. Es wird durch 8 Metaboliten inhibiert: Alanin, Glycin, Histidin, Tryptophan, CTP, AMP, Carbamylphosphat und Glucosamin-6-phosphat [289]. Die Syn-AMP-Form des Enzyms ist bedeutend empfindlicher für die Inhibition als die Syn-Form und wird durch vier Endprodukte *kumulativ inhibiert* (AMP, CTP, Try, His). Dabei konnte gezeigt werden, daß jedes Protomer je eine Bindungssite für AMP und Tryptophan besitzt [290]. Der Übergang Syn → Syn-AMP wird durch α-Ketoglutarat inhibiert und durch Glycin aktiviert, der Übergang in der Gegenrichtung wird genau umgekehrt reguliert [290]. Außerdem wird die Synthese des Enzyms durch Na-haltige Verbindungen reprimiert und dereprimiert [290].

Bei *Pseudomonas putida* und einigen anderen Bakterien sind vereinigte katabolische Stoffwechselwege einiger Aminosäuren, Zucker und anderer Metaboliten erforscht worden. Als Ausgangssubstrate dieser Stoffwechselwege dienen End- oder Zwischenprodukte aufsteigender Syntheseketten oder Metaboliten extrazellulärer Herkunft (Zucker, Aminosäure usw.), als Endprodukte des Katabolismus, Metaboliten des zentralen amphibolischen Weges. Leider ist die Lokalisation der Cistrons bei *P. putida* schlecht erforscht. Abb. 36 zeigt ein Schema der vereinigten katabolischen Stoffwechselwege der aromatischen Aminosäuren bei *P. putida* [283, 291]. Der Zweig des l-Tryptophan-Katabolismus bis zum Catechol (Etappen 12—15) weist verschiedene Induktionsvarianten auf: Kynurenin induziert das Enzym seiner Umwandlung (Etappe 14) *sequentiell*, die Enzyme der beiden vorausgehenden Etappen *koordinativ*, Antranilat induziert das Enzym seiner Umwandlung (Etappe 15) *sequentiell*. Die Induktion erfolgt also nicht durch das Substrat (l-Tryptophan), sondern durch ein Zwischenprodukt (Kinurenin). Das ist wahrscheinlich darauf zurückzuführen, daß Tryptophan einen Metaboliten allgemeiner Verwendung darstellt. Seine Konzentration liegt ständig relativ hoch, und der Tryptophankatabolismus ist für die Regulation des Überschusses der Aminosäure offensichtlich wichtiger als für die Bereitstellung von Abbauprodukten des Tryptophans.
Die Zweige des D-Mandelats und des p-Hydroxymandelats sind sich sehr ähnlich, die Enzyme der ersten 4 Etappen besitzen sie gemeinsam (Etappen 1—4 und 19—22). Diese Enzyme unterliegen einer *koordinativen* Regulation. Sie werden durch D-Mandelat und Benzoylformiat (und wahrscheinlich auch durch ihre p-Hydroxyderivate) *induziert* und in unterschiedlichem Maß durch direkte oder entferntere Produkte dieser Zweige — Benzoat, Catechol (und ihre p-Hydroxyanaloga) und Succinat — *kumulativ reprimiert*. Bei *Pseudomonas putida* sind die Cistrons dieser Enzyme gemeinsam lokalisiert und einem Regulator-Gen untergeordnet, d. h. sie bilden wahrscheinlich ein einheitliches Operon [291].
In den gemeinsamen Teilen des Systems wurden hauptsächlich verschiedene Varianten der *sequentiellen* (Benzoat — 23, p-Hydroxybenzoat-5, Protocatechoat-6), der *Retro-* (Muconat-16) und der *koordinativen Induktion* (Muconat — 17, 18; β-Ketoadipat und β-Ketoadipyl-CoA — 7, 8, 9, 10) gefunden.
Somit scheinen die angeführten Varianten der lokalen und kollektiven Induktion und Repression eine ökonomische und relativ autonome Regulation der Synthesegeschwindigkeiten und Konzentrationen der Enzyme einer Mehrzahl von Zwischen- und Schlüsselmetaboliten dieser katabolischen Systeme zu garantieren.
Bei *E. coli* ist ein unikales System der zentralisierten Regulation einer Gruppe katabolischer Operons erforscht worden — ein System der *katabolischen Repression*. Der Locus cat (Abb. 37) produziert ein Rezeptorprotein für die katabolische Repression (CAP), welches als Apoinduktor fungiert. Als Effektor für CAP wirkt cAMP, ein Nebenmetabolit des Synthesesystems der Purine, der konstitutiv durch Adenylcyclase aus ATP synthetisiert wird. Indem CAP das zyklische AMP bei hohen Konzentrationen „erkennt", wird dieser Faktor zum positiven Induktor für die Operons lac, ara, gal und glp, für die Tryptophanase, Serindesaminase und Thymidinphosphorylase sowie für das Scripton L_3 bei λ (12.3.), d. h. CAP initiiert die Transkription.
Die intrazelluläre cAMP-Konzentration widerspiegelt den Vorrat an energetischen Ressourcen und Kohlenhydratquellen der Zelle. Die Zuführung von Kohlenhydraten (Glucose, Glycerin, Glycero-6-phosphat, Pyruvat u. a.) führt indirekt zu einem Abfall

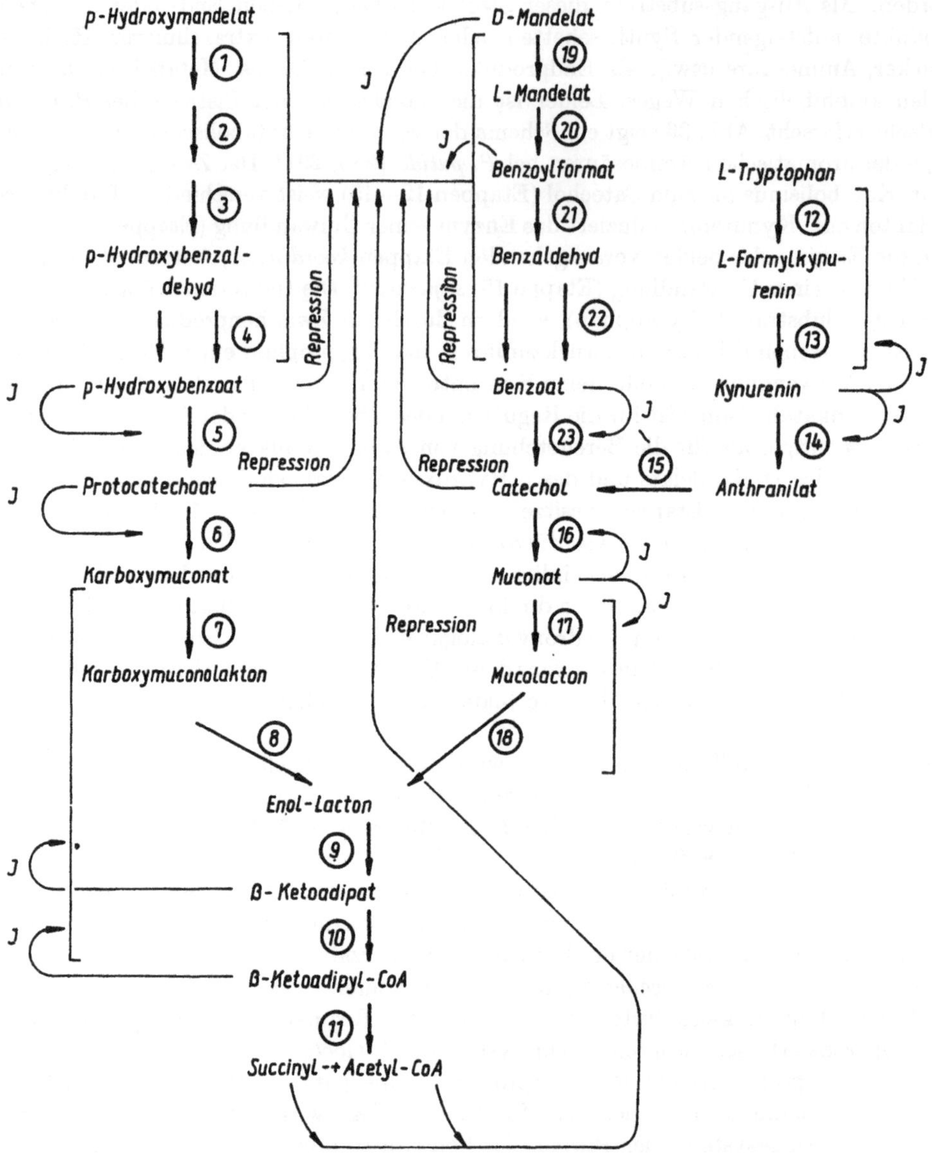

Abb. 36. Steuerung der vereinigten katabolischen Stoffwechselwege der aromatischen Aminosäuren bei *Pseudomonas putida* [283, 291, 292]. Steuerprozesse: I — Induktion.

der cAMP-Konzentration [222] und reprimiert die untergeordneten Operons. Bei Fehlen zugänglicher Kohlenhydrat- und Energiequellen (Glucose u. a.) erhöht sich die cAMP-Konzentration, die katabolischen Operons werden induziert. Damit werden in energetischer Hinsicht weniger günstige, aber zugängliche Energie- und Kohlenhydratquellen für den Zellstoffwechsel genutzt, z. B. Lactose u. a. Da verschiedene Operons eine

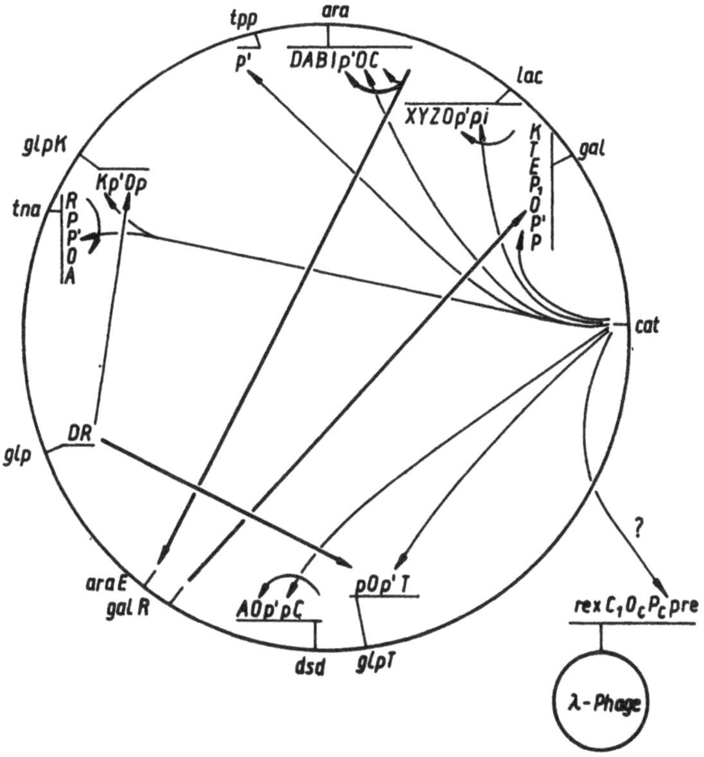

Abb. 37. Lokalisation der der katabolischen Repression unterworfenen Operons bei *E. coli* [249, 222].

Loci: cat — Synthese von CAP; gal, lac, ara, glp-Operons des katabolischen Zuckerstoffwechsels (Galactose, Lactose, Arabinose, Glycerophosphat, tna, dsd-Operons des Try- und Ser-Katabolismus; tpp-Operon der Thymidin-Phosphorylase. Das Scripton L_3 des λ-Phagen (siehe 12.2.) ist ebenfalls dargestellt.

unterschiedliche Empfindlichkeit gegenüber Glucoseentzug und cAMP-Konzentrationserhöhung haben [222], kann vermutet werden, daß eine bestimmte Reihenfolge der Nutzung von Zuckern und Aminosäuren nach dem Grade ihrer metabolischen Zugänglichkeit und Effektivität existiert. Beim temperierten Phagen λ ist die cAMP-Konzentration der Bakterien ein Signal für die energetische Sättigung der Zelle, welches die Wahl des ontogenetischen Regimes beeinflußt (12.3.). Wahrscheinlich ist cAMP der erste bei Bakterien erforschte Metabolit, der keine eigenständige metabolische Bedeutung hat, sondern reine Signal-, d. h. effektorische Funktionen ausübt.

Wie bereits vermerkt, nehmen verzweigte Stoffwechselwege anabolischer Natur ihren Anfang in den Intermediärmetaboliten des zentralen amphibolischen Stoffwechselweges der Zelle; für vereinigte katabolische Wege sind letztere die Endprodukte. Abb. 38 und Abb. 39 zeigen die Verbindung der anabolischen und katabolischen Wege mit dem zentralen amphibolischen Stoffwechsel. Die Enzyme des zentralen amphibolischen Weges

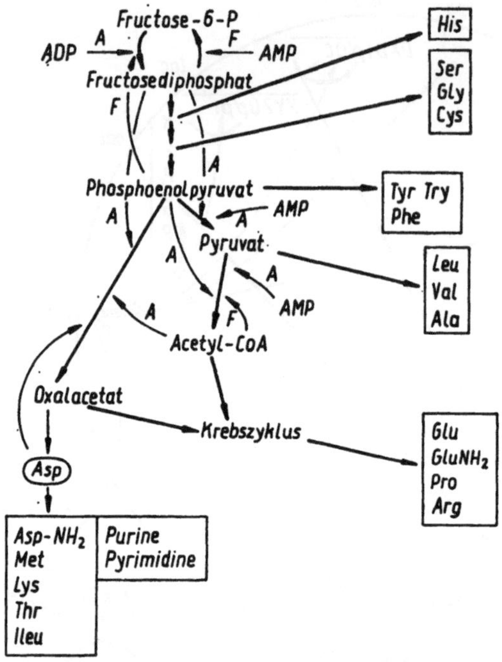

Abb. 38. Kaskadensteuerung der Glykolyse im amphibolischen Stoffwechselweg und die Verbindung zu den anabolischen Stoffwechselketten der Aminosäuren und Nukleotide bei *E. coli* [284, 294]. A — Aktivierung, F — Inhibition.

dienen der Befriedigung der energetischen und metabolischen Bedürfnisse der Zelle. In diesem Fall tritt eine straffe Regulation der Enzymsynthesen durch Induktion oder Repression bedeutend seltener auf [283, 294, 295]. Eine Balancierung der Enzymaktivitäten wird hauptsächlich durch *Kaskadenregulation* erreicht, d. h. durch kombinierte Varianten von Aktivation durch Präkursoren und Inhibition durch Produkte der einzelnen Etappen unter Beteiligung auch entfernterer Metaboliten (AMP, ADP usw.). Auf diese Weise können die Schwingungen von Input- und Output-Zwischenprodukten schnell gedämpft werden.

Anabolische und katabolische Prozesse sind nicht ausschließlich über die Intermediärmetaboliten des zentralen amphibolischen Weges miteinander verbunden. In einer Reihe von Fällen gehen die Endetappen von Syntheseketten in die Ausgangsetappen katabolischer Prozesse über. Das erfordert bestimmte Besonderheiten ihrer gemeinsamen Regulation. Abb. 40 zeigt die Verbindung von Synthese- und Abbauweg des Histidins bei *Salmonella* [77, 248, 259, 260]. Wie bereits erwähnt, wird das His-Operon durch Histi-

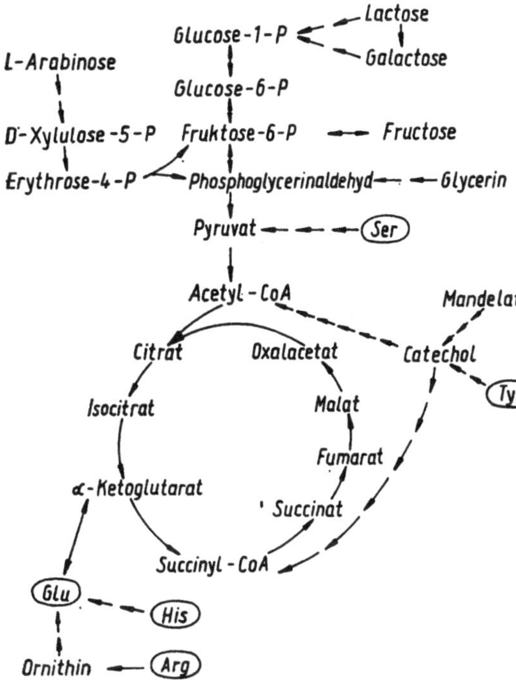

Abb. 39. Verbindung der vereinigten Stoffwechselwege des Katabolismus mit dem zentralen amphibolischen Stoffwechselweg [283, 284].

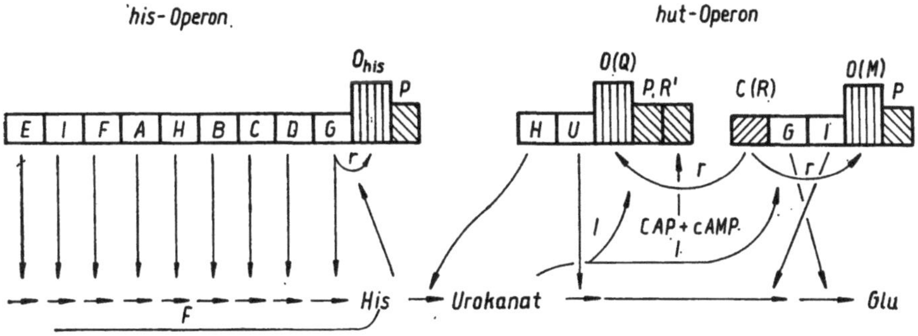

Abb. 40. Steuerschema der Synthese (his-Operon) und des Katabolismus (hut-Operons) von Histidin bei *Salmonella typhimurium* [77, 248, 259, 260, 260a].

r — Repression, I — Induktion, F — Inhibition. Loci: O(Q) und O(M) — Operatoren der hut-Operons, C(R) — Regulator der hut-Operons, P — Promotoren, R′ — Site der katabolischen Repression, G — Regulator des His-Operons.

din- oder His-tRNA^{His}-Überschuß reprimiert; das Enzym der ersten Syntheseetappe unterliegt der Retroinhibition durch Histidin. Andererseits ist Histidin das Ausgangssubstrat des Abbausystems(hut-Operons), jedoch wirkt in diesem Fall nicht Histidin oder His-tRNA^{His} als Effektor, sondern das erste Zwischenprodukt — Urokanat. Die hut-Operons sind induzible Operons, wobei das Regulatorcistron C(R) Bestandteil eines dieser Operons ist. Sein Produkt — der Repressor — hemmt die Transkription dieser Operons. Urokanat inaktiviert den Repressor [296], dereprimiert damit die Operons. Eine solche Trennung von Substrat und Effektor eines induziblen Operons findet man auch im Tryptophanabbausystem (Tryptophanase-Operon). Sie besitzt wahrscheinlich funktionelle Bedeutung. Histidin wie auch Tryptophan sind Metaboliten allgemeiner Verwendung. Ihr Überschuß kann die Balance einer Reihe anderer Prozesse stören. Möglicherweise sind die Abbausysteme nicht so wichtig für die Utilisierung des Überschusses dieser Aminosäuren, als vielmehr für ihre Liquidierung überhaupt. Außerdem ist nicht ausgeschlossen, daß die Operons des Histidin-Abbaus einer katabolischen Repression unterliegen, wie das in den ähnlichen Try- und Ser-Systemen der Fall ist [222].

Im ganzen läßt sich eine gewisse Unabhängigkeit der Synthese- und Abbausysteme dieser Aminosäuren feststellen. Dadurch ist es möglich, die Aktivitäten der Syntheseenzyme schnell zu regulieren, die Synthese unter den Bedingungen eines Aminosäureüberschusses ökonomisch zu gestalten und den Überschuß dann zu beseitigen, wenn er sich auf die Konzentration der Zwischenprodukte des Abbaus auswirken kann.

Es sei daran erinnert, daß im Synthese- und Abbausystem von Arginin bei Hefen eine andere Form der Isolation dieser Prozesse verwirklicht wird — durch Wechselwirkung der Abbauenzyme (9.1.). Solcherart stellen sich die Varianten der genetischen und metabolischen Regulation komplexer Stoffwechselwege bei Mikroorganismen dar. Prinzipiell können diese Systeme noch bedeutend komplizierter sein.

Kapitel 10: Elemente und Modelle von Operonsystemen

10.1. Elemente und Kontextbesonderheiten von Scriptons

Nachdem die grundlegenden Begriffe eingeführt (Scripton — 1.12.; Operon — Kapitel 8) und die Vielfalt von Operons der peripheren Regulationssysteme beschrieben sind, sollen die Typen der Scripton- und Operonelemente sowie ihre Kontextbesonderheiten charakterisiert werden. Folgende Elementtypen des Scripton-Niveaus lassen sich unterscheiden:

1. *Cistrons*, die durch Initiator- und Terminatorsignale begrenzt und durch intercistronale Intervalle, Spacer, unterbrochen werden. Cistrons erreichen eine Länge von einigen tausend Nukleotidpaaren und verhalten sich asymmetrisch zur Inversion zweisträngiger DNA.

2. *Promotor-Sites*, die verschiedene Untereinheiten der RNA-Polymerase binden (σ- oder ψ-Faktor usw.) und positive Operationen der Transkriptionsinitiation kodieren. Diese Operationen werden durch Proteine des *zentralen Subsystems der Transkription* ausgeführt. Zu den Promotor-Sites zählt auch der *Starter* (Primer), mit dem der eigentliche Beginn der RNA-Synthese anläuft [42, 43]. Da alle bekannten, von den Promotorsites ausgeführten Funktionen durchweg asymmetrisch verlaufen, läßt sich vermuten, daß auch die Sites selbst asymmetrisch sind (4.4.).

3. *Sites der positiven peripheren Transkriptionsaktivierung*, die aktivierende Proteine peripherer Subsysteme erkennen, welche nicht Bestandteil der RNA-Polymere sind (CAP + cAMP, M-Protein, die Proteine C_{II} und C_{III} bei λ u. a.). Wie im vorhergehenden Fall sind auch diese Sites wahrscheinlich asymmetrisch.

4. *Operatorsites* oder Signale der spezifischen negativen Transkriptionskontrolle erkennen *repressorische* Proteine peripherer Subsysteme. In einem bekannten Fall (lac-Operon von *E. coli*) ist der Operator offensichtlich symmetrisch und besteht aus mehreren Subsites für die Erkennung der Untereinheiten des Repressors (6.3., 8.1.).

5. *Terminatorsites* oder Signale der Transkriptionstermination, die durch ϱ-ähnliche Faktoren des zentralen Subsystems der Transkription erkannt werden. Die Asymmetrie der Terminatorfunktion impliziert möglicherweise auch asymmetrische Sites.

6. *Spacer* oder unspezifische Trenn-Abschnitte, deren Funktion noch unbekannt ist.

Die Größe der spezifischen Sites überschreitet wahrscheinlich nicht die Größe der mit ihnen in Wechselwirkung stehenden Eiweißuntereinheiten. Die Größe der Operatorsubsite in lac-Operon beträgt 5 oder 10 Nukleotidpaare, der gesamte Operator ist 21 Nukleotidpaare lang [105, 105a]. Die Länge der Promotor-Operator-Zone des lac-Operons von *E. coli* beträgt einige 100 Nukleotidpaare [105], die des L_1-Operons des Phagen λ 200 Paare [42, 43]. In einem bekannten Fall [42, 43] wird diese Zone nicht

transkribiert. Spacer können wahrscheinlich eine Größe von einem bis zu mehreren Dutzend Nukleotidpaaren besitzen [105].
Betrachten wir nun die Kontextbesonderheiten der Lokalisation der Scriptonelemente. Als *Promotor* wird eine lokale Gruppe von Promotorsites der Initiation bezeichnet. Infolge der Asymmetrie von Promotor und Terminator begrenzen sie ein Scripton nur in einer einzig möglichen Art der gegenseitigen Lage und Orientierung (Abb. 41a).

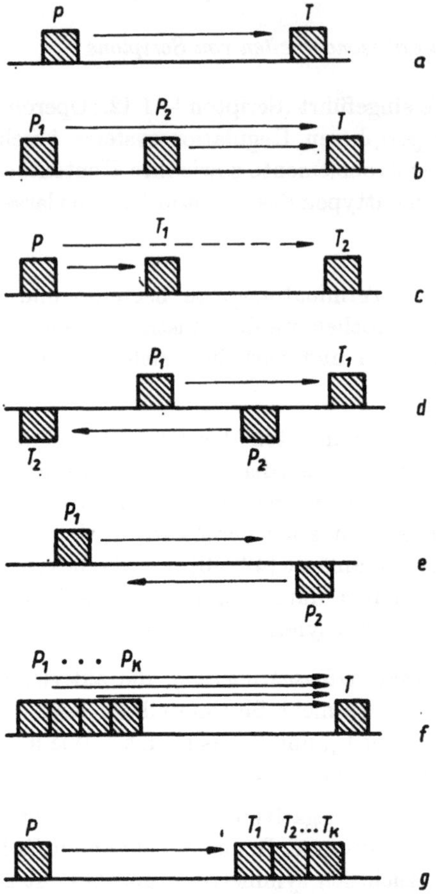

Abb. 41. Kontextvarianten der Interpunktionszeichen der Transkription.

Werden jedoch diese Abschnitte in der entgegengesetzten Richtung transkribiert, so können die asymmetrischen Sites nicht als Signale erkannt werden. Deshalb sind einige Varianten der gegenseitigen Überlappung von Scriptons möglich, die auf Grund der Orientierung oder Lage ihrer Interpunktionssignale entstehen.

A. Gleichartig orientierte Scriptons mit einem Terminator und verschiedenen, gleichartig orientierten Promotoren (Abb. 41b). Solcherart sind das trp-Operon von *Salmonella* (8.2.) und die Scriptonpaare L_1 und L_2 sowie R_1 und R_2 bei λ (12.2.).

B. Scriptons mit einem Promotor und mehreren, gleichartig orientierten Terminatoren (R_2 bei λ, siehe 12.2.) (Abb. 41c). Hier stoppen die Terminatoren die Transkription nur mit einer gewissen Wahrscheinlichkeit; eine wiederholte Termination erhöht dabei die Stabilität des Transkriptionsendes.

C. Gegensätzlich orientierte, sich überlappende Scriptons (Abb. 41d). Dieses System wurde bei λ gefunden (Scriptons L_3 und R_1; siehe 12.2.). Funktionell hat diese Variante nur dann Sinn, wenn die Scriptons eine Interpunktion unterschiedlicher Spezifität besitzen oder wenn sie alternativ funktionieren.

D. Prinzipiell möglich sind Fälle einer „degenerierten", primitiven Überlappung von gegensätzlich orientierten Scriptons, die keinen Terminator besitzen (Abb. 41e). Ein solches System wurde bei λ gefunden (Scripton L_2 und R_2, siehe 12.2.). Möglicherweise ersetzt das Aufeinandertreffen von Polymerasemolekülen die Funktion des Terminators [218]. Außerdem ist nicht ausgeschlossen, daß bei sehr langen Scriptons die Kodierung des Terminationsaktes keine wesentliche Rolle mehr spielt, die Ablösung der RNA-Polymerase erfolgt zufällig.

E. Scriptons mit einem Block sich wiederholender, gleichartig orientierter Promotoren (Abb. 41f). Dieses System bietet keine Schwierigkeiten — der Promotorenblock funktioniert wie ein einzelner, *starker* Promotor mit einer erhöhten Initiationsfrequenz.

F. Scriptons mit einem Block sich wiederholender und gleichartig orientierter Terminatoren (Abb. 41g). Der Terminatorblock funktioniert wie ein *einzelner Terminator* mit erhöhter Terminationsfrequenz.

Auch für die Lokalisationsvarianten der übrigen Typen von Scriptonelementen gelten Einschränkungen und Besonderheiten. Die Sites der positiven Aktivation müssen benachbart mit den entsprechenden Promotor- oder Terminatorsites lokalisiert sein. Operatorsites können nicht benachbart lokalisiert sein, müssen jedoch den ihnen untergeordneten Promotorsites unmittelbar, in Transkriptionsrichtung, folgen. In den meisten Fällen (siehe Kapitel 8, 12.2.) findet man benachbarte oder sogar zwischen den Promotorsites liegende Operatoren. Cistrons können lediglich zwischen Promotor und Terminator liegen, ihre Existenz ist jedoch nicht Bedingung (Scriptons der t- und rRNA). Somit finden wir auf dem Scriptonniveau eine beträchtliche Freiheit der Orientierung und gegenseitigen Überlappung, die nicht nur die Funktion der Gene unbeeinträchtigt läßt, sondern sogar eine bestimmte Kodierungsrolle spielen kann.

10.2. Migrierende Elemente operonaler Regulationssysteme

Es sollen nun die Elemente operonaler Regulationssysteme, die in das Arbeitsgedächtnis genetischer Systeme eingehen und migrierende Scriptonprodukte darstellen, betrachtet werden.

1. Primäre Scriptonprodukte sind RNA-Moleküle verschiedener Typen: mRNA, Präcursoren von t- und rRNA. Die mRNA besitzt eine komplizierte Informationsstruktur und enthält m-Cistrons mit ihren Interpunktionssignalen, möglicherweise auch Regulatorsites (6.1.), sowie Bindungssites für Ribosomen, und verschiedene Spacer. Die Präkursoren von t- und rRNA besitzen neben ihrem funktionellen Teil eine beträchtliche Anzahl von Spacern. Die Spacer werden jedoch in allen Fällen beim Abbau der RNA teilweise oder vollständig durch Nucleasen entfernt.

2. Sekundärprodukte der Mehrzahl der Scriptons sind Proteine, die gleichzeitig Funktionen der Exekutivsysteme ausüben. Es lassen sich mindestens drei Kategorien von Proteinen und sie kontrollierenden Scriptons unterscheiden:

a) *Funktionelle Eiweiße extragenetischer Wirkung*, welche verschiedene biochemische Operationen an Metaboliten und anderen Zellkomponenten ausführen und somit *nicht zum genetischen System gehören.* Im genetischen System spielen diese Proteine stets die Rolle von *Reglerausgängen.* Sie gehören den peripheren Subsystemen an.

b) *Funktionelle Eiweiße intragenischer Wirkung*, die verschiedene biochemische Operationen an Elementen des genetischen Systems ausführen. Zu dieser Gruppe zählen alle Proteine des zentralen Subsystems der Zelle (DNA- und RNA-Polymerasen, ribosomale Eiweiße, Nucleasen usw.).

c) *Proteine der intragenischen Regulation* — spezifische Eiweiße, die Sites positiver und negativer Kontrolle an den Polynukleotiden erkennen und dem zentralen Subsystem nicht zugehörig sind (Repressoren, Induktoren, Aktivatoren, Rezeptor-Eiweiße usw.). In vielen Fällen treten diese Proteine in spezifischer Weise mit Metaboliten in Wechselwirkung und fungieren so in genetischen Systemen als *Reglereingänge.*

3. Schließlich sind die metabolischen *Effektoren* zu nennen, die zwar nicht zu genetischen Systemen gehören, aber die Rolle von *Eingangs-* und *Ausgangssignalen* für diese Systeme spielen. Eingangssignale werden durch Proteine der intragenetischen Regulation oder durch funktionelle Eiweiße spezifisch erkannt und führen zu einer Zustandsänderung dieser Proteine. Ausgangssignale werden durch funktionelle Proteine spezifisch aufgearbeitet. Zu betonen ist, daß ein einzelnes Protein für viele Effektoren empfindlich sein kann, eine Operatorzone z. B. für viele Regulatorproteine.

10.3. Informationsmodelle autonomer peripherer Subsysteme der genetischen Regulation [77]

Entsprechend den Definitionen im Abschnitt 3.1. betrachten wir die Transkription einzelner Scriptons und die Translation einzelner Cistrons als *Elementarfluxe der Informationskodierung.* Die Prozesse der Replikation einzelner Replicons werden unter diesem Aspekt in 11.4. behandelt. Jeder dieser Prozesse wird durch ein universales Exekutivsystem ausgeführt und kann der Regulation von seiten anderer Subsysteme mittels Regulatorproteinen oder Effektoren unterliegen. Es ist bekannt, daß die Kinetik der Wechselwirkung Regulatorprotein — Effektor bzw. Regulatorprotein — Site durch eine sigmoidale Kurve beschrieben wird, was auf den allosterischen Mechanismus des Übergangs hinweist [297]. Dieselben Eigenschaften besitzen allosterische Enzyme [298]. In diesem Fall kann man — bei Vereinfachung der Kinetik — den Begriff einer Reaktionsbarriere und zweier Zustandsformen des allosterischen Proteins einführen: einer *aktiven* und *inaktiven.* Deshalb soll im weiteren (in grober Näherung) vorausgesetzt werden, daß die Elemente operonaler Systeme in zwei Zuständen, d. h. aktiv und inaktiv, vorliegen, und daß der Übergang zwischen beiden Zuständen durch Wechselwirkung mit anderen Elementen dieser Systeme oder mit äußeren Signalen erfolgt.

Betrachten wir zwei Elemente, deren Wechselwirkung direkt oder indirekt vonstatten gehen soll. Eine Zustandsänderung des ersten Elements möge eine Zustandsänderung des zweiten hervorrufen; ein Rückkopplungsmechanismus soll ausgeschlossen sein.

Derartige Varianten der Wechselwirkung von Elementen sollen als *Elementarfluxe der genetischen Informationsverarbeitung* oder Elementarprozesse der Steuerung von Elementen durch andere Elemente betrachtet werden. Es sei noch darauf hingewiesen, daß der Zustand des Empfängersystems durch ein äußeres metabolisches Signal gesteuert werden kann.
Es leuchtet ein, daß Elementarfluxe der Informationstranskodierung (Matrizenprozesse) stets Fluxe der Informations*verstärkung* sind, hingegen sind Elementarfluxe der Informationsverarbeitung in der gegebenen Situation Fluxe der Informations*schwächung*. Die Ursache dieser unterschiedlichen Eigenschaften besteht darin, daß die Transkodierung an der Matrize gewöhnlich vielfach erfolgt, d. h. die Zahl der materiellen Träger der Information erhöht sich; die Prozesse der genetischen Informationsverarbeitung sind stets mit einer räumlichen Migration, einer Weitergabe von Regulatorproteinen und funktionellen Eiweißen oder Effektorsignalen verbunden, die von Verlust und Streuung begleitet wird, d. h. die lokale Dichte der Informationsträger sinkt.
Nur sollen die Arten der Beeinflussung von Elementarfluxen der Informationstranskodierung durch Steuerung mittels anderer Elemente der genetischen Systeme oder äußere Signale untersucht werden. Da die Regulatorsites der Scriptons (und ganz allgemein: der Cistrons) Polynukleotidabschnitte darstellen, sind sie zur Wechselwirkung mit Metaboliten nicht fähig (Ausnahmen bilden einige Molekültypen mit sterischer Ähnlichkeit zu den Monomeren oder Moleküle vom Typ des Aktinomycin D) und unterliegen deshalb der Beeinflussung nur durch Regulatorproteine. Aus diesem Grund kann die metabolische Steuerung nur durch spezifische Rezeptorproteine erfolgen. Abb. 42 zeigt die Varianten der Steuerungsmöglichkeiten der Elementarfluxe der Translation und Transkription. In jedem Fall erfolgt diese Regulation (Informationsverarbeitung) durch Regulator- oder funktionelle Eiweiße (oder Fraktionen von „Hilfs"-RNA) des Transkodierungssystems. Regulatorproteine besitzen eine lokale Spezifität für bestimmte Regulatorsites, d. h. sie wirken peripherisch. Die Eiweiße (und „Hilfs"-RNA) des Transkodierungssystems dagegen sind universell für eine große Klasse von Scriptons oder Cistrons. Dieser Tatbestand führt zu bestimmten Einschränkungen für die Anwendbarkeit der einen oder anderen Regulationsvariante.
Die Steuerung durch Regulatorproteine oder funktionelle Eiweiße kann auf verschiedene Weise erfolgen: über die Beeinflussung ihres *Synthese- oder Zerfallsprozesses* oder über ihre *Aktivität*. Im ersten Fall erfolgt die Informationsverarbeitung auf den Etappen der Transkription, Translation und Degradation dieser Elemente, im zweiten Fall auf dem Niveau der Wechselwirkung mit extragenetischen Effektorsignalen. Die Effektoren, die den Zustand der Proteine des zentralen Transkodierungssystems modifizieren, weisen universelle Steuereigenschaften auf, die Effektoren der peripheren Regulator-Proteine und funktionelle Eiweiße lokale Steuereigenschaften. Abb. 42 zeigt die Möglichkeiten der Einführung dieser Effektoren.
Möglichkeiten des Bauprinzips einfachster autonomer genetischer Subsysteme, die die Fähigkeit besitzen, die Synthese eines Polymers als Antwort auf spezifische Effektorsignale ein- bzw. auszuschalten ergeben sich wie folgt [77]. Da die Erkennung des Effektors nur über ein Polypeptidelement erfolgen kann, das sich von dem am Ausgang des Systems befindlichen Protein unterscheidet, muß jedes autonome System mindestens zwei Ebenen von Informationsfluxen besitzen: eine untere für die Synthese des Polymers (RNA) und eine obere für die Synthese des den Effektor erkennenden Proteins. Die Fluxe der Informationstranskodierung jeder Ebene besitzen Verstärkerwirkung; der Flux der Informationsverarbeitung zwischen beiden Ebenen wirkt schwächend.

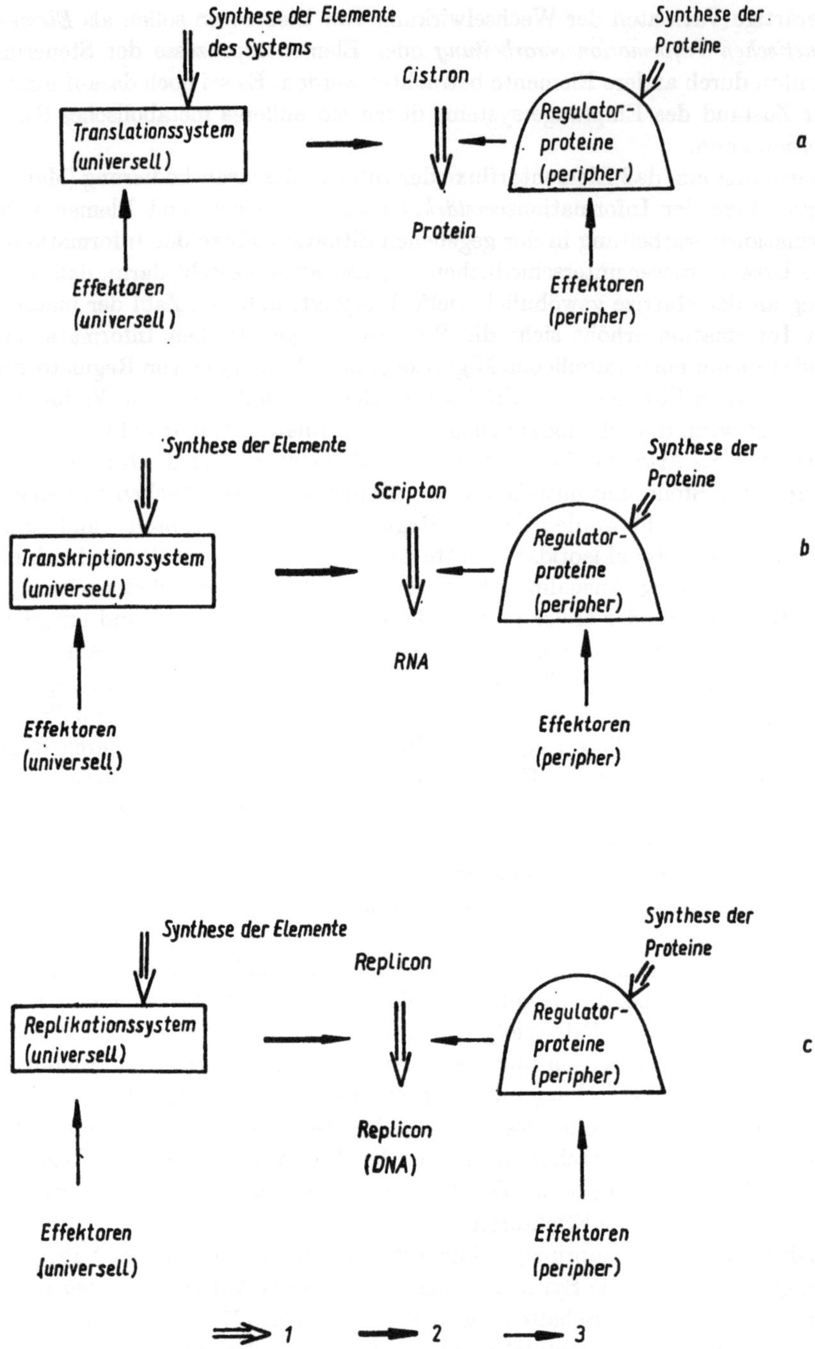

Abb. 42. Steuerung der fundamentalen Prozesse der Translation (a), Transkription (b) und Reduplikation (c).

1 — Verstärkerflux der Informationstranskodierung; 2 — Ausführung; 3 — schwächender Flux der Informationsverarbeitung oder Streuung.

In den Abb. 43 und 44 werden die Varianten der Steuerung eines autonomen Eiweißsynthesesystems durch ein peripheres Regulatorprotein und durch ein funktionelles Eiweiß intragenetischer Wirkung verdeutlicht: nur die erste Variante genügt der Universalität des Transkriptions- und Translationssystems der unteren Ebene (Synthese des Polymers).
Beide Regulationsvarianten werden in realen genetischen Systemen angetroffen. Praktisch alle bekannten Operons und Operonsysteme, d. h. alle wesentlichen Objekte

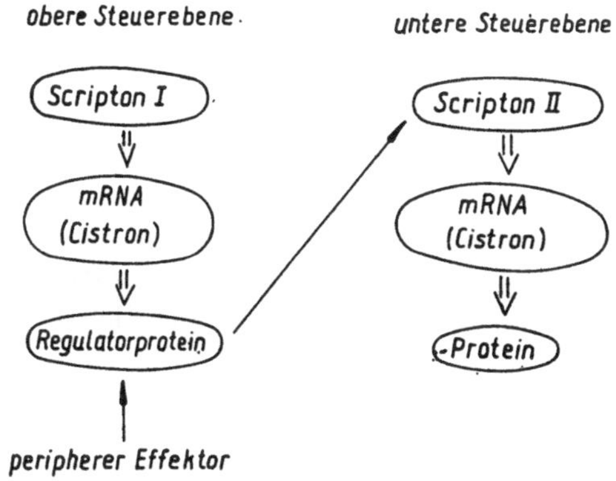

Abb. 43. Steuerung eines autonomen Systems der Proteinsynthese durch ein peripheres Regulatorprotein. Diese Variante genügt der Universalität des Transkriptions- und Translationssystems der unteren Steuerebene.

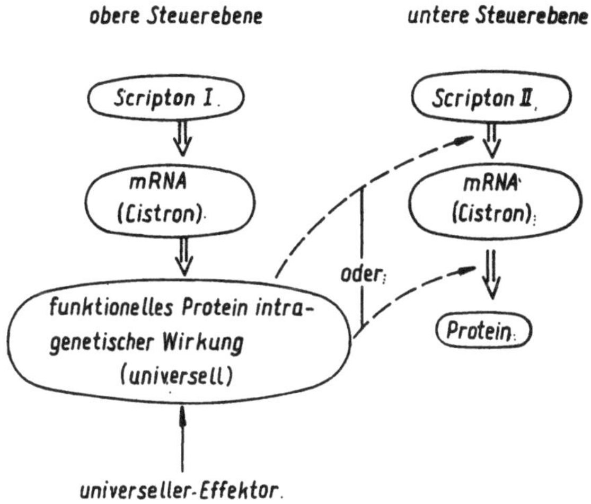

Abb. 44. Steuerung eines autonomen Systems der Proteinsynthese durch ein funktionelles Protein intragenetischer Wirkung. Diese Variante genügt der Universalität von Transkriptions- und Translationssystemen der unteren Steuerebene nicht.

peripherer Subsysteme basieren auf der Variante des Regulatorproteins unter Einhaltung der Universalität der unteren Ebene. Die zweite Variante wird dann verwirklicht, wenn es nötig ist, im genetischen System einen relativ autonomen Teil abzugrenzen, der entweder auf einer bestimmten Etappe der Ontogenese (kontinuierliches Subprogramm, siehe 13.1.) oder in einem abgegrenzten Teil des Genoms oder der Zelle (Kompartimentierung) funktionieren soll. Solcherart sind die Mechanismen der Umschaltung mittels σ-ähnlicher Faktoren (in der Ontogenese einer Reihe von Phagen — siehe 13.1., in den Scriptons des Nukleolusorganisators einer Reihe von Objekten usw.) oder durch Antiterminatoren in der Ontogenese von Phagen (siehe 13.1.) u. a. Alle angeführten Eigenschaften und Folgerungen gelten, wie leicht zu sehen ist, nicht nur für Systeme von Transkription-Translationsfluxen, sondern auch für Fälle, bei denen die untere Ebene mit einem Transkriptionsflux endet.

10.4. Einfache Informationsmodelle von Operatorsystemen mit Rückkopplungsmechanismen

Mit Hilfe der oben beschriebenen Elemente und Elementarfluxe der Transkodierung lassen sich einfache Informationsmodelle von Operonsystemen konstruieren, die einer bestimmten Vielfalt in der Funktionsausübung entsprechen. Die Vielfalt der konkreten Typen von Operonsystemen spiegelt sich in den folgenden Möglichkeiten der Variantenauswahl wider:

1. Vielfalt der Typen von direkter[1]) und Rückkopplung innerhalb eines Operons oder zwischen verschiedenen Operons.
2. Vielfalt der Effektoren (Substrate, Zwischen- oder Endprodukte von Reaktionen, andere Metaboliten usw.)
3. Vielfalt der effektorsensitiven Proteine (Repressoren, Aporepressoren, Induktoren, Apoinduktoren, Rezeptoren usw.)
4. Vielfalt, Anzahl und Position der Regulator-Sites der Operons (Sites der positiven und negativen Kontrolle)
5. Vielfalt der Varianten der Operonüberlappung und ihr Einfluß auf die Funktion der Operons.

Als *einfaches Operon* soll ein Operon genannt werden, das einen Promotor, eine an diesen angrenzende Regulatorsite und einen Terminator besitzt. Die Kopplung zwischen Operons kann auf zweierlei Weise erfolgen [77]: a) über Proteine (Regulatorproteine oder funktionelle Eiweiße intragenetischer Wirkung) und b) über Effektoren (Metaboliten). Untersuchen wir nun die Varianten einfacher Operons und aus ihnen zusammengesetzter Systeme.

Abb. 45 zeigt zwei schematische Varianten einfacher Operons mit Rückkopplung zum Enzymsynthesesystem mittels Metaboliten (Substrat und Endprodukt) [77]. Außerdem ist ein zusätzlicher Rückkopplungskanal zur Aktivität der bereits synthetisierten Enzyme (Inhibition, Aktivation) über Metaboliten vorgesehen. Zu Systemen dieses Typs gehören alle bekannten Operons, die Funktionen der Metabolismussteuerung ausüben. In Abhängigkeit von den Eigenschaften der Regulatorproteine sind Mechanismen negativer Repression und positiver Aktivierung möglich.

Im Schema a kann man die Abhängigkeit zwischen dem Effektor-Substrat-Niveau (S) und dem Niveau der Enzymproduktion (P) als direkte Kopplung ansehen (Abhängigkeit zwischen den Enzymaktivitäten und der Substratkonzentration als Rückkopplung). Im

[1]) Direkte Kopplung: im Sinne einer offenen Steuerkette (Anmerkung des Herausgebers).

Schema b ist die direkte Kopplung in der Abhängigkeit zwischen Enzymaktivität und Endproduktniveau (P), die Rückkopplung in der Abhängigkeit zwischen Effektor-Produkt-Niveau und der Synthesegeschwindigkeit der Enzyme gegeben. Die Existenz zusätzlicher Abhängigkeiten der Enzymaktivitäten von den Effektorkonzentrationen erlaubt die Einführung zusätzlicher direkter (a) und Rückkopplungen (b).
In Systemen mit Rückkopplungen sind in Abhängigkeit vom Vorzeichen der Kopplung verschiedene Funktionsregimes möglich. Wenn die direkte Kopplung positiv, die Rückkopplung jedoch negativ verläuft, tritt eine Oszillation der Metabolitenkonzentration

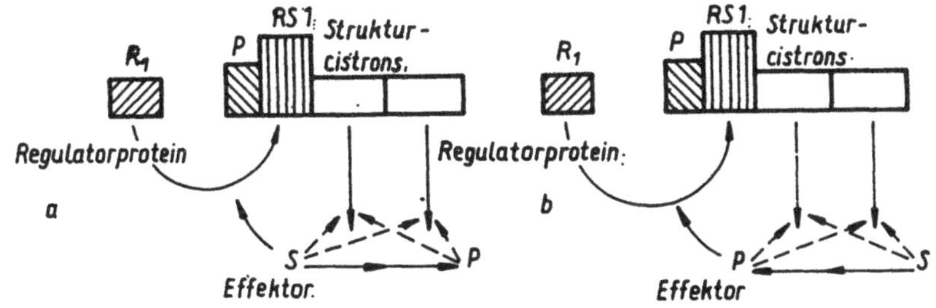

Abb. 45. Einfache Operons mit Rückkopplungen über Effektoren: Substrat (a) oder Produkt (b). Punktierte Linien — metabolische Steuerung der Enzymaktivität.

um einen konstanten Wert auf. Dies ist sowohl bei Repression als auch bei Induktion möglich, wobei in Schema a eine Nullkonzentration des Metaboliten aufrechterhalten wird [2, 77]. Dieses Bauprinzip weisen die realen induzierbaren Zuckeroperons auf (lac, gal, ara, u. a.) (siehe 8.1., 8.3.). Im Schema b wird eine von Null verschiedene Endkonzentration aufrechterhalten.
In den Systemen a und b sind zusätzliche Rückkopplungsmechanismen möglich, welche nur den Ausgang des Operons[1]) — die Änderung der Enzymaktivität — beeinflussen. In einigen Fällen können die Operons zwei negative Rückkopplungen besitzen. Hierbei stellt sich die Frage nach ihrer funktionellen Bedeutung. Es ist bekannt, daß der Mechanismus der allosterischen Retroinhibition charakteristische Übergangszeiten in der Größenordnung von Bruchteilen von Sekunden aufweist. Induktion und Repression hingegen besitzen charakteristische Übergangszeiten in der Größenordnung von einigen Minuten, die wesentlich durch die Transkriptions-, Translations- und Degradationszeiten bedingt werden (s. 8.1, 8.2.).
Deshalb führen Änderungen der Effektorkonzentrationen, die länger als die charakteristischen Übergangszeiten der Inhibition anhalten, zu einer schnellen Beeinflussung der Enzymaktivitäten; *der Inhibitions-Aktivierungs-Mechanismus kontrolliert also die Metabolitenkonzentration unmittelbar.* Wenn jedoch die Konzentrationsänderungen der Metaboliten länger andauert als die charakteristische Übergangszeit der Induktion-Repression und tiefgreifender ist, schaltet sich der Mechanismus der Enzymsynthese ein, der in manchen Fällen (Induktion, Derepression) durch eine de novo-Synthese eine rapide Aktivitätserhöhung erlaubt, in den anderen Fällen (Repression) eine ökonomische Synthese der Proteine gewährleistet.
Wenn direkte und Rückkopplung positiv sind, erfolgt eine Autoaktivierung bis zu einer maximalen konstanten Eiweißproduktion, welche durch die Kinetik des Operons deter-

[1]) Als Ausgang des Operons wird hier das Polypeptid verstanden, nicht die synthetisierte RNA (Anmerkung des Herausgebers).

miniert wird. Wenn beide Kopplungen negativ sind, so erfolgt eine Selbsthemmung des Operons. Obwohl man derartige Systeme in isolierten Operons antrifft und sie zunächst uninteressant erscheinen, sind sie doch durchaus denkbar als Teile komplexer Systeme (siehe z. B. bei der Ontogenese von Phagen, 12.2., 12.3.).
Abb. 46 zeigt die Schemata einfacher Operons, in denen die Regulatoren Bestandteil der Operons selbst sind und die Regulatorproteine eine zusätzliche Rückkopplung bilden. Die Regime der Operons unterscheiden sich in diesen Fällen von den vorangegangenen nur in einigen Details der Kinetik der Übergangsprozesse, speziell in der Erhöhung der charakteristischen Übergangszeiten [77]. Betrachten wir einfachste Varianten bioperonaler Systeme [77, 299]. Abb. 47 zeigt schematisch die sequentielle Unterordnung

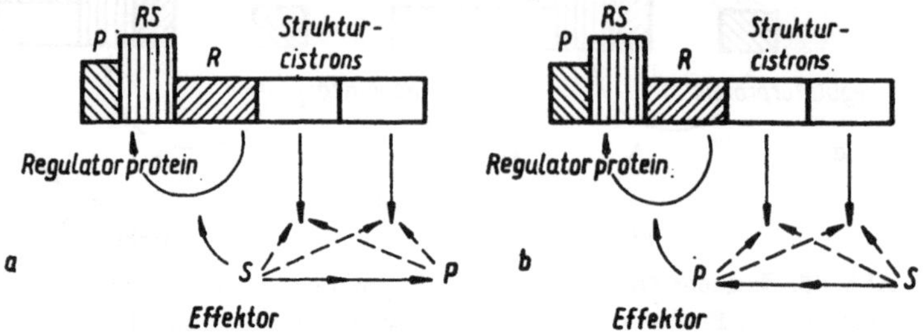

Abb. 46. Einfache Operons mit Rückkopplungen über Regulatorprotein und Effektor: Substrat (a) oder Produkt (b).

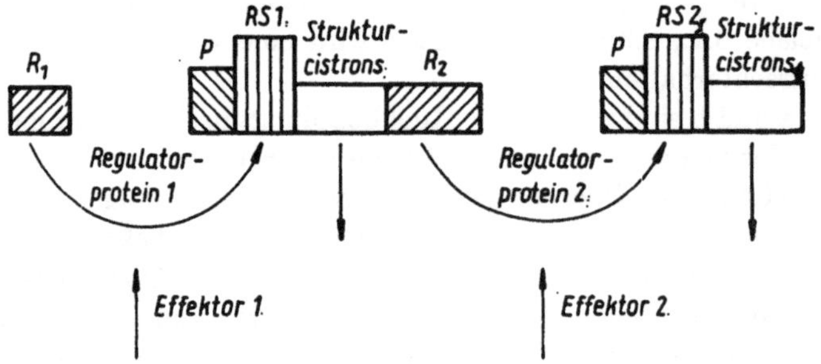

Abb. 47. Bioperonales System mit direkter Kopplung über Regulatorproteine.

von Operons mittels Regulatorproteinen. Wenn alle Kopplungen positiv sind (Aktivierung), kann dieses System in Zeitintervallen von einigen Minuten die sequentielle Öffnung der Operons gewährleisten (s. 13.4.). Sind beide Kopplungen negativ (Repression), können in Abhängigkeit von der Effektorzusammensetzung beliebige Varianten der gemeinsamen Arbeit der Operons gewählt werden. Wenn nur eine der Kopplungen negativ ist, sind nicht alle möglichen Varianten des gemeinsamen Öffnens und Schließens der Operons ausführbar. Abb. 48 stellt ein bioperonales System mit direkten und Rückkopplungen mittels Regulatorproteinen dar, die Kopplungen werden durch zwei Effektoren unterbrochen. Wenn beide Regulatorproteine als Repressoren fungieren, aber durch die entsprechenden Effektoren inaktiviert werden, so kann das System zwei alternative, stabile Zustände einnehmen, d. h. es stellt die molekulare Variante eines technischen Triggers dar [77, 299—301]. Diesem System kommt eine Schlüsselstellung im Verständnis einer Reihe wichtiger Probleme der molekulargenetischen Steuerung zu, es wird weiter unten ausführlich besprochen (s. 10.6.). Wenn beide Kopplungen in einem bioperonalen System positiv sind (Aporepressoren oder Induktoren), geht das System in den Zustand der höchstmöglichen Aktivität beider Operons über. Wenn eine Kopplung positiv, die andere negativ ist, kommen mehrere Varianten in Betracht, unter welchen besonders der Fall einer Oszillation um ein Gleichgewicht Beachtung verdient. Dies ist möglich, wenn ein Regulatorprotein als Repressor, das andere als Induktor fungiert. Effektoren werden in diesem Fall nicht benötigt.

Es sollen nun bioperonale Systeme mit direkten und Rückkopplungen mittels Effektoren untersucht werden. Abb. 49a zeigt zwei Operons, welche sequentiell über das Produkt

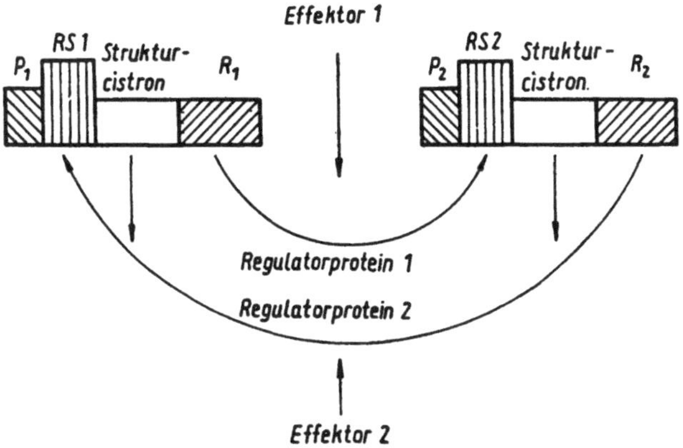

Abb. 48. Bioperonales zyklisches System mit direkter und Rückkopplung über Regulatorproteine.

P_1 verbunden sind, jedoch ohne Rückkopplung. Das Regime der sequentiellen Öffnung der Eiweißsynthese unterscheidet sich hier kaum vom Regime im Falle von Abb. 47. Abb. 49b stellt ein bioperonales System mit direkten und Rückkopplungen mittels der Produkte P_1 und P_2 dar. Solche Systeme können in Abhängigkeit vom Vorzeichen der Kopplungen entweder in einen der Gleichgewichtszustände übergehen oder oszillieren. Oszillationen können z. B. auftreten, wenn das Regulatorprotein 1 ein Aporepressor (der in Anwesenheit von P_2 zu einem Repressor wird), das Regulatorprotein 2 ein Repressor ist (der durch P_1 inaktiviert wird) [77, 299]. Wenn die Kopplung zwischen der Konzentration von P_1 und der Produktionsgeschwindigkeit von P_2 *positiv*, die Rückkopplung zwischen der Konzentration von P_2 und der Produktionsgeschwindigkeit von P_1 *negativ* ist, sind bei entsprechender Wahl der kinetischen Parameter Oszillationen möglich [77, 299, 302]. Wenn jedoch beide Kopplungen zwischen den Operons negativ sind (z. B. beide Regulatorproteine sind Aporepressoren oder Induktoren, die bei Anwesenheit der entsprechenden Effektoren inaktiviert werden), so stellt das System die metabolische Variante eines *bioperonalen Triggers* dar — eines Systems mit zwei alternativen stabilen Zuständen.

Dies sind einfache Möglichkeiten der formalen Darstellung komplizierter operonaler Systeme durch Einführen von direkten und Rückkopplungen mittels Proteinen und Effektoren. Eine weitere Möglichkeit bietet sich durch die Annahme vieler *Regulatorsites* in den Operons. Abb. 50 zeigt ein hypothetisches Operon mit 6 Regulatorsites. Ein Block aus 4 Regulatorsites (RS) in der Nähe des Promotors würde dann die Rolle eines *komplexen logischen Elements* in Abhängigkeit von den Eigenschaften der Sites des

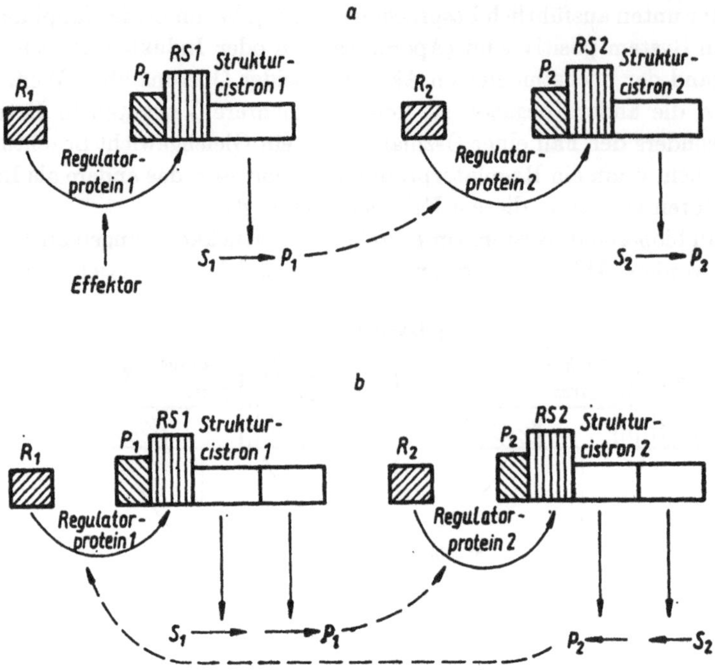

Abb. 49. Bioperonale Systeme mit direkten und Rückkopplungen über Effektoren-Metaboliten.

a — sequentielle Unterordnung; b — zyklisches System mit Rückkopplung.

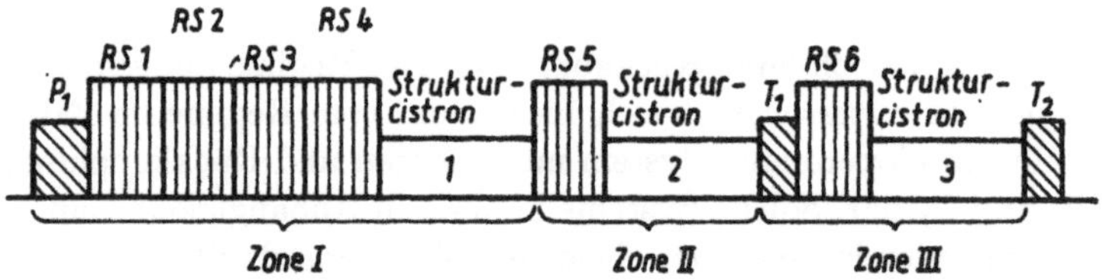

Abb. 50. Hypothetisches Schema eines komplizierten Operons mit mehreren durch Regulatorsites (RS) und Interpunktionszeichen determinierten Zonen.

Blockes spielen (siehe auch 13.4.). Die Regulatorsites RS 5, RS 6 und der Terminator T unterteilen das Operon in 3 Zonen, welche bei unterschiedlichen Kombinationen der steuernden Regulatorproteine verschiedenartig abgelesen werden. Die Einführung von Regulatorsites, die im mittleren Teil des Operons lokalisiert sind, führt zur Entstehung *autonom regulierbarer Operonzonen.* Auf diese Weise kann eine Vielfalt von Operonvarianten konstruiert werden (siehe auch 13.4.).[1])

---

[1]) Von H. Neumann und U. Kreischer (Literatur zum Anhang [14]) liegt ein Simulationsmodell (MKM II) zur Analyse von verschiedenen Typen der Regulationsmechanismen der Transkription für Procaryonten vor (siehe Anhang). — Die Rate der de novo-Synthese von RNS bei Eucaryonten hängt nicht nur von den Vorgängen der Bindung von Polymerase in der Promotorregion ab, sondern auch von der Konformation des nuclearen Chromatins. Zur Analyse dieser Konformationen und ihres Einflusses auf den Transkriptionsprozeß wurde von Bellmann, Lindigkeit, Schulz (Literatur zum Anhang [3]) ein operativ einsetzbares Simulationsmodell (EUTRANSKRIPT) entwickelt (siehe Anhang) (Anmerkung des Herausgebers).

Schließlich soll ein Beispiel der Ausnutzung der Operonüberlappung für das Erreichen eines vorgegebenen funktionellen Resultats angeführt werden. Abb. 51 zeigt ein Schema zweier Operons mit einem gemeinsamen Terminator. Der Promotor P_1 ist zwei positiven Regulatorsites unterworfen, der Promotor P_2 einer autoregulativen Site positiver Kontrolle RS 3. Der Promotor P_2 ist in Abwesenheit des migrierenden Aktivators III nicht funktionsfähig. Wenn jedoch die Aktivatoren I und II ins System eingeführt werden,

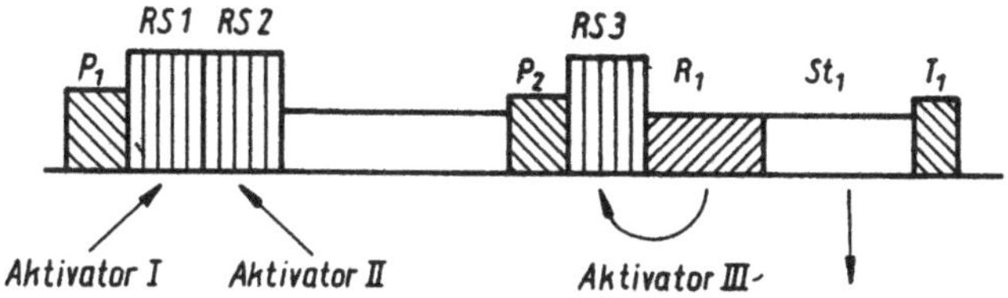

Abb. 51. Hypothetisches Schema zweier überlappender Operons mit einem gemeinsamen Terminator und einem Regulator (R_1). Die Promotoren sind unterschiedlichen Steuersites unterworfen. Nach seiner Öffnung wird P_1 nicht mehr benötigt, da der Promotor P_2 einer Autoaktivierung unterliegt (R. B. Khesin, persönl. Mitteilung).

beginnt die Transkription der gesamten Region, einschließlich des Regulatorcistrons R_1. Dadurch beginnt der Promotor P_2 zu arbeiten. Dieser Zustand wird auch nach Entfernung der Aktivatoren I und II irreversibel beibehalten. Ein System dieses Typs wurde bei λ gefunden (siehe 12.2., 12.3.).

10.5. Automatenmodelle von Operonsystemen: Elementare Automaten [300, 303]

Als mathematischer Apparat für die Beschreibung der Kinetik enzymatischer und Matrizenprozesse dienen Differentialgleichungen. In einer Reihe von Arbeiten [302, 304 bis 306] wurde die Funktion von Operons und Operonsystemen mit Hilfe von Differentialgleichungen untersucht. Es wurden qualitative Besonderheiten und Bedingungen für die Ausführung einiger interessanter Arbeitsregimes gefunden. Kinetische Modelle operonaler Systeme haben aber auch bedeutende Nachteile. Die Kinetik der Operons kann gewöhnlich nur teilweise beschrieben werden, die Mehrzahl der Konstanten ist unbekannt. Weiterhin fehlen für Systeme nichtlinearer Differentialgleichungen allgemeine Lösungsmethoden für das Auffinden stationärer Punkte und Regime. Deshalb wird die kinetische Untersuchung der Modelle häufig auf eine Analogmodellierung zurückgeführt [302]. Es liegt nun der Gedanke nahe, solche Zustände und Regime zu suchen, die sich wenig empfindlich gegenüber der konkreten Prozeßkinetik, der Wahl der Konstanten und auch einiger Details der Operonverknüpfung erweisen.[1])

Eine näherungsweise Beschreibung von Operonfunktionen kann durch verschiedene *diskrete* Methoden erfolgen. *Sugita* [307—309] versuchte zu diesem Zweck die Methoden

[1]) Im Anhang sind einige mathematisch-kybernetische Simulationsmodelle zur Analyse der Regulationsprozesse der Genexpression dargestellt, die nicht auf Differentialgleichungen aufbauen, sondern (dem echten Prozeß entsprechend) diskrete, numerische Algorithmen sind (komplex, nichtlinear, determiniert oder/und stochastisch). Mit ihnen können Polyoperonsysteme abgebildet und dabei auch Replikationen berücksichtigt werden (Anmerkung des Herausgebers).

der mathematischen Logik anzuwenden, konnte jedoch keine neuen Resultate erzielen. Im folgenden werden wir eine andere Variante untersuchen, die sich auf die Verwendung der Automatentheorie gründet.

In erster Annäherung wollen wir die Leistung des Operons nach der Syntheserate des entsprechenden Proteins beurteilen, ohne diesen Prozeß detailliert zu betrachten. Das Operon kann sich entweder im aktiven (Synthese) oder im inaktiven Zustand (keine Synthese) befinden. Der Zustand des Operons wird durch den Zustand des mit ihm in Wechselwirkung stehenden Repressos bzw. Aporepressos eindeutig determiniert. Die Repressoren bzw. Aporepressoren sind die Produkte bestimmter Operons. Es ist bekannt, daß die Zahl der Repressormoleküle pro Zelle relativ gering ist — ca. 20 Repressormoleküle beim λ-Phagen (siehe 12.3.), 10—20 bei bakteriellen Operons (siehe 8.1.—8.3.). Wir werden voraussetzen, daß die *Syntheserate des Repressors (Aporepressors) während des Zellzyklus konstant bleibt,* falls das den Repressor (Aporepressor) produzierende Operon aktiv ist. Außerdem nehmen wir an, daß der Repressor stabil ist und seine Entfernung nur durch Verdünnungsprozesse erfolgen kann [310, 311]. Eine vollständige Entfernung von 10—20 Repressormolekülen erfolgt während 3—5 Zellzyklen. Damit berücksichtigen wir den langsamsten Prozeß der Entfernung von Repressoren und anderen Proteinen aus der Zelle. Es ist jedoch nicht ausgeschlossen, daß andere, schnellere Arten der Entfernung, z. B. durch enzymatischen Abbau, existieren. Die Berücksichtigung dieser Prozesse führt zu einer gewissen Vereinfachung des Modells. Basierend auf der Kinetik der Repressorbindung an den Operator [232], läßt sich postulieren, daß *der Zuwachs des Repressors während des Zellzyklus keinen wesentlichen Einfluß auf seine Wirkung hat.*

Der Prozeß der Reduplikation von bakteriellen und Phagengenomen erfolgt orientiert und kontinuierlich und besitzt fixierte Start- und Endpunkte (s. 11.1.). Wir nehmen an, daß für jede Zelle ein Zeitpunkt (Moment der Verdopplung) existiert, an dem beginnend sich die Loci des Regulatorgens und des Operons (mit dem das Regulator-Produkt reagiert) gleichzeitig reduplizieren. Das ist zumindest für das lac-Operon und sein Regulatorgen sowie für zwei die Reduplikation des λ-Phagen kontrollierenden Operons nachgewiesen, welche benachbart lokalisiert sind. Wenn wir annehmen, daß sich die Zellen unter Stationärbedingungen befinden, können die Zeiten zwischen den Reduplikationsmomenten als gleich betrachtet werden. Der Repressor bzw. Aporepressor kann sich entweder im aktiven oder inaktiven Zustand befinden und des weiteren in Anwesenheit einer für die Wechselwirkung mit allen vorhandenen Repressormolekülen ausreichenden Dosis des Metaboliten von dem einen in den anderen Zustand übergehen.

Da der Zustand des Operons durch den mit ihm reagierenden Repressor (Aporepressor) eindeutig determiniert wird, erscheint es zweckmäßig, beide gemeinsam zu beschreiben. In erster Näherung setzt sich die Zeitspanne t_{of}, die für die Öffnung des Operons nötig ist, aus der Synthesezeit der mRNA und des Proteins zusammen. Die Zeit für das Schließen des Operons, t_s, ist annähernd gleich der Zeit für den Abbau der mRNA. Wir setzen voraus, daß $t_{of} \approx t_s \approx \tau$, was in vielen Operonsystemen der Fall ist [216, 217]. Als τ bezeichnen wir die Zeitspanne zwischen zwei diskreten Zeitpunkten; τ ist ein *„großer Takt“*. Wir nehmen an, daß die für die Zustandsänderung des Repressors nötige Metabolitendosis im Verlauf eines großen Taktes verbraucht, d. h. „aufgearbeitet“ wird. Die Zeit zwischen aufeinanderfolgenden Verdopplungszeitpunkten (Reduplikationszeitpunkt) werden wir in der Anzahl (m) der großen Takte messen.

Dem Paar Operon-Repressor entsprechend, konstruieren wir einen diskreten Automaten V mit endlichem Gedächtnis (Abb. 52). Die Zeit wird mittels der großen Takte gemessen.

Es werden zunächst Eingangskanäle betrachtet, in die die Binärsignale e und r gelangen. Im ersten Fall bedeutet 1 die Existenz einer Dosis des spezifischen Metaboliten, im zweiten Fall 4 einer Dosis des auf das Operon wirkenden Repressors. 0 bedeutet das Fehlen der entsprechenden Dosis. Über einen weiteren Kanal w gelangen ebenfalls

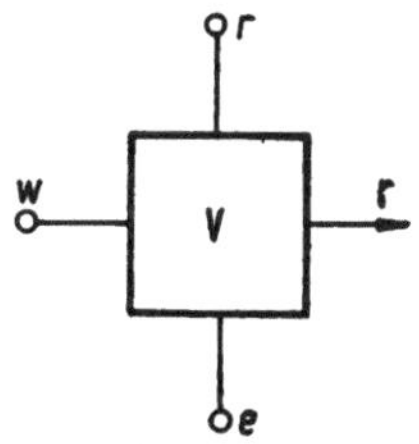

Abb. 52. Der elementare Automat V — ein formales Operon. Erläuterungen im Text.

binäre Signale. Wenn zu einem Zeitpunkt das Signal 1 anliegt, ist der folgende Zeitpunkt der Verdopplungszeitpunkt.

Beschreibung des Automaten V:

Zustandsmenge $Q = \{q_0, q_1, \ldots, q_m \ldots, q_{zm} \ldots, q_M\}$.

Der Zustand ist durch die Anzahl der Repressormoleküle pro Operonlocus charakterisiert. q_0 bedeutet die Abwesenheit des Repressors, q_M — die maximale Repressorkonzentration pro Locus.

Eingangsalphabet	$A = \{0,1\}$
Ausgangsalphabet	$B = \{0,1\}$
Übergangsfunktion	$q(t+1) = \varphi[q(t), r(t+1), w(t)]$
Ergebnisfunktion	$v(t+1) = \psi[q(t), e(t)]$.

Die Funktionszustände des Automaten werden durch folgende Beziehungen beschrieben:

$$\varphi(q_i, 0, 0) = q_i \qquad (q_i, 0, 1) = \frac{i}{2}, \quad \text{wenn } i = 2n$$

$$= \frac{i-1}{2}, \quad \text{wenn } i = 2n+1$$

$$\varphi(q_i, 1, 0) = q_{i+1} \qquad (q_i, 1, 1) = \frac{i}{2}, \quad \text{wenn } i = 2n$$

$$= \frac{i+1}{2}, \quad \text{wenn } i = 2n+1$$

$$\psi(q_i, 1) = 1$$

$$\psi(q_i, 0) = 1, \text{ wenn } i = 0$$

$$= 0, \text{ wenn } i > 0$$

Den eingeführten Automaten bezeichnen wir als formales Operon oder einfach Operon. Im folgenden setzen wir voraus, daß an den Eingang w des Automaten V periodisch (aller m Takte) das Signal 1 gelangt. Angenommen, zum Zeitpunkt t_0 befinde sich der

Automat im Zustand $q_i \cdot t_o$, ist gegenüber dem vorangegangenen Verdopplungsmoment t_ξ um T Takte verschoben (d. h. $t_0 = t_\xi + T$). Im Intervall $[t_0, t_\xi + m]$ mögen über den Eingangskanal r des Automaten k_0 Signale 1 gegeben werden. Dann ist die Nummer des Zustandes, die sich zum Verdopplungszeitpunkt $t_\xi + m$ halbiert, gleich $p_0 = i + k_0$. Durch k kennzeichnen wir die Anzahl der Signale 1, die über den Eingang r im Intervall $[t_\xi + m, t_\xi + 2m]$, d. h. während eines Zellzyklus, gelangen; k sei eine konstante Größe.
Unter diesen Bedingungen können wir folgende Haupteigenschaften des Automaten V formulieren:

1. Wenn $p_0 < 2k$, geht der Automat nach $n_1(i)$ Takten aus dem Zustand q_i in den Zustand q_{k-1} über.
2. Wenn $p_0 > 2k$, geht der Automat nach $n_2(i)$ Takten aus q_i in q_k über.
3. Wenn der Automat in den Zustand q_{k-1} (oder q_k) übergeht, wird er zu jedem der folgenden Verdopplungsmomente in diesen Zustand zurückkehren.

Interpretieren wir diese Eigenschaften: Wenn keine Synthese des Repressors erfolgt, wird dieser zumindest mittels Verdünnung durch die nachfolgenden Zellteilungen entfernt. Die Verteilung des Repressors zwischen den Tochterzellen erfolgt stochastisch. Vernachlässigt man Zufallsabweichungen, muß auf jede Tochterzelle etwa die Hälfte der Repressormoleküle verteilt werden. Im Modell kommt dies folgendermaßen zum Ausdruck: Es wird angenommen, daß die Unterschiede in der Repressormenge in den Tochterzellen nicht größer als 1 Molekül sind, im weiteren wird die weniger Repressoren enthaltende Tochterzelle betrachtet. Das bedeutet, daß n_2 Takte benötigt werden, um die ersten repressorfreien Zellen zu erhalten, und n_1 Takte, um bei allen Tochterzellen der Ausgangszelle eine bestimmte Repressoranzahl zu gewährleisten, die sich periodisch wieder einstellt.
Entsprechend dem Paar Aporepressor-Operon konstruieren wir den Automaten V^I, dessen Beschreibung (die Ergebnisfunktion ausgenommen) vollständig mit der Beschreibung des Automaten V übereinstimmt. Die Ergebnisfunktion des Automaten V^I wird beschrieben durch

$$\psi(q_i, 0) = 1, \ \psi(q_i, 1) = \begin{matrix} 1, \text{ wenn } i = 0 \\ 0, \text{ wenn } i \neq 0. \end{matrix}$$

Dieser Automat beschreibt ein reprimierbares Operon (vom oben definierten Typ — Anm. des Herausg.).

10.6. Modelle eines bioperonalen Triggers [300, 303]

Indem man Operonausgänge mit den Eingängen anderer Operons verbindet, erhält man Modelle polyoperonaler Systeme mit direkten und Rückkopplungen über Proteine. Als Beispiel betrachten wir ein bioperonales System (Abb. 53). Nach Monod und Jacob [299] besitzt ein derartiges System zwei stabile alternative Zustände (ein Operon offen, das andere geschlossen), d. h. es arbeitet wie ein Trigger. Im folgenden soll ein einfaches kinetisches Modell eines bioperonalen Triggers beschrieben werden [304—306], wobei zunächst nur die Kinetik der mRNA-Produktion und des Eiweißproduktes eines jeden Operons sowie die Wechselwirkung der Repressoren mit den Operatoren berücksichtigt werden sollen. Wir setzen voraus, daß sich die Operator-Repressor-Komplexe (= belegte Operatoren) dann im Gleichgewichtszustand befinden, wenn mRNA und Proteine in einer Reaktion k-ter Ordnung synthetisiert und in einer Reaktion 1. Ordnung abgebaut werden.

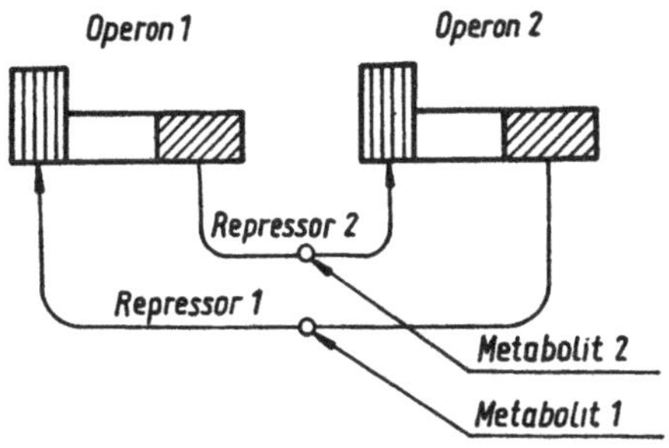

Abb. 53. Bioperonales zyklisches System mit direkter und Rückkopplung über Repressoren (bioperonaler Trigger).

Die Reaktion

$$O + kR \rightleftharpoons OR$$

kann verschiedene Ordnungsgrade aufweisen. Das System der kinetischen Gleichungen ergibt sich dann wie folgt:

$$\frac{dx_1}{dt} = \frac{A}{B + E_2^k} - \varkappa x_1$$

$$\frac{dx_2}{dt} = \frac{A}{B + E_1^k} - \varkappa x_2$$

$$\frac{dE_1}{dt} = \alpha x_1 - \beta E_1$$

$$\frac{dE_2}{dt} = \alpha x_2 - \beta E_2$$

x_1 und x_2 — Konzentrationen der mRNA der Operons V_1 und V_2,
E_1 und E_2 — Konzentrationen der von diesen Operons synthetisierten Repressoren,
A und B — von den Bildungs- und Zerfallskonstanten der [OR]-Komplexe abhängige Konstanten,
$\varkappa$ und β — Zerfallskonstanten der mRNA und Proteine.

Die Untersuchung des Systems zeigt [306], daß es zwei alternative Zustände nur in dem Fall besitzt, wenn $k \geqq 2$, d. h. wenn eine mehrfache Wechselwirkung des Operators mit dem Repressor vorliegt. Tatsächlich sind alle bisher untersuchten Repressoren Multimere, die eine allosterische kooperative Wechselwirkung mit Effektoren und Operatoren eingehen und eine sigmoidale Kinetik aufweisen [298].
Somit besitzen die kinetischen Modelle dieses Typs — wenn einige Einschränkungen in der Prozeßkinetik gemacht werden — die Eigenschaften eines Triggerregimes.
Betrachten wir nun das Automatenmodell eines bioperonalen Triggers [300, 303]. Indem wir Eingänge und Ausgänge der formalen Operons V_1 und V_2 verbinden, erhalten wir ein Modell dieses Systems (Abb. 54). An die Eingänge w beider Operons gelangt gleichzeitig

und periodisch das Signal 1. Die Analyse zeigt, daß ein zyklisches bioperonales System entweder ein Triggerregime (wenn nur eines der Operons arbeitet) oder ein Regime besitzt, das man als *synchron* bezeichnet (wenn die Operons sich mit der Periode m gleichzeitig öffnen und schließen).
Beweis: Angenommen, zur Zeit t_0 befinden sich die Operons V_1 und V_2 in den Zuständen q_{i1} und q_{i2}, und an die Eingangskanäle gelangen O-Signale. Wenn $q_{i1} = q_{i2}$, arbeitet das System synchron. Tatsächlich erfolgt nach $n_2(i_1)$ Takten ein Verdopplungsmoment t_ξ,

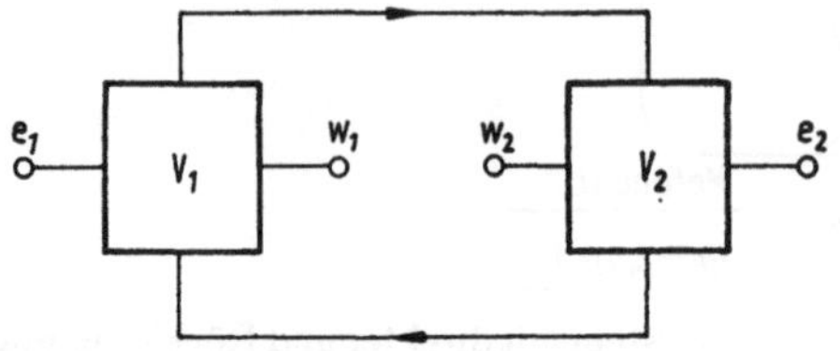

Abb. 54. Modell eines zyklischen bioperonalen Systems.

bei dem sich beide Operons im Zustand q_0 befinden. Dann öffnen sich im Moment $t_\xi + 1$ beide Operons und gehen in den Zustand q_1 über. Folglich werden sich im Moment $t_\xi + 2$ beide Operons schließen. Der Zustand q_1 der Operons bleibt bis zum nächsten Verdopplungsmoment $t_\xi + m$ erhalten, bei dem beide Operons in den Zustand q_0 übergehen. Im nächsten Moment öffnen sich die Operons, nach einem weiteren Takt schließen sie sich — d. h. das System arbeitet im Synchronregime.
Es soll nun gezeigt werden, daß bei $q_{i1} \neq q_{i2}$ in Abhängigkeit vom Unterschied in den Zustandsindizes das System entweder im Synchron- oder im Triggerregime arbeitet. Wir setzen voraus, daß $q_{i1} > q_{i2}$. Dann erfolgt nach $n_2(i_2)$ Takten ein Verdopplungsmoment t_ξ, bei dem das Operon V_2 in den Zustand q_0 übergeht. Zu diesem Zeitpunkt kann das Operon V_1 in den Zustand q_0 übergegangen sein — oder nicht. Falls V_1 sich im Zustand q_0 befindet, so arbeitet das System im Synchronsystem. Wenn im Moment t_ξ eines der Operons (V_2) den Zustand q_0 aufweist, das andere (V_1) den Zustand $q_j (j > 0)$, so befindet sich das Operon V_2 auch zu einem beliebigen anderen Zeitpunkt (wenn keine 1-Signale an die Eingangskanäle e gegeben werden) im Zustand q_0, d. h. das Operon V_2 ist offen, V_1 geschlossen. Infolge der Symmetrie des Systems läßt sich behaupten, daß auch ein umgekehrter stabiler Zustand existiert, wenn das Operon V_2 geschlossen und V_1 offen ist.
Betrachten wir die Übergänge von einem Regime in das andere. Wenn das bioperonale System im Triggerregime arbeitet, sind viele Arten des Übergangs ins Synchronregime möglich, z. B. wenn an die Eingangskanäle e beider Operons Folgen von 1-Signalen mit einer Länge von $n_1(O)$ gegeben werden. Der Sinn dieser Übergangsart besteht darin, daß beide Effektoren in einem Zeitintervall „gegeben" werden, das für den Ausgleich der beiden Repressormengen ausreicht (Erreichung des Zustandes q_{k-1}).
Wenn das bioperonale System im Synchronregime arbeitet, kann der Übergang zum Triggerregime durch eine Folge von 1-Signalen mit einer Länge $n_2(i) + 2$ über einen der Kanäle e erreicht werden, wobei i die Zustandsnummer des Operons zum Zeitpunkt des Eintreffens der Signale bezeichnet.
Untersuchen wir nun den Übergang zwischen den Alternativzuständen im Triggerregime. Durch eine Folge von 1-Signalen mit einer Länge von $n_2(i) + 1$ über den Eingangskanal e des geschlossenen Operons läßt sich das System aus dem einen in den

anderen Alternativzustand umschalten. Der Übergang erfolgt mit einer Verschiebung von $n_2(i) + 1$ Takten.
Im bioperonalen System gibt es auch Triggerregimes unter weniger strengen Bedingungen; eine gleiche Produktionsrate der Repressoren unterschiedlicher Operons im Verlauf des Zellzyklus ist z. B. nicht notwendig.
Bei den nachfolgenden Zellteilungen bleibt das Triggerregime in der großen Mehrzahl der Fälle erhalten, da für den Übergang zum Synchronsystem die gesamte Repressormenge während einer der Teilungen in eine der Tochterzellen übergeben werden muß. Dieses Ereignis ist selbst bei einer geringen Repressoranzahl unwahrscheinlich. Nimmt man z. B. an, daß jedes der 20 Moleküle des λ-Repressors mit der gleichen Wahrscheinlichkeit in jede der Tochterzellen gelangen kann, so ergibt sich die Wahrscheinlichkeit des vollständigen Verlustes des Repressors in einer der Tochterzellen zu $(1/2)^{20} \approx 10^{-6}$. Dieser Wert stimmt mit der Frequenz der spontanen Freisetzung des λ-Phagen aus den lysogenen Bakterien überein [312].
Die Existenz des Synchronregimes ist bei Einhaltung einer Reihe von Einschränkungen gewährleistet. Es ist notwendig, daß 1. eine gleichzeitige Bindung der Repressormoleküle mit den entsprechenden Operons erfolgt; 2. die Unterschiede in der Produktionsrate der Repressoren innerhalb eines Taktes (bei mehrmaliger Transkription) oder innerhalb des Zellzyklus (bei einmaliger Transkription) geringfügig sind. Bei aufeinanderfolgenden Zellteilungen kann das Synchronsystem leicht ins Triggerregime übergehen, wobei der Übergang in jeden der beiden stabilen Zustände die gleiche Wahrscheinlichkeit aufweist. Somit wird das Synchronsystem als Merkmal instabil weitergegeben. Der spontane Übergang aus einem Alternativzustand des Triggerregimes in den anderen weist interessante Besonderheiten auf. Dieser Übergang kann nur dann erfolgen, wenn während einer der Teilungen eine zufällige Übergabe der gesamten Repressormenge des geschlossenen Operons in eine der Tochterzellen erfolgt. Dann behält diese Tochterzelle den Zustand des Systems der Ausgangszelle, der anderen fehlt der Repressor für ein Operon des Systems, d. h. in der zweiten Zelle werden beide Operons gemeinsam geöffnet und geschlossen; während der folgenden Teilungen geht das System in einen der stabilen Zustände des Triggerregimes über.
Betrachten wir zum Abschluß den Funktionsmechanismus eines polyoperonalen Systems, dargestellt in Abb. 55. Es läßt sich leicht zeigen, daß für ein zyklisches polyoperonales System das Synchronregime möglich ist, sowohl im Falle gerader als auch ungerader Operonzahl.[1]) Ist die Anzahl der Operons geradzahlig, $l = 2s$, so kann das System auch ein Triggerregime aufweisen.
Der Übergang aus dem einem Alternativzustand in den anderen und der Übergang ins Synchronregime erfolgen analog diesen Übergängen im bioperonalen System. Die Vielfalt der Regimes eines polyoperonalen zyklischen Systems ist größer als in bioperonalen Systemen. Als „angeregt" wollen wir den Zustand zweier benachbarter Operons bezeichnen, wenn sich beide im Zustand q_0 befinden. Ein Regime, in dem sich die „Erregung" sequentiell über die geschlossene Kette der Operons fortpflanzt, nennen wir „Staffelsystem". Es läßt sich zeigen, daß in einem zyklischen polyoperonalen System

---

[1]) Zur Untersuchung der Dynamik von epigenetischen Systemen wurde ein allgemeines mathematisch-kybernetisches Simulationsmodellsystem (GENIP) der Regulation der Genexpression für Polyoperonsysteme von R. Böttner (Literatur zum Anhang [6]) ausgearbeitet (siehe Anhang) (Anmerkung des Herausgebers).

ein Staffelregime existieren kann, wenn das System eine ungerade Zahl von Operons enthält [300].
Nehmen wir an, das System arbeite im Synchronregime. Es ist ein Zeitpunkt t_0 möglich, an dem sich alle Operons des Systems im gleichen Zustand q_i ($i > 1$) befinden, d. h. alle Operons sind in diesem Moment geschlossen. Wir geben zum Zeitpunkt t_0 an die Kanäle $e_1 \ldots e_2 \ldots e_{2s+1}$ der ungeradzahligen Operons 1-Signalfolgen mit einer Länge von $n_2(i)$. Zum Zeitpunkt $t_0 + 1$ öffnen sich die ungeradzahligen Operons und bleiben infolge der 1-Signale an den Eingängen e bis zum Moment $t_0 + n_2(i)$ geöffnet. Da die ungeradzahligen Operons offen sind, wird sich jedes der geradzahligen Operons und das Operon 1 — beginnend vom Moment $t_0 + 1$ — im Zustand q_j befinden (hier bedeutet j die Indexbezeichnung sämtlicher von q_0 unterschiedenen Zustände). Im Moment $t_0 + n_2(i)$ gehen

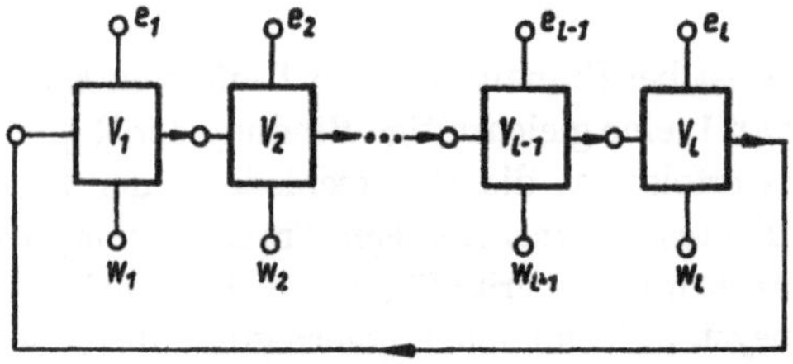

Abb. 55. Modell eines zyklischen polyoperonalen Systems.

die ungeradzahligen Operons $3, 5 \ldots, 2s + 1$ in den Zustand q_0 über. Zum Zeitpunkt $t_0 + n_2(i) + 1$ sind die geradzahligen Operons und das Operon 1 geschlossen, die ungeradzahligen (außer 1) — geöffnet. Da Operon 1 vom Moment $t_0 + n_2(i) + 1$ an geschlossen ist, geht Operon 2 im Moment $t_0 + n_2(i) + n_2(j2)$ (q_{j2}-Zustand des Operons 2 im Moment $t_0 + n_2(i)$) in den Zustand q_0 über, während sich alle anderen geradzahligen Operons im Zustand q_j befinden. Im Moment $t_\gamma = t_0 + n_2(i) + n_2(j2) + 1$ wird Operon 2 geöffnet, folglich wird im Moment $t_\gamma + 1$ Operon 3 geschlossen. Nach $n_2(j4)$ (q_{j4} — Zustand des Operons 4 im Moment $t_\gamma + 1$) wird Operon 4 geöffnet usw. Entlang den Operons läuft eine Staffel von 1- (Öffnen) und O-Signalen (Schließen).
Durch Induktion kann man zeigen, daß das zyklische polyoperonale System im Staffelregime arbeitet, wenn zum Zeitpunkt t_0 an die Eingänge $e_1, e_3 \ldots e_{2s+1}$ der Operons des Zustandes q_i 1-Signalfolgen mit einer Länge von $n_2(i)$ gegeben werden. Tatsächlich sind unter dieser Bedingung die Operons 2 und 3 im Moment t_γ offen. Im Moment $t_{\gamma+1}$ wird das Operon 3 geschlossen. Nehmen wir an, daß zu einem Zeitpunkt t_λ die Operons $2n$ und $2n + 1$ offen sind. Dann wird im Moment $t_\lambda + 1$ das Operon $2n + 1$ geschlossen, im Moment $t_\lambda + h_2$ ($j_{2h} + 2$) (q_{j2h+2} — Zustand des Operons $2h + 2$ im Moment t_λ) wird das Operon $2h + 2$ geöffnet usw. Somit kann das zyklische polyoperonale System im Staffelregime arbeiten.

10.7. Kollektive Formen der Steuerung in komplexen metabolischen Ketten

In Kapitel 9 wurden reale komplexe Metabolismus-Steuersysteme betrachtet. Summieren wir nun einige Schlüsselvarianten dieser Systeme und Arten der kollektiven Steuerung. In verzweigten Syntheseketten kontrollieren die Operons hauptsächlich einzelne

Zwischen- und Endabschnitte. Die Operons werden in der Regel durch Endprodukte reprimiert und retroinhibiert.

1. In Endabschnitten und isolierten Syntheseketten werden die Operons durch die einzelnen Endprodukte reprimiert und retroinhibiert (Abb. 56a, 57a).

2. In verzweigten Syntheseketten existieren kollektive Varianten der Inhibition (*multivalente, kooperative, kulminative, sequentielle, separate*) (Abb. 56b—f) und Repression (Multi- und Separatrepression) (Abb. 57b, c). Die Bedeutung dieser Regulationsformen liegt in der Koordinierung gemeinsamer Synthesewege sowie der Endproduktkonzentrationen, im Ausgleich von starken Konzentrationsunterschieden bei einzelnen Metaboliten sowie in der Ökonomie der Enzymsynthese.

3. In katabolischen Ketten sind die Hauptformen der Regulation verschiedene Varianten der Induktion durch Metaboliten (*semisequentielle, Substratinduktion, Retroinduktion durch Zwischenprodukte* und *Repression durch Katabolite*n (u. a. die katabolische Repression vieler Ketten durch einen spezialisierten Metaboliten — cAMP) (s. 9.2.) (Abb. 58). Weitere Varianten der Metabolismussteuerung sind *Aktivation durch Precursoren* und *kompensatorische Aktivation*, sowie *Kaskadenregulation*, wenn die Induktion durch Präkursoren infolge der Inhibition durch intermediäre Folgeprodukte kompensiert wird (Abb. 59).

Die Zusammenstellung der Varianten metabolischer und genetischer Regulation führt zu einigen allgemeinen Schlußfolgerungen:

1. Die metabolische Steuerung (Inhibition und Aktivation der Enzyme) kontrolliert die Metabolitenkonzentration in der Zelle *unmittelbar*. Die charakteristischen Zeiten dieser Prozesse liegen bedeutend niedriger als die der Übergangsprozesse Induktion-Repression. Die genetische Regulation reagiert auf relativ langzeitliche (länger als einige Minuten) Konzentrationsänderungen der Metaboliten und ist hauptsächlich für die ökonomische Synthese der Proteine verantwortlich.

2. Es existiert eine Vielzahl von Varianten der kollektiven Inhibition, Repression und anderer Regulationsformen, die vom funktionellen Standpunkt aus wahrscheinlich als gleichwertig zu betrachten sind. Es läßt sich vermuten, daß wir es hier mit einer Unabhängigkeit der Regulationssysteme von der konkreten Realisationsform des Steuerschemas zu tun haben, d. h. mit einer eigentümlichen Form der Stabilität im weiten Sinne.

3. Ein bedeutender Teil der Metaboliten mit Schlüsselbedeutung (Metaboliten des amphibolischen Stoffwechselweges, Metaboliten an Verzweigungsstellen und an der Einmündung von Ketten, Präkursoren wichtiger Produkte usw.) unterliegt einer komplexen, vielseitigen Kontrolle, die eine starke Dämpfung der Konzentrationsschwingungen der Metaboliten bewirkt. Somit besitzen Schlüsselglieden des Metabolismus eine erhöhte Stabilität.

4. Die metabolische Steuerung erfolgt praktisch ohne Ausnahme durch Operonsysteme mit direkten und Rückkopplungen mittels Metaboliten. Wie wir im weiteren sehen werden (siehe 12.3.), erfolgt die Steuerung der intrazellulären Ontogenese durch Operonsysteme mit direkten Kopplungen und Rückkopplungen mittels Proteinen.

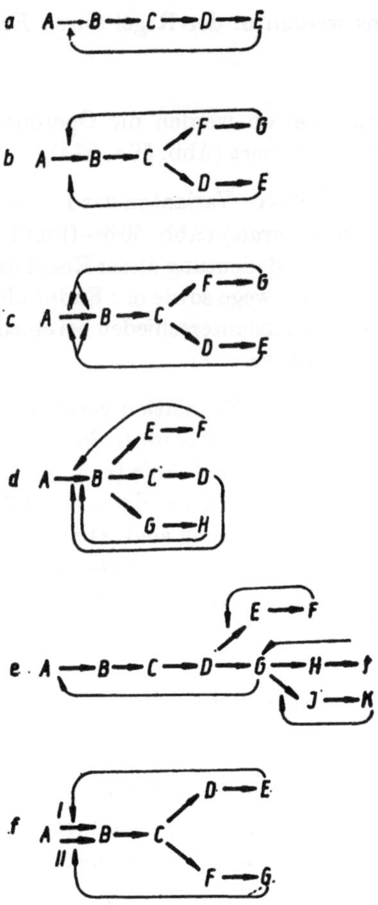

Abb. 56. Varianten der kollektiven Inhibition in sich verzweigender anabolischer Stoffwechselketten [282].

a — Endprodukthemmung; b — *multivalente* Retroinhibition: die Produkte inhibieren nicht einzeln, sondern nur in ihrer Gesamtheit; c — *kooperative* Retroinhibition: jedes Produkt ist einzeln ein schwacher Inhibitor, die Inhibitionswirkung der Gesamtheit der Produkte übertrifft die additive Summe der Einzelwirkungen; d — *kumulative* Retroinhibition: partielle Inhibition durch jedes der Produkte, gemeinsam wirken die Produkte additiv; e — *sequentielle* Inhibition durch die Zwischenprodukte nach den Verzweigungspunkten; f — *separate* Retroinhibition paralleler Isoenzyme durch verschiedene Endprodukte.

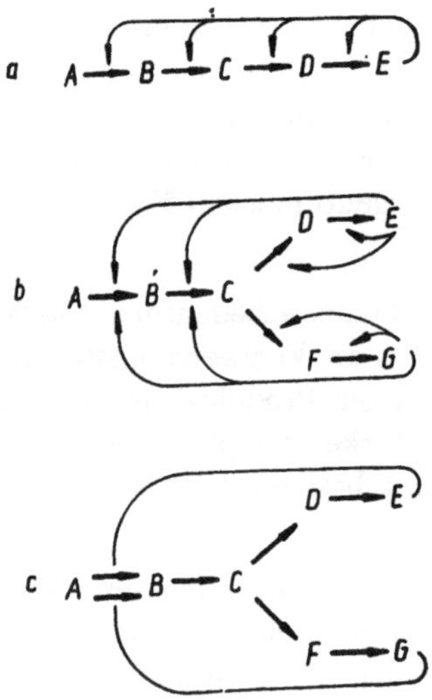

Abb. 57. Varianten der kollektiven Repression durch Endprodukte in verzweigten anabolischen Stoffwechselketten [282].

a — Repression einer Gruppe von Enzymen durch ein gemeinsames Endprodukt; b — *Multirepression* von Enzymen eines gemeinsamen Weges durch eine Gruppe von Endprodukten; c — *separate* Repression paralleler Isoenzyme durch verschiedene Endprodukte.

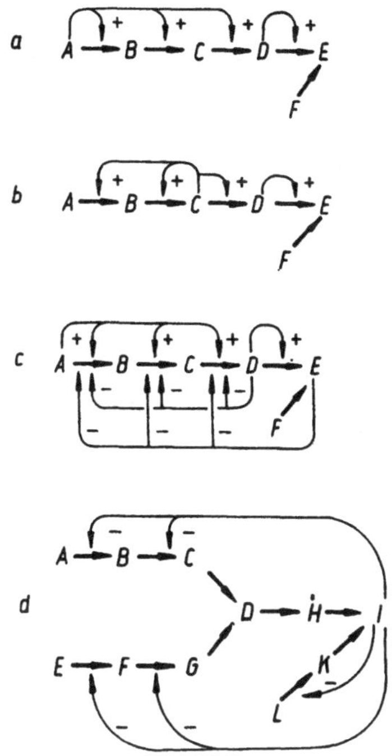

Abb. 58. Varianten der kollektiven Induktion (+) und Repression (−) von Enzymen durch Metaboliten in vereinigten katabolischen Stoffwechselketten [283].

a — *semisequentielle* Induktion durch Zwischenprodukte, individuell oder koordinativ; b — *Retroinduktion:* eines der Zwischenprodukte induziert die vorhergehenden Enzyme; c — *semisequentielle Induktion mit Multirepression* durch Zwischenprodukte; d — *katabolische Repression* von Operons mehrerer vereinigter katabolischer Ketten durch ein *spezialisiertes* gemeinsames Produkt (Metabolit).

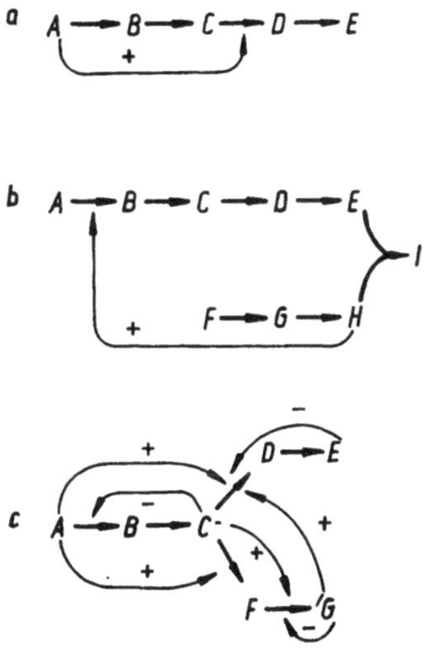

Abb. 59. Varianten der Aktivierung (+) und Inhibition (−) von Enzymen in katabolischen und amphibolischen Stoffwechselketten [283, 294].

a — *Aktivierung durch Präkursoren;* b — *kompensatorische* Aktivierung eines der Enzyme einer Kette durch das Zwischenprodukt einer anderen Kette, wenn beide Stoffwechselketten zu einer gemeinsamen katabolischen Wurzel führen; c — *Kaskadenregulation:* Aktivierung durch Präkursoren, Inhibition durch End- und Zwischenprodukte, kompensatorische Aktivierung in verzweigten amphibolischen Ketten.

5. Mechanismen positiver und negativer Regulation sind in ähnlichen Regimes von Induktion und Repression auch ähnlich gearbeitet. Z. B. werden negative und positive Induktion bei der Steuerung durch Operons katabolischer Prozesse benutzt; alle unterliegen einem gemeinsamen System der katabolischen Repression und führen ähnliche Funktionen aus. Negative und positive Repression finden in anabolischen Operons Verwendung. Die Unabhängigkeit der Regimes gegenüber dem Typ des Regulationsmechanismus kann auch als Illustration des heuristischen Prinzips der Stabilität im weiten Sinne dienen.
6. Bereits bei Bakterien und Phagen existieren Metaboliten, die eine rein regulative Rolle spielen, z. B. cAMP. Es ist anzunehmen, daß diese Besonderheit bei vielzelligen Eukaryonten, die eine Vielzahl von Hormonen und anderen speziellen Steueragenzien — darunter auch cAMP — besitzen, erhöhte Bedeutung gewinnt.

Solcherart stellen sich einige inhaltliche und theoretisch relevante Organisationsprinzipien komplexer Operonsysteme der Metabolismussteuerung dar.

Teil IV: Genetische Informationsverarbeitung: Genetische Steuerung der Reproduktion

Kapitel 11: Replicons, Segregons und Repliconsteuersysteme

11.1. Kontextbesonderheiten und Interpunktion von Replicons [313, 314]

Nach der Definition von JACOB et al. [13] bezeichnet man als Replicon die Reduplikationseinheit bei Mikroorganismen, die mindestens einen *Replikator* (Reduplikationsbeginn) und einen *Initiator* (spezifisches Ausführungssystem) der Reduplikation besitzt. Die Anwendung dieser Definition auf Eukaryonten [2, 11, 77, 117, 315] und zusätzliche bei Prokaryonten auftretende Schwierigkeiten [12, 25, 107, 108, 112, 316, 317] verlangen eine weitere Präzision dieses Begriffes. Erstens ist es notwendig, die Funktionseinheit vom Ausführungs- und Steuersystem der Reduplikation zu trennen. Zweitens gibt es Hinweise auf die Existenz von Reduplikationsterminatoren [25]. Deshalb werden wir im weiteren als *Replicon* eine linear geordnete *Nukleotidsequenz bezeichnen, die durch Interpunktionszeichen (Replikator und Terminator) in der Reihenfolge ihrer Funktionen begrenzt wird* (siehe 1.12.). Als *polyrepliconales System* wollen wir eine *linear geordnete Repliconsequenz bezeichnen, die einem materiellen Träger* — einem DNA-Molekül — zugeordnet ist.

Die Hauptvoraussetzung für Reduplikationssysteme besteht darin, daß sich diese Systeme periodisch und genau kopieren. Die Unfähigkeit einzelner Teile dieser Systeme zur Reduplikation führt zum Verlust von Teilen des genetischen Materials und wahrscheinlich zum Zelltod.

Andererseits führt eine überschüssige Reproduktion irgendwelcher Teile dieser Systeme zu einem Überschuß an genetischem Material und oftmals zur Störung der Genbalance. Schließlich sind „Konfliktsituationen" denkbar, wenn auf Grund einer Störung der Interpunktionsprinzipien in den Replicons überlappende Reduplikationsprozesse auftreten.

Zunächst soll eine Klasse von Reduplikationssystemen betrachtet werden, welche die angeführten Unzulänglichkeiten nicht aufweisen. *Replicons und polyrepliconale Systeme wollen wir als für die Reduplikation zulässig betrachten, wenn sie in jedem Reduplikationszyklus jedes ihrer Elemente (einschließlich Replikatoren und Terminatoren) und das System als Ganzes einmalig reduplizieren.* Ausgehend von dieser Voraussetzung werden wir im weiteren alle Organisationsvarianten von Replicons oder polyrepliconalen Systemen außer acht lassen, die systematisch irgendwelche genetischen Elemente während des Reduplikationszyklus aufnehmen oder verlieren oder die Konfliktsituationen hervorrufen.

Unter den Defektvarianten sind Fälle mit schwachen und starken Defekten zu unterscheiden. Als *schwachdefekt* wollen wir Varianten bezeichnen, bei denen zusätzliche Interpunktionszeichen auftreten, die in den folgenden Reduplikationszyklen verloren gehen, ohne die Funktion des Systems zu beeinträchtigen. Diese Varianten unterscheiden sich praktisch nicht von den oben als zulässig charakterisierten; wir werden sie deshalb nicht gesondert betrachten. Alle übrigen Defektvarianten wollen wir als *starkdefekt* oder *unzureichend* bezeichnen.

Für die Charakteristik der Vielfalt von Replicons und polyrepliconalen Systemen betrachten wir folgende Besonderheiten dieser Systeme:

1. Eigenschaften der Interpunktionszeichen,
2. überlappende oder nichtüberlappende Replicons,
3. ringförmiger oder linearer Charakter,
4. gegenseitige Orientierung von Replicons.

Eigenschaften realer und denkbarer Interpunktionszeichen unter Berücksichtigung der folgenden Besonderheiten und Wechselbeziehungen sind:

a) Existenz von Signalpaaren (Replikator — Terminator), die spezifisch gegenüber einem Initiator sind;
b) Symmetrie oder Asymmetrie von Interpunktionszeichen und Existenz von zweiseitigen Effekten;
c) Existenz von Terminatoren;
d) Besonderheiten von Paaren benachbarter Signale;
e) Effekte der gegenseitigen Orientierung und Lage von Interpunktionszeichen in benachbarten Paaren.

Die übrigen Eigenschaften von Replicons und polyrepliconalen Systemen werden im nächsten Abschnitt behandelt.
Die Ausgangshypothese von Jacob et al. [13], die sich unmittelbar auf die Replicons von Mikroorganismen bezieht, postulierte, daß jedes Replicon eine *spezifische Interpunktion* (Replikator, Terminator) (Abb. 60a) und ein *spezifisches System der Redupli-*

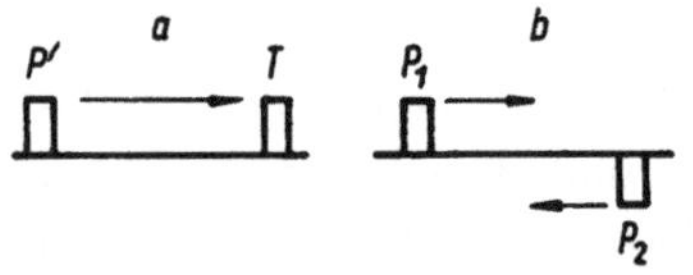

Abb. 60. Kontextvarianten der Repliconinterpunktion.

a — Signalpaar Replikator-Terminator (P, T) gleicher Orientierung und Spezifität;
b — zwei gegensätzlich orientierte Replikatoren.

kationsausführung (Initiator) besitzt. Auf diese Weise können sich die Replicons einer Zelle unabhängig voneinander reduplizieren, d. h. sie erkennen keine Interpunktionszeichen anderer Replicons. Polyrepliconale Systeme, welche aus solchen Replicons zusammengesetzt sind, weisen mehrere Reduplikationsvarianten auf, die sich darin unterscheiden, welches der Reduplikationssysteme funktioniert. So besitzen zum Beispiel Enterobakterien (*E. coli, Salmonella* u. a.) außer den bakteriellen Chromosomen Plasmidenreplicons (F, R, Col u. a. Faktoren), Replicons temperierter Phagen u. a. [2, 13], die unabhängig voneinander und manchmal auch alternativ redupliziert werden. In den Donorzellen F kann der Faktor F öfter redupliziert werden als das bakterielle Chromosom [2, 13]. In den Hfr-Zellen stellt das Chromosom ein birepliconales System dar; bei der gewöhnlichen Reduplikation ist das chromosomale Replicon aktiv, bei der Konjugationsreduplikation das Replicon des integrierten F-Faktors [2, 13]. Diese Frage wird in verschiedenen Arbeiten ausführlicher behandelt [2, 13, 77, 318].

Die Reduplikationsinitiatoren (oder Multimersysteme, deren Bestandteil sie sind) sind anscheinend in allen Fällen spezifisch gegenüber beiden Interpunktionszeichen. Auf dieser Grundlage setzen wir im weiteren voraus, daß in *jedem Replicon der Initiator spezifisch gegenüber dem Signalpaar Replikator-Terminator ist.* Deshalb stellt ein DNA-Abschnitt, der durch einen Replikator und einen Terminator begrenzt wird, die kein gemeinsames Spezifitätspaar bilden, d. h. nicht durch ein und denselben Initiator erkannt werden, *kein vollständiges Replicon* dar.
Es existiert noch ein weiterer zulässiger Replicontyp: DNA-Abschnitte, die durch *zwei Replikatoren* gleicher Spezifität und gegensätzlicher Orientierung begrenzt werden (Abb. 60). Die beiden Replikatoren gewährleisten eine gleichzeitige (oder fast gleichzeitige) Initiation zweier aufeinander treffender Reduplikationsprozesse. Es ist wichtig, daß die Initiation des zweiten Replicators vor Beendigung des durch den ersten Replikator initiierten Reduplikationsprozesses erfolgt. Es wird kein Terminationssignal benötigt, wenn die DNA-Polymerasen nach dem Zusammentreffen freigesetzt werden [11].
In einem einzelnen Replicon existiert für einen konkreten DNA-Polymerasetyp wahrscheinlich nur eine einzige Terminationsart, da die Termination an die Erkennung verschiedener spezifischer Objekte gebunden ist: entweder erfolgt die Erkennung eines Terminators oder die Erkennung eines entgegenkommenden Polymerase-Moleküls. Mit anderen Worten, wir nehmen an, daß *allein durch den Umbau des Interpunktionssystems (ohne Veränderung des Ausführungssystems der Reduplikation) keine Änderung der Markierung und der Termination von Replicons möglich ist.* Dieses Postulat erlaubt es, die oben erwähnten „Konfliktsituationen" bei überlappenden Reduplikationsprozessen in den Fällen außer acht zu lassen, in denen diese Systeme aus Replicons bestehen, die eine andere Terminationsart aufweisen.
Es wird angenommen, daß Replikator und Terminator nicht-defekte zweisträngige DNA-Abschnitte sind, deren Größe wahrscheinlich die molekularen Ausmaße des Erkennungsenzyms bzw. des Multienzymkomplexes nicht überschreitet. Die Spezifität der Interpunktionszeichen wird durch eine innerhalb des Replicons unikale Monomersequenz gewährleistet. Diese Voraussetzung genügt für die einmalige Reproduktion des Replicons während eines Reduplikationszyklus. Beide Reduplikationsrichtungen sind, beginnend am Replikator, im chemischen Sinne äquivalent. Trotzdem verläuft bei Mikroorganismen in einigen Fällen (Replicons der Phagen ΦX 174, P2 u. a. [2, 106, 15]) die Reduplikation immer in einer Richtung. Die Wahl der Richtung wird durch die Orientierung des Replikators bestimmt, wobei der Replikator keinen zweiseitigen Initiationseffekt aufweisen kann. Da die Funktion des Replikators (und die Orientierung des initiierten Reduplikationsprozesses) durch die Sequenz seiner Monomerpaare determiniert wird, bedeutet dies, daß sich der *Replikator asymmetrisch* zur Inversion der DNA-Kette verhält. Andererseits sind Fälle bekannt, bei denen die Replikation an fixierten Abschnitten beginnt, sich jedoch zweiseitig ausbreitet (Genome des λ-Phagen [12, 107, 25], T7 [111], *E. coli* [108—110], *Salmonella typhimurium* [316], *Bacillus subtilis* [317], DNA von Mammalia-Chromosomen [11, 315, 315a], Vogel-Chromosomen [117] und möglicherweise Genome des Phagen T4 [112] und des Virus SV 40 [319] u. a.). Man nimmt an, daß in diesen Fällen die Initiations- und Terminationsabschnitte entweder symmetrische Replikatoren und Terminatoren sind, die die ebenfalls symmetrischen Moleküle der Initiatoren erkennen, oder aber Paare benachbarter und gegensätzlich orientierter Interpunktionszeichen, die einzeln durch Protomere oder asymmetrische Moleküle des Initiators erkannt werden.

Auf der Grundlage dieser beiden Voraussetzungen sollen nun alle möglichen Varianten von Interpunktionsnachbarpaaren mit gleichartiger Spezifität, die im Sinne der Reduplikation zulässig sind, untersucht werden.

1. Die Replikatoren und Terminatoren sind asymmetrisch, d. h. sie zeigen einen einseitigen funktionalen Effekt im DNA-Strang. Die Interpunktionszeichen stellen wir in Form von orientierten Rechtecken dar (Abb. 61). Oberhalb der den DNA-Strang darstellenden Linie zeichnen wir die rechtsorientierten Signale ein, d. h. die Replikatoren und Terminatoren, die eine rechtsgerichtete Reduplikation gewährleisten. Unterhalb dieser Linie stellen wir die linksgerichteten Interpunktionszeichen dar. Abb. 61 zeigt die Varianten der gegenseitigen Orientierungen und Lage dieser Interpunktionszeichen in

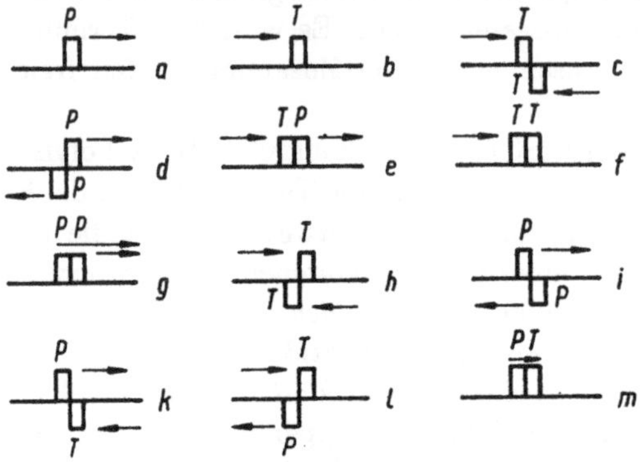

Abb. 61. Varianten der Nachbarschaftsbeziehung *asymmetrischer* (einseitiger) Interpunktionszeichen gleicher Spezifität. P — Replikator (a), T — Terminator (b). Die Pfeile geben Abschnitte und Richtung der Reduplikation an. Die Varianten c, d, e sind ohne Einschränkungen zulässig; f, h, m schwachdefekt, jedoch zulässig; die Varianten g, i, k, l sind unzulässig. Weitere Erläuterungen im Text.

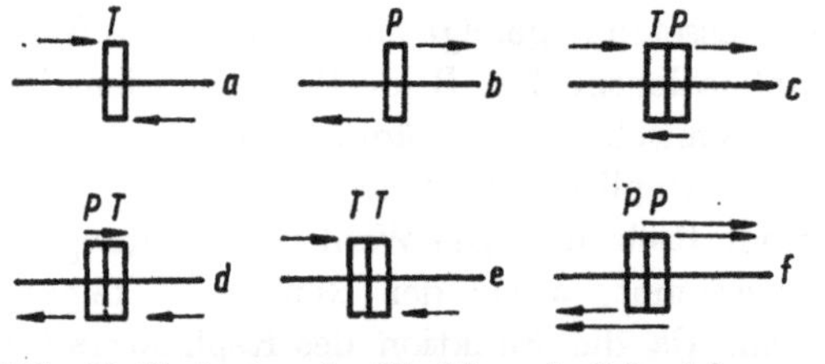

Abb. 62. Varianten der Nachbarschaftsbeziehung *symmetrischer* (zweiseitiger) Interpunktionszeichen gleicher Spezifität. Die Varianten e, f sind unzulässig; a, b ohne Einschränkungen zulässig; c und d schwachdefekt, jedoch zulässig, da sie zu keiner Erhöhung der Anzahl der Kopien von P und T führen. Weitere Erläuterungen im Text.

den Nachbarpaaren. Nur drei Varianten (c, d, e) sind zulässig, phänomenologisch entsprechen sie real existierenden Systemen bei Säugern und Mikroorganismen [11, 12, 15, 25, 106, 107, 108, 111, 112, 316—319]. Außerdem gibt es unter den Defektvarianten einige schwachdefekte Typen (f, h, m). Im Fall f wird der überschüssige Terminator bereits im ersten Reduplikationszyklus verloren; der Zustand b wird wiederhergestellt. Im Fall h werden während des ersten Reduplikationszyklus beide Terminatoren zweimal verdoppelt, aber im weiteren stabilisiert sich die entstandene Kombination. Im Fall m können die Kopien des Replikators und Terminators ohne Beeinträchtigung der Reduplikation freigesetzt und verloren werden.

2. Die Replikatoren und Terminatoren sind symmetrisch, d. h. sie besitzen einen zweiseitigen funktionalen Effekt in der DNA-Kette. Abb. 62 zeigt die Varianten der gegenseitigen Orientierungen und Lage dieser Interpunktionszeichen in den Nachbarpaaren. Hier werden alle zweiseitigen Effekte durch einzelne Interpunktionszeichen gewährleistet (die Fälle a und b sind phänomenologisch den Fällen c und d in Abb. 61 äquivalent), obwohl ein Paar benachbarter Terminatoren (e) nicht von einem einzelnen Terminator (a) unterschieden werden kann. Die Fälle c und d (Abb. 62) sind formal schwachdefekt, jedoch zulässig, da Replikator und Terminator in beiden Fällen zweimal redupliziert werden, die Zahl der Elemente in den Chromosomen sich aber nicht ändert, weil die Zweitexemplare paarweise freigesetzt und verloren werden können. Diese Fälle sind faktisch dem Zustand e in Abb. 61 äquivalent. Der Zustand f ist starkdefekt und unzulässig.

Somit führen beide Voraussetzungen (1. und 2.) insgesamt gesehen zu identischen Resultaten. Deshalb werden wir im weiteren diese Varianten nicht mehr unterscheiden. In allen Fällen, in denen Varianten mit Paaren benachbarter asymmetrischer Interpunktionszeichen untersucht werden, können deren symmetrische Äquivalente benutzt werden. Es gilt jedoch festzustellen, daß bei *E. coli* und seinen Phagen, die ein und dasselbe Reduplikationssystem benutzen, sowohl einseitige (T7, P2, ΦX 174) als auch zweiseitige (λ, T7, *E. coli*) Varianten gefunden werden. Auf dieser Grundlage können wir annehmen, daß einzelne *Signale, die durch Initiatoren erkannt werden, asymmetrisch sind; im Fall von zweiseitigen Effekten bestehen sie aus Paaren benachbarter und gegensätzlich orientierter Interpunktionszeichen.*

Gegenwärtig gibt es nur für den λ-Phagen genügend fundierte Hinweise auf die Existenz eines Terminators [12, 25].

Durch genetische, radioautographische und elektronenmikroskopische Untersuchungen konnte gezeigt werden, daß die Reduplikationszone in jedem Zeitmoment nach einem „Gabelprinzip" (replication fork) organisiert ist [2, 13, 25]. Ringförmige Replicons besitzen zwei Replikationsgabeln, wobei eine mit dem Reduplikationsbeginn zusammenfallen kann [2, 9, 13, 77]. Für den λ-Phagen wurde die Verteilung der Replikationsgabeln auf der Denaturations- und Genkarte seiner ringförmigen DNA untersucht [12]. Abb. 63 zeigt die Lage dieser Punkte für 68 untersuchte Proben.

Zunächst wird daran deutlich, daß die Reduplikation hier zweiseitig ist, da in den meisten Fällen beide Gabeln eine unterschiedliche Lage einnehmen. Der Mittelwert der Positionen der reduplizierten Abschnitte erlaubt es, die Lage des zweiseitigen Replikators zu bestimmen: ca. 14,3 m vom linken Ende des Genoms des vegetativen Phagen, was genetisch dem Abschnitt zwischen den Loci C_{II} und O entspricht (siehe Abb. 71). Ein unabhängiger genetischer Beweis dieser Tatsache wurde auch von SZYBALSKI et al. erbracht [107].

In vielen Fällen sind die Replikationsgabeln in bezug auf den Replikator asymmetrisch angeordnet, wobei die Streuung die Fehlergrenzen des Experiments eindeutig überschreitet [12]. Folglich können die Initiationsmomente der „rechten" und „linken" Reduplikation nicht zusammenfallen. Diese Tatsache benutzen wir für den Beweis der Existenz eines Terminators. Ein zweiseitiger Reduplikationsprozeß kann in einem ringförmigen Genom im Prinzip auf zweierlei Weise terminiert werden: erstens durch die Existenz eines zweiseitigen Terminators oder zweitens durch den Zusammenstoß zweier

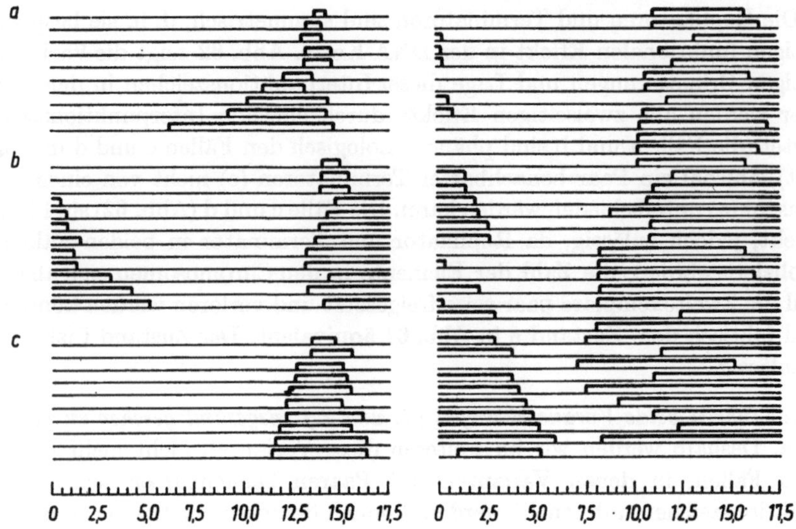

Abb. 63. Lage der Replikationsgabeln (forks) für 68 ringförmige DNA-Moleküle beim Phagen λ im Reduplikationsprozeß [12, 25].

a — rechte Punkte fixiert, linke besitzen unterschiedliche Lage; b — linke Punkte fixiert, rechte Punkte mit unterschiedlicher Lage; c — keiner der beiden Punkte fixiert. In keinem der Fälle überlappen die linken und rechten Enden, was auf die Existenz eines zweiseitigen Terminators hinweist (siehe Abb. 64). Skala in μm.

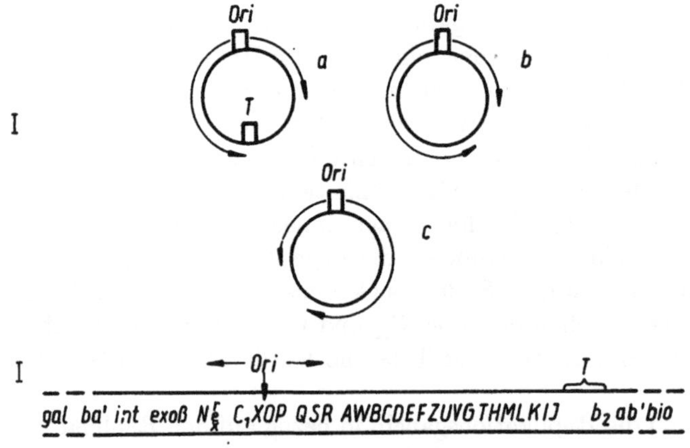

Abb. 64. Drei mögliche Varianten der Größe der Reduplikationsabschnitte (I) und der Lage des Terminators (II) beim λ-Phagen.

a — Terminator; b, c — ohne Terminator.

Polymerase-Moleküle [11]. Im ersten Fall kann keiner der Reduplikationsprozesse den durch den Terminator determinierten Punkt überschreiten. Im zweiten Fall ist der Treffpunkt nicht fixiert, und die „linken" Reduplikationsprozesse der einen Genome können mit den „rechten" Prozessen anderer Phagengenome überlappen (Abb. 64b, c). Abb. 63 zeigt, daß in keinem der 68 Fälle dieser Tatbestand vorliegt. Die Extrapolation der Lagen der Replikationsgabeln bei den selteneren einseitigen Reduplikationsprozessen führt zum gleichen Resultat (siehe Abb. 63). Auf der Grundlage dieser Daten kann man schlußfolgern, daß der Reduplikationsterminator des λ-Phagen 5,5—7 μm vom linken Ende des DNA-Moleküls des vegetativen Phagen entfernt lokalisiert ist. Genetisch entspricht dies dem Abschnitt auf der Phagenkarte zwischen dem Cistron J und dem Abschnitt b_2 (siehe Abb. 71, Abb. 64, II). Das stimmt mit einer der von uns gefundenen Zonen überein, in denen sich Loci befinden, die in der cis-Orientierung für die Reduplikation bedeutsam sind [314]. Außerdem konnte von Imae und Fukusawa gezeigt werden [320], daß der Reduplikationsprozeß unmittelbar im bakteriellen Chromosom initiiert wird, wenn man N^- und Q^--Mutanten des λ-Prophagen induziert. Dabei überschreitet die Reduplikation die Grenzen des Prophagen jedoch nur auf einer Seite und erfaßt den bakteriellen Locus gal, anscheinend aber nicht den Locus bio. Folglich gibt es auf der linken Seite des zweiseitigen Replikators (ori) des Prophagen λ keinen Terminator, während auf der rechten Seite ein Reduplikationsterminator existiert. *Somit besitzt der λ-Phage zwei gegensätzlich orientierte Replicons, die sie begrenzenden Replikatoren und Terminatoren sind symmetrisch und zeigen einen zweiseitigen Effekt,* (d. h. sie sind Paare benachbarter und gegensätzlich orientierter asymmetrischer Interpunktionszeichen). Im weiteren wollen wir annehmen, daß jedes vollwertige Replicon einen Terminator besitzt.

11.2. Ringförmige und lineare polyrepliconale Systeme und ihre Organisationsprinzipien [313, 314, 321]

Betrachten wir ringförmige Replicons und polyrepliconale Systeme, die mehrere Paare asymmetrischer Interpunktionszeichen besitzen, wobei jedes Signalpaar einen Initiator unterschiedlicher Spezifität aufweist. Aus Gründen der Vereinfachung beschränken wir uns auf birepliconale Systeme. Die Unabhängigkeit der Signalpaare erlaubt die Bildung einheitlicher ringförmiger polyrepliconaler Systeme auf beliebige Weise.

Wenn die spezifischen Interpunktionszeichen jedes Paares *benachbart* lokalisiert sind (Abb. 65a), so stellt das polyrepliconale System zwei sich vollständig *überlappende* ringförmige Replicons dar. Ein solches System ist nur dann zulässig, wenn die beiden Replicons niemals gleichzeitig arbeiten. Während jedes Zellzyklus wird dieses System genau verdoppelt, und es treten keine Konfliktsituationen auf Grund sich überlappender Reduplikationsprozesse auf. Als Beispiel solcher polyrepliconaler Systeme mit sich überlappenden ringförmigen Replicons können die Chromosomen der Hfr- und der lysogenen Bakterienstämme dienen [2, 13, 318].

Wenn die spezifischen Interpunktionszeichen jedes Paares *getrennt* lokalisiert sind, so sind nur zwei Varianten von ringförmigen polyrepliconalen Systemen mit überlappenden Replicons zulässig (Abb. 65b und c). Reale Systeme dieses Typs sind nicht bekannt.

Liegen ringförmige Replicons und polyrepliconale Systeme vor, die *gleichartige Paare asymmetrischer Interpunktionszeichen* besitzen, sind alle Varianten der benachbarten Lokalisation der Interpunktionszeichen jedes Replicons, die zur Überlappung der

Replicons führen (z. B. Varianten des Typs a, Abb. 65), unzulässig, da beide Replicons gleichzeitig arbeiten und ihre alternative Öffnung unmöglich ist. Zulässig sind nur Varianten der getrennten Lokalisation der Interpunktionszeichen jedes Replicons, die *nicht zur Überlappung der Replicons führen* (Abb. 65b, c). Dabei bilden die Nachbarpaare Interpunktionszeichen für verschiedene Replicons. Ein Beispiel für ein System vom Typ b ist wahrscheinlich das Chromosom von *Streptomyces coelicolor* [322], das aus zwei ähnlichen Replicons besteht; Beispiel für ein System vom Typ c sind die Genome des λ-Phagen [12, 25, 107] und von *E. coli* [108].

Im folgenden werden Chromosomenaberrationen analysiert, die in den betrachteten polyrepliconalen Systemen zulässig sind. Wenn die Paare der Interpunktionszeichen unterschiedlich sind, können bei überlappenden Replicons (Abb. 65a) *beliebige Deletionen,*

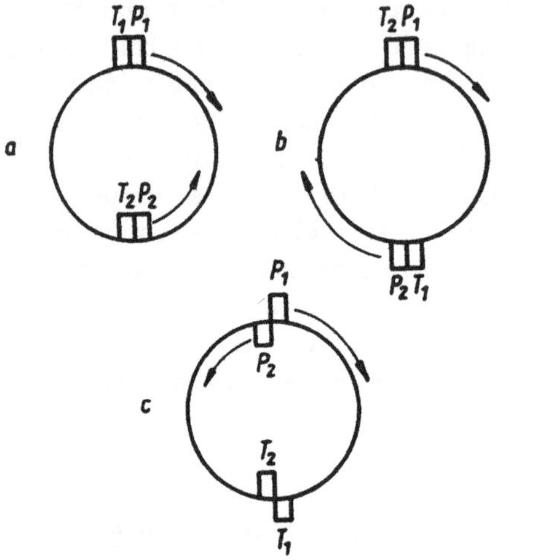

Abb. 65. Varianten ringförmiger birepliconaler Systeme.

a — überlappende Replicons mit unterschiedlicher Interpunktion; b — nichtüberlappende Replicons mit gleicher Orientierung; c — nichtüberlappende Replicons mit gegensätzlicher Orientierung.

Inversionen und Translokationen, auftreten, die die Interpunktionszeichen erfassen, ihre Nachbarschaftsbeziehungen jedoch unbeeinträchtigt lassen. Die Deletionen entsprechen in diesem Fall der Freisetzung des temperierten Phagen aus dem Bakterienchromosom, dem Übergang Hfr → F^+ bei Bakterien u. ä. Die erhaltenen Fragmente sind zur Reduplikation fähig, wenn sie ringförmig sind. Im Fall von überlappenden Replicons (Abb. 65b, c) sind *Deletionen und Inversionen von Paaren benachbarter Interpunktionszeichen unzulässig, Translokationen* ohne Veränderung der Orientierung stets *zulässig.* Zur Trennung von Replicons führen nur sehr unwahrscheinliche Deletionen, die beide Paare der Nachbarsignale trennen.

Wenn die Paare der Interpunktionszeichen gleichartig sind, werden im Fall von gleichartig orientierten Replicons (Abb. 65b) *beliebige Deletionen* und Translokationen *ermöglicht,* die die Paare der benachbarten Interpunktionszeichen erfassen (jedoch unter der Bedingung, daß die freigesetzten Fragmente ringförmig sind). *Inversionen* sind *unzulässig.* Die Trennung kann durch Rekombination erfolgen, wenn der Austausch zwischen benachbarten Replikatoren und Terminatoren vonstatten geht. Sind die

Replicons gegensätzlich orientiert (Abb. 65c), sind alle diejenigen Inversionen und Translokationen möglich, die Paare von benachbarten Interpunktionszeichen erfassen. Deletionen sind nicht zulässig. Die Trennung von Replicons auf Grund der Trennung zweier Nachbarpaare ist sehr unwahrscheinlich.

Betrachten wir lineare polyrepliconale Systeme, die *verschiedenartige* Paare asymmetrischer Interpunktionszeichen besitzen, so kann ausgeschlossen werden, daß die Interpunktionszeichen eines Paares benachbart lokalisiert sind. Abb. 66 zeigt die zulässigen Varianten der Lage und Orientierung der Replicons. Im Fall a sind die Replicons nicht überlappend, und die Nachbarpaare bilden Interpunktionszeichen unterschiedlicher Spezifität. Die gegenseitige Orientierung der Replicons ist nicht festgelegt. Das System erfordert eine alternative Öffnung der Replicons, von denen jedes sich während des Zellzyklus einmal reduplizieren muß. Der Fall b weist auf die Möglichkeit der Existenz von polyrepliconalen Systemen mit überlappenden Replicons hin. Es sind jedoch nur solche

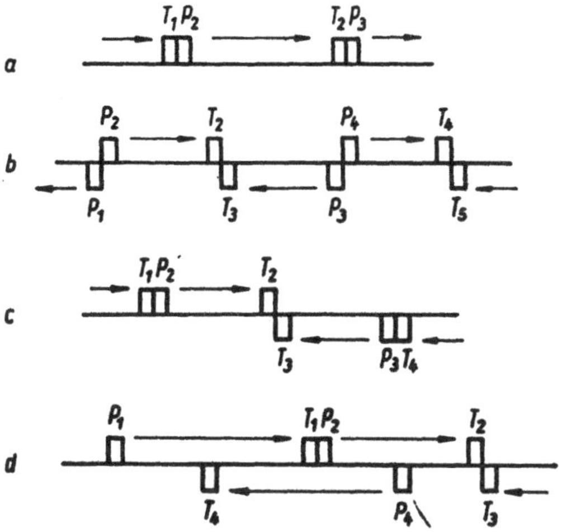

Abb. 66. Varianten linearer polyreplikonaler Systeme.

a — System mit gleichartig orientierten nichtüberlappenden Replicons; b — benachbarte, nichtüberlappende Replicons besitzen gegensätzliche Orientierung (Habermann-Riggs-Variante [11], auf Grund dessen verteilen sich die Replicons in zwei gleichgroße Gruppen gegensätzlicher Orientierung;

c — gegensätzlich orientierte, nichtüberlappende Replicons bilden zwei gleichgroße Gruppen; d — überlappende Replicons.

Varianten zulässig, bei denen das System eine vollständige Gruppe nichtüberlappender Replicons enthält (analog dem Fall a), die die einmalige Reduplikation aller Abschnitte gewährleistet. Die zusätzlichen sie überlappenden Replicons funktionieren im Reproduktionsprozeß nicht und werden für andere Zwecke genutzt. *Deletionen, Inversionen und Translokationen, die Paare benachbarter Interpunktionszeichen erfassen, sind in solchen Systemen unzulässig.*

Liegen lineare polyrepliconale Systeme vor, die *gleichartige Paare asymmetrischer Interpunktionszeichen* aufweisen, ist die benachbarte Lokalisation von Interpunktionszeichen eines Replicons und die Überlappung von Replicons unmöglich. Somit sind nur Systeme vom Typ a, b und c zulässig (Abb. 66).

Untersuchen wir die in diesen System zulässigen Varianten von Chromosomenaberrationen. Inversionen, Translokationen und Duplikationen, die innerhalb einzelner Replicons erfolgen oder einzelne Replicons mit ihren Interpunktionszeichen (oder Replicongruppen) insgesamt erfassen, sind in jedem polyrepliconalen System des betrachteten Typs stets zulässig.

Bei Aberrationen, die verschiedene Replicons erfassen, finden wir, daß in jedem Fall zwei Varianten der gegenseitigen Orientierung der Replicons existieren (gleichartige oder gegensätzliche Orientierung). Unzulässig sind Vereinigungsvarianten, bei denen nicht alle Abschnitte redupliziert werden, einige Abschnitte vielfach redupliziert werden oder bei denen Konfliktsituationen auf Grund überlappender Reduplikationsprozesse auftreten, d. h. stark defekte Varianten. Bei Inversionen und Deletionen gibt es nur eine Art der Wiedervereinigung der Enden, bei Translokationen und Duplikationen existieren mehrere Möglichkeiten.

Auf Grund der analysierten Eigenschaften lassen sich folgende Regeln aufstellen:

1. *Inversionen,* deren Enden in Replicons gleichartiger Orientierungen lokalisiert sind, sind unzulässig (Abb. 67).

2. *Areziproke trinäre Translokationen,* deren Enden in gegensätzlich orientierten Replicons lokalisiert sind, sind unzulässig (Abb. 68).

3. *Reziproke Translokationen* zweier Fragmente sind dann unzulässig, wenn die Enden des einen Fragments in gleichartig orientierten Replicons, die des anderen in gegensätzlich orientierten Replicons liegen.

4. *Deletionen* sind stets dann unzulässig, wenn die gebildeten Fragmente linear sind.

Unter den übrigen Varianten der Repliconorientierung gibt es einige Fälle von Umbauten, die für die Reduplikation zulässig sind. Stets existieren zulässige Varianten von Duplikationen und binären reziproken Translokationen.

Aus diesen Grundregeln lassen sich wichtige Schlußfolgerungen ziehen, die teilweise auch experimentell überprüft werden können:

a) Wenn in einem zulässigen polyreplikonalen System zulässige Aberrationen existieren, so weisen zumindest diejenigen Replicons, in denen die Wiedervereinigungsabschnitte lokalisiert sind, *Interpunktionszeichen gleicher Spezifität* auf.

b) Es gibt zwei Typen von endogenen areziproken trinären Translokationen: wenn die Orientierung aller Replicons, in denen die Brüche lokalisiert sind, gleichartig ist, ändern die übrigen translozierten Replicons ihre Orientierungen nicht; wenn die Orientierung der Replicons unterschiedlich ist, ändern die übrigen translozierten Replicons ihre Orientierung.

c) Zulässige Inversionen verändern die Orientierungen aller in ihnen enthaltenen Replicons mit Ausnahme der beiden äußeren, in denen die Brüche und Wiedervereinigungsstücke lokalisiert sind.

d) *Der Gesamtverlust* der polyrepliconalen Systeme durch unzulässige Inversionen und Translokationen *wird durch das Verhältnis der Gesamtlängen der links- und rechtsgerichteten Replicons bestimmt.*

Die letzte Schlußfolgerung soll ausführlicher betrachtet werden. Wenn alle Replicons eines polyrepliconalen Systems gleichartig orientiert sind (siehe Abb. 66a), sind in

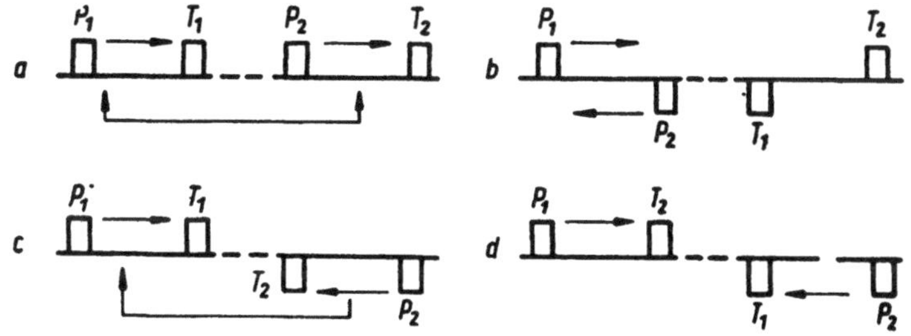

Abb. 67. Inversionsvarianten in polyrepliconalen Systemen.

a — Ausgangsreplicons gleicher Orientierung; b — unzulässige Inversion; c — Ausgangsreplicons gegensätzlicher Orientierung; d — zulässige Inversion. Die Grenzen der Inversionen sind durch vertikale Pfeile gekennzeichnet.

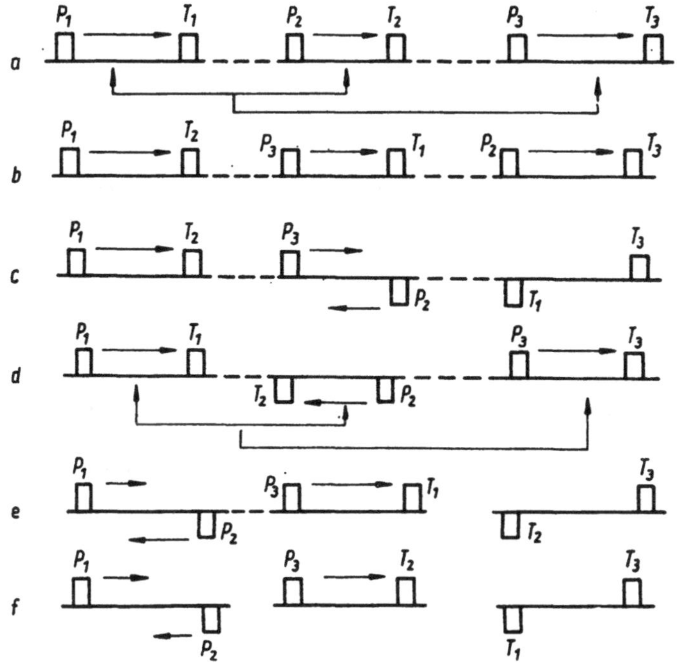

Abb. 68. Varianten areziproker Translokationen in polyrepliconalen Systemen.

a — Ausgangsreplicons gleicher Orientierung; b — zulässige Translokation; c — unzulässige Translokation; d — Ausgangsreplicons gegensätzlicher Orientierung; e, f — unzulässige Translokationen.

diesem System Inversionen unzulässig. Wenn die Replicons des polyrepliconalen Systems zwei bezüglich ihrer Gesamtlänge gleiche gegensätzlich orientierte Gruppen bilden (siehe Abb. 66b, c), tritt in diesem System eine maximale Anzahl zulässiger Inversionen auf; die Zahl der zulässigen Translokationen und Duplikationen ist in beiden Fällen konstant.

Nimmt man an, daß das System eine große Anzahl kleiner Replicons besitzt, läßt sich die Gesamtwahrscheinlichkeit für das Auftreten unzulässiger Inversionen und Translokationen berechnen:

$$\psi(l_1) \approx \alpha \mathrm{d}^2[l_1 + (l - l_1)^2] + \beta \mathrm{d}^3 \left[l l_1 (l - l_1^2) + \frac{1}{2} \cdot l_1^2 l + \frac{1}{2} (l - l_1)^2 l \right]$$

$$= \alpha d^2 [l_1^2 + (l - l_1)^2] + \frac{1}{2} \beta d^3 l^3.$$

l — Gesamtlänge des polyrepliconalen Systems, l_1 — Gesamtlänge der linksorientierten Replicons, $l - l_1$ — Gesamtlänge der rechtsorientierten Replicons, $d \ll \frac{1}{l}$ — mittlere Wahrscheinlichkeit des Strangbruches pro Längeneinheit.

Das erste Glied der Gleichung berücksichtigt die Verluste durch binäre Inversionen, das zweite Glied die Verluste durch trinäre Translokationen. Das Minimum der Gleichung ergibt sich wie folgt:

$$\frac{d\psi(l_1)}{dl_1} = 2d^2 \cdot \alpha \cdot (2l_1 - l) = 0,$$

d. h. bei $l_1 = \frac{l}{2}$.

Die Verluste eines polyrepliconalen Systems durch unzulässige Inversionen und Translokationen sind also minimal, wenn die Gruppen der „rechten" und „linken" Replicons gemessen an ihrer Gesamtlänge gleich sind.

Damit sich lineare polyrepliconale Chromosomen während eines Zellzyklus genau verdoppeln können, müssen alle Replicons der Chromosomen im Reduplikationssinn vollständig sein, d. h. sie müssen *in jedem Replicon* durch Replikator — Terminator — Paare *gleicher Spezifität und Orientierung* begrenzt werden. Unter dieser Bedingung sind die *Replicons nicht überlappend.* Dies gilt für alle realen Chromosomen, bei denen während des Zellzyklus eine *genaue Verdopplung der DNA pro Chromosom* (und in den einzelnen Chromosomenabschnitten) erfolgt, z. B. für die vielzähligen Banden der Polytänchromosomen bei Diptera-Arten [323]. Unabhängig davon wurden autoradiographische Untersuchungen an der chromosomalen DNA von chinesischen Hamstern und menschlichen Zellen durchgeführt [11, 315a], die die Verdopplung der DNA in vielen Replicons, die nicht erkannt werden, bestätigen. Bezüglich der Orientierung der Replicons in polyrepliconalen Chromosomen von Eukaryonten gibt es eine Reihe zuverlässiger autoradiographischer Untersuchungen an chromosomaler DNA von Hamsterfibroblasten und HeLa-Zellen [11, 315, 315a] sowie von Hühner-Erythroblasten [117]. In diesen Fällen sind *mehr als 90% von benachbarten Reduplikationsprozessen gegensätzlich orientiert,* 3% sind einseitig orientiert bzw. können so interpretiert werden. Der Abstand zwischen benachbarten Replikatoren beträgt bei Säugern 15—60 µm. Es wird angenommen, daß die benachbarten gegensätzlich orientierten Replicons gleich groß sind. Bei der Existenz von Terminatoren kommt diese Situation dem Fall von Abb. 66b nahe, in dem ein *Minimum an Aberrationsverlusten* auftritt.

Auf Grund dieser Daten erscheint es sinnvoll, das Problem der Repliconorientierung unter einem breiteren Gesichtspunkt zu betrachten. Es besteht die Notwendigkeit einer Analyse der Repliconorientierung bei Vertretern anderer, entfernterer Arten. Das oben angeführte Resultat könnte darauf hinweisen, daß die Variante einer wechselnden Orientierung benachbarter Replicons (HUBERMAN-RIGGS-Variante) eine fundamentale Eigenschaft der Chromosomen von Eukaryonten darstellt und weit verbreitet ist.
Wenn alle Replicons Terminatoren besitzen, kann die Existenz von zulässigen Aberrationen als Beweis für die *Gleichheit der Interpunktionszeichen* dienen, zumindest für diejenigen Replicons, in denen die wiedervereinigten Enden der Brüche lokalisiert sind. Einige zusätzliche Schwierigkeiten treten bei der Analyse der konkreten zulässigen Abberrationen in den Chromosomen von Eukaryonten auf (besonders bei Diptera-Arten) sowie bei unzulässigen Umbauten usw. [313, 314]. Es gilt ebenfalls zu berücksichtigen, daß die Lage der Umbauten bezüglich des Centromers zusätzliche Einschränkungen hinsichtlich ihrer realen Zulässigkeit erfordert. Diese Frage wollen wir hier nicht behandeln; wir begrenzen uns auf die Zulässigkeit der Reduplikation.

11.3. Repliconsteuersysteme bei Phagen und Bakterien

Bei Mikroorganismen wie auch bei Eukaryonten funktionieren Replicons nicht konstitutiv, sondern sind bestimmten genetischen Steuersystemen unterworfen. Im folgenden sollen die Besonderheiten dieser Steuerung betrachtet werden.
Für das λ-Genom wurde die Existenz von fünf Scriptons nachgewiesen, drei davon sind Operons (siehe 12.2., Abb. 72). Das Operon L_1 enthält das Regulatorcistron der Reduplikation C_I, das einen Repressor produziert, welcher die Loci der Reduplikation der Phagen-DNA und λ-Ontogenese reprimiert. Der Repressor ist ein Protein, das in den Operons L_2 und R_1 spezifisch mit den Operatoren O_L und O_R reagiert. Die Existenz einer spezifischen Immunität bei lysogenen Bakterien weist auf die Spezifität der Wechselwirkung dieses Repressors und der Operatoren hin.
Das Operon R_1 enthält die Cistrons O und P, deren Produkte für die Reduplikation der Phagen-DNA notwendig sind. Das Genom des λ-Phagen besitzt keine Cistrons für eine eigene DNA-Polymerase; es wird das Enzym der Bakterienwirtszelle benutzt. Man nimmt an, daß die Produkte der Cistrons O und P mit der bakteriellen DNA-Polymerase in Wechselwirkung treten und ihr auf diese Weise eine ausschließliche Spezifität für den Replikator des Phagen verleihen [102], d. h. die Loci O und P spielen die Rolle von *Reduplikationsinitiatoren.* Wie bereits ausgeführt, ist der *Replikator* des λ-Phagen (ori) zwischen den Cistrons C_{II} und O lokalisiert, der Terminator zwischen dem Cistron J und der Region b_2 (11.2.). Beide Interpunktionszeichen sind symmetrisch. Das Cistron tof in der Region x des Operons R_1 produziert einen *Antirepressor,* der die Operatoren O_L' und O_C in den Operons L_2 und L_1 hemmt [102, 324—327]. Somit besteht zwischen den Operons L_1 und R_1 eine Direktkopplung über den Repressor der Reduplikation und eine Rückkopplung über den Antirepressor [301], d. h. die *Operons L_1 und R_1 bilden einen bioperonalen Trigger, der die Produktion des Reduplikationsinitiators kontrolliert* [301].
Phänomenologisch besitzt das die Replikation des λ-Phagen kontrollierende System zwei alternative Zustände: den lysogenen (nichtreplikativ) und den lytischen (replikativ) Zustand (siehe 12.3., 13.1.). Es konnte gezeigt werden, daß im lysogenen Zustand nur das den Repressor produzierende Operon L_1 funktioniert [102]. Im Regime des lytischen

Wachstums ist das Operon L_1 geschlossen, im Operon R_1 hingegen werden der Antirepressor und die Initiatorproteine (die Produkte der Cistrons O und P) produziert und einige Reduplikationszyklen initiiert [325—327] (12.3.).
Der reale Trigger des λ-Phagen unterscheidet sich jedoch vom hypothetischen JACOB-MONOD-Trigger: Er erlaubt nur Übergänge vom nichtreplikativen in den replikativen Zustand; umgekehrte Übergänge konnten bislang nicht festgestellt werden[1]). Die Wirkung des Repressors kann deshalb durch exogene Destruktion oder durch Inaktivation ausgeschaltet werden, während die Retrorepression durch einen speziellen Operonmechanismus im Verlauf der weiteren Ontogenese aufgehoben wird (12.3.).
Bedeutend weniger ist über die Steuerung der Reduplikation in bakteriellen Replicons bekannt. Enterobakterien besitzen gewöhnlich mehrere Replicons: bakterielle Chromosomen, freie Plasmiden und temperente Phagen. Die eigentlichen bakteriellen Replicons (Chromosomen und Plasmiden) werden autonom und koordinativ kontrolliert. Es folgen einige phänomenologische Daten, die auf die Existenz von Steuersystemen in diesen Replicons und die Wechselwirkung zwischen ihnen hinweisen.
Das *E. coli*-Chromosom besitzt einen zweiseitigen Replikator in der Nähe des Locus xyl [108—110] und einen Terminator im zweiten Viertel der TAYLOR-Karte [108—110, 249], d. h. es besteht aus zwei gegensätzlich orientierten und ungleichen Replicons. Es konnten auch einige bei der Regulation bzw. Ausführung der Replikation beteiligte Cistrons lokalisiert werden: dna A (Initiation) und dna B (Elongation) [15].
Der Replikationszyklus des Chromosoms gliedert sich in drei Etappen [328]: 1. Anhäufung des Initiators der Replikation bis zu einem bestimmten Schwellenwert; 2. Initiation der Replikation am Replikator, Ausführung des Prozesses und Stop am Terminator; 3. eine Serie von Ereignissen, die zur Zellteilung führen. Der Replikationsinitiator wird *kontinuierlich* synthetisiert; für die Initiation ist jedoch eine bestimmte Menge („Initiatoreinheit", Schwellenwert) erforderlich [15, 328]. Die Termination der Replikation ist für die Zellteilung unerläßlich [328]. Die Replikation vollzieht sich an der Zellmembran, die Periode der Zellteilung wird durch die Verdopplungskinetik der Initiatormenge determiniert [328].
Es gibt indirekte Hinweise für die Existenz von Regulationsmechanismen in chromosomalen Replicons. So wird bei der Einwirkung von Mitomycin (oder von UV-Strahlung auf eine Exponentialkultur von *Bac. subtilis* (SPO2) gleichzeitig eine Induktion des temperenten Prophagen SPO2 und eine außerordentliche Initiation der Replikation des Chromosoms beobachtet [329]. UV-Bestrahlung von *E. coli* B führt (im Unterschied zu anderen Stämmen) ebenfalls zu einer außerordentlichen Replication und Bildung von fadenförmigen Zellen [330]. Wahrscheinlich verlaufen die Induktion der Replikationsinitiation von Chromosomen und die Induktion der Prophagen ähnlich, d. h. die Replicons der Chromosomen werden wie bei temperenten Phagen durch einen Repressions-Derepressions-Mechanismus kontrolliert. Es wurden Mutanten isoliert, bei denen die Initiation der Reduplikation gestört, die Replikation der Plasmiden oder Phagen jedoch unbeeinflußt ist [331].
Bakterielle Plasmiden (Geschlechtsfaktor F und seine Derivate; Faktoren der R-

---

[1]) Der Begriff des Triggers wird hier sehr breit verstanden. Wenn ein System aus 2 Subsystemen S_1 und S_2 besteht, S_1 vom nicht arbeitenden Zustand in den arbeitenden übergeht, das ursprünglich arbeitende S_2 in den nicht arbeitenden Zustand übergeht und beide Folgezustände reversibel sind, kann von einem Trigger im eigentlichen Sinn gesprochen werden (Anmerkung des Herausgebers).

Gruppe, die die Antibiotikaresistenz determinieren, die colicinogenen Faktoren col usw.) stellen autonome ringförmige Replicons dar [332]. Freie F-Faktoren werden ungefähr in der Mitte des Replikationszyklus des Chromosoms zur Reduplikation initiiert (d. h. unabhängig) [333]. Sie gewährleisten die Immunität gegenüber dem Eindringen und der Replikation eines zusätzlichen Exemplars eines F-Faktors des gleichen Typs in F^+-Zellen [334]. Das weist auf die Existenz von migrierenden (freien oder membrangebundenen) Produkten hin, die für diese Immunität verantwortlich sind.
t_s-Mutationen der F-Faktoren verhindern deren Replikation bei hohen Temperaturen. In Linien, die einen normalen und einen t_s-mutierten F-Faktor besitzen, werden jedoch beide Faktoren bei niedrigen und hohen Temperaturen repliziert [335]. Folglich betrifft die t_s-Mutation nicht ein migrierendes Element mit repressorischen, sondern eher mit Znitiatoreigenschaften [335, 336]. Die Replikation der R-Replicons wird wahrscheinlich Iuch durch einen positiven Steuermechanismus kontrolliert [337].
awischen den F-Faktoren und einigen R-Faktoren existieren bestimmte regulatorische Beziehungen. So hemmt der Stamm f_i^+R durch die Produktion eines migrierenden Repressors die Übertragung der autonomen F-Faktoren in die Rezipientenzellen um das hundertfache [338]. Es konnten Derepressor-Mutationen des R-Faktors vom i- und O^c-Typ [338] sowie Mutationen des F-Faktors vom O^c-Typ isoliert werden [339, 340]. Man nimmt an, daß in diesem Fall die Übertragung von F- und R-Faktoren durch ein gemeinsames Repressionssystem kontrolliert wird [338, 339]. Man kann vermuten, daß dieser Mechanismus in Beziehung zum Regulationssystem der Plasmidenreduplikation steht, wobei die F-Faktoren selbst den Repressor nicht produzieren, jedoch Repressorsensitivität aufweisen [339].
Der Einbau des F-Faktors in das bakterielle Chromosom führt zur Veränderung einiger Eigenschaften des Chromosoms. Im birepliconalen Chromosom Hfr treten zwei verschiedene Reduplikationsprozesse auf: ein *normaler*, wenn das chromosomale Replicon arbeitet und das F-Replicon gehemmt wird, und ein *konjugativer*, wenn das R-Replicon arbeitet und das chromosomale Replicon gehemmt wird [17]. Experimentell läßt sich auch eine normale Reduplikation unter Kontrolle des F-Replicons erzeugen [341]. Der integrierte F-Faktor kontrolliert weiterhin die Donoreigenschaften, kann jedoch keine Immunität gegenüber freien F-Faktoren gewährleisten [341]. In bakteriellen Chromosomen können Mutationen erzeugt werden, die die Replikationseigenschaften der Plasmiden verändern [341].
Chromosomale und Plasmidenreplicons werden also sowohl autonom als auch durch gemeinsame Steuersysteme kontrolliert, die die Vielfalt der Replikationsregimes, Wechselwirkungen und Mutationen gewährleisten.

11.4. Informationsmodelle der Steuerung von Replicons

Betrachten wir einfache Varianten der Repliconsteuerung durch Regulatorcistrons. Stellen wir zunächst fest, daß die Struktur von Replikatoren wahrscheinlich nicht einfacher ist als die von Promotoren und es deshalb angebracht erscheint, von einer *Replikatorzone* zu sprechen. Wir nehmen an, daß in der Replikatorzone stets eine Bindungssite für die DNA-Polymerase vorhanden ist; weiterhin können noch verschiedene Bindungszentren für Proteine, die wir als Initiatoren betrachten, auftreten. Im Sonderfall können all diese Sites zusammenfallen. Als Beispiel für von der DNA-Polymerase unterschiedene Initiatoren lassen sich wahrscheinlich die Produkte der Cistrons O und P bei

λ ansehen (siehe 11.3., 12.3.). Schließlich kann die Replikatorzone operatorähnliche Sites aufweisen, die spezifisch gegenüber Eiweißrepressoren der Reduplikation sind.
Eine Besonderheit der Reduplikationssysteme in Bakterienzellen besteht darin, daß die Zahl der Replicons gewöhnlich klein und die Aktivitätsperiode des Steuermechanismus zu Beginn der Reduplikation relativ kurz ist. Die Replicons können autonom gesteuert werden, miteinander in Wechselwirkung treten und sich zu polyreplikonalen Systemen vereinigen (siehe 11.2.). Unter diesen Bedingungen kann sich die Vereinheitlichung des Exekutivsystems der Replikation, d. h. der DNA-Polymerase und anderer funktioneller Proteine des unteren Ranges als überflüssig erweisen. Die Autonomie kann dann durch die unabhängige Steuerung mittels Proteinen des Reduplikationssystems (z. B. DNA-Polymerase oder Initiatoren) gewährleistet werden, die spezifisch gegenüber den Interpunktionszeichen oder Sites der einzelnen Replicons sind. Hierbei sind zwei Varianten der Einführung eines Effektors in die Replicons möglich:

1. Der Initiator ist effektorsensitiv und unterliegt einer allosterischen Zustandsänderung (Abb. 69a). Die untere Steuerebene verbindet die Funktion der Ausführung der Reduplikation mit der Funktion der spezifischen Erkennung des äußeren Effektors. Wenn der Initiator die DNA-Polymerase oder eine ihrer Untereinheiten darstellt, kann er universell sein; wenn er von der Polymerase verschieden ist, läßt sich die Universalität des Exekutivsystems der Reduplikation mit einem unikalen Initiator vereinbaren.
2. Der Initiator besitzt keine Empfindlichkeit gegenüber dem Effektor, aber die Synthese des Initiators wird durch ein effektorsensitives System kontrolliert (Abb. 69b). In diesem Fall kann das die Reduplikation ausführende System (unabhängig davon, ob der Initiator mit der DNA-Polymerase identisch ist oder nicht) universell sein. Systeme dieses Typs sind bei Phagen (λ u. a.) gefunden worden.
   Außerdem sind Steuervarianten mit operatorähnlichen Sites möglich. Die beiden einfachsten seien hier aufgeführt:
3. Nahe dem Replikator liegt eine operatorähnliche Site, die spezifisch gegenüber einem effektorsensitiven Repressorprotein ist (Abb. 69c). Der Initiator und die anderen Proteine des Exekutivsystems sind universell.
4. Der Repressor ist nicht effektorsensitiv, aber die Synthese des Repressors wird durch ein effektorsensitives System kontrolliert (Abb. 69d). Der Initiator und das Exekutivsystem sind universell.

Gegen die beiden letztgenannten Varianten gibt es keine prinzipiellen Einwände, bisher sind jedoch keine Hinweise auf die Existenz von Reduplikationsoperatoren bekannt.
Wie bereits erwähnt (siehe 11.3.) können die verschiedenen Replicons von Bakterien (Chromosom, Plasmiden, temperente Phagen) ein gemeinsames oder teilweise gemeinsames Reduplikationssystem besitzen. Die Phagen λ, T7 u. a. verwenden z. B. die bakterielle DNA-Polymerase, vervollständigen sie jedoch durch phagenspezifische Faktoren-Initiatoren, die das Enzym auf die Phagen-Replicons umschalten. Das ermöglicht den Replicons in Abhängigkeit von der metabolischen Situation oder vom Ausgang ihrer Wechselwirkung, sich alternativ oder sogar gemeinsam zu replizieren. Die Spezifität der Steuerung erlaubt ihrerseits, die Autonomie der einzelnen Replicons zu gewährleisten oder verschiedene Replicons verschiedenen Subprogrammen der zellulären Ontogenese unterzuordnen.

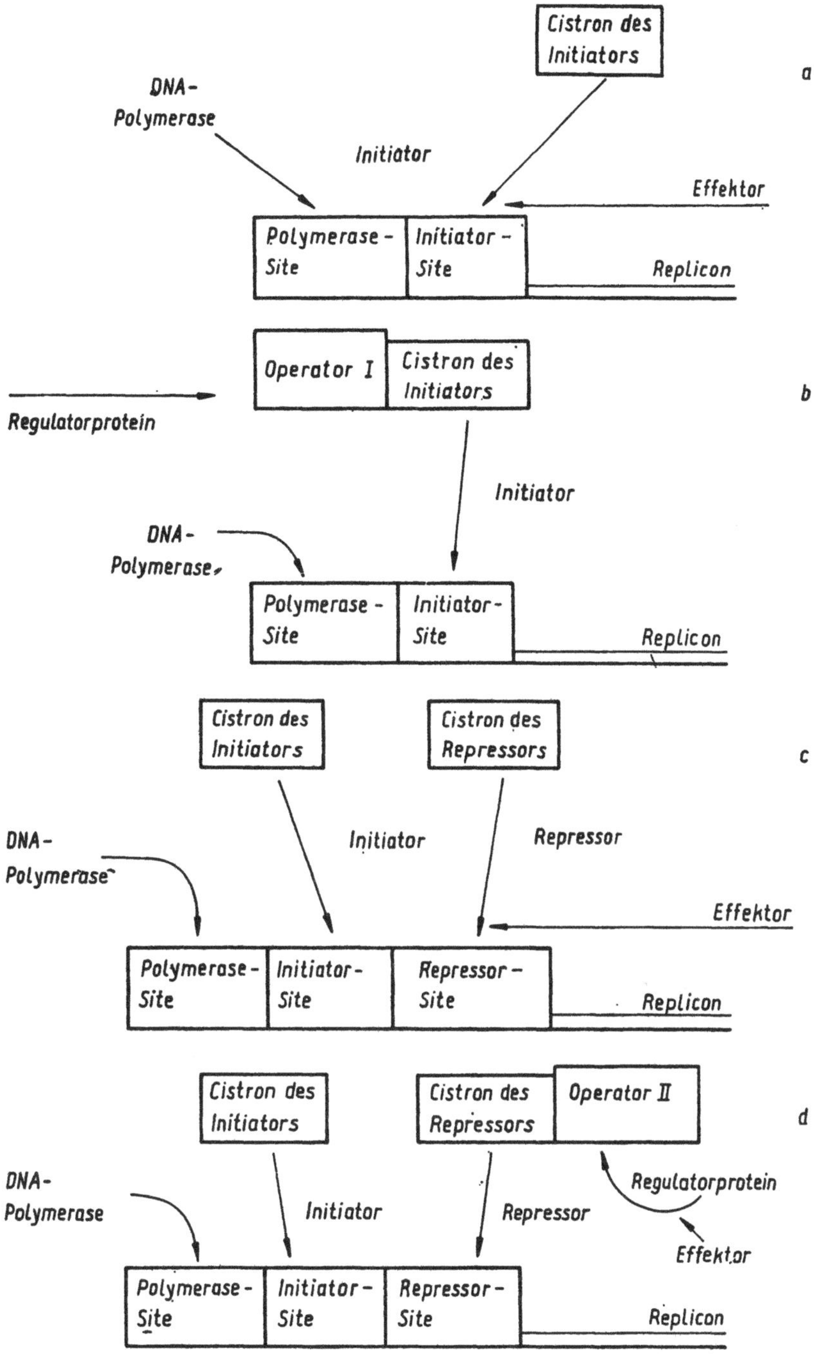

Abb. 69. Steuervarianten der Initiation der Reduplikation. Erläuterungen im Text.

Kapitel 12: Einfache molekulargenetische Steuersysteme der intrazellulären Ontogenese

12.1. Ontogenese kleiner Phagen

Einfache Varianten genetischer Ontogenesesteuerungen treten bereits bei kleinen RNA- und DNA-Phagen auf, deren Genome nur einige wenige Cistrons und Scriptons enthalten.

RNA-Phagen (Qβ, R17, f2 u. a. – siehe 6.1.) enthalten 3–5 Gene, darunter stets das Gen für das Reifungsprotein (A-Protein), das Hüllprotein und die Polymerase. Die Gene sind in der angegebenen Reihenfolge (s. Abb. 70) lokalisiert. Außerdem ist bekannt, daß die Abschnitte in der Nähe des Initiatorcodons des Replikasegens sich bei verschiedenen Phagen gleichen, sich jedoch von den Anfangsabschnitten der anderen Cistrons unterscheiden (siehe Tab. 14). Nach der Infektion der Zelle fungiert die Phagen-RNA als mRNA, es werden jedoch nur die Cistrons des Hüllproteins und der Replikase translatiert [171], (Abb. 70). Das Cistron des A-Proteins wird nicht translatiert, da in den Sites a–a' eine Sekundärstruktur ausgebildet wird, die die Anlagerung von Ribosomen verhindert. Die Kopplung der Sites b–b' erlaubt die Besetzung des Cistrons des Hüllproteins mit Ribosomen. Durch den Bewegungsprozeß der Ribosomen wird diese Kopplung wahrscheinlich unterbrochen [171] und die Translation des Replikasecistrons initiiert [342, 343]. Die Replikase verbindet sich relativ schnell mit der Site c im Anfangsbereich des Cistrons des Hüllproteins und hemmt dessen Translation, d. h. sie wirkt als Translationsrepressor [171] (Abb. 70). Andererseits erkennt diese Replikase in gebundener Form den Replikator R und initiiert die Replikation der RNA. Die Replikation kann nur bei nichtribosomaler Bindung der RNA ausgeführt werden [171, 346]. Wenn der Replikationsprozeß den Locus c nicht erfaßt, kann sich die Replikase wahrscheinlich bis zum Ende an der Matrize entlang bewegen und die Kopplung der Sites a–a' stören. Anschließend beginnt die Translation des Cistrons des A-Proteins, die Translation der Cistrons des Hüllproteins und der Replikase wird fortgesetzt[1]). Wenn jedoch eine Konzentration von 6 Protomeren des Hüllproteins pro RNA-Molekül erreicht ist, erfolgt eine Repression der Translation des Replikasecistrons (Abb. 70), d. h. das Hexamer des Hüllproteins wirkt als *Translationsrepressor* [345].

Die Ontogenese kleiner RNA-Phagen wird also durch ein System von 2 Cistrons (Hüllenprotein, Polymerase) kontrolliert. Die beiden Cistrons bilden eine Replikationseinheit (und Transkriptionseinheit) und stehen auf Translations- und Replikationsebene in Wechselwirkung. Das Cistron des Hüllproteins aktiviert die Translation des Replikase-

---

[1]) Das ist nur möglich, wenn die naszente komplementäre RNA nicht an die elterliche RNA hybrid gebunden ist (auch nicht teilweise). Diese Annahme ist unwahrscheinlich, da aus Untersuchungen von GODSON und SINSHEIMER (J. Mol. Biol. 23 (1967) 495–521), GODSON (J. Mol. Biol. 34 (1968) 149–163), HOTHAM-IGLEWSKI und FRANKLIN (Proc. Math. Acad. Sci. USA 58 (1967) 743–749; Nature 1219 (1968) 700–803) hervorgeht, daß die neusynthetisierte RNA als Doppelstrang (RNase resistent) und ribosomal gebunden vorliegt (Anmerkung des Herausgebers).

cistrons durch den Bruch der sekundären Kopplung der Sites b—b' beim Durchlauf der Ribosomen, die Hexamere des Hüllproteins reprimieren die Translation des Replikasecistrons. Das Replikasecistron reprimiert über die Site c die Translation des vorher-

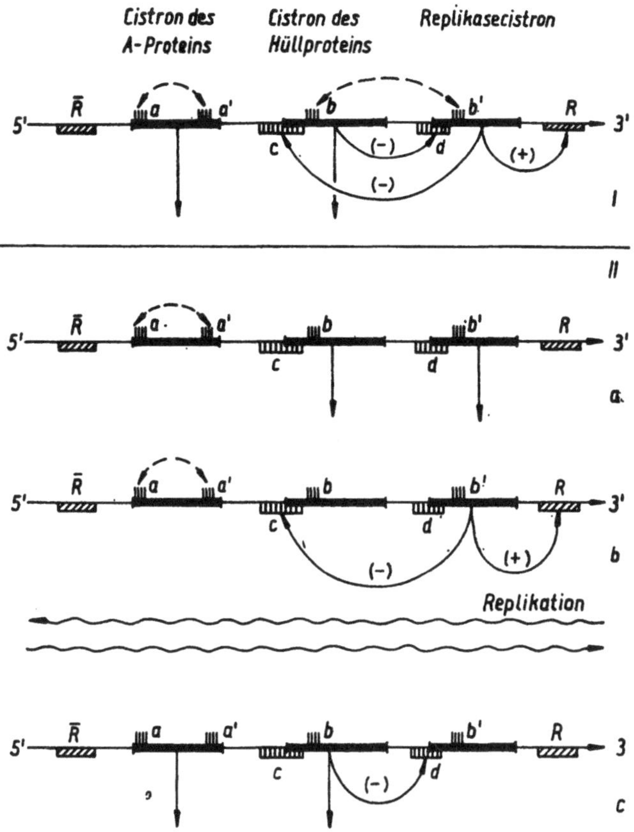

Abb. 70. Genetische Steuerung der Ontogenese auf Translationsebene bei kleinen RNA-Phagen (Qβ, R17 u. a.) nach [171, 342—346].

R und $\bar{R}$ — Replikator und sein Komplement; a und a', b und b' — gegenseitig spezifische RNA-Abschnitte des Phagen, die an der Steuerung auf Translationsebene beteiligt sind; c und d — RNA-Abschnitte des Phagen, die durch die Replicase bzw. das Hexamer des Hüllproteins reprimiert werden; (+)-Aktivierung, (—) — Repression der Translation und Replikation.

I — Beziehungsschema der Phagenloci; II (a—c) — Phasen der Ontogenese. Weitere Erläuterungen im Text.

gehenden Hüllprotein-Cistrons, befreit dieses jedoch durch die Replikation wieder von dieser Repression.

Dieses System weist in verschiedenen Phasen unterschiedliche Beziehungen zwischen den Cistrons auf, wodurch die Kontrolle von Replikation und Ontogenese gewährleistet wird. Eine wesentliche Rolle spielen dabei die gegenseitig spezifischen Abschnitte der Phagen-RNA a—a' und b—b' sowie die Wechselwirkung zwischen Translation und

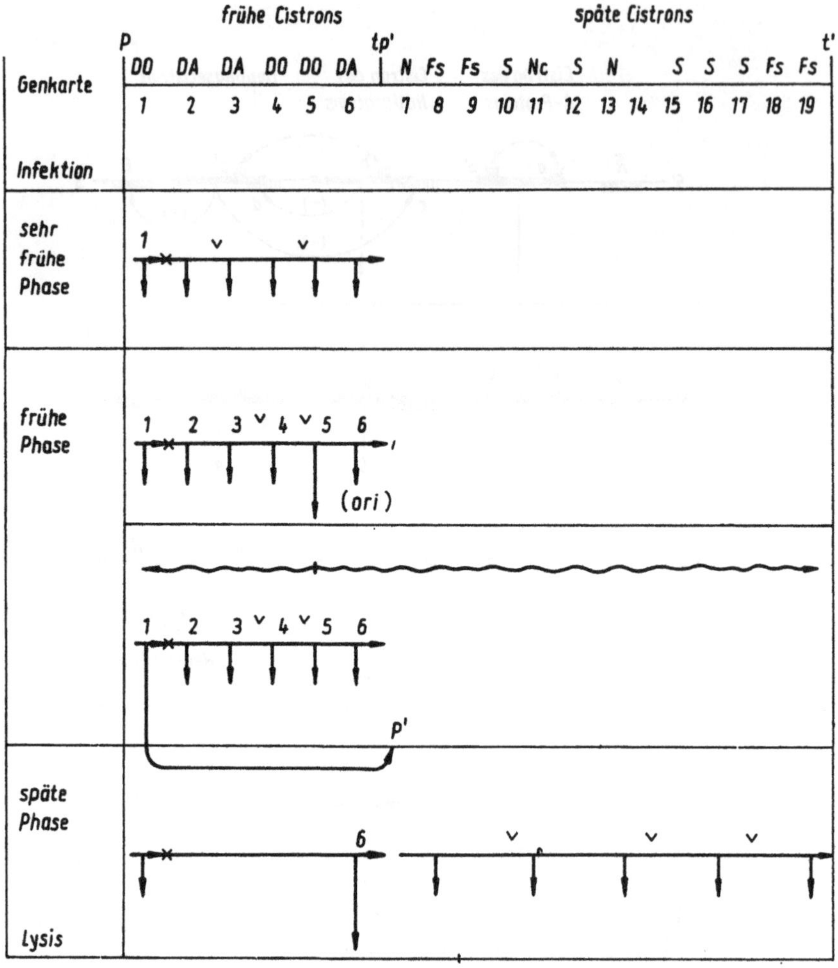

Abb. 71. Genkarte und Ontogeneseschema des Phagen T7 [343, 347, 349].

DO — DNA-Synthese blockiert; DA — Stop der DNA-Synthese; N, S, Fs, Nc — verschiedene Besonderheiten der Expression der Cistrons der morphologischen Proteine. 1 — Cistron der RNA-Polymerase des Phagen; 3 — Endonukleasecistron; 5 — Cistron der DNA-Polymerase; 6 — Cistron der lytischen Nuklease (wahrscheinlich); 8, 10, 12, 15, 16, 17 — Cistrons von Strukturproteinen des Phagenpartikels. p und t — Promotor und Terminator der bakteriellen RNA-Polymerase, p′ und t′ — Promotor und Terminator der Phagen-RNA-Polymerase, x — lokalisiertes Signal für das Ablösen der mRNA, v — nichtlokalisiertes Signal für das Ablösen der mRNA. Der Replikator (ori) ist 0,18 Einheiten vom linken Ende lokalisiert, die Replikation erfolgt zweiseitig.

Replikation. Für die Kinetik des Prozesses sind wahrscheinlich die Nachbarbeziehungen der wechselwirkenden Cistrons und des Replikators von großer Bedeutung.[1])

Der einsträngige DNA-Phage ΦX 174 weist wahrscheinlich keine Ontogenese im genetischen Sinne auf. Alle Cistrons bilden ein einziges Scripton und werden gleichzeitig transkribiert und translatiert. Die Bildung der Phagenhülle erfolgt in einem Morphogenese-Prozeß, bei dem sich vorhandene Eiweißkomponenten zusammenlagern [343, 345].

Der zweisträngige DNA-Phage T7 besitzt 19 Cistrons (Abb. 71), die einen Block früher und einen Block später Loci bilden und von einer DNA-Kette transkribiert werden [343, 347]. Nach der Infektion beginnt die Transkription der frühen Cistrons durch die bakterielle RNA-Polymerase. Es existiert ein einziger Promotor (links des Cistrons I; Position auf der Genkarte: 0,0134 Einheiten vom linken Ende), an dem die Transkription beginnt [343, 348]. Diese Transkription erfaßt den gesamten frühen Abschnitt des Genoms und endet an dem einzigen Terminator (0,18 Einheiten vom linken Ende), an dem die bakterielle RNA-Polymerase freigesetzt wird [347, 348]. Außerdem enthält dieser Abschnitt drei Terminationssignale für die mRNA-Synthese, an denen die RNA-Polymerase nicht freigesetzt wird [347, 348]. Die frühe Zone des Genoms enthält die Cistrons für die Replikation (Locus 5), die Nukleasecistrons (Loci 3 und 6), die wahrscheinlich an der Hemmung des bakteriellen Genoms beteiligt sind [347] und die Cistrons der phagenspezifischen RNA-Polymerase (Locus 1), der eine regulatorische Bedeutung zukommt [349]. Die DNA-Polymerase (Locus 5) redupliziert das Phagengenom wahrscheinlich zweiseitig, beginnend am Replikator ori, der 0,17 Einheiten vom linken Ende der Karte lokalisiert ist [111].

Wenige Minuten nach ihrer Synthese und der Reduplikation der DNA initiiert die RNA-Polymerase des Phagen die Transkription an dem einzigen Promotor in der Nähe des linken Endes des Cistrons 7 [343]. Sie verläuft von links nach rechts und terminiert die mRNA an einigen bisher nicht lokalisierten Abschnitten, wird jedoch erst in der Nähe des rechten Strangendes nach Erkennung des Terminators freigesetzt. Danach erfolgt die Morphogenese des Phagen.

12.2. Scriptons und Replicons des Phagen λ [350, 351]

Im folgenden werden die wichtigsten genetischen Loci des λ-Phagen beschrieben, die an seiner Ontogenesesteuerung beteiligt sind. Abb. 72 zeigt die Genkarte des Phagen, in Tab. 18 sind die Funktionen der Cistrons und der spezifischen Sites aufgeführt.

Die *Scriptons L_1 und L_3* besitzen folgende Struktur:

$$L_1\colon P_c - O_c - C_I - \text{rex} - t_c;\quad L_3\colon \text{pre-}\overline{\text{tof}}\text{-}p_c\text{-}O_c\text{-}C_I\text{-rex-}t_c.$$

Das Scripton L_1 stellt ein Operon dar, das einen Repressor (Produkt von C_I) der Operons L_2 und R_1 produziert, welcher gleichzeitig die Transkription von L_1 stimuliert [366, 370].

---

[1]) A. Knijnenburg (1975) hat nach umfassender Aufbereitung der experimentellen Befunde über RNA-Phagen den Prozeß ihrer Entwicklung für einen möglichen Prototyp der Gruppe mittels eines diskreten Simulationsmodells adäquat abgebildet und Untersuchungen über die funktionelle Abhängigkeit des Prozeßverlaufes von der Struktur des genetischen Speichers vorgenommen. Das Modell ist mit einem Beispiel im Anhang dargestellt (Anmerkung des Herausgebers).

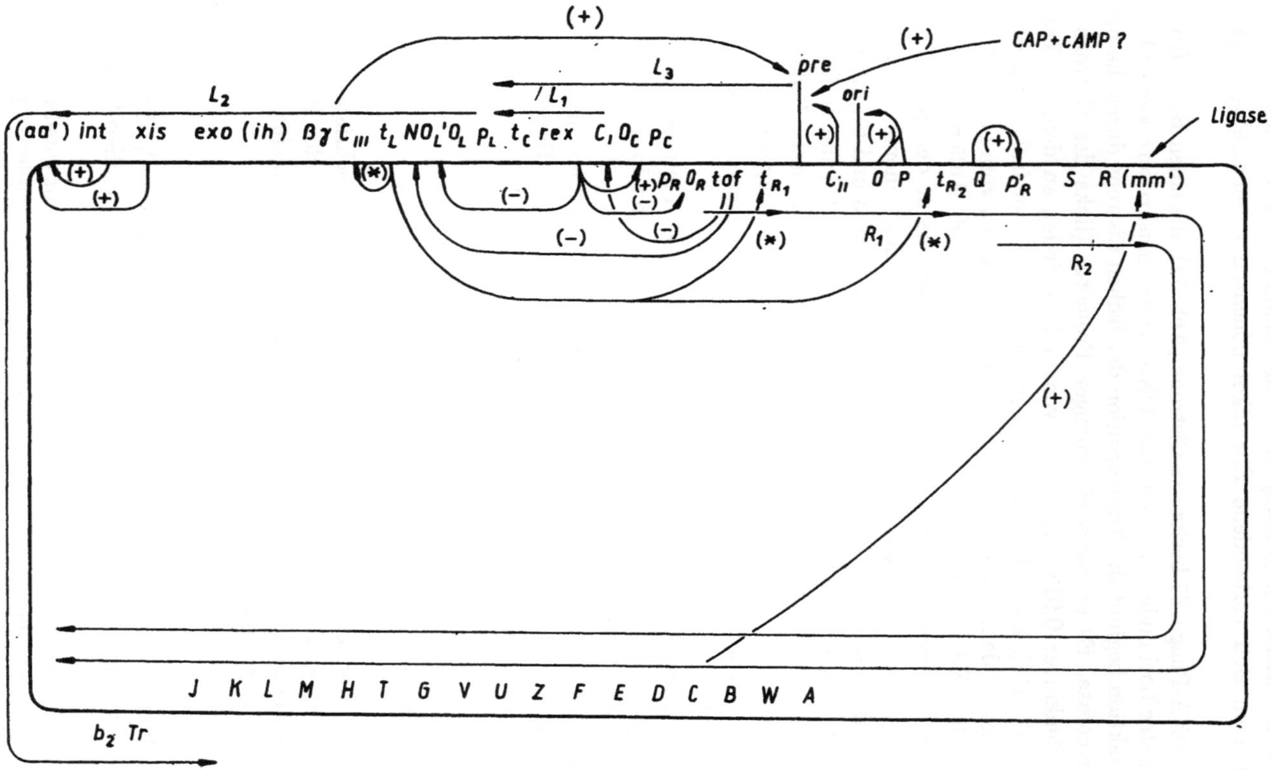

Abb. 72. Genkarte des λ-Phagen [102, 218, 350—352] (weitere Literaturhinweise im Text) mit Angabe der Interpunktionszeichen, der Verbindungen zwischen den Loci über migrierende Elemente und der transkribierten Abschnitte. L_1, L_2, L_3, R_1, R_2 — Scriptons. (—) — negative Repression, (+) — positive Aktivierung, (*) — positive Antitermination. Eine Übersicht der Loci des λ-Phagen gibt Tab. 18.

Tabelle 18

Loci des Phagen λ (siehe Abb. 72).

C_I	— Cistron des Reduplikations*repressors* der die Operons R_1 und L_2 hemmt [354, 355, 102, 218].
rex	— Stabilitätslocus der Vermehrung von T4 rII-Mutanten
tof	— Locus des *Antirepressors*, der die beiden Operons L_1 und L_2 hemmt [355, 356, 325, 352].
C_{II}, C_{III}	— Cistrons, deren migrierende Produkte für die Initiation der Transkription am Promotor pre notwendig sind [357, 358].
O, P	— für die Initiation der Reduplikation am Replikator ori notwendige Cistrons [354, 25, 301, 107, 352].
Q	— für die Initiation der Transkription am Promotor P'_R notwendiges Cistron [354, 102, 532].
S	— Cistron für die Lysis der Zellmembran [354, 352].
R	— Lysozymcistron [354, 352].
N	— Cistron des *Antiterminators*, der die Transkriptionsterminatoren t_L, t_{R1} und t_{R2} inaktiviert [352, 360, 356, 38, 361].
γ, β, exo	— Cistrons, die die vegetative Rekombination des Phagen kontrollieren (β-Protein und Exonuclease), γ ist an der Wechselwirkung mit dem bakteriellen Rekombinationssystem beteiligt [354, 362].
(ih)	— Locus, der die Hemmung der Transkription und Translation des Bakteriums kontrolliert (willkürliche Bezeichnung) [363].
xis	— Cistron, dessen Produkt für den Ausbau des integrierten Prophagen notwendig ist [354, 352].
int	— Cistron(s) für die spezifische Rekombination im Abschnitt (aa′) beim Einbau des Prophagen und (zusammen mit xis) — bei seinem Ausbau [354, 352].
A, W, B, C, D, E, F	— Cistrons der Proteine des Phagenkopfes (E und F kodieren die Kopf-Untereinheiten), Proteine für die Kopfformierung und für die DNA-Verpackung (u. a. auch für die Bildung der kohäsiven Enden (mm′) [354, 352].
Z, U, V, G, T, H, M, L, K, J	— Cistrons struktureller Proteine des Phagenfortsatzes und Proteine für die Formierung des Phagenfortsatzes [354, 352].
J	— Cistron des Fortsatz-Antigens [354, 352].
b_2	— bis zu 10 Cistrons umfassende Zone, die nicht für das lytische Wachstum, jedoch für die Lysogenisation notwendig sind (u. a. das Endonukleasecistron) [354, 352, 364].

Interpunktionszeichen, andere spezifische Sites und Steuerelemente

P_L, P_R	— Promotoren der Scriptions L_2 und R_1, werden von der nichtmodifizierten bakteriellen RNA-Polymerase erkannt [354, 352, 102, 218].
$P_{c(prm)}$	— Promotor des Scriptons L_1, wird nur bei Anwesenheit des C_I-Produkts zur Initiation mit der bakteriellen RNA-Polymerase aktiviert [352, 102, 218, 366].
pre	— Promotor des Scriptons L_3, wird nur bei Anwesenheit der C_{II}- und C_{III}-Produkte und CAP + cAMP zur Initiation mit der bakteriellen RNA-Polymerase aktiviert [358, 357, 367].

P'_R	– Promotor des Scriptons R_2, initiiert mit der modifizierten bakteriellen RNA-Polymerase bei Anwesenheit des Q-Produkts, wahrscheinlich eines σ-ähnlichen Faktors [368, 369, 352, 102, 218].
O_L, O_R	– Operatoren der Operons L_2 und R_1, werden von einem Repressor, dem C_I-Produkt, erkannt [354, 352, 102, 218, 370]. O_L besitzt 6 repressorspezifische Sites [372].
O_C, O_L'	– Operatoren der Scriptons L_1 und L_2, werden von einem Antirepressor, dem tof-Produkt, erkannt [352, 102, 218, 355, 356, 325, 332]. O_L' besitzt 6 antirepressorspezifische Sites [372].
t_c	– hypothetischer Transkriptionsterminator der Scriptons L_1 und L_3, terminiert wahrscheinlich die nichtmodifizierte bakterielle RNA-Polymerase.
t_L, t_{R1}, t_{R2}	– vermutliche Transkriptionsterminatoren der Scriptons L_2 und R_1, terminieren die nichtmodifizierte bakterielle RNA-Polymerase, jedoch nicht bei Anwesenheit des N-Produkts (möglicherweise ein ϱ-ähnlicher Faktor) [352, 218, 360, 38, 361].
ori, T_r	– Replikator und Reduplikationsterminator, spezifisch gegenüber der bakteriellen DNA-Polymerase bei Anwesenheit der O- und P-Produkte (möglicherweise Erkennungsfaktoren) [12, 107, 25].
(aa')	– Site der spezifischen Rekombination beim Ein- und Ausbau des Prophagen, spezifisch gegenüber dem int-Produkt [354, 352, 102, 218].
(mm')	– Abschnitt der kohäsiven Enden des Phagen, wahrscheinlich spezifisch gegenüber den Produkten der Cistrons A—F (Nukleasen) [354, 352].

Das Operon L_1 ist einer Retrorepression von seiten des Cistrons tof unterworfen, welches Bestandteil von R_1 ist [355, 356]. p_c ist ein schwacher Promotor. Das Scripton L_3 besitzt einen eigenen Promotor pre, aber wahrscheinlich mit L_1 einen gemeinsamen Terminator. Neben der gesamten Zone L_1 betrifft dieser Promotor den nichtkodierenden Abschnitt pre-tof-p_c, der dem Gen tof im Scripton R_1 komplementär ist. Die Öffnung des starken Promotors pre unter Beteiligung der Produkte der Cistrons C_{II} und C_{III} sowie von CAP und cAMP führt zu einer rapiden Aktivierung der Transkription des Cistrons C_I in L_1 und L_3 und der Synthese seines Produktes [357, 358, 367]. Die gegenseitige Überlappung der Scriptons L_3 und R_1 kann von Bedeutung bei der Regulation ihrer Funktionen sein. Die Erkennungssites der Produkte von C_{II} und C_{III} in der Nähe von pre können die Rolle von zusätzlichen Operatoren für das Scripton R_1 spielen.
Das *Scripton L_2* weist folgende Struktur auf:

$$p_L\text{-}O_L\text{-}O_L'\text{-N-}t_L\text{-}C_{III}\text{-}\gamma\text{-}\beta\text{-(ih)-exo-xis-int-(aa')-}b_2\text{-}\overline{J}\ldots$$

Es besteht aus drei Zonen:

1. p_L-O_L-O_L'-N-t_L;
2. t_L-C_{III}-γ-β-(ih)-exo-xis-int-(a;
3. a')-b_2-$\overline{J}$ ...

Die Zone 1 stellt ein Operon dar, das über den Operator O_L' einer Retrorepression von seiten des Cistrons tof im Scripton R_1, über den Operator O_L einer Repression von

seiten des Cistrons C_I im Scripton L_1 und über den Terminator t_L einer Antitermination von seiten des Cistrons N desselben Operons unterworfen ist. Die Zone 2 besitzt keine eigenständigen Interpunktionszeichen der Transkription. Sie enthält die Cistrons der spezifischen und unspezifischen Rekombinationssysteme, einen Locus für die Hemmung des Bakterienstoffwechsels und den Locus C_{III}. Sie wird nur nach der Antitermination durch t_L transkribiert. Die Grenze dieser Zone stellt die Grenze des Prophagen dar (a). Die Zone 3 besitzt ebenfalls keine Transkriptionssignale. Wenn die Enden (aa') zusammengeschlossen sind (ringförmiger Phage oder linearer reifer Phage), so breitet sich die in Zone 1 begonnene und an t_L nicht unterbrochene Transkription auf diese Zone aus [102, 352, 364]. Ein begrenzender Terminator konnte nicht nachgewiesen werden; möglicherweise wird die Transkription auf zufällige Art und Weise abgebrochen [102, 218], da (beginnend vom Cistron J) die nichtkodierende Kette transkribiert wird. Die Cistrons der Region b_2, die von wesentlicher Bedeutung für die Lysogenisation sind, werden jedoch in erster Linie innerhalb dieses Prozesses transkribiert.
Das *Scripton R_1* besitzt folgende Struktur:

p_R-O_R-tof-t_{R1}-$\overline{\text{pre}}$ — C_{II}-ori-O-P-t_{R2}-Q-p'r-S-R-(mm') — A ... J-T_R-$\overline{b_2}$ ...

Es besteht aus 4 Zonen:

1. p_R-O_R-tof-t_{R1};
2. t_{R1}-pre-C_{II}-ori-O-P-t_{R2};
3. t_{R2}-Q-p'r-S-R-(m;
4. m')-A ... J-T_R-$\overline{b_2}$.

Die Zone 1 stellt ein Operon dar, das der Repression von seiten des Cistrons C_I in L_1 und der Antitermination von seiten des Cistrons N in L_2 unterliegt. Andererseits reprimiert es die Operons L_1 und L_2 über einen Antirepressor — das tof-Produkt. Die Zone 2 besitzt keinen Promotor, wird aber von zwei antiterminatorsensitiven Terminatoren begrenzt und nur in Anwesenheit des Antiterminators, des N-Produkts, transkribiert. Es enthält die Loci O und P, deren Produkte als Reduplikationsinitiatoren fungieren, und das Cistron C_{II}, dessen Produkt gemeinsam mit dem Produkt von C_{III} bei der Aktivierung des Promotors pre in L_3 beteiligt ist [357, 358].
Die Zone 3 wird nur in Anwesenheit des Antiterminators (Produkt von N) transkribiert. Es enthält die Cistrons für die lytischen Enzyme sowie das Regulatorcistron Q, das einen σ-ähnlichen Faktor für die RNA-Polymerase produziert, welcher das Scripton R_2 initiiert [102, 218, 368, 369].
Die Zone 4 enthält nur Cistrons für die Morphogenese des Phagen. Sie wird nur in ringförmiger DNA oder in linearer DNA des Prophagen (Spezialfälle) transkribiert, wobei die Transkription in der Zone 1 initiiert wird und sich unter der Bedingung der Antitermination über die übrigen Zonen ausbreitet. Es gibt keinen gemeinsamen Terminator, d. h. die Transkription wird wahrscheinlich in der Region b_2 zufällig terminiert. In dieser Region wird für die meisten Cistrons eine kodierende RNA-Kette synthetisiert.
Das *Scripton R_2* besitzt folgende Struktur:

p_R'-R-S-(mm')-A- ... J-b_2 ...

Es besteht aus zwei Zonen:

1. p_R'-R-S-(m;
2. m')-A ... J-T_R-$\overline{b_2}$ ...

Die Zone 1 enthält einen starken Promotor und die Cistrons der lytischen Enzyme und wird durch ein kohärentes Ende (m begrenzt. Die Zone 2 enthält die Loci für die Morphogenese und den nichtkodierenden Teil der Zone b_2. Sie besitzt keinen fixierten Terminator. In der Region b_2 (bis zu 20% des Genoms) überlappt die rechtsgerichtete mit der linksgerichteten Transkription von L_2. Die Zone 2 wird nur unter der Bedingung des Zusammenschlusses der kohärenten Enden transkribiert.

Replicons des λ-Phagen [12, 25, 107]:

Der Replikator ori liegt zwischen den Cistrons C_{II} und O im Scripton R_1, der Terminator T_r wahrscheinlich zwischen der Zone b_2 und dem Cistron J. Beide Interpunktionszeichen sind symmetrisch, d. h. es liegen zwei gegensätzlich orientierte Replicons vor. Die Produkte der Cistrons O und P fungieren als Reduplikationsinitiatoren, sie sind gemeinsam mit der DNA-Polymerase der Wirtszelle bei der Initiation beteiligt. Die Reduplikation führt nur dann zu vollwertigen Replici, wenn die DNA ringförmig ist. Wenn in den Abschnitten aa′ (Prophage) oder mm′ (lineare DNA des Phagen) ein Bruch auftritt, erfolgt keine vollständige Replikation.

12.3. Ontogenese des λ-Phagen: Steuerung der Transkription und Reduplikation [350, 351, 371]

Wir unterscheiden vier Wege der Ontogenese, die für den λ-Phagen nachgewiesen bzw. wahrscheinlich sind: 1. lytisches Wachstum nach der Infektion; 2. Lysogenisation nach der Infektion; 3. lytisches Wachstum nach der Induktion des Prophagen; 4. Lysogenisation nach der Induktion. Die Ontogenese läuft in folgenden Phasen ab [366]:

a) *sehr frühe Phase,* die von der bakteriellen RNA-Polymerase ohne Beteiligung irgendwelcher Produkte der Phagencistrons ausgeführt wird;

b) *frühe Phase,* die unter Beteiligung des Antiterminators (Produkt des Cistrons N) abläuft;

c) *späte Phase,* die unter Beteiligung eines σ-ähnlichen Produkts des Cistrons Q ausgeführt wird.

Betrachten wir nun die einzelnen Varianten der Ontogenese.

1. Lytisches Wachstum nach der Infektion (Abb. 73). Im Prozeß der Infektion übertragen die Phagenpartikeln dem Bakterium lineare DNA-Moleküle, die an den kohäsiven Enden (mm′) offen sind [354]. Da die rechtsgerichtete Transkription der späten Loci A-...-J im Scripton R_2 nur bei geschlossenen Enden (mm′) möglich ist, ist eine Ringbildung erforderlich. Diese Operation kann kurz nach der Infektion ohne Beteiligung von Phagen-Loci auf der Grundlage der komplementären Verbindung der Enden und ihrer Kopplung durch kovalente Bindungen mit Hilfe von Ligasen des Bakteriums erfolgen. Die Transkription der Gene der sehr frühen Etappe beginnt unabhängig von der Ringbildung und wird durch die bakterielle RNA-Polymerase ausgeführt [218]. Der Promotor p_L des Operons L_2 besitzt wahrscheinlich eine hohe Effektivität hinsichtlich der Initiation der Transkription. Deshalb wird in der sehr frühen Etappe innerhalb weniger Minuten eine relativ große Menge des N-Produkts produziert (Zone 1 des Operons L_2). Die Effektivität des Promotors p_R des Operons R_1 ist ebenfalls relativ hoch, jedoch

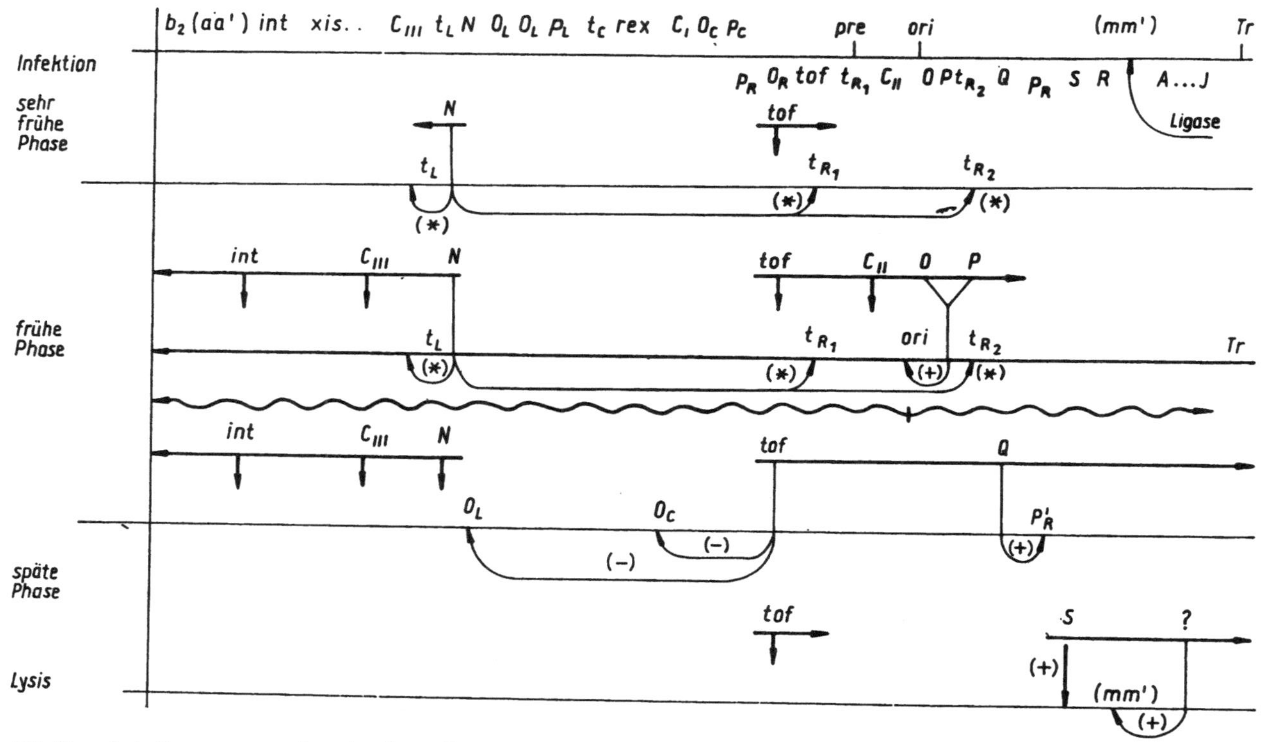

Abb. 73. **Transkriptionssequenz der einzelnen Zonen der Scriptons des λ-Phagen und Wirkung der Produkte der Regulatorcistrons in den verschiedenen Phasen des *lytischen Ontogeneseregimes nach der Infektion.***

Die horizontalen Linien entsprechen den Projektionen der Genkarte des Phagen; es sind nur diejenigen Sites eingezeichnet, die auf der jeweiligen Ontogeneseetappe erkannt werden. Horizontale Pfeile: transkribierte mRNA, wellenförmiger Pfeil: Reduplikation. Vertikale Pfeile: ↓ — die Loci arbeiten, ihre Produkte haben jedoch keinen spezifischen Einfluß auf den Funktionszustand des Systems; ↑ — die Produkte der Loci wirken spezifisch auf bestimmte Sites, die auf der Projektion der Genkarte dargestellt sind. Varianten der Wechselwirkung wie in Abb. 72. Das Schema wurde analog dem von Kourilski [366] unter Zuhilfenahme vollständigerer Daten konstruiert.

geringer als die von p_L. Das einzige Eiweißprodukt des Operons R_1 in dieser Phase ist der Antirepressor (tof-Produkt); seine Konzentration reicht aber anscheinend nicht, um die Operons L_1 und L_2 zu hemmen. In der frühen Phase hemmt der Antiterminator die Funktionen der Terminatoren t_L in L_2 (in erster Linie) und später t_{R1} une t_{R2} [218]. Im Operon L_2 beginnt die Transkription der Zone 2 (Locus int nach 3—5 min), im Operon R_1 die der Zone 2 (Cistrons C_{II}, O und P nach 1—2 min nach der Initiation) und später der Zone 3 (Cistrons Q, R und S 3—5 min nach der Hemmung der Termination). Die rechtsgerichtete Transkription ist im Scripton L_2 jedoch weniger aktiv als die linksgerichtete.

Innerhalb der ersten 5—7 min werden also die Loci der vegetativen Rekombinationssysteme (exo, β, γ), der Integration (int, b_2), der Hemmung des Metabolismus des Bakteriums (ih), der Reduplikation (O, P), sowie von C_{II} und C_{III}, die die Wahl einer der beiden weiteren alternativen Ontogenesewege determinieren, geöffnet. Obwohl die Genome in dieser Phase ringförmig sind, läßt sich vermuten, daß gerade in diesem Zeitraum die Produktion der Enzyme der vegetativen Rekombinationen und die Initiation der Reduplikation erfolgt [107] sowie die Integration ermöglicht wird. Es konnte ebenfalls gezeigt werden, daß in Anwesenheit des N-Produkts (und in Abwesenheit des C_I-Repressors) die ringförmigen Genome des λ-Phagen mit der Zellwand verbunden sind und wahrscheinlich an ihr repliziert werden [15].

Wenn die Zellbedingungen die lytische Variante der Ontogenese begünstigen, entwickeln sich die Ereignisse wie folgt: die Produkte der Loci C_{II} und C_{III} binden nicht an den Promotor pre, führen zu keiner Behinderung der rechtsgerichteten Transkription an diesem Punkt und initiieren keine linksgerichtete Transkription in L_3 (siehe unten) [225, 358]. In der späten Phase produziert das Cistron Q einen σ'-Faktor, der den σ-Faktor der bakteriellen RNA-Polymerase ersetzt. Damit wird die Transkription aller Cistrons der Phagenmorphogenese A- ...-F und Z-...-Y, die dem Scripton R_2 angehören, initiiert [218]. Die letzten dieser Cistrons werden 10—15 min nach der Initiation transkribiert. Unter diesen Loci gibt es einen, dessen Produkt an der Öffnung der kohärenten Enden (mm') des Phagengenoms bei dessen Packung in das Phagenpartikel beteiligt ist [352].

Neben diesen unmittelbaren Ereignissen der Morphogenese treten eine Reihe zusätzliche Regulationsprozesse auf. Ungefähr 15—20 min nach der Infektion wird eine genügend große Menge des Antirepressors (tof-Produkt) produziert, der in direkter Weise die Operatoren der Operons L_1 und L_2 hemmt, und über das Cistron N in L_2 die Termination in t_L, t_{R1} und t_{R2} der Operons L_2 und R_1 wieder herstellt. Die Transkription der entsprechenden Zonen wird gestoppt.

Im weiteren wird durch ein lytisches Ferment (Cistron S) die Bakterienmembran lysiert, und die Tochterphagen werden freigesetzt. Der Bestimmung der Transkriptionszeiten liegen die Transkriptionsgeschwindigkeiten (1500—2500 Basenpaare/min) im trp-Operon von *E. coli* [65] im Temperaturintervall von 30—37 °C und die Größe der entsprechenden Abschnitte auf der Genkarte des λ-Phagen [102, 352] zugrunde.

2. *Lysogenisation nach der Infektion* (Abb. 74)

Wie bereits erwähnt sind die Produkte der Cistrons C_{II} und C_{III} bei der Initiation der Transkription an dem starken Promotor pre beteiligt [357, 358]. Diese Produkte stellen das einzige Glied dar, über das eine Verbindung zur metabolischen Situation der Zelle gegeben ist. Deshalb nehmen sie eine Schlüsselstellung bei der Wahl des weiteren Ontogeneseweges ein. Es konnte gezeigt werden, daß beim λ-Phagen [367] und bei einem

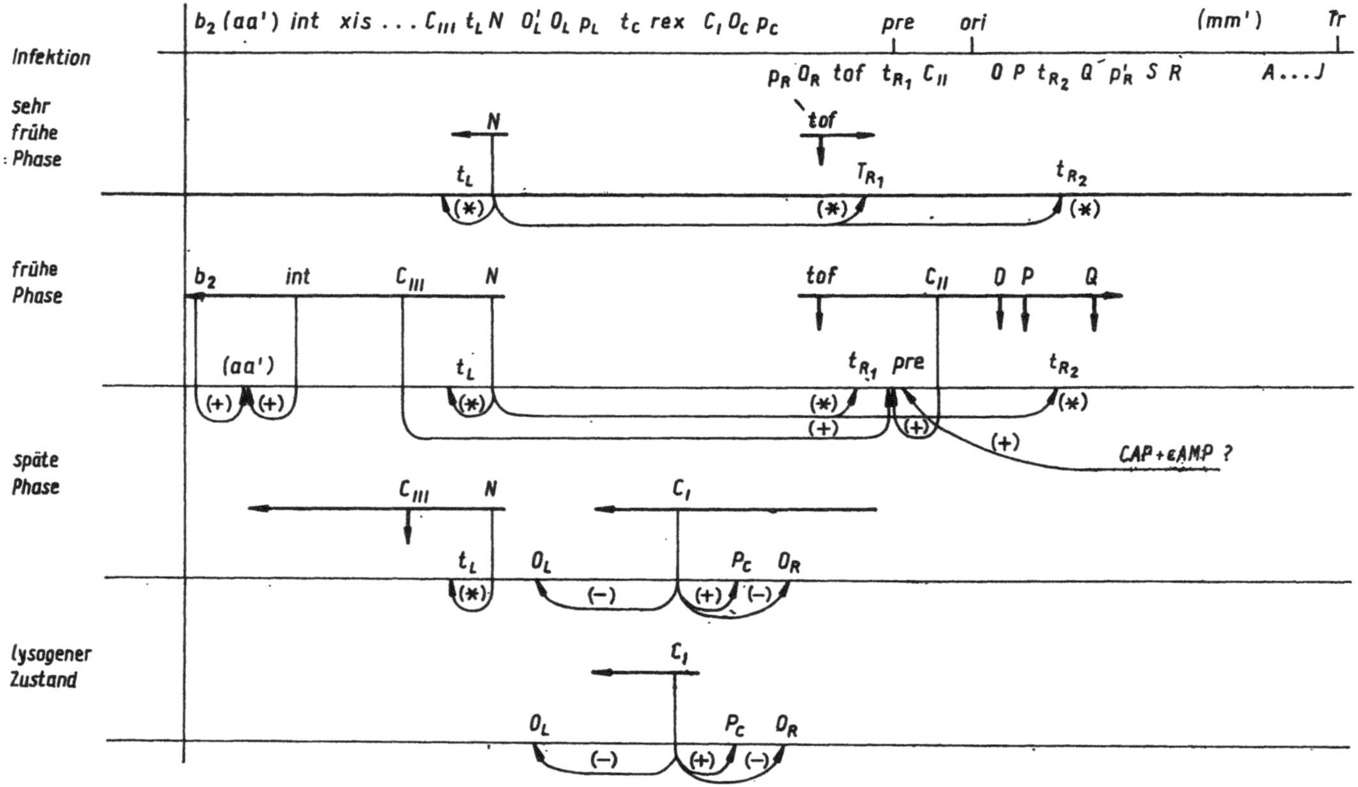

Abb. 74. **Transkriptionssequenz der einzelnen Zonen der Scriptons des λ-Phagen und Wirkung der Produkte der Regulatorcistrons in den verschiedenen Phasen des *lysogenen Ontogeneseregimes nach der Infektion*.**

anderen temperierten Phagen (P 22 in *Salmonella* [373]) die cAMP- und CAP-Konzentration für die Wahl des Ontogeneseweges entscheidend ist. CAP und cAMP sind wichtige Elemente im Mechanismus der katabolischen Repression, die über die Promotoren der entsprechenden induziblen Operons die Ausnutzung der Energievorräte der Zelle (Katabolismus von Zuckern, Aminosäuren usw.) reguliert [225, 374] (siehe 9.2.). Eine hohe cAMP-Konzentration entspricht einem niedrigen Energievorrat der Zelle und umgekehrt. Wenn eine von einem Phagen infizierte Bakterienkultur eine hohe cAMP-Konzentration aufweist, wird vorrangig die Lysogenisation begünstigt, im anderen Falle wird die Phase des lytischen Wachstums gewählt [367].

Die Wahl zwischen dem lytischen und dem lysogenen Ontogeneseweg wird wahrscheinlich durch das Verhältnis der Produkte von C_{III} und tof bestimmt, die zusammen einen inaktiven Komplex bilden [375]. Ein Überschuß des Antirepressors (tof) verursacht den Übergang zur Lysis, ein Überschuß des Produkts von C_{III} den Übergang zum lysogenen Zustand. Die Beteiligung von cAMP bei der Initiation der Transkription des Scriptons L_3 besteht möglicherweise in der Kontrolle der Synthese des Phagenrezeptors, eines Proteins der Bakterienzellwand, an das sich die ringförmige DNA des Phagen im Prozeß der lytischen Reduplikation bindet [376].

Die lysogene Variante ist wie folgt charakterisiert. Als Ausgangsereignis fungiert hier die Initiation einer erhöhten Transkription (28 Protomere/min) am Promotor pre durch die Produkte von C_{II} und C_{III} zusammen mit CAP und cAMP [357, 358, 367]. Außerdem stimuliert wahrscheinlich der Repressor (Produkt von C_I), beginnend am Promotor P_c, die Transkription des Operons L_1 [366]. Der Mechanismus der Stimulation ist nicht vollständig aufgeklärt. Die Anwesenheit des bereits synthetisierten Repressors (C_I) im Zytoplasma der Bakterienzelle scheint jedoch für die Arbeit dieses Promotors notwendig zu sein.

Die impulsartige Erhöhung der Synthese des C_I-Produkts reprimiert die ihm untergeordneten Operons L_2 und R_1 über deren Operatoren und möglicherweise über eine direkte Behinderung der rechtsgerichteten Transkription im Punkt pre. Mit Verzögerung erfolgt später die Repression auch über das Cistron N und den Zerfall des Antiterminators (Halbwertszeit ca. 2 min [377]) über die Aktivierung der Terminatoren t_L, t_{R1} und t_{R2} und die Behinderung der Transkription im Scripton R_2. Es ist von wesentlicher Bedeutung, daß die Erhöhung der Transkription *impulsartig* erfolgt, d. h. nach wenigen Minuten; wenn die Synthese der Produkte von C_{II} und C_{III} (in R_1 und L_2) eingestellt wird, endet die erhöhte Transkription. Es wird lediglich eine geringe Synthese des Repressors beibehalten (3,75 Protomere/min), die für die Aufrechterhaltung des lysogenen Zustands, jedoch nicht für die Stimulation des Übergangs in diesen Zustand ausreicht [358]. Zusammen mit dem Cistron C_{III} wird wahrscheinlich auch das Cistron ih geschlossen [363], das den Metabolismus des Bakteriums hemmt und im lysogenen Zustand nicht funktioniert.

Die angeführten Ereignisse sind auch mit der Arbeit des Integrationssystems verbunden. Nach der Hemmung des Gens N und der Synthese des Repressors (C_I) wird die ringförmige DNA des λ-Phagen von der Zellwand freigesetzt [378], und die Initiation der Replikation wird eingestellt. Gleichzeitig wird die Transkription der Loci int-b_2 im Scripton L_2, die für die Lysogenisation und den Einbau in das bakterielle Chromosom notwendig sind, noch einige Minuten fortgesetzt. Dies genügt wahrscheinlich für die Durchführung des Rekombinationsaustauschs in der Site (aa') durch das int-System. Dieser Rekombinationsaustausch endet mit dem Einbau des Prophagen in das Chromosom. Nach dem Einbau ist das einzige funktionierende Operon das Scripton L_1 [102].

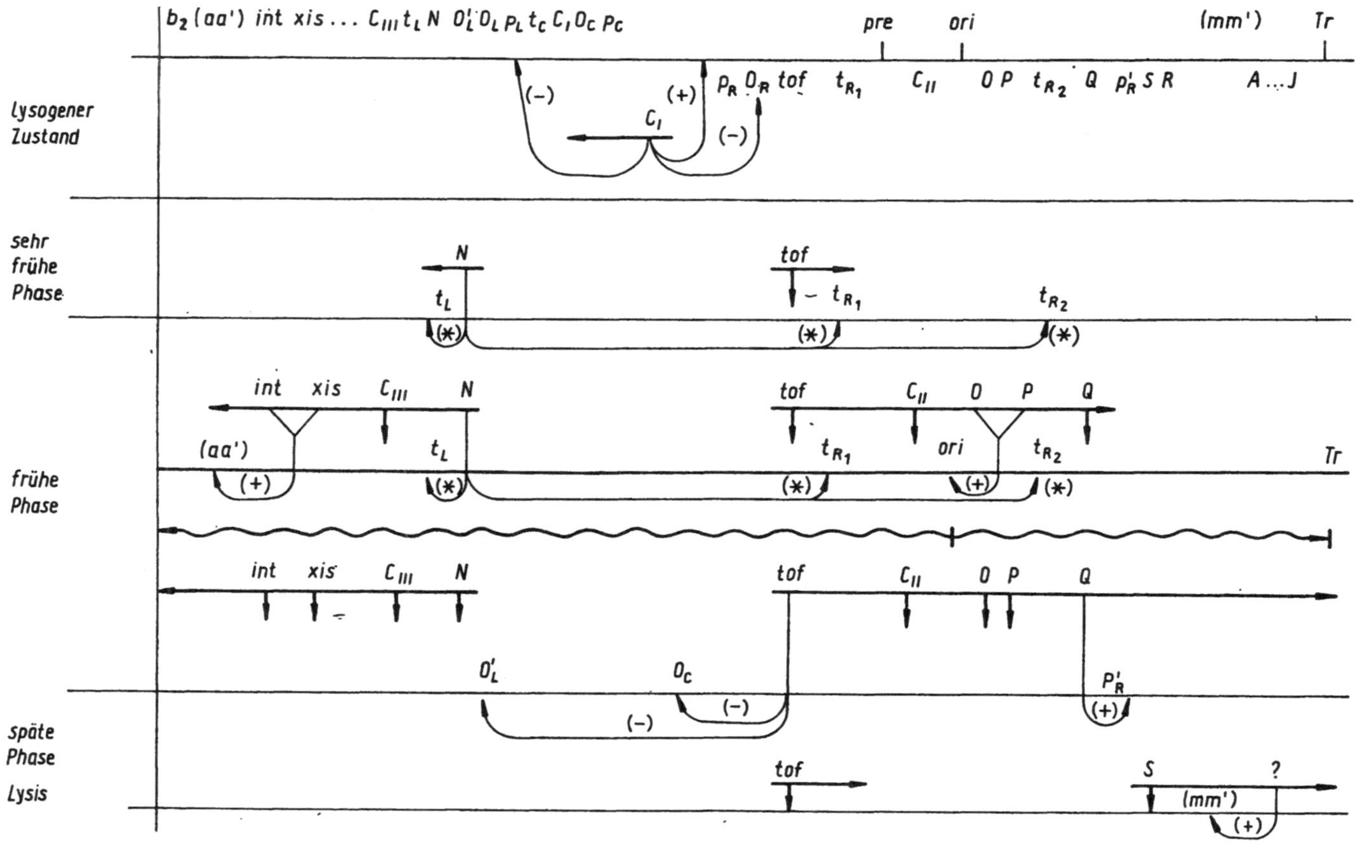

Abb. 75. Transkriptionssequenz der einzelnen Zonen der Scriptons des λ-Phagen und Wirkung der Produkte der Regulatorcistrons in den verschiedenen Phasen des *lytischen Ontogeneseregimes nach der Induktion.*

3. *Lytisches Wachstum nach der Induktion des Prophagen* (Abb. 75)

Nach der Inaktivierung des Repressors (C_I) des lysogenen Prophagen durch schwache UV-Dosen (oder auf andere Weise) wird das lytische Wachstum induziert. In der sehr frühen Phase wird die Transkription der Zonen 1 der Operons L_2 und R_1 initiiert [102, 218, 366]. Als Folge wird der Antiterminator (N-Produkt) synthetisiert, der in der frühen Phase die Terminatoren t_L, t_{R1} und t_{R2} inaktiviert [218, 356, 355]. Es beginnt die Transkription der Zone 2 im Scripton L_2 (und damit, nach wenigen Minuten, der Cistrons xis und int, die für den Austritt des Phagen aus dem Chromosom notwendig sind) und der Zonen 2 und 3 im Scripton R_1, die die Loci für die Initiatoren der Reduplikation (O und P) enthalten. Die Zone 3 im Scripton L_2 wird bis zum Ausbau des Phagen nicht transkribiert, d. h. sie kann für den Ausbau nicht essentiell sein, da sie nicht kontinuierlich mit dem Promotor verbunden ist (Bruch aa'). Die Replikation kann noch vor dem Ausbau beginnen, ist jedoch dabei nicht vollständig, da der Reduplikationsterminator die Region b_2 (Zone 3 des Scriptons L_2[1] vom Replikator trennt [25, 320]. Für die vollständige Replikation ist deshalb der vorherige Ausbau des Phagengenoms aus dem Chromosom notwendig.
Die Rolle der Loci C_{II} und C_{III} und die Frage einer Alternativwahl des Ontogeneseweges sind in diesem Falle nicht erforscht. Der einzig sichtbare Unterschied zwischen dem lytischen Wachstum nach der Induktion und nach der Infektion besteht in der Beteiligung der Loci b_2 [364]: im ersten Fall werden diese bis zum Ausbau des Phagen nicht transkribiert; im zweiten Fall werden sie nur bis zum Einbau des Phagengenoms transkribiert. Die übrigen Prozesse, darunter auch die Replikation, werden gleichartig initiiert.

4. *Lysogenisation nach der Induktion* (Abb. 76)

Diese Ontogenesevariante ist experimentell praktisch noch unerforscht, obwohl sie theoretisch existieren könnte. Da die ersten Etappen der Ontogenese sowohl bei der Induktion als auch bei der Infektion für den lytischen und den lysogenen Weg gleich verlaufen, muß es nach der Induktion einen Zeitpunkt geben, an dem zwischen dem lytischen und dem lysogenen Regime gewählt wird. Es läßt sich vermuten, daß diese Wahl, insgesamt gesehen, in der gleichen Art und Weise verläuft wie bei der Infektion. Die Lysogenisation kann in diesem Fall jedoch zwei Varianten aufweisen: entweder der wiederholte Einbau des Prophagen in das Bakteriumchromosom oder die Lysogenisation des freien ringförmigen Phagen. Für die erste Variante gibt es keinerlei Hinweise. Die zweite Variante erscheint völlig real und entspricht wahrscheinlich der „*Heilung*“ des Bakteriums vom Phagen. Tatsächlich ist der lysogenisierte freie Prophage zur Reduplikation unfähig, weder selbständig noch passiv. Er wird bei den folgenden Zellteilungen verdünnt. Abb. 76 zeigt die hypothetische Variante eines solchen Ontogeneseweges, die auf den oben beschriebenen Funktionseigenschaften und Wechselwirkungen der Loci beruht.[1])

---

[1]) Die Dynamik des Ontogeneseprozesses bis zur Entscheidung, ob weiterhin eine lytische oder lysogene Entwicklung stattfindet, wurde von Böttner (Literatur zum Anhang [6]) und von Churajew und Ratner (im Druck) modelliert. Das Genexpressionsmodellsystem GENIP von R. Böttner ist im Anhang mit seiner Anwendung auf die λ-Ontogenese dargestellt (Anmerkung des Herausgebers).

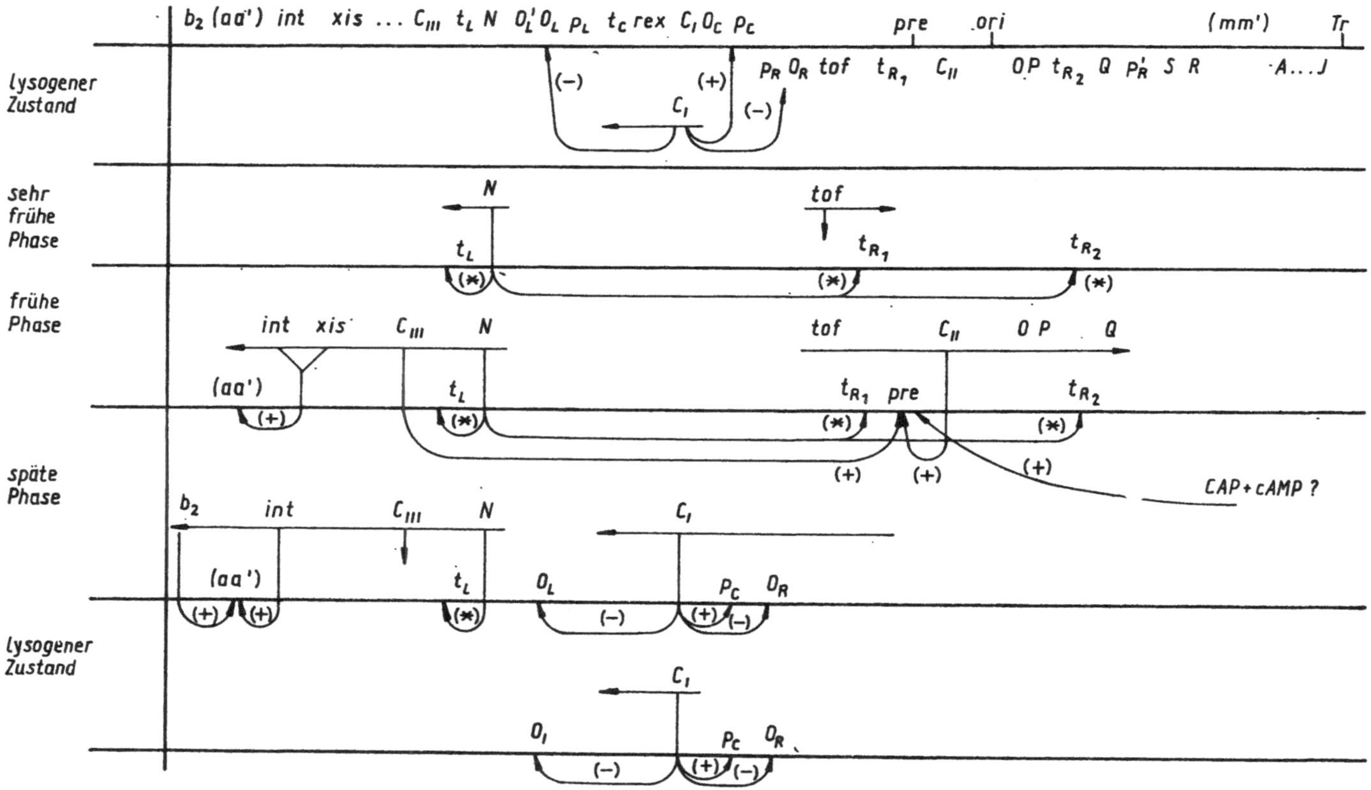

Abb. 76. Mögliche Transkriptionssequenz der einzelnen Scriptons des λ-Phagen und Wirkung der Produkte der Regulatorcistrons in den verschiedenen Phasen des *lysogenen Regimes nach der Induktion*. Der Prozeß endet entweder mit dem erneuten Einbau des Prophagen in das bakterielle Chromosom (im Schema dargestellt) oder mit dem Ausschluß und der Verdünnung des freien Prophagen im lysogenen Zustand.

Das Schema beruht auf den Daten über die Arbeit der Gene in den anderen Ontogenesevarianten unter Berücksichtigung der allgemeinen Organisationsprinzipien.

12.4. *Morphogenese des Phagen T4* [371, 379, 380]

Die Ontogenese des Phagen T4 ist weniger vom Standpunkt der Mechanismen und genetischen Steuersysteme als unter dem Aspekt der Morphogenese erforscht [343, 344]. Die Genkarte des Phagen T4 enthält ca. 80 Cistrons, die einen Block früher (29) und einen Block später (46) Cistrons bilden [379, 380] (Abb. 77). Es sind 55 Cistrons bekannt, die für die späte Transkription notwendig sind [389]. Es konnte gezeigt werden, daß die RNA-Polymerase auf den verschiedenen Ontogeneseetappen ihre Eigenschaften ändert,

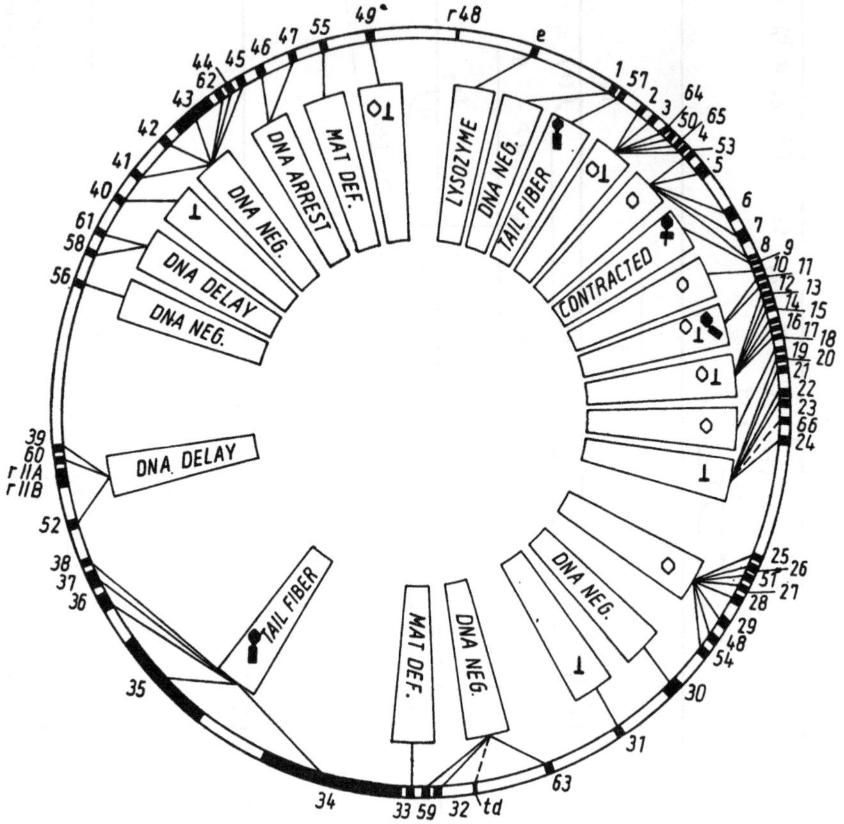

Abb. 77. Genkarte des Phagen T4 [379, 380, 162].

Die Symbole bezeichnen Defekte in der Bildung morphologischer Elemente des Phagen: der Kopf-, Schwanz- und Fibrillenproteine, welche von späten Phagenloci kodiert werden; in den übrigen Fällen (Bezeichnungen in den Radialfeldern) verschiedene Defekte in der Synthese oder Reifung der DNA (frühe Loci). Angegeben sind auch die Loci des Lysozyms (e) und rII. Die frühen und späten Loci bilden deutliche Gruppen.

möglicherweise durch die Bindung σ-ähnlicher Faktoren mit anderer Spezifität als der bakterielle σ-Faktor [28, 39]. Auf den frühen Etappen der Ontogenese werden hauptsächlich die linksgerichteten Scriptons transkribiert, auf den späten Etappen die rechtsgerichteten [381]. Der Replikator von T4 liegt in der Nähe der Cistrons 42/43, die an der Reduplikation beteiligt sind [382]. Die Reduplikation ist wahrscheinlich zweiseitig [106]. Einige frühe Cistrons funktionieren noch in der späten Etappe, andere werden geschlossen [383]. Die genetischen Steuersysteme sind jedoch noch relativ wenig erforscht, und wir begrenzen uns hier auf diese wenigen Anmerkungen.

Über die Morphogenese des Phagen T4 ist bedeutend mehr bekannt [371, 379, 380]. Der morphologischen Struktur der Phagenpartikel gehören nur 21 bisher identifizierte Proteine an [381], obwohl die Zahl der späten Cistrons größer als 46 ist. Viele Cistrons können Protein kodieren, die für die Morphogenese zwar notwendig sind, jedoch nicht zur morphologischen Struktur gehören, z. B. Montageenzyme. Abb. 78 veranschaulicht die Morphogeneseereignisse. Die Cistrons der Morphogenese arbeiten wahrscheinlich gleichzeitig, ihre Produkte bilden jedoch Sequenzketten wechselwirkender Strukturen. Die Cistrons lassen sich in drei unabhängige Gruppen unterteilen: Loci für die Synthese des Kopfes (H), des Schwanzes (T) und der Fibrillen (F). In jeder Kette erfolgt ein sequentieller Aufbau der morphologischen Struktur, die Proteine verbinden sich nacheinander mit dem bereits formierten Teil der Struktur. Die Mehrzahl der Etappen stellt eine Selbstorganisation komplizierter Eiweißaggregate durch die Erkennung der Proteinuntereinheiten an Abschnitten gegenseitiger Spezifität dar. Betrachten wir die Details der Morphogenese von T4:

1. *Bildung des Schwanzes* [371, 385, 386, 379, 380, 390, 391]

a) Synthese der Untereinheiten und Formierung der Schwanzbasis. Es arbeiten die Cistronblocks 53-5-6-7-8 und 25-26-51-27-28-29. Der Cistronblock 11-12 und das Cistron 9 wirken auf die Basis des Schwanzes und befähigen ihn im weiteren zur Infektion der Zellen. Diese Etappe hat keinen Einfluß auf die folgenden Etappen der Schwanzformierung.

b) Unabhängige Synthese und Einbau des Schwanzstiftes. Es arbeiten nacheinander die Cistrons 48 bis 54 und 19. Das Produkt von 19 stellt die Hauptkomponente des Schwanzstiftes dar.

c) An Basis und Schwanzstift wird die spiralförmige Schwanzscheide gebildet. Es arbeiten die Cistrons 18-(Synthese der Untereinheiten der Scheide, die sich in einem Selbstorganisationsprozeß verbinden), 3 und 15 (Vervollständigung der Scheidenbildung und Vorbereitung für die Verbindung mit dem Kopf). Möglicherweise wird dabei ein Bindeglied — der *Konvektor* — synthetisiert.

2. *Bildung des Kopfes* [371, 385, 379, 380, 392 bis 396]

a) Synthese der Untereinheiten des Kopfes, die in einem Selbstorganisationsprozeß zusammengefügt werden. Es arbeiten nacheinander 40, 31 und der Block 20-21-22-23-24. Das Cistron 23 synthetisiert das Hauptprotein des Kopfes, das Cistron 31 ist an der Formierung der wichtigsten Untereinheiten beteiligt, das Cistron 22 an der Initiation der Formierung des Kopfes und die Cistrons 20 und 40 an der Bildung der kugelförmigen Kappe. Die Cistrons 21 und 24 determinieren die Größe und die Oberflächeneigenschaften des Kopfes und spielen auf diese Weise eine Rolle in der Vorbereitung für die Aufnahme der DNA.

b) Der Cistron-Block 64-50-65-4 und das Cistron 2 vervollständigen die Bildung des Kopfes.

c) Reifung und Packung der DNA in den Phagenkopf. Hieran der Cistron-Block 16—17 und das Cistron 49 beteiligt.

d) Vorbereitung des Kopfes zur Bindung an den Schwanz. Hier wird der Cistron-Block 13-14 tätig. Außerdem sind die Proteine des Cistrons 49 struktureller Bestandteil der Kopf-Schwanz-Verbindung.

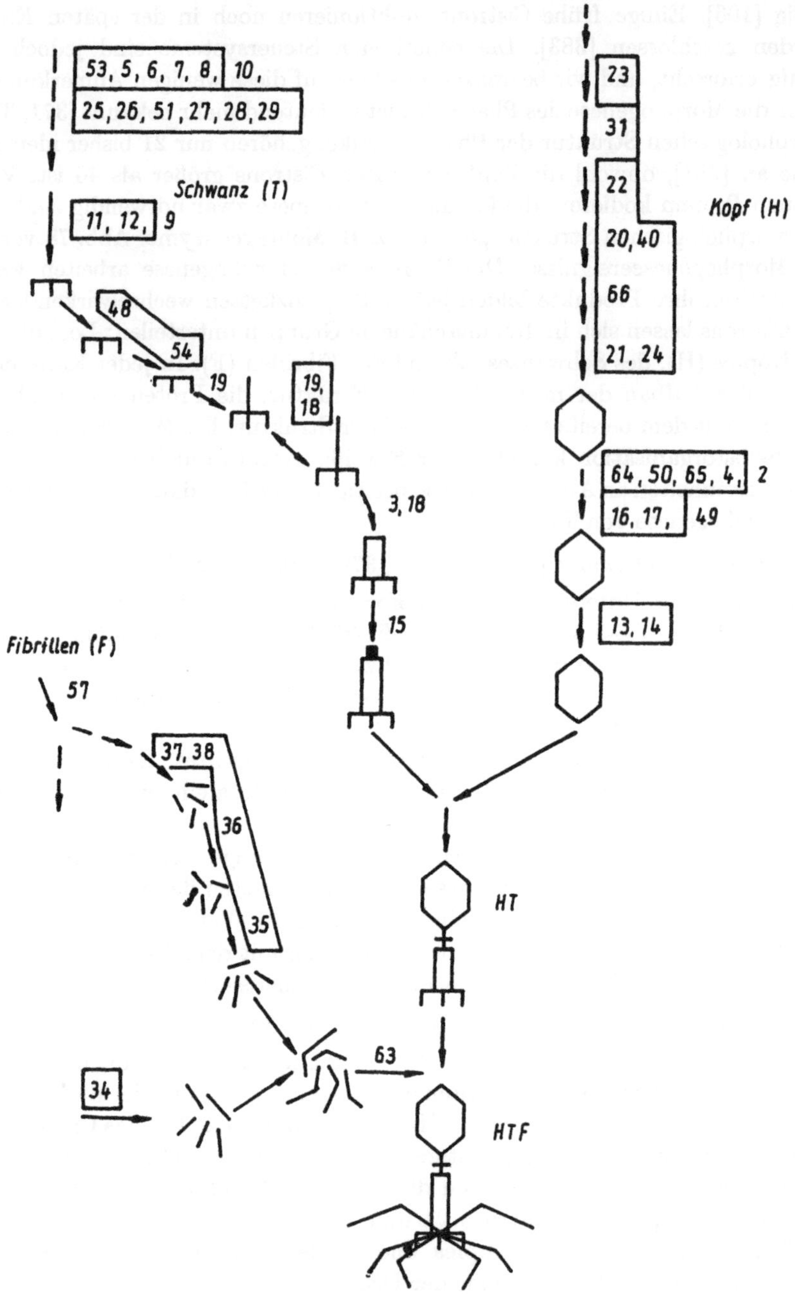

Abb. 78. Schema der Morphogenese des Phagen T4. [379, 380, 385—389].

Die Ziffern bezeichnen die Wirkung der Loci entsprechend der Genkarte (siehe Abb. 77). Loci, welche auf der Genkarte Cluster bilden, sind eingerahmt. Weitere Einzelheiten im Text.

3. Bildung der Fibrillen [371, 387, 379, 380, 395 bis 397]

a) Synthese der Fibrillensegmente. Es arbeiten das Cistron 57 (Synthese der Fibrillenpräcursoren) und der Block 17 bis 38. Das Produkt des Cistrons 37 fungiert als Strukturprotein der distalen Halbfibrillen, das Cistron 34 als Strukturprotein der proximalen Halbfibrillen.

b) Verbindung der Segmente zu Fibrillen und Vorbereitung zur Bindung an den Phagenschwanz. Hier arbeitet der Cistron-Block 36-35, wobei das Produkt von 36 als Strukturprotein der Fibrillenmittelteile fungiert, das Produkt des Cistrons 35 stellt wahrscheinlich ein Montageenzym dar.

4. Formierung der Fragmente zu einem einheitlichen Partikel [371, 380, 388, 398]

a) Die Verbindung des vollständigen Kopfes mit dem Schwanz (H und T) erfolgt ohne Beteiligung zusätzlicher Loci, jedoch erst nachdem einige vorbereitende Cistrons in Tätigkeit waren (3, 15, 13, 14).

b) Verbindung des Kopf-Schwanz-Stückes (HT) mit den Fibrillen. Der Block 11-12 und das Cistron 9 sind unmittelbar an der Formierung des Schwanzes beteiligt und bereiten ihn für die Verbindung mit den Fibrillen vor. Die Verbindung von HT mit den Fibrillen erfolgt unter Beteiligung des labilen Faktors L. Dieser stellt wahrscheinlich ein Montageenzym dar, das vom Cistron 63 kontrolliert wird und kein Strukturbestandteil des Phagenpartikels ist.

c) Ein anderer Mechanismus der Kopplung des Kopf-Schwanz-Stückes mit den Fibrillen (über die Teilnahme der HT-Struktur an der Formierung der Fibrillen) ist nicht ausgeschlossen.

Die Hauptwege der Morphogenese bei T4 bestehen also aus sequentiell ablaufenden Selbstorganisationsprozessen. In einigen Fällen wurden metabolische Effektoren gefunden, die über allosterische Mechanismen die Konformation der Proteine beeinflussen. Die Selbstorganisation geht mit der Bildung relativ einfacher Strukturen vonstatten. Auf einem bestimmten Komplexitätsniveau der zu formierenden Strukturen werden jedoch *spezifische Montageenzyme* notwendig.

Kapitel 13: Einige Organisationsprinzipien und Modelle ontogenetischer Systeme

Wie das angeführte Faktenmaterial zeigt, weist die intrazelluläre Phagenontogenese eine bestimmte Vielfalt an Steuermechanismen, Varianten und Resultaten dieser Prozesse auf. Wir wollen diese Besonderheiten unter dem Aspekt ihrer theoretischen Nutzbarmachung für kompliziertere Ontogenesevarianten betrachten.

13.1. Besonderheiten der intrazellulären Ontogeneseprogramme bei Phagen [371, 350, 351]

Die Sequenz der intrazellulären Ereignisse, die zur Autoreproduktion der Phagenpartikel führt, besitzt selbst in den primitivsten Fällen den Charakter einer genetischen Steuerung. Bereits bei kleinen RNA-Phagen (Qβ, R17, f2 u. a.) fungiert das Hüllprotein als primitiver Repressor auf der Translationsebene, indem es die Synthese der Replikase hemmt, d. h. es inhibiert das Reduplikationssystem der Phagen [170]. Beim Phagen T7 wird die Synthese der Strukturproteine erst nach der Synthese der phagenspezifischen RNA-Polymerase aktiviert [343, 349].
Bei diesen und der Mehrzahl aller anderen erforschten Phagen (λ, T4, ΦX 174, T7 u. a.) unterteilt sich die Ontogenese in mehrere Phasen: a) eine *sehr frühe,* die durch die RNA-Polymerase und das Translationssystem des Bakteriums ausgeführt wird; b) eine *frühe,* während der einige Phagen-Loci, die ontogenetische Enzyme oder Regulatorproteine kodieren, mit anderen Loci derselben Gruppe in Wechselwirkung treten; c) eine *späte* Phase, auf der die Synthese der Strukturproteine der Phagenpartikel und die Selbstorganisation der morphologischen Strukturen des Phagen beginnt [361]. Die Übergänge zwischen den Phasen erfolgen im Resultat einer Reihe von Schlüsselprozessen der genetischen Steuerung.
Bei λ-Phagen erfolgt der Übergang von der sehr frühen zur frühen Phase durch die Einwirkung des N-Produkts auf die Terminatoren zweier Scriptons, der Übergang zur späten Phase durch die Wirkung des σ-ähnlichen Produkts des Cistrons Q auf den Promotor P_R' des Scriptons R_2 [366]. Analoge Mechanismen wurden bei den Phagen T7, T4 u. a. gefunden [39, 349]. Wir haben es hier mit einer *sequentiellen Öffnung* einer Reihe von Scriptons durch die Genprodukte von vorher geöffneten Scriptons zu tun. Beim λ-Phagen wächst die Produktion der Hauptprodukte von Phase zu Phase [371, 354]:

a) Die Menge des Repressors (Produkt von C_I) verändert sich im Intervall von 0—20 Molekülen (schwacher Promotor);
b) die Menge der N- und Q-Produkte verändert sich um das 100fache (starke Promotoren); die morphologischen Loci A-J unterliegen einer ca. 1000fachen Erhöhung ihrer Produktionskapazität (starker Promotor und Vervielfachung der Genome).

Außerdem weist die Ontogenese der temperierten Phagen λ, P_{22} u. a. *mehrere Varianten* oder *Regimes* auf, die sich in der Initiationsart und im Resultat der Ontogenese unterscheiden. Der λ-Phage besitzt vier ontogenetische Regimes — drei davon konnten experimentell nachgewiesen werden, die vierte Variante wurde auf ihrer Grundlage vorhergesagt [350, 351]. Jeder Initiationsart (Induktion, Infektion) entsprechen zwei Ontogeneseresultate — lytischer oder lysogener Ausgang. Diese beiden Zustände können nie gleichzeitig in einer Wirtszelle auftreten (Abb. 79). Die sehr frühen und teilweise auch die frühen Phasen der genetischen Steuerung sind für beide Ontogeneseausgänge

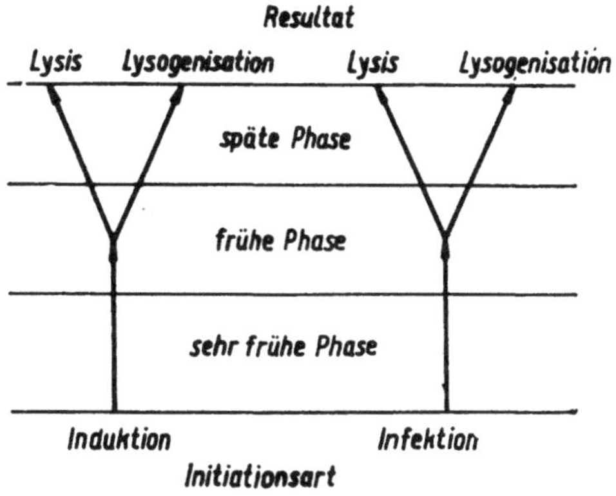

Abb. 79. Varianten der alternativen Ontogeneseprozesse des λ-Phagen mit Angabe von Initiationsart, Entscheidungspunkt und Resultat.

bei jeder der beiden Initiationsvarianten *gleich*. Es gibt eine *Entscheidungsphase*, in der der weitere Ontogeneseweg gewählt und die von einer speziellen Gengruppe in Abhängigkeit von der metabolischen Situation der Wirtszelle (CAP und cAMP) kontrolliert wird: den Cistrons C_{II} und C_{III}.

Es sollen hier einige wichtige Begriffe eingeführt werden. Als *genetisches Ontogeneseprogramm* bezeichnen wir die im genetischen Gedächtnis gespeicherte zeitliche Ereignissequenz der Ontogenese. Als *Subprogramm* bezeichnen wir die Speicherung autonomer Gruppen von Ontogeneseereignissen, die nicht gleichzeitig ablaufen können, d. h. diese erfolgen entweder alternativ oder sequentiell. Als *alternativ* bezeichnen wir gegeneinander austauschbare Subprogramme, die jedoch nie zusammen in einer Wirtszelle ausgeführt werden können [371, 399]. *Sequentiell* nennen wir nicht gegeneinander austauschbare Subprogramme, die ebenfalls nie gleichzeitig in einer Wirtszelle auftreten können. Der Ontogeneseprozeß des λ-Phagen wird durch ein genetisches Programm kontrolliert, das aus folgenden sequentiellen Subprogrammen besteht:

1. Subprogramm der sehr frühen Phase — entspricht der Erkennung der Wirts-RNA-Polymerase durch die Promotoren L_1 und R_1.
2. Subprogramm der frühen Phase — betrifft die Arbeit des Cistrons N, der spezifischen Terminatoren t_L, t_{R1} und t_{R2}, aller in dieser Phase offenen Cistrons, der Initiatoren, Replikatoren und Terminatoren der Reduplikation sowie des Cistrons Q. Dieses Subprogramm unterteilt sich in zwei alternative Subprogramme, die die lysogene oder

die lytische Variante kontrollieren. Die Umschaltung zwischen diesen alternativen Subprogrammen erfolgt unter Kontrolle eines speziellen Gensystems und eines exogenen (im Verhältnis zum Phagen) metabolischen Signals (CAP und cAMP).

3. Subprogramm der späten Phase — entspricht der Erkennung des Q-Produkts durch den Promotor P_R' und des Scriptons R_2 und der Kodierung der Primärstrukturen aller Strukturproteine und Enzyme der späten Etappe. Dieses Subprogramm kommt nur nach der lytischen Variante des alternativen Subprogramms der frühen Phase zur Ausführung. Die lysogene Variante endet mit der Öffnung der Aufrechterhaltung der Arbeit des Scriptons L_1.

Insgesamt wird die Ontogenese des λ-Phagen von einem genetischen System, bestehend aus 5 wechselwirkenden Scriptons (L_1, L_2, L_3, R_1, R_2) und 2 Replicons mit *direkten und Rückkopplungen über Proteine* kontrolliert. Der zentrale Teil dieses Systems ist der *bioperonale Trigger* (L_1, R_1), der den Zustand der Replicons kontrolliert und zwei alternative Zustände aufweist: einen immunen (nichtreplikativ, lysogen) und einen nichtimmunen (replikativ, lytisch) Zustand [77, 371, 350, 351, 325, 332, 301]. Die Rolle der Operons L_2 und L_3 besteht in der Wahl des alternativen Subprogramms in der frühen Phase und in der Ausübung einiger weiterer Funktionen (vegetative Rekombination, Initiation der Transkription in L_3, Integration des Prophagen, Hemmung des Metabolismus des Bakteriums, Kontrolle von Hilfsfunktionen usw.). Das Scripton R_2 wird nur in der späten Phase geöffnet und funktioniert in untergeordneter Weise.

Im folgenden werden die Mechanismen der genetischen Wechselwirkung zwischen Regulator-Cistrons, spezifischen Sites und Interpunktionszeichen, die von ihren Proteinprodukten erkannt werden, betrachtet. Die direkten und Rückkopplungen im bioperonalen Trigger (L_1, R_1) sowie die Hemmung des Operons L_2 durch den Antirepressor (tof) und den Repressor (C_I) laufen nach dem Prinzip der negativen Repression ab [218, 356]. Die Wirkungen des Antiterminators (N) auf t_L, t_{R1} und t_{R2}, des Produkts von Q auf P_R', der Produkte von C_{II} und C_{III} auf pre, der Reduplikationsinitiatoren (O und P) auf den Replikator ori und möglicherweise auch des Repressors (C_I) auf den Promotor P_C beruhen auf einem *positiven* Regulationsmechanismus, der wahrscheinlich durch die Änderung der Aktivierungs- oder Terminationseigenschaften der DNA- bzw. RNA-Polymerasen zustande kommt [102, 218].

Die Promotoren P_L und P_R und die Terminatoren t_L, t_C, t_{R1}, t_{R2} verhalten sich spezifisch gegenüber der nichtmodifizierten RNA-Polymerase des Bakteriums, ohne Zuhilfenahme irgendwelcher anderer Phagenprodukte [102, 218]. Der Antiterminator (M) stört wahrscheinlich die Erkennung zwischen dem ϱ-Faktor der RNA-Polymerase und den Terminatoren. Da das Cistron N sein Produkt im Überschuß liefert [361], ist nicht ausgeschlossen, daß durch diesen Mechanismus die Transkription der bakteriellen Loci gehemmt wird. Einige Promotoren, sowohl starke als auch schwache, funktionieren zusammen mit spezifischen Phagenfaktoren: P_C zusammen mit dem Produkt von C_I [366], pre mit den Produkten der Cistrons C_{II} und C_{III} und CAP + cAMP, P_R' mit dem σ-ähnlichen Produkt von Q. Der Replikator ori und möglicherweise auch der Reduplikationsterminator T_r werden unter Beteiligung von Initiatoren (Produkte der Cistrons O und P) durch die DNA-Polymerase erkannt. *Die Interpunktion der Scriptons und Replicons ist also nicht konstant,* sondern ändert ihre spezifischen Eigenschaften in Abhängigkeit von Proteinfaktoren.

Unter theoretischen Aspekten betrachtet (siehe 10.3.), unterscheiden sich alle Steuermechanismen durch spezifische Proteine und Interpunktionszeichen peripherer Subsysteme von den entsprechenden Steuermechanismen des zentralen Subsystems. Im ersten Fall bleibt, unabhängig vom Steuersignal, die Universalität der fundamentalen Syntheseprozesse erhalten (siehe 1.11.). Im Fall des zentralen Subsystems erfolgt die Steuerung auf der Grundlage der *Störung dieser Universalität.*

Es läßt sich vermuten, daß die positiven Steuermechanismen, die auf der Spezifität von RNA- und DNA-Polymerasen beruhen, außerhalb der ontogenetischen Steuersysteme kaum weiter verbreitet sind. Die ontogenetischen Subprogramme sind autonom. Deshalb kann in einer Wirtszelle stets nur ein Programm verwirklicht werden. In diesem Fall kann die *Universalität der Transkriptions- und Reduplikationsmechanismen nur beim Übergang zwischen Subprogrammen gestört werden.* Dieses Umschaltprinzip wird bei der Phagenontogenese benutzt. *Im Rahmen eines Subprogramms sind die Enzyme der zentralen Subsysteme universell.*

Interessanterweise gibt es auch bei Eukaryonten Varianten von σ-ähnlichen RNA-Polymerase-Faktoren — sie gehören jedoch physiologisch autonomen Systemen an (Transkription von chromosomalen, ribosomalen Loci und Loci von Organellen-DNA) 27, 28, 41].

13.2. Die Kodierung des intrazellulären Ontogeneseprogramms im Erbmaterial [301, 350, 351]

Im folgenden werden die Arten der Speicherung des genetischen Ontogeneseprogramms im Erbmaterial („Erbgedächtnis") der Phagen betrachtet. Ausgehend von den Gesetzmäßigkeiten der genetischen Sprache (siehe Teil II), läßt sich a priori behaupten, daß die Eigenschaften der einzelnen Proteine, spezifischen Sites und Interpunktionszeichen durch die Sequenz ihrer Monomerbestandteile kodiert werden. Es stellt sich jedoch die Frage, ob es für Ontogeneseprogramme eine Speicherart auf der supercistronalen Ebene der genetischen Sprache gibt.

Die Sequenz der Cistrons auf der Genkarte des Phagen T7 unterliegt nicht dem Zufall, sondern korreliert deutlich mit der zeitlichen Reihenfolge der Arbeit dieser Cistrons in der Phagenontogenese (siehe 12.1.). Bei λ und T4 sind die Loci der frühen und der späten Ontogenesephasen topologisch getrennt (siehe Abb. 72, 77). Am Beispiel des λ-Phagen wollen wir unsere Fragestellung ausführlicher behandeln.

Die Region der Operatoren, Promotoren und Terminatoren aller Scriptons und Sites für den Ringbruch umfaßt ca. 12000 Basenpaare (weniger als 25% des Phagengenoms), die Region der Scriptons für die frühen Ontogenesephasen (L_1, L_2, L_3, R_1) ca. 7500 Basenpaare (15%). In dieser Region liegen auch die Cistrons aller Phagenproteine, die mit diesen Interpunktionszeichen in spezifische Wechselwirkung treten. Zusammen bilden sie eine deutlich erkennbare *Regulationszone.* Die übrigen Cistrons stellen eine untergeordnete Zone von Cistrons katalytischer und struktureller Proteine dar.

Außerdem weisen die Erkennungssignale und die Cistrons der ihnen gegenüber spezifischen Proteine einen cis-Effekt auf: sie sind entweder benachbart oder relativ eng zusammen lokalisiert. Benachbart sind: N und t_L, C_I und P_C, C_{II} und pre, O und ori, int und (aa'). Innerhalb der Steuerzone (d. h. eng zusammen) liegen: C_I und O_L, C_I und O_{R1}, tof und O_C, tof und O_L', N und t_{R1}, N und t_{R2}, C_{III} und pre.

Nicht vollständig geklärt sind die gegenseitigen Lagebeziehungen zwischen den relativ wenig untersuchten spezifischen Loci der Region A...F und (mm') und der Region b_2

und (aa'). Jedoch betragen auch hier die maximal möglichen Abstände nicht mehr als wenige 1000 Nukleotidpaare.
Die wichtigsten die Phagenontogenese kontrollierenden Regulatorcistrons (C_I, tof, N) liegen in der jeweils dem Operator folgenden Zone ihrer Operons. Dies steht wahrscheinlich im Zusammenhang mit einem möglichst schnellen Transkriptionsbeginn dieser Loci. Die Reihenfolge der übrigen durch Interpunktionszeichen abgegrenzten Operonzonen, welche eine Reihe weiterer Regulatorcistrons (C_{III}, C_{II}, Q, O, P usw.) enthalten, wird wahrscheinlich durch die zeitliche Sequenz ihrer ontogenetischen Funktionsbereitschaft determiniert.
Die Interpunktionszeichen und Operatoren zeigen ebenfalls eine Reihe von cis-Effekten. Promotor und Operator sind gewöhnlich benachbart und nacheinander (in Transkriptionsrichtung) lokalisiert (siehe 12.2.). Es sind zwei benachbarte, komplexe (Polysites) Operatoren bekannt [218, 372]. Die Promotor-Operatorzone des Scriptons L_2 umfaßt ca. 200 Basenpaare und wird nicht transkribiert [42, 43]. Relativ wenig erforscht ist die Aktivierung von Interpunktionszeichen durch einige Proteine: P_C durch C_I, pre durch die Produkte von C_{III} und C_{II}, ori durch die Produkte von O und P. Wahrscheinlich gibt es neben dem eigentlichen Promotor oder Replikator (d. h. den Initiationsstellen) spezielle Sites für das entsprechende Protein. Nach der Hypothese von Burgess [27] müßten die Promotorregionen der Phagenoperatoren (wie auch bei Bakterien — siehe 10.1.) daher komplex sein und aus einer Gruppe von benachbart lokalisierten spezifischen Sites bestehen: einer Bindungssite für das core-Enzym der RNA-Polymerase, einer Site für den σ-Faktor, einer oder mehreren Operatorsites für Repressormoleküle und einer Startsite, an der die Transkription beginnt [42, 43].
Die Promotoren und Operatoren der zwei benachbarten Operons $L_1(P_C, O_C)$ und $R_1(P_R, O_R)$ sind benachbart und gegensätzlich orientiert. Es ist nicht ausgeschlossen, daß in solchen Fällen eine kontaktartige cis-Wechselwirkung zwischen den Erkennungssignalen der beiden Operons oder sogar eine teilweise Überlappung erfolgt [41, 354]. So kann z. B. die Bindung des Repressors (C_I) an O_R einerseits die Bindung der RNA-Polymerase an den Promotor P_C stimulieren, andererseits aber die Bindung an den Promotor P_R hemmen. In diesem Fall fällt die spezifische Site für das C_I-Produkt in der Nähe von P_C mit dem Operator P_R zusammen bzw. überlappt mit ihm.
Der Promotor pre und die mit ihm benachbarte Site für die Proteine der Cistrons C_{II} und C_{III} im Scripton L_3 liegen innerhalb eines anderen Scriptons (R_1). Deshalb spielen diese Abschnitte gegenüber R_1 die Rolle eines zusätzlichen endogenen Operators, der in Anwesenheit der entsprechenden Proteine und unter bestimmten metabolischen Bedingungen die rechtsgerichtete Transkription behindert [357, 358].
Der Replikator ori ist innerhalb des Scriptons R_1 lokalisiert, was zu einer Wechselwirkung zwischen Transkription und Reduplikation führt [354]. Die Initiation der Replikation am Replikator ori erfordert die Synthese einer Primer-RNA von ca. 500 Basenpaaren Länge und hängt von der Anwesenheit der O- und P-Produkte ab [401]. Der transkribierte Abschnitt einer der beiden Stränge des Replikators braucht keine Translationsfunktionen zu besitzen. Die Replikation verläuft bedeutend schneller als der Transkriptionsprozeß und tritt während der Funktionsausübung der Scriptons nur kurzzeitig in Erscheinung. Aus diesem Grund erfolgt keine Störung dieser Prozesse durch die Wechselwirkung von Reduplikation und Transkription.
In 10.1. wurden die Kontextbesonderheiten von Scriptons betrachtet. Die hier angeführten Beispiele für die partielle Überlappung von Scriptons (oder möglicherweise ihrer Interpunktionszeichen) scheinen die Prinzipien der eindeutigen Unterteilung des

genetischen Textes in Scriptons zu verletzen. Man muß jedoch in Betracht ziehen, daß die *überlappenden Scriptons nicht gleichzeitig arbeiten*, d. h. *sie gehören zwei verschiedenen, alternativen Subprogrammen der Ontogenese an.*

Die Existenz von Einschränkungen für die Lage und Orientierung einzelner Cistrons, Interpunktionszeichen, Scriptons und deren Zonen sowie die Lokalisation von Bruchstellen, die für die beschriebenen Ontogeneseregime zulässig sind, führt dazu, daß die Genkarte des λ-Phagen in hohem Maße von einer zufälligen Strukturierung abweicht. Auf der Ebene der Scriptons und ihrer Zonen sind Umstellungen unmöglich. Innerhalb der Zonen ist lediglich ein sekundärer Austausch einiger Strukturcistrons vom nichtregulatorischen Typ möglich. *Deshalb wird das Ontogeneseprogramm des λ-Phagen im Genom nicht nur in Form einer Gesamtheit von Cistrons, Interpunktionszeichen, Scriptons, Scriptonzonen usw. einschließlich ihrer spezifischen Eigenschaften kodiert, sondern gleichzeitig auch durch die Zusammensetzung und die Sequenz (und teilweise durch Überlappung und gegenseitige Orientierung) der Scriptons, Scriptonzonen und Interpunktionszeichen in der cis-Lage.*

Andererseits ist die Lokalisation der aus dem Replikator ori und den Cistrons der Reduplikationsinitiatoren (O und P) bestehenden Gruppe und des Abschnitts (aa') und der Cistrons int und xis nicht unikal. Die einzige ontogenetische Anforderung an die Lokalisation des Replikators und die Cistrons der Initiation besteht in der Gewährleistung eines Triggersystems. Das Operonpaar L_1-L_2 bildet ebenfalls ein Triggersystem. Deshalb lassen sich die Loci ori-O-P prinzipiell in das Scripton L_2 einfügen, z. B. in die Zone 2. Die Loci (aa')-int-xis kann man — invertiert — in das Scripton R_1 einbauen, z. B. in die Zone 3.

In der späten Phase der Phagenontogenese arbeiten die Cistrons der morphogenetischen Strukturproteine und Enzyme ohne erkennbare Steuerprozesse nebeneinander, die Formierung der morphologischen Strukturen erfolgt jedoch in einer strengen Reihenfolge und ist in mehrere Prozeßketten gegliedert (siehe 12.4.). Als wichtigster Mechanismus in dieser Phase fungiert das Prinzip der *Selbstorganisation*, basierend auf der gegenseitigen Erkennung spezifischer Sites an zu „montierenden" Proteinen und dem bereits formierten Teilstück der Struktur. An einigen Schlußphasen sind auch Enzyme beteiligt.

In diesem Fall kommt der Cistronsequenz keine kodierende Rolle zu (bei λ gehören diese Cistrons alle zum Scripton R_2, bei T4 können sie unterschiedlichen Scriptons angehören). *Der Selbstorganisationsprozeß wie auch die enzymatische Strukturformierung werden durch die innere Struktur der Cistrons über die Zentren der gegenseitigen Proteinerkennung kodiert.* Die Cistrons der Morphogenese-Enzyme stellen spezialisierte Gene dar, die die Topographie der Morphogenese determinieren.

13.3. Trigger und extragenomale Vererbung des Locuszustands. Strukturelles und dynamisches genetisches Gedächtnis [301]

Dem Beweis für die Existenz eines realen Triggers beim λ-Phagen kommt große Bedeutung zu. Er liefert ein molekulargenetisches Beispiel für den Weg von einem auf theoretischen Überlegungen fußenden hypothetischen Modell zu einer realen Struktur, die gerade dort gefunden wurde, wo ihre Existenz auf Grund einer phänomenologischen Systemanalyse erwartet wurde [77, 299].

Die Stabilität jeder der beiden Zustände, des replikativen und des nichtreplikativen, umfaßt nicht nur einen einzigen Replikationszyklus des Prophagen oder des vegetativen Phagen, sondern praktisch alle folgenden Replikationszyklen. Der Prophage im Genom des lysogenen Bakteriums wird bei der Reduplikation unter Beibehaltung seines Zustandes „vererbt“; das sich reduplizierende Genom des λ-Phagen produziert in der Phase des lytischen Wachstums Tochtergenome, die sofort in die folgenden Reduplikationszyklen eintreten. Das heißt, hier liegt ein molekularer Trigger vor, der im Phagengenom in Form von zwei Operons mit zwei möglichen Zuständen kodiert wird. Der Zustand des Triggers wird jedoch nicht durch das Genom bestimmt, sondern durch andere Faktoren. Wenn nun der Zustand einmal determiniert worden ist, wird dieser auch nach Entfernung des Ausgangssignals, welches den entsprechenden Zustand hervorgerufen hat (wenn keine anderen äußeren Faktoren zur Wirkung kommen) an die Tochterexemplare des Phagengenoms weitergegeben. Phänomenologisch läßt sich eine solche Übertragung als „Vererbung“ charakterisieren, aber die Analyse der Mechanismen zeigt, daß hier ein komplizierterer Prozeß vorliegt.

Als Vererbung im molekulargenetischen Sinn bezeichnet man die Übertragung von reproduktionsfähigen Polynukleotidmatrizen durch die Elternorganismen, die die Realisierung eines bestimmten molekularen Merkmals bei den Nachkommen gewährleisten: Synthese eines Polypeptids, Erkennung eines Repressors usw. Betrachtet man den Trigger, so werden die Loci der Operons L_1 und R_1 im echten, genetischen Sinne vererbt; „vererbt“ im o. g. Sinne wird der Zustand des Eltern-Triggers. Die Erhaltung und Übertragung des Zustandes erfolgt durch die Synthese eines entsprechenden Repressors und dessen Verteilung zwischen den Nachkommen. Dieser bioperonale Trigger stellt somit eine „Erbeinheit“ besonderer Art dar: *In ihr wird die Information nicht nur durch die Struktur von Makromolekülen kodiert, sondern auch durch Existenz bzw. Nichtexistenz bestimmter extragenomaler Makromoleküle (Repressoren). Die Informationsübertragung geht teilweise außerhalb des Genoms vonstatten.* Ein solcher Prozeß werde als *extragenomale Vererbung* bezeichnet.

Auf dieser Grundlage können wir den molekularen Trigger als ein einfaches Speichersystem betrachten, dessen Zustand stabil ist und an die Tochtersysteme weitergegeben werden kann. Die Informationsspeicherung erfolgt im Triggersystem auf zweierlei Weise: *Die strukturelle Information über die Elemente des Systems* wird in den Loci der entsprechenden Operons kodiert; *die Information über den Zustand des Triggers* wird außerhalb des Genoms durch die Anwesenheit von Repressorproteinen gespeichert.

Speichersysteme stellen entweder Elemente dar, die sich langzeitig in einem von mehreren stabilen Zuständen befinden können (statisches Gedächtnis), oder eine zyklische Struktur aus Elementen und Verbindungskanälen, in denen die Signale zirkulieren (dynamisches Gedächtnis). *Der molekulare Trigger kann als einfachste Variante des dynamischen Gedächtnisses angesehen werden,* das statische (strukturelle) Gedächtnis wird durch die Gene repräsentiert. Es steht außer Zweifel, daß sich verschiedene Systemvarianten konstruieren lassen, die — von unterschiedlicher Kapazität und Signalzusammensetzung — ein dynamisches Gedächtnis darstellen. Von besonderem Interesse sind dabei jene Varianten, die ihr dynamisches Funktionsregime über die Reduplikation der DNA und die Zellteilung weitergeben können.

Obwohl die Übertragung des Triggerzustandes phänomenologisch als Vererbung erscheint, lassen sich genetische Kriterien finden, die diese Form der „Vererbung“ von einer echten MENDEL-Vererbung mit Übertragung von Genkopien abgrenzen. Im Unterschied zu Genen *vermischen sich die migrierenden Repressoren der Trigger in den Heterozygoten und unifizieren somit den Zustand beider Trigger.* Damit wird gegen ein fundamentales Gesetz der MENDEL-Vererbung verstoßen: die Verteilung der Gene in den Nachkommen gehorcht nicht den MENDELschen Gesetzen.

Das Synchronregime des Triggers wird instabil vererbt, d. h. es kann als *dauerhafte Modifikation* betrachtet werden.

Auf der Basis des heuristischen Prinzips der Stabilität im weiteren Sinne (siehe 3.4.) erscheint das stabile, sich bei der Vererbung reproduzierende Triggerregime (im Gegensatz zum Synchronregime) als das für die Interpretation der realen Phänomene günstigere.

Die reale Struktur molekulargenetischer Ontogenese-Steuersysteme ist bisher nur für einige Phagen aufgeklärt worden (12.3., 13.1.). Die Fähigkeit dieser Systeme zur Aufrechterhaltung und Weitergabe des differenzierten Zustands wird bei Phagen in Form eines bioperonalen Triggersystems der Reduplikationssteuerung repräsentiert. Die Analyse der Replicons und Zustände des bioperonalen Triggers führt zu einer weiteren wichtigen genetischen Verallgemeinerung [371]. Alle vorn betrachteten Mechanismen gegenseitiger Spezifität zählen zum *strukturellen Typ*, d. h. spezifische Zentren (sites) eines Makromoleküls werden durch spezifische Zentren eines anderen Makromoleküls oder durch Metaboliten erkannt. Trigger und kompliziertere Operonsysteme verändern ihre Funktionszustände oder Regimes mit Hilfe von bestimmten Effektoren (Metaboliten)-Kombinationen. Diese Signale können intrazellulären oder extrazellulären Ursprungs, also auch durch andere Operonsysteme bedingt sein. Die Kombination von metabolischen Signalen auf der Basis ihrer strukturellen Spezifität und des Zeitpunktes ihrer Wirkung erlaubt somit die spezifische Initiation, Hemmung oder Koordinierung bestimmter Funktionsregimes der Operonsysteme. Hier liegt ein völlig anderer Spezifitätstyp vor: *der dynamische Typ*, bei dem die Kodierung durch die Sequenz von Signalen unterschiedlichen Ursprungs und unterschiedlicher Länge erfolgt.

13.4. Modelle von Scriptons mit komplizierter Interpunktion und ihre mögliche Rolle in der Ontogenese

Die Analyse von bekannten Scriptons bei Mikroorganismen (lac-Operon bei *E. coli* — siehe 10.1.; Operon L_2 bei λ u. a.), zeigt, daß die Promotorregion einen komplizierten Bau und mehrere spezifische Sites aufweisen kann. In den meisten Fällen sind diese Sites nicht überlappend, obwohl auch Grenzfälle bekannt sind. Bei Eukaryonten gibt es eine Reihe weniger gut untersuchter Loci, die ein eigentümliches, stufenartiges Bild der molekularen oder ontogenetischen Expression zeigen. Dazu zählen die Melesitase-Loci bei Hefen [77, 402 bis 404] und der Locus scute-achaete bei *Drosophila melanogaster* [77, 210 bis 214, 405].

Das Enzym Melesitase wird bei Hefen durch fünf Zucker induziert, die als Substrat dieses Enzyms fungieren: Turanose (T), Maltose (M), Saccharose (S), Methyl-D-Glucopyranosid (G) und Melesitose (Z). Die Fähigkeit zur Induktion durch alle Zucker wird mit TMSGZ, Mutationsverluste werden durch kleine Buchstaben gekennzeichnet. Es lassen sich fünf Typen von Mutanten unterscheiden, die einen vollständigen oder partiellen Verlust der Induktionsfähigkeit bewirken: TMSGZ, TMSgz, TMsgz, Tmsgz, tmsgz. Das Melesitase-Cistron weist dabei keine Defekte auf. Die Analyse dieser und einiger anderer Daten führt zum Modell eines induziblen Operons *mit einem komplizierten, stufenartigen Operator* (Abb. 80) [77, 402]. Es wird angenommen, daß das stufenartige Bild der Mutagenese einem System von stufenartigen Operatorsites entspricht, die die

Informationsstruktur des Operators darstellen. Jede Site funktioniert unabhängig und tritt mit einzelnen repressorischen oder aktivierenden Proteinen (Produkte des Regulatorcistrons) in Wechselwirkung. Die phänotypischen Eigenschaften der Mutanten weisen auf eine *positive Induktionsvariante* hin.
Eine ähnliche Situation liegt beim Locus scute-achaete vor (SEREBROWSKI, DUBININ u. a. [210 bis 214, 405]). Es konnten ca. 20 scute-Mutanten mit Reduktion verschiedener Makrochäta (ungefähr 20 Borsten) isoliert werden. Der stufenartige Charakter der Reduktion der Borsten und die lokale Rezessivität der Reduktion in den Heterozygoten weist auf eine komplizierte innere Struktur dieses Locus hin. Nach STERN [406] besteht

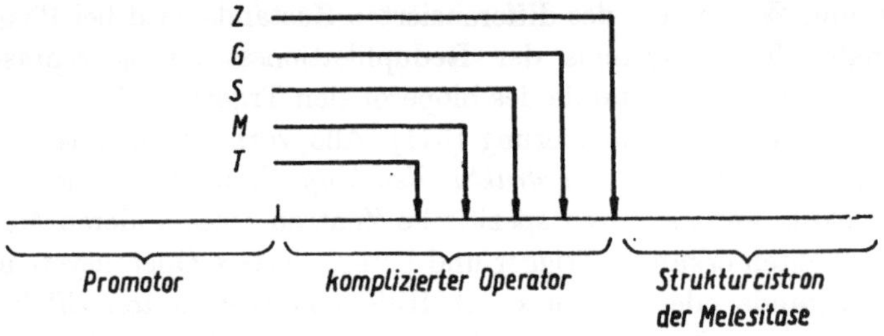

Abb. 80. Schema des komplizierten Operators des Melesitase-Operons bei Hefen [77, 402].

T, M, S, G, Z — Operatorsites, die von den Induktoren im Komplex mit den entsprechenden Zuckern erkannt werden. Erläuterungen im Text.

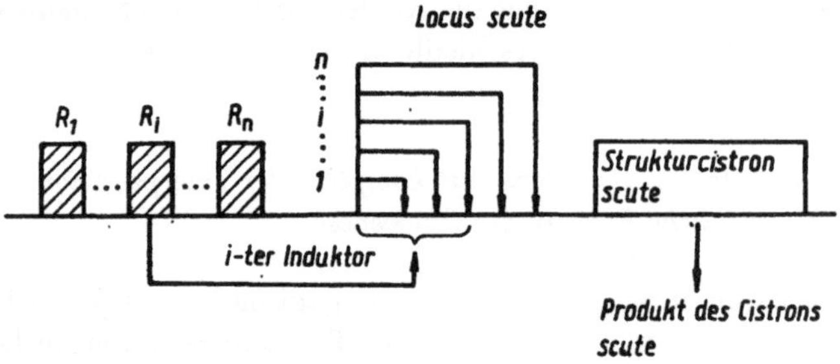

Abb. 81. Hypothetisches Steuerschema des komplizierten Operators am Locus Scute-achaete bei *Drosophila melanogaster* [77, 214].

$i = 1, 2, \ldots n$ — Indices der Sites des stufenförmigen Operators, R_i — Indices der entsprechenden Regulatoren.

das System der Borstenbildung aus zwei Subsystemen: einem *Subsystem der Prästruktur*, das die Lage der Borsten kontrolliert, und einem *Antwortsystem*, das die Reaktion der Zellen auf die Prästruktur (Synthese der Borsten in einer bestimmten Zone) kontrolliert. Der Locus scute gehört in allen Fällen zum Antwortsystem.
Der Locus scute wird als Operon mit einem Strukturcistron (oder Cistrons) und einem komplizierten Operator (Polysites), der durch eine Anzahl von Eiweißinduktoren aktiviert wird, betrachtet (Abb. 81) [77, 214]. Jeder Induktor besitzt ein eigenes Regulatorcistron, das nur bei der Bildung einer bestimmten Borste funktioniert. Der Locus scute spielt wahrscheinlich die Rolle eines *Kommutators* des Antwortsystems, der die lokale Bildung einer Borste in Abhängigkeit vom eigenen Allel-Zustand und entsprechend dem „Generalplan“ der Prästruktur in Gang setzt.

Zu einem ähnlichen Operonmodell mit komplizierter Promotor-Operator-Zone gelangte GEORGIEV [407, 408] (siehe auch [409]) (Abb. 82). Von Untersuchungen an tierischen Zellen ausgehend, schlug er ein Modell vor, bei dem die Operons eine ausgedehnte Promotor-Operator-Zone *mit nichtüberlappenden Erkennungssites* für Regulatorproteine enthalten. Es wird angenommen, daß die Promotor-Operator-Region transkribiert, im weiteren jedoch enzymatisch abgebaut und nicht translatiert wird. Für den Abbau soll sie spezifische Sites für Nukleasen enthalten [408].
Ontogenetische Programme, welche Kommutatoren des angeführten Typs benutzen, weisen bestimmte Funktionseigenschaften auf. Sie müssen eine kleine Zahl von Strukturcistrons kontrollieren, die — in verschiedenen Zellen des Organismus und zu verschiede-

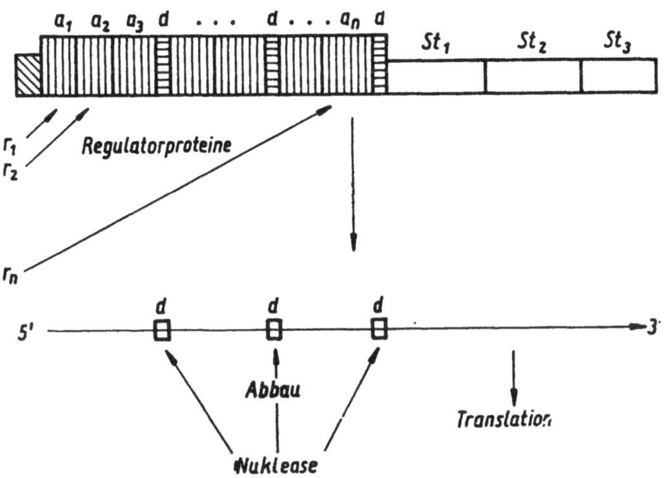

Abb. 82. Hypothetisches Schema eines Operons mit einer komplizierten Polysite-Steuerzone [407, 408].

Man nimmt an, daß die Regulationszone transkribiert wird, dann jedoch dem Abbau durch Nucleasen unterliegt (über die Sites d), der übrige Teil wird translatiert. Die Sites sind nicht überlappend.

nen Zeitpunkten — als Antwort auf bestimmte Proteine oder metabolische Signale die Ausbildung einer standardisierten Gruppe von Merkmalen (Synthese von Melesitase, Borstenbildung usw.) bewirken [77, 214]. Mit Hilfe solcher Kommutatoren kann ein und dasselbe Enzymsystem in verschiedenen Zellen an unterschiedliche Subprogramme der Ontogenese angeschlossen werden.
Die Kommutatoren spielen in genetischen Steuersystemen die Rolle von logischen Elementen. Wir betrachten eine Promotorregion, in der eine *Gruppe nichtüberlappender Sites positiver Regulation* $a_1, a_2, \ldots, a_n$, die mit den aktivierenden Proteinen $r_1, r_2, \ldots, r_n$ in Wechselwirkung stehen, lokalisiert ist. In den untersuchten Fällen (katabolische Repression, positive Steuerung usw.) ist die Anwesenheit jedes Elements r_i für die Initiation der Transkription erforderlich. Folglich wird die Promotorregion nur dann aktiviert, wenn jede der Sites a_i aktiviert wird. Mit a_i bezeichnen wir gleichzeitig den Zustand der i-ten Site: $a_i \in \{0, 1\}$, wobei 1 den aktiven, 0 den inaktiven Zustand bezeichnet. Der

Zustand der Promotorregion ergibt sich dann durch

$$P = \bigwedge_{i=1}^{n} a_i.^{1)}$$

Betrachten wir nun eine Promotorregion mit einer Gruppe *überlappende positive Steuersites*. In diesem Fall wird der Kommutator dann aktiviert, wenn *wenigstens eine* Site aktiviert wird. Zustand des Promotorabschnittes:

$$P = \bigvee_{i=1}^{n} a_i{}^{2)}$$

Mit $O = (O_1, O_2, \ldots, O_n)$ soll eine Gruppe von *Operatoren mit negativer Steuerung* bezeichnet werden. Der aktive Zustand $O_i = 1$ eines jeden beliebigen Operators O_i entspricht einer Transkriptionshemmung unabhängig von den anderen Operatoren, der

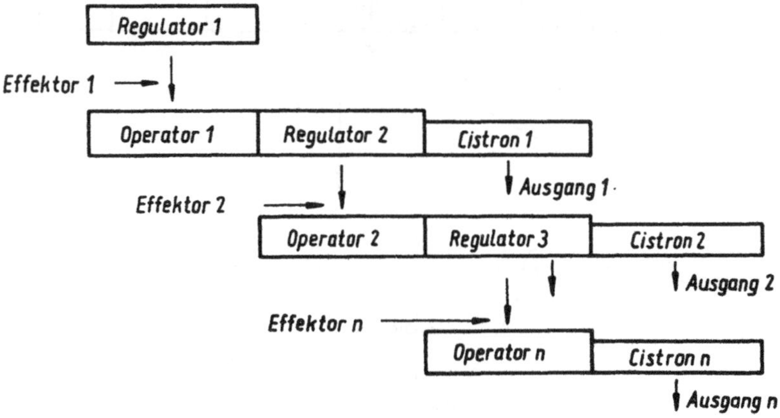

Abb. 83. Sequentielle Unterordnung von Operons auf mehreren Ebenen [77].

aktive Zustand $O = 1$ der Gruppe O entspricht ebenfalls einer Transkriptionshemmung. Es folgt:

$$O = \bigvee_{i=1}^{n} O_i.^{3)}$$

Die Kombination von positiven und negativen Sites zu komplizierteren Gruppen erscheint ebenfalls möglich.

Abschließend wollen wir extreme Organisationsvarianten polyoperonaler Systeme betrachten, die zur Ausübung einiger wichtiger Funktionen in der Ontogenese befähigt sind. Abb. 83 zeigt ein System sequentiell untergeordneter Operons mit ihren Ausgängen

1) Der Zustand $Z(P) = (a_1, a_2, \ldots, a_i, \ldots a_n)$ einer Promotorregion P ist genau dann ein *aktiver* Zustand, wenn $Z(P) = \left(1 \overbrace{\ldots\ldots}^{\text{n-mal}} 1\right)$, d. h. $a_i = 1 \ \forall \ i$ bzw. $a_1 = 1 \wedge a_2 = 1 \wedge \ldots \wedge a_i = 1 \wedge \ldots \wedge a_n = 1$. ($\wedge$: und); $a_i \in \{0, 1\}$.

2) Der Zustand $Z(P)$ einer Promotorregion P ist genau dann ein *aktiver* Zustand, wenn $a_1 = 1 \vee a_2 = 1, \ldots \vee a_i = 1 \vee \ldots \vee a_n = 1$ ($\vee$: oder); $a_i \in \{0, 1\}$.

3) Der Zustand $Z(O)$ einer Gruppe von Operatoren O ist genau dann ein *transcriptionshemmender Zustand*, wenn $O_1 = 1 \vee O_2 = 1 \vee \ldots O_i = 1 \vee \ldots \vee O_n = 1$ ($\vee$: oder); $O_i \in \{0,1\}$ (Anmerkungen des Herausgebers).

und Effektoren. Je niedriger die Steuerebene, um so komplizierter ist die Kombination, mit deren Hilfe die Umschaltung des Systems erfolgt. Wenn die Wechselwirkung zwischen den Regulatorproteinen und Operatoren einem positiven Mechanismus entspricht, gewährleistet das System die zeitlich sequentielle Öffnung der Cistrons. Diesem Typ gehören wahrscheinlich die Operonsysteme an, die die Umschaltung der sequentiellen Subprogramme bei der Phagenontogenese kontrollieren (siehe 13.1.). Die Einführung von negativen Rückkopplungen erlaubt nach Öffnung der nächstfolgenden Subprogramme die vorhergegangenen abzuschalten.

Für Systeme dieses Typs ist folgende Einschränkung zu machen: Auf jeder Ebene wirkt der in nur einer Kopie pro Genom vorhandene Operator als begrenzender Faktor des Prozesses. Deshalb erfolgt in diesen Systemen *keine sequentielle Verstärkung des*

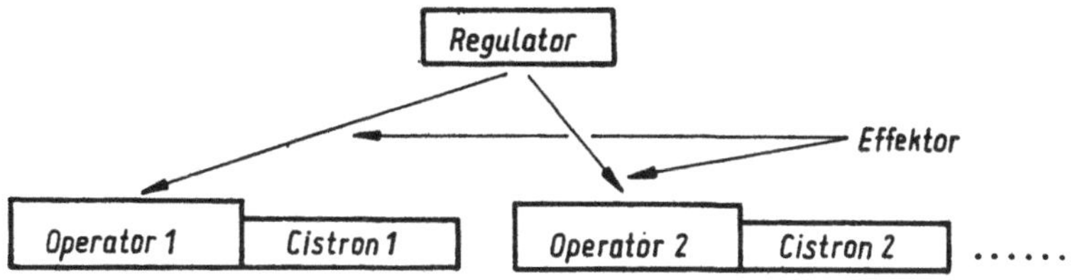

Abb. 84. Einem gemeinsamen Regulator untergeordnete Operongruppe [77].

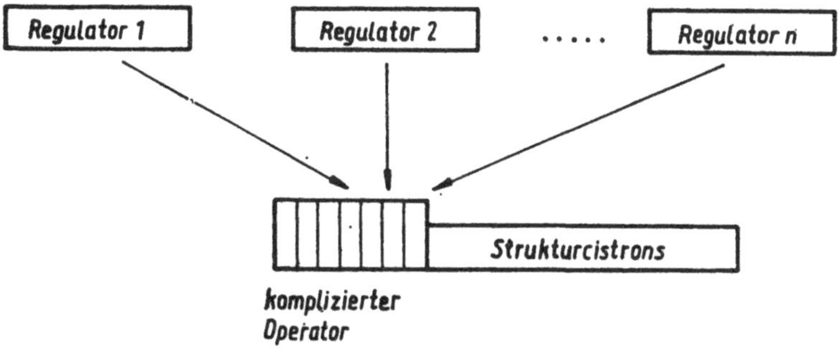

Abb. 85. Einer Gruppe von Regulatoren untergeordnetes Operon mit komplizierter Steuerzone (Kommutator) [77].

Effekts von Ebene zu Ebene (R. I. SALGANIK, persönl. Mitteilung). Auf der jeweils nächsten Ebene wird die Verstärkerwirkung der vorherigen Ebene gelöscht.

Abb. 84 zeigt ein „sternförmiges“ Steuersystem, in dem ein Regulator die synchrone Kontrolle einer Gruppe von Operons mit gleichartigen Operatoren bewirkt. Als Beispiele dieses Typs können die Operons der Argininsynthese bei *E. coli*, die Operons L_1 und R_1 bei λ u. a. angesehen werden. Solche Systeme spielen eine wichtige Rolle in der Koordinierung der gleichzeitigen Arbeit mehrerer Operons. Sie gewährleisten auch einen hohen Grad an Verstärkerwirkung, wenn sich die Operons gegenseitig dublieren.

Abb. 85 veranschaulicht ein Steuersystem, in dem eine Gruppe verschiedener Regulatoren, ein einzelnes Operon mit einem komplizierten Polysite-Operator kontrolliert. Systeme dieses Typs erlauben ein und dasselbe Operon verschiedenen ontogenetischen Subprogrammen unterzuordnen. Sie gewährleisten die Bildung von Standardmerkmalen als Antwort auf verschiedene Signalsysteme.

Teil V: Probleme der Entstehung und Evolution genetischer Steuersysteme

Kapitel 14: Entstehung und Evolution des genetischen Codes

14.1. Heuristische Prinzipien

Der Entstehung genetischer Steuersysteme aus kodierenden Polymeren (Polynukleotiden und Polypeptiden) kommt eine fundamentale Bedeutung bei der Entstehung und Evolution des Lebens auf der Erde zu. Molekulargenetische Systeme sind wahrscheinlich die ersten Steuersysteme, die natürlich entstanden sind; jedenfalls sind es die ersten Steuersysteme, die sich im Laufe der Evolution erhalten haben. *Das Problem der Entstehung des Lebens fällt deshalb in seinem wesentlichen Bestandteil mit der Frage der Entstehung primärer Systeme der genetischen Kodierung zusammen.*

Über die konkreten Mechanismen dieses Prozesses lassen sich gegenwärtig nur mehr oder weniger fundierte Hypothesen aufstellen. Jedes Modell der Entstehung der genetischen Kodierung muß jedoch mehreren heuristischen Prinzipien Rechnung tragen [2, 77].

Erstens müssen diese Modelle ein Minimum an *Ereignissen mit geringer Wahrscheinlichkeit* enthalten und dürfen von Beginn an nicht mit unbekannten Faktoren operieren, mit anderen Worten, es müssen Modelle konstruiert werden, die — basierend auf dem gegenwärtigen Wissensstand — am wahrscheinlichsten sind.

Zweitens müssen diese Modelle ein *Minimum an essentiellen Komponenten* enthalten. Da die genetische Kodierung — die Beziehungen zwischen mRNA, tRNA und Aminoacyl-RNA-Synthetasen — den wichtigsten Bestandteil der Systeme ausmacht, muß in erster Linie die Entstehung dieser Komponenten erklärt werden.

Drittens müssen sich in jeder wichtigen Phase der Entstehung und der Vervollkommnung des Apparates der primären genetischen Kodierung die Wahrscheinlichkeit und die Geschwindigkeit der Reproduktion aller Komponenten und ihrer Beziehungen *vergrößern*, d. h. die *Wahrscheinlichkeit oder Geschwindigkeit der Autoreproduktion.* Diese Bedingungen sind notwendig, jedoch nicht hinreichend. Ihre Einhaltung im Rahmen vereinfachter Modelle ist die Voraussetzung für die *gesetzmäßige* Entstehung genetischer Kodierungssysteme aus einem Chaos abiogen entstandener Monomere.

Der Prozeß der Makroevolution verläuft während langer Zeitabschnitte stochastisch (siehe 15.1.). Dies gilt auch für die präbiologische Evolution, in der das Ausmaß von Fehlern in primitiven Prozessen der Kopierung und Reproduktion von Makromolekülen sehr groß sein dürfte [154, 410, 411]. Es konnten zwischen Monomeren und Oligomeren von Polynukleotiden und Polypeptiden keine unmittelbar determinierten Beziehungen festgestellt werden, auf deren Basis sich ein primärer Code hätte ausbilden können (siehe 2.3.). Die Entstehung einer *kolinearen Entsprechung* zwischen Polynukleotiden und Polypeptiden muß unbedingt ein Zufallsmoment enthalten, wobei dieses Ereignis als äußerst unwahrscheinlich anzusehen ist. Die Zahl der unwahrscheinlichen Ereignisse muß jedoch möglichst minimal sein, da wir es mit der Bildung eines Translationssystems zu tun haben, das in der gegenwärtigen Phase Dutzende oder sogar Hunderte von Cistrons, Proteinen, tRNAs usw. vereint, d. h. eine Menge von Elementen, deren gegen-

seitige Entsprechung durch eine rein zufällige Variation in angemessenen Zeiträumen praktisch unmöglich ist (siehe 2.2.).
Eine andere Besonderheit von Translationssystemen stochastischer Herkunft ist die *Ungleichmäßigkeit* der Degeneration des genetischen Codes (5.4.). Als indirekter Beweis für den stochastischen Charakter der frühen Evolutionsetappen des Kodierungssystems kann die Existenz von leistungsfähigen und vielfältigen Mechanismen der Nachrichtenvervielfältigung dienen, mit deren Hilfe Defekte beseitigt und Mutations- und Zufallsverluste minimalisiert werden (siehe 1.8., 1.9., 3.3.). Andererseits fallen die deterministischen Eigenschaften des genetischen Codes auf: Universalität, Zusammenhang, systematische Degeneration, Symmetrie und Regelmäßigkeit, die auf deterministische Weise erklärt werden könnten, d. h. auf der Grundlage einer bestimmten primären Determination dieser Eigenschaften, des Fehlens von Alternativvarianten oder einer großen Entstehungswahrscheinlichkeit im Rahmen eines stochastischen Prozesses. Derartige Hypothesen sind in der Literatur nicht selten [136, 412, 413].
Wir werden jedoch einen anderen Weg gehen und im Rahmen eines stochastischen Prozesses der Entstehung und Evolution des Codes Bedingungen suchen, unter denen das eine oder andere Resultat der Evolution mit großer Sicherheit entsteht oder — zufällig entstanden — zum einzigen und allgemeingültigen Ergebnis wird (siehe auch [410]).
Wir nehmen an, daß viele determinierte Eigenschaften des Codes den Sinn einer einzigen (und deshalb allgemeinen) Realisation des stochastischen Prozesses besitzen. Eine solche Situation ist dann real, wenn eine begrenzte Möglichkeit der Variation von Beziehungen gegeben ist, die sehr *unwahrscheinlich* sind, jedoch, einmal entstanden, eine lange und stabile Existenz aufweisen. Zu Objekten dieses Typs zählen aus kodierenden Polymeren zusammengesetzte Autoreproduktionssysteme (siehe 2.8.).
Im Rahmen dieser heuristischen Konzeption soll die *Universalität* des genetischen Codes als Hinweis auf die monophyletische Herkunft aller Lebensformen und nicht als Hinweis auf die Unmöglichkeit alternativer Varianten betrachtet werden. Den *Zusammenhang* von Codeserien interpretieren wir als Beweis eines einheitlichen Mutationsweges der Entstehung der Codons und Anticodons dieser Serien unter Beibehaltung der Intermediärvarianten der Codons [77, 129]. Den *systematischen Charakter* der Degeneration betrachten wir als Folge eines einheitlichen Mechanismus der nichteindeutigen Erkennung (Wobble-Hypothese) (siehe Tab. 4), der in einer sehr frühen Phase der Evolution des Codes entstanden ist. Die *Symmetrie* und *Regelmäßigkeit* des Codes (siehe 5.3.) interpretieren wir als Folge von einheitlich (oder gleichzeitig) ablaufenden Prozessen der Entstehung und Divergenz der Codeserien.
Die angeführten deterministischen Eigenschaften gelten für den Code in seiner heutigen Form. Um auf der Basis dieses Codes über die Prozesse seiner Entstehung und Evolution Aussagen zu erhalten, muß vorausgesetzt werden, daß ein wichtiges Evolutionsprinzip — das *Prinzip der Kontinuität* — eingehalten wird [2, 77, 129]: *Keine der einmal entstandenen und permanent notwendigen Eigenschaften genetischer Systeme kann ohne die Zerstörung des Systems verloren werden; nicht notwendige Eigenschaften des Systems können allmählich unter der Bedingung verändert werden, daß der Übergang zu einer alternativen oder anderen Variante ohne zwischenzeitlichen Verlust der Lebensfähigkeit erfolgt.* Das Prinzip der Kontinuität erfordert in jeder Evolutionsphase die Beibehaltung der notwendigen Grundlagen der Lebenserscheinungen, erlaubt aber auch die Erweiterung der autoreproduktiven Systeme und die zufällige oder determinierte Veränderung ihrer nichtnotwendigen Elemente. Obwohl das Prinzip der Kontinuität hier als Postulat ein-

geführt wurde, folgt seine logische Begründung aus der Definition der notwendigen und nichtnotwendigen Komponenten von Autoreproduktionssystemen (siehe 2.1.).
Der Translationsapparat ist ein notwendiges Subsystem autoreproduktiver genetischer Systeme. Auch die Menge der Anticodons der tRNA sowie die Menge der Aminoacyl-RNA-Synthetasen sind notwendige Komponenten des Translationsapparates. Der Verlust eines nichtdublierten Anticodons, der zum Stop der Erkennung eines bestimmten Codons in allen Texten führt, ist letal [2, 77, 129]. Der Verlust einer nichtdublierten Aminoacyl-RNA-Synthetase, der zur Zerstörung einer bestimmten Code-Aminosäure-Beziehung führt, ist ebenfalls letal [77, 129]. Deshalb kann sich das Arsenal der Codons in keiner Evolutionsphase verringern, unabhängig davon, auf welche Weise die tRNA und ihre Anticodons, die Aminoacyl-RNA-Synthetasen und die anderen notwendigen Komponenten des Translationsapparates entstanden sind [2, 77, 129]; es kann sich jedoch durch freie, nicht an der Kodierung beteiligte Nonsens-Tripletts vergrößern.
Der existierende genetische Code impliziert somit die gesamte Geschichte seiner Evolution. Die natürliche Auslese hat die Verlustlosigkeit des Codonarsenals stabilisiert. Aus dem gleichen Grunde konnte sich auch die Größe der einmal entstandenen Codons nicht verändern. Der Übergang von einem Duplett-Code zu einem Triplett-Code z. B. würde die gleichzeitige Verlängerung aller Cistrons um 1,5 Mal erfordern, wobei ein sehr komplizierter Mechanismus angenommen werden müßte — das Einsetzen zusätzlicher Basen in den Ausgangstext im Abstand von 2 Nukleotiden. Dies ist ein sehr aufwendiger und unwahrscheinlicher Prozeß; er stellt jedoch die einzige Möglichkeit dar, die kolineare Kontinuität aller Texte zu gewährleisten. Deshalb muß man annehmen, daß der jetzt existierende Triplett-Code wahrscheinlich auch *als Triplett-Form entstanden ist*, d. h. seine Form hat sich im Laufe der Evolution nicht verändert.

14.2. Modellkonturen der Entstehung des Codes, der Cistrons und des Translationsapparates

Bei der Behandlung der Modellkonturen der Entstehung der Informationsbeziehungen zwischen Polynukleotiden und Polypeptiden lassen wir energetische und andere physikalische Betrachtungsweisen außer acht. Wir nehmen an, daß die thermodynamischen Bedingungen für die präbiologische (nicht matrizengebundene) Synthese und die Variation der primären irregulären Polynukleotide und Polypeptide stets erfüllt sind (siehe z. B. [79]). Wir betrachten ein hypothetisches Reservoir, das die notwendigen Monomere enthalten soll. Unsere Aufgabe besteht in der Suche der wichtigsten Bedingungen für das Entstehen eines Systems kolinearer Codeentsprechung zwischen Polynukleotiden und Polypeptiden in diesem Reservoir.
Als Ausgangspunkt für die Konstruktion jedes Modells der Codeentstehung muß eine Hypothese über die Entstehungsart der Primärstrukturen folgender Molekülklassen dienen: primitive Cistrons, primitive Proteine, d. h. Produkte dieser Cistrons, primitive tRNA und primitive Aminoacyl-RNA-Synthetasen. Jede dieser Klassen kann anfangs durch einen einzigen Vertreter repräsentiert werden, der wenigstens partiell determiniert wird. Bei einer Verkleinerung der Anzahl der notwendigen Ausgangskomponenten kann man annehmen, daß die primitive Aminoacyl-RNA-Synthetase das Produkt eines Präcistrons darstellt und daß weiterhin das einsträngige Präcistron mit einem der beiden Stränge einer primitiven tRNA identisch ist. Eine solche Struktur kann man leicht erhalten [414], wie in Abb. 86 dargestellt wird. Die Strukturen 4 und 5 sind identisch,

falls sie eine geradzahlige Basenanzahl aufweisen; bei ungeradzahliger Basenanzahl unterscheiden sie sich durch eine (nichtpaarige) Base in der Mitte der Schleife.
Die Menge der primären irregulären Polymere, die Codebeziehungen eingehen sollen, kann somit aus zwei Molekültypen bestehen. Die reale Vielfalt der Cistrons, Synthetasen, tRNA und anderer Proteine kann aus den Ausgangskomponenten durch Divergenz und nachfolgenden Spezifitätszuwachs der Primärstrukturen dieser Elemente erhalten werden.
Wir nehmen an, daß in dem betrachteten Reservoir voneinander unabhängige Syntheseprozesse (zufälligen Charakters) und Prozesse der komplementären Vervollständigung bereits vorhandener Polynukleotide (Typ 1—5 in Abb. 86) sowie Polypeptidsynthese-

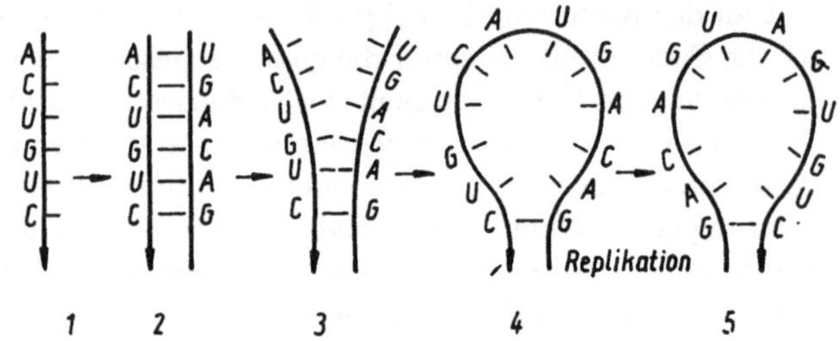

Abb. 86. Hypothetische Entstehungsvariante einer „Haarnadelstruktur" aus einem einsträngigen Nukleinsäurefragment [414].

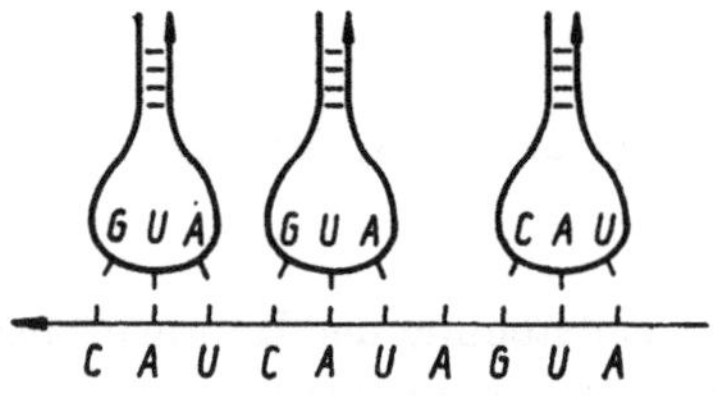

Abb. 87. Hypothetisches Schema der Bildung von polymolekularen Polynukleotidaggregaten (PN-Komplexen).

prozesse erfolgen. Wenn ein periodischer Wechsel der Prozesse der komplementären Vervollständigung und der Desaggregation (Freisetzung der synthetisierten Kopien) angenommen wird, erscheint eine rückläufige Aggregation der Molekültypen 1 und 4—5 unter Bildung von genügend lange existierenden polymolekularen Aggregaten (Abb. 87) möglich.
Nach Thomas [136] können die Triplett-Antitriplett-Paare die Rolle schwachspezifischer Sites spielen, die mittels Dispersionskräften und schwachen polaren Bindungen unmittelbar mit den Aminosäuren in Wechselwirkung treten können. Auf der Grundlage dieser Hypothese nehmen wir an, daß Sequenzen von Triplett-Antitriplettpaaren ursprünglich als schwachspezifische Zentren der Adsorption und linearen Orientierung von Aminosäuren dienen und ihre Kondensation zu Polypeptiden begünstigen. Es erscheint deshalb völlig real, daß die Zufallssynthese von Polypeptiden sich allmählich an ebenso zufälligen Polynukleotidaggregaten zu konzentrieren beginnt.

Diese Aggregate weisen, heuristisch betrachtet, einige Vorteile auf und müssen deshalb als wichtiges Objekt der Theorie betrachtet werden. Erstens zeigen sie Besonderheiten, die dem entwickelten Translationsapparat analog sind. Zweitens ist die Komplizierung dieser Aggregate ohne den Verlust bereits vorhandener Eigenschaften möglich. Drittens besteht in den Aggregaten die Möglichkeit einer sequentiellen Erhöhung der gegenseitigen Spezifität der Komponenten, die von einer Effektivitätserhöhung der Syntheseprozesse begleitet wird. Viertens können die Aggregate eine molekulare Selektion solcher Polypeptide bewirken, die bestimmte spezifische Eigenschaften in Relation zu den Komponenten der Aggregate aufweisen.

Wir wollen annehmen, daß die Aggregate des beschriebenen Typs tatsächlich existieren. Sie sind zu einer genügend langen Lebensdauer und zur Neubildung nach Desaggregation befähigt und können ihre Polynukleotidkomponenten auf nichtenzymatische Weise duplizieren, d. h. sie genügen dem Kontinuitätsprinzip, wenngleich nicht in exakter Weise. Jedes Polypeptidmolekül, das sich gegenüber einer der Polypeptidkomponenten des Aggregats spezifisch verhält und zufällig an seiner Oberfläche synthetisiert wurde, verbleibt im Komplex; alle anderen bleiben nicht in Kontakt mit dem Aggregat. Dies ist eine besondere Form der molekularen Selektion von Nukleoproteidaggregaten mit gegenseitig spezifischen Komponenten.

Eine wichtige Rolle spielt die zufällige Entstehung von Polypeptidmolekülen an den Aggregaten, die sich spezifisch gegenüber den Polynukleotidkomponenten verhalten und eine der folgenden Eigenschaften aufweisen:

a) Katalytische Fähigkeit zur Polymerisation von Polynukleotiden. Die Zahl der Aggregate und damit die Synthese der Polypeptide wird dabei rapide erhöht.
b) Katalytische Fähigkeit zur unspezifischen Bindung von Aminosäuren und deren Verknüpfung mit den 3'-Enden der Polynukleotide. Das führt zu einer starken Konzentrationserhöhung der linear geordneten Aminosäuren an der Oberfläche der Aggregate und zu einer verstärkten Synthese der Polypeptide.
c) Katalytische Fähigkeit zur unspezifischen Polymerisation von Polypeptiden. Es erfolgt eine Syntheseverstärkung der Komponenten.

Keiner dieser Schritte bedeutet jedoch schon die Entstehung von Codebeziehungen und der Reproduktion der Polypeptide. Jede der Etappen ist wichtig, aber nur für die Periode der zufälligen Existenz des entsprechenden Polypeptids.

Schlüsselmoment des betrachteten Schemas ist die folgende heuristische Hypothese, die wir als „*Hypothese des einmaligen kolinearen Zusammentreffens*" bezeichnen wollen [77].

Jede Polypeptidfamilie wird durch eine Gruppe invarianter oder wenig veränderlicher Aminosäurepositionen (10—20) charakterisiert, die für die Funktionsausübung notwendig ist (siehe Kap. 6, 15). Wenn diese Positionen festgelegt sind oder der Austausch zwischen ihnen eingeschränkt ist, führt das zu einer wesentlichen Verkürzung der „Zufallssuche" nach befriedigend funktionierenden Varianten. Die Familie der Prä-Aminoacyl-RNA-Synthetasen (wie auch andere) weist eine Reihe von essentiellen Aminosäurepositionen auf. Diese Positionen lassen sich in Untergruppen aufteilen, z. B. in polare oder apolare Aminosäuren. Wenn die Vertreter der Familie, die in erster Linie Aminosäuren aus einer der Untergruppen (z. B. polare) mit einem der Prä-tRNA-Typen koppeln, zufällig in einem der Aggregate entstehen, wird in den meisten Fällen die wiederholte zufällige Synthese von Prä-Synthetasen derselben Klasse nicht wesentlich erhöht.

Nehmen wir jedoch an, daß unter den Polynukleotidmatrizen der Aggregate zufällig eine Variante entsteht, die eine bestimmte Gruppe von Basen (B) in solchen Positionen aufweist, die sich zu den Positionen einer bestimmten Aminosäuregruppe (K) in den Prä-Synthetasen kolinear verhalten. Diese Prä-Synthetasen koppeln die Aminosäuren dieser Gruppe mit denjenigen Prä-tRNA-Molekülen, die die angeführte Basengruppe erkennen. Unter diesen Voraussetzungen liegt folgende Situation vor (Abb. 88): Zu Beginn unterscheiden sich diese Prä-Matrizen nicht von den übrigen. Sobald jedoch ein

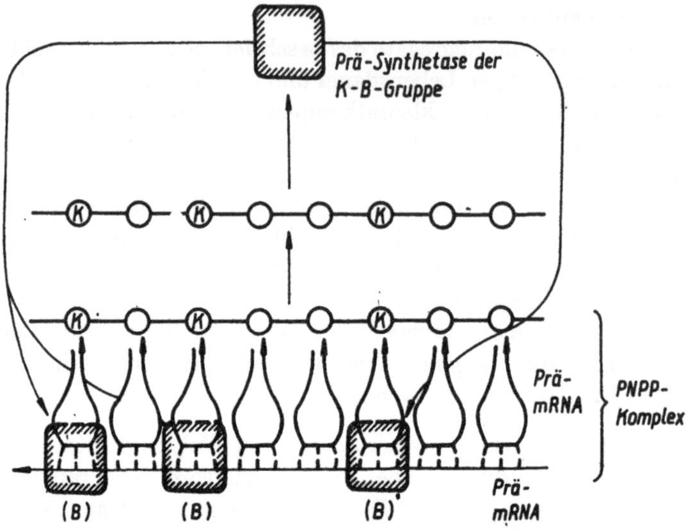

Abb. 88. Hypothetisches Schema der Bildung von Polynukleotid-Polypeptid-Komplexen (PNPP-Komplexen), in denen ein kolineares Zusammentreffen von Polynukleotid und Polypeptid erfolgt und eine positive Rückkopplung über ein Polypeptid — eine Prä-Synthetase — ausgebildet wird. Einzelheiten im Text.

Vertreter der angeführten Synthetasenfamilie zufällig entsteht, verbleibt er im Aggregat, und es erhöht sich der Anteil der Aminosäuren vom K-Typ in den Positionen der Prämatrize, zu denen die B-Basengruppen kolinear sind. Dadurch wird die wiederholte Synthese von Prä-Synthetasen der betrachteten Familie begünstigt. Mit anderen Worten: *zwischen den Präsynthetasen und den Aggregaten, in denen ihre Synthese erfolgt, bildet sich eine positive Rückkopplung aus.* Diese Aggregate nehmen eine besondere Stellung ein: sie können mit relativ hoher Wahrscheinlichkeit ihre *Polypeptidkomponente — die Prä-Synthetase vom K-B-Typ* — reproduzieren.

Obwohl die Wahrscheinlichkeit eines solchen Prozesses sehr klein ist, erscheint sein Auftreten im Verlauf von langen Zeitperioden völlig real. Die Berücksichtigung einiger zusätzlicher Umstände läßt vermuten, daß der Rahmen der primären Variation der Strukturen bedeutend enger war. Es ist z. B. nicht notwendig, daß eine exakte Kopie der „gefundenen" Prä-Synthetase reproduziert wird. Proteine zeigen ausgeprägte *Synonym*-Eigenschaften (siehe 6.4., 15.1.). Für die Reproduktion der Funktionsfähigkeit oder der Spezifität eines Proteins ist es nicht nötig, die Primärstruktur in allen Einzelheiten zu kopieren; es genügt die Reproduktion einiger Dutzend Schlüsselpositionen bei Erniedrigung der Vielfalt der Austauschprozesse. Die zufällige Bildung eines beliebigen Vertreters der entsprechenden Familie besitzt eine wesentlich höhere Wahrscheinlichkeit als die Synthese einer exakten Kopie.

Zu unterstreichen ist, daß nur ein *einmaliges kolineares Zusammentreffen* einer Reihe von Positionen der Primärstrukturen von Prä-Cistrons und Prä-Synthetase benötigt wird. Alle weiteren Varianten dieser Objekte ergeben sich durch die sequentielle Manifestierung anderer Positionen, Matrizen, Prä-tRNA-Fraktionen und Polypeptide, d. h. durch die *Divergenz* der vorhandenen Komponenten. Jede Erhöhung der Spezifität erhöht die Effektivität der Produktion aller Prä-Synthetasen-Fraktionen, d. h. die Fähigkeit der Aggregate zur Autoreproduktion.
Die entstehenden Präsynthetasen, die ein Minimum an Spezifität aufweisen, müssen bereits eine bestimmte Klasse von Prä-tRNA und eine Aminosäuregruppe unterscheiden können, indem sie diese beiden Molekülklassen miteinander koppeln. Nach THOMAS [136] besteht die einfachste Variante einer solchen Erkennung in einem direkten Kontakt der Aminosäure und des Triplett-Antitriplett-Paares (Abb. 89). *Die in ständigem Kontakt mit dem Triplett-Antitriplett-Paar befindliche Prä-Synthetase erkennt die Aminosäure einer bestimmten Klasse unmittelbar über den Kontakt mit diesem Paar.* Obwohl der Kontakt nur schwach spezifisch sein kann, erkennt die Prä-Synthetase einige Besonderheiten des Antitripletts und der Aminosäure wie auch die Konturen ihrer räumlichen Ent-

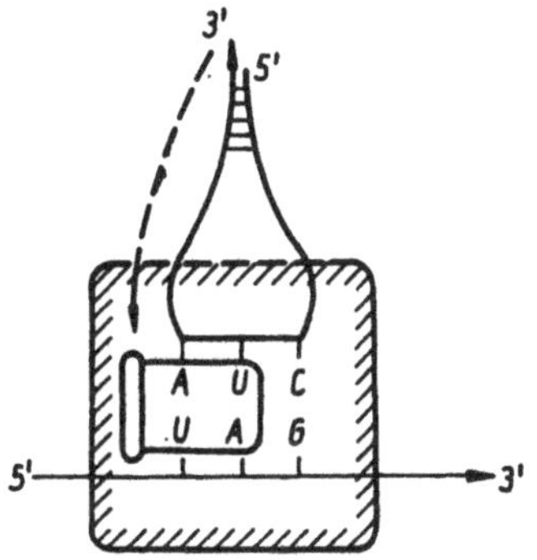

Abb. 89. Mögliche Wechselwirkung des Triplett-Antitriplett-Komplexes mit Aminosäuren [136]. Die Prä-Synthetase erkennt eine Aminosäure und einige Basenpaare des Triplett-Antitriplett-Komplexes und koppelt die Aminosäure an das 3'-Ende der Prä-tRNA. Einzelheiten im Text.

sprechung (Ausmaße). Im gegenwärtigen Translationsapparat ist die Erkennung des Anticodons durch die Aminoacyl-tRNA-Synthetase ebenfalls möglich, jedoch besteht keine Notwendigkeit darin [415 bis 417]. Im Evolutionsprozeß kann die kontaktartige Wechselwirkung zwischen Triplett-Antitriplett und Aminosäure in einer Reihe von Fällen allmählich durch ihre getrennte Wechselwirkung mit der Synthetase ersetzt werden. Damit ist keine Beeinträchtigung der Kontinuität des Codes und der Matrizen verbunden.

14.3. Entstehung der Codonäquivalenzklassen (Serien) und der Degeneration

Wir wollen versuchen, ein Schema der sequentiellen Divergenz aufzustellen, das — basierend auf dem Kontinuitätsprinzip (siehe 14.1.) — zum gegenwärtigen Code mit seinen Symmetrieeigenschaften führt. Wir gehen dabei von folgenden Voraussetzungen aus:

1. Die Ausgangscodons (Anticodons) liegen von Beginn an in der Triplett-Form vor; es ist jedoch nicht notwendig, daß alle ihre Positionen eine spezifische Funktion ausüben.
2. Jede Divergenz der Serien oder ihrer Gruppen erfordert die Duplikation der Prä-Loci der Aminoacyl-RNA-Synthetasen und der Prä-tRNA mit nachfolgender Mutation.

3. Die Entstehung einer nichtsystematischen Degeneration erfordert die Duplikation der Prä-Loci der tRNA mit nachfolgender Mutation in diesen Loci.
4. Die Entstehung einer systematischen Degeneration erfordert Mutationen lediglich in den Anticodons der tRNA.
5. Die wichtigsten Ausgangspunkte der Divergenz sind an die Fixierung des Stammes (2. Base) der Codons und Anticodons gebunden. Hierbei sind Mutationen in den Prä-Loci der erkennenden Synthetasen notwendig.
6. Die wichtigsten Eigenschaften der an der Divergenz beteiligten Aminosäuren ist ihre Polarität (polar oder apolar — P, AP) und Größe (groß, mittelgroß, klein — g, m, k) (siehe Tab. 3).
7. Nichtextreme Varianten dieser Eigenschaften können durch einheitliche Spezifitätszentren der Prä-Synthetasen erkannt werden, extreme Varianten nur durch individuelle Zentren. Extreme Varianten sind Glycin (die kleinste), Arginin (die größte und verzweigteste), Tryptophan (die größte, „flachste") und Cystein — (die reaktionsfreudigste Aminosäure).

Wir setzen weiter voraus, daß ein Zusammentreffen der kolinearen Positionen der Präsynthetase und der Prä-tRNA mit der Prä-Matrize erfolgt ist. Die erste spezifische Aussonderung soll die 2. Position der Codons (Stamm) betreffen und an eine Gruppe polarer (p) und mittelgroßer bis großer (m oder g) (jedoch nicht extremer) Aminosäuren gebunden sein. Hierzu zählen Tyrosin, Histidin, Glutamin, Asparagin, Lysin, Aspartat und Glutamat. Die meisten dieser Aminosäuren sind an der Bildung katalytischer und substratspezifischer Zentren beteiligt (siehe Kap. 6). Die polaren Aminosäurereste sind notwendige Komponenten der substratspezifischen Zentren (siehe 6.3.) und zur Ausbildung von Wasserstoffbrücken oder Dipol-Dipol-Bindungen mit polaren Substraten befähigt. Die Fixierung dieser Gruppe erlaubt die Erkennung der Radikale derselben Gruppe. Andererseits muß in dieser Phase eine der Basen in der 2. Triplettposition fixiert werden (genauer: in der 2. Position der Antitripletts der Prä-tRNA). Zu diesem Zweck muß die Prä-Synthetase ein spezifisches Zentrum aufweisen, das im Komplex eine Base der 2. Position des Triplett-Antitriplett-Paares erkennt und jede beliebige polare, jedoch nicht kleine Aminosäure erfaßt. Der Ausschluß der kleinen Aminosäuren bedeutet automatisch (nach der Hypothese von Thomas [136]), daß die Basen in der 3. Position des Triplett-Antitriplett-Paares für die Erkennung der Aminosäure von wesentlicher Bedeutung sind, da der Aminosäurerest alle drei Basenpositionen überdeckt. *Die Basis (1. + 2. Position) aller Codons dieser Spalte ist also schwach,* d. h. sie determiniert den Codonsinn nicht eindeutig.
Die Wahl von Adenin als Codonstamm (3. Spalte) und die folgende Aufteilung der Aminosäuren auf die Präfixe und Flexionspaare stellen sich als *Zufallsereignisse* dar (Abb. 91). Unter dieser Voraussetzung könnten die möglichen Austauschmechanismen zu gleichwertigen Codevarianten führen. Abb. 90 bis 94 zeigen ein hypothetisches Schema der Fixierung von Stämmen und Präfixen der Codons der wichtigsten Gruppen.
Die zweite spezifische Aussonderung der Codonstämme soll an eine Gruppe von kleinen, jedoch nicht extrem kleinen Aminosäuren mit nichtextremen Eigenschaften gebunden sein. Hierzu gehören die polaren Aminosäuren Serin und Threonin und die apolaren Aminosäuren Prolin, Alanin und Valin (s. 5.3.). Die geringen Ausmaße führen automatisch zu einer starken Codonbasis (d. h. eindeutiger Determination des Codonsinnes). Dabei kann die Zahl der zu fixierenden Aminosäuren vier nicht überschreiten, ohne daß

die Eindeutigkeit verletzt wird. Deshalb wird eine der Aminosäuren aus dieser Gruppe „ausgestoßen" und beteiligt sich erneut an der Fixierung in anderen Gruppen. Man nimmt an, daß — zufällig — Valin diese Aminosäure ist. Sie wird durch den gemein-

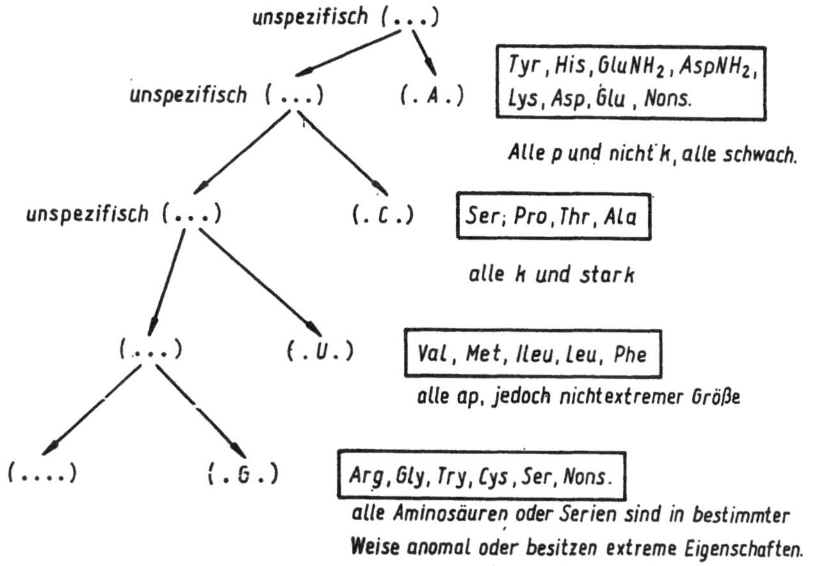

Abb. 90. Hypothetisches Schema der Basenfixierung in der 2. Position der Codons (Anticodons). Einzelheiten im Text.

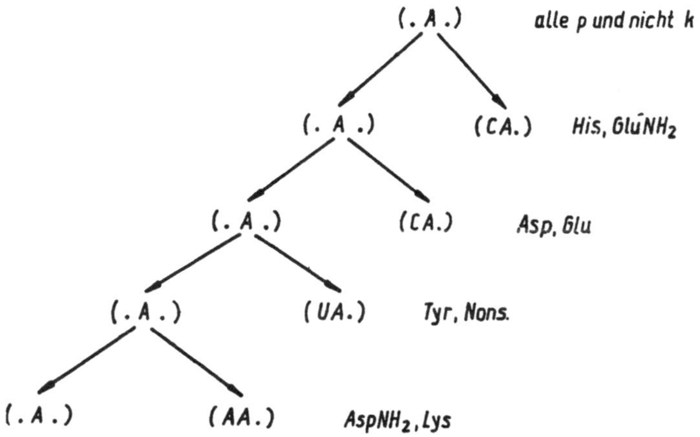

Abb. 91. Hypothetisches Schema der Basenfixierung in der 1. Position der Codons (Anticodons) der dritten Spalte der Codetabelle (siehe Tab. 3).

samen Stamm dieser Gruppe — C (2. Spalte) fixiert. Abb. 90 und 92 stellen die Abspaltung und weitere Divergenz dieser Gruppe dar. Die Wahl der Präfixe (und Basis) für die konkreten Aminosäuren ist zufallsbedingt.

Die dritte spezifische Aussonderung der Codonstämme soll an eine Gruppe apolarer mittelgroßer Aminosäuren mit nichtextremen Eigenschaften gebunden sein. Von den verbleibenden Aminosäuren kommen nur Valin, Methionin, Isoleucin, Leucin und Phenylalanin in Betracht. Nur Valin und Leucin sind genügend klein, daß die 3. Position des Codons keine Rolle in ihrer Erkennung spielt, d. h. um einen starken Stamm zu gewährleisten. Methionin, Isoleucin, Phenylalanin überdecken im Kontakt mit dem Triplett-Antitriplett-Paar die 3. Position und können somit nur eine schwache Basis

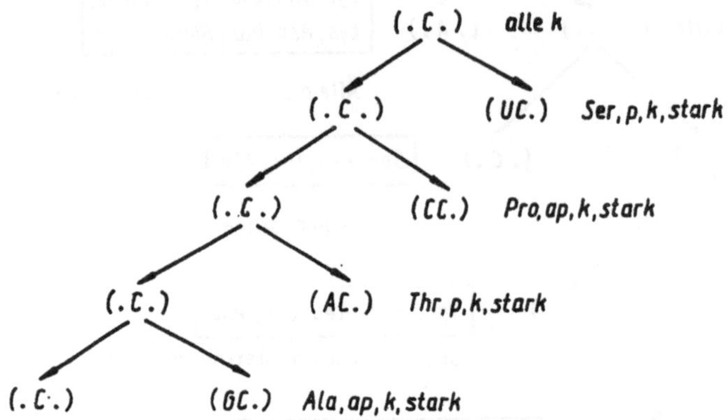

Abb. 92. Hypothetisches Schema der Basenfixierung in der 1. Position der Codons (Anticodons) der zweiten Spalte der Codetabelle (siehe Tab. 3).

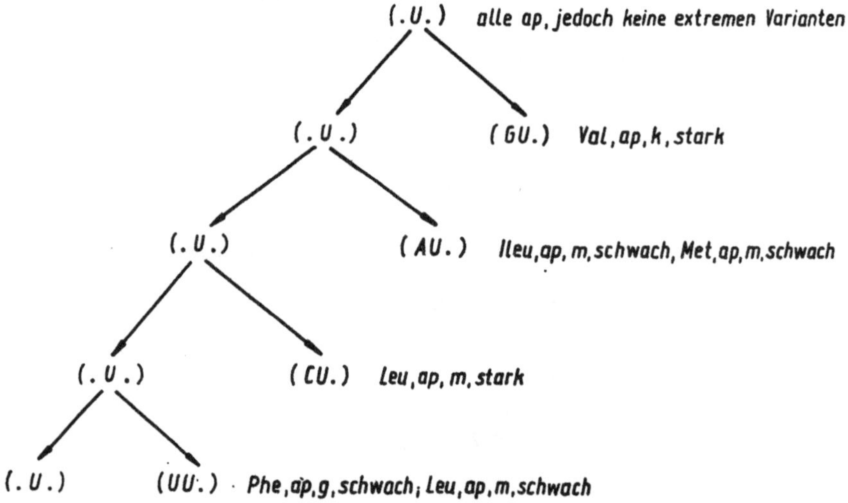

Abb. 93. Hypothetisches Schema der Basenfixierung in der 1. Position der Codons (Anticodons) der ersten Spalte der Codetabelle (siehe Tab. 3).

besitzen. In dieser Gruppe wird — zufallsbedingt — Uracil als Stamm fixiert (1. Spalte); die Aufteilung der Aminosäuren auf die entsprechende Basis ist zufallsbedingt, berücksichtigt aber die mögliche Stärke der Basis.

Die Fixierung von Guanin als Stamm (4. Spalte) stellt offenbar kein einheitliches Ereignis dar. Da die übrigen Stämme besetzt sind, müssen alle verbliebenen Aminosäuren (hauptsächlich mit extremen Eigenschaften) in diese Spalte fallen (siehe z. B. Abb. 94). Die Fixierung der drei übrigen Stämme (A, C und U) hat bereits zu wichtigen Eigenschaftsbestimmungen bezüglich der Regelmäßigkeit des Codes geführt: Alle starken und schwachen Basen, p- und ap-Basen bilden automatisch (und einzeln) zusammenhängende Gruppen (siehe 5.3.).

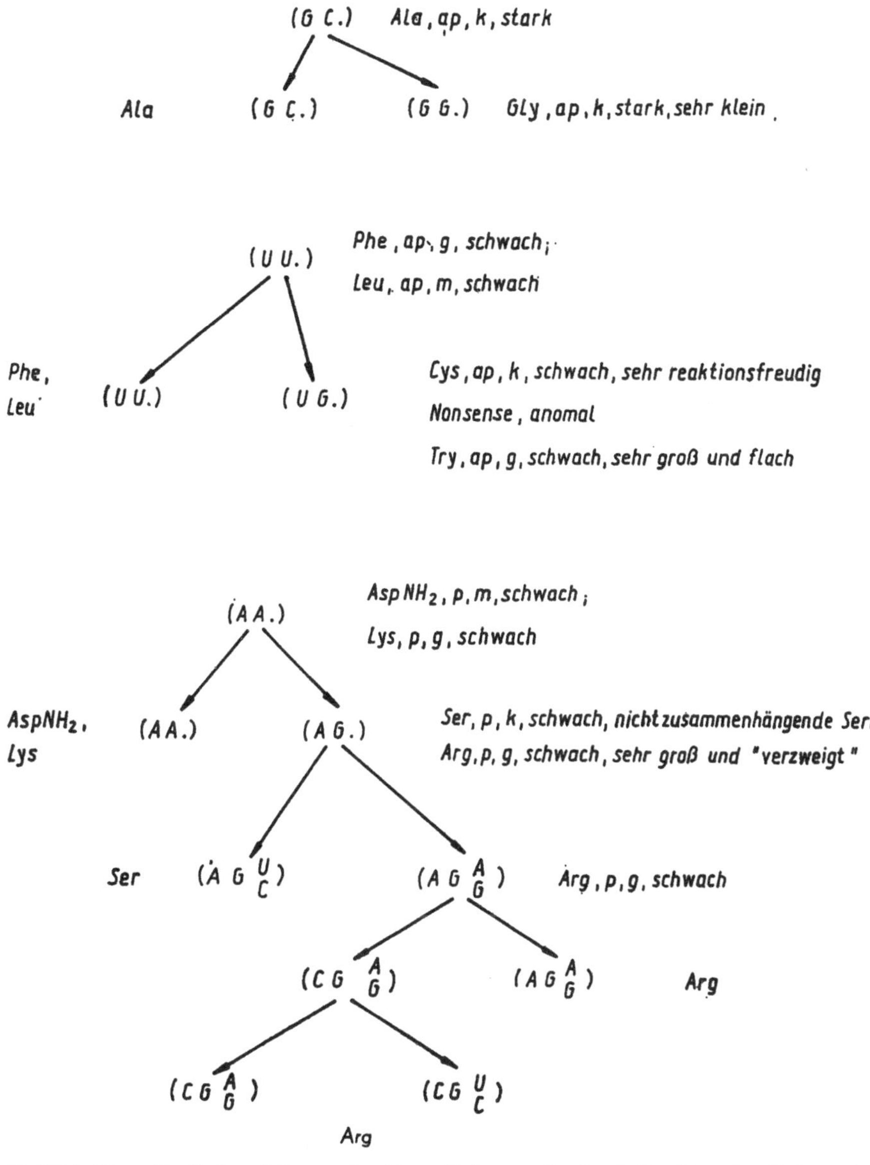

Abb. 94. Hypothetisches Schema der Basenfixierung in der 3. Position der Codons (Anticodons) der 4. Spalte der Codetabelle (siehe Tab. 3).

Das Symmetrieskelett ist somit gebildet. Um die Symmetrieeigenschaften im vollen Umfang zu gewährleisten, müssen die starken (und teilweise auch schwachen) Basen der 1. und 4. Spalte (Stamm U und G) gleichen Präfixen (unwichtig, welchen) entsprechen. Leider läßt sich keine bestimmte Präfixeigenschaft (z. B. für C und G) angeben, die in diesen Spalten vorrangig zur Auswahl einer starken oder einer schwachen Basis führen

würde. Deshalb muß diese Eigenschaft entweder postuliert werden, oder wir nehmen an, daß die Entstehung der vollständigen Symmetrie zufallsbedingt ist, obwohl die Auswahl aus einer sehr kleinen Zahl von Alternativen erfolgt ist. Abb. 94 zeigt eine Variante der Fixierung von Stamm, Präfix und Flexion der 4. Spalte, die, wenn auch nicht zwingend, zum gegenwärtigen Code führen könnte.
Jede Fixierung von Stamm, Präfix und Flexion besteht in der vererbbaren Veränderung einer spezifischen Site der *Prä-Synthetase.* Die Prä-Cistrons der Synthetasen werden auf jeder Etappe teilweise fixiert, die Zahl der fixierten Positionen vergrößert sich allmählich. Die Spezifikation einer bestimmten Aminosäure kann dann zu einem Schlüsselmoment der Etappe werden, wenn diese Aminosäure wenigstens in einer kleinen Zahl von Positionen wesentliche Bedeutung für die Spezifität oder Aktivität der Synthetasen besitzt.
Die Fixierung von Stamm und Präfix bedeutet jedoch noch nicht, daß alle Codons, die sie enthalten, bei der Kodierung benutzt werden. Die Fixierung legt den *Rahmen der Serien* fest; für die Ausfüllung aller vakanten Stellen innerhalb der Serien ist jedoch der vollständige Satz der tRNA-Anticodons notwendig. Wenn die Bedingungen der Wobble-Hypothese erfüllt werden (s. 5.2.), kann ein einzelnes Anticodon nicht mehr als 3 Codons mit der gleichen Basis erkennen. Deshalb müssen Serien mit einer starken Basis mehr als zwei tRNA-Fraktionen besitzen. Wahrscheinlich entstehen die zusätzlichen Prä-tRNA-Fraktionen in den Serien durch Duplikationen und Mutationen in den nichtfixierten Positionen der Anticodons bereits vorhandener Fraktionen. Die Vergrößerung der Serien allein auf Grund zusätzlicher tRNA-Fraktionen ist nicht möglich.
Wenn die Anticodons der Prä-tRNA durch Prä-Synthetasen erkannt werden, erscheint das Problem der Entstehung der Degeneration unter einem anderen Gesichtspunkt (siehe [2, 418—420]). Das Ausmaß der Degeneration und die vakanten synonymen Codons werden auf der Ebene der Prä-Aminoacyl-tRNA-Synthetasen fixiert. Duplikationen der Prä-tRNA-Loci und Mutationen in den Anticodons führen zur Ausfüllung der fixierten vakanten Positionen. Die Kontinuität der Cistrons läßt keine Veränderung bzw. Verlust bereits entstandener Serien und Codons oder eine Nichteindeutigkeit der Kodierung zu. In den meisten Serien garantiert ein solcher Entstehungsmechanismus der Degeneration automatisch den Zusammenhang der Codons [77, 127—129]. In den großen Serien (Leu, Arg, Ser) können die schwache und die starke Subserie sowohl gemeinsam als auch unabhängig voneinander entstehen. So entstehen z. B. in der Serin-Serie die Subserien unabhängig voneinander, sie sind deshalb nicht zusammenhängend.
Wenden wir uns nun dem Problem der Störanfälligkeit des Codes zu. Jeder Code, der alle 64 Codons umfaßt, minimiert die Zahl der Mutationen vom Typ Codon → freies nonsense-Triplett, welche fast immer letal sind [156]. Jeder Code, in dem größenmäßig und bezüglich der Polarität ähnliche Aminosäuregruppen durch strukturell ähnliche Codongruppen kodiert werden, senkt die Zahl der Mutationen mit starker Veränderung der Aminosäurereste [156]. Jeder Code, dessen Serien zusammenhängend sind, besitzt eine niedrige Frequenz von Mutationen des missense-Typs [156]. Diese Eigenschaften gelten auch für das betrachtete Modell der Codeentstehung. Wenn jedoch Größe und Struktur der Serien durch die Eigenschaften der Aminosäuren bestimmt werden und die Nutzungsfrequenz der Aminosäuren im Modell nicht auftaucht (weil die Struktur der Prä-Matrize noch nicht oder nur fragmentarisch determiniert ist), so hat das Kriterium der Störanfälligkeit keine Rolle bei der Entstehung des Codes gespielt. *Die heute existierende Korrelation zwischen Degeneration und Nutzungsfrequenz der Serien wurde durch die Evolution der Proteinzusammensetzung erreicht.* In 5.4. haben wir eine Bedingung formu-

liert, nach der *die Verteilung der Nutzungsfrequenz der Aminosäuren die letalen Mutationen minimieren muß.* Die evolutionäre Veränderung der Aminosäurenfrequenz P_i erfolgt durch Missense-Mutationen, die einen nichtletalen, in den meisten Eiweißfamilien neutralen, synonymen Effekt zeigen (siehe Kap. 15).
Das beschriebene Modell der Entstehung von Serien und ihrer Degeneration enthält eine Reihe Zufallsfaktoren. Genauer gesagt, müssen als zufällig alle die Faktoren betrachtet werden, von denen entsprechende Kenntnisse fehlen. Als Zufallsfaktoren gelten: die Zusammenstellung eines bestimmten Codonstammes (A, C, U und G) mit bestimmten Gruppeneigenschaften (siehe Tab. 3); die Unterteilung der Spalten in Serien; in einigen Fällen (in den großen Serien Leu, Ser und Atg) die Wahl einer zusätzlichen schwachen Basis. Deshalb sind im Code Symmetrietransformationen möglich, die die Eigenschaft der Codonbasis entweder vollständig ins Gegenteil verwandeln oder vollständig erhalten. Andererseits bedeutet dies prinzipiell die Möglichkeit von gleichwertigen Codevarianten mit den gleichen (oder ähnlichen) Symmetrieeigenschaften und einer ungleichen Degeneration. Wenn jedoch die zufallsbedingten Besonderheiten des Codes (und die daraus folgenden Symmetrievarianten) einmal festgelegt sind, manifestieren sie sich und werden im Laufe der Evolution fest verankert. Unter diesen Bedingungen ist die Universalität des genetischen Codes ein Beweis für die Abstammung aller Lebensformen auf der Erde von gemeinsamen Vorfahren.
Eine wichtige Besonderheit des Schemas der Codeentstehung ist die gemeinsame Abstammung der hauptsächlichsten beteiligten Klassen der kodierenden Polymere. Es wird angenommen, daß alle Aminoacyl-tRNA-Synthetasen und ihre Cistrons gemeinsamer Abstammung sind, d. h. sie müssen bestimmte gemeinsame Eigenschaften aufweisen. Dies gilt auch für die Familie der tRNA verschiedener Herkunft. In einer Reihe von Arbeiten werden die Primärstrukturen von mehr als 50 tRNA-Fraktionen aus unterschiedlichen Arten beschrieben [64, 132, 162 u. a.]. Im Atlas von Dayhoff [64] ist die Anzahl der Mutationsunterschiede zwischen tRNA-Fraktionen angeführt (Abb. 95), [64] zeigt den nach diesen Daten aufgestellten phylogenetischen Stammbaum für 20 tRNA. Eine Besonderheit der Matrize und des Stammbaumes stellt das Fehlen vieler sequentieller Unterschiedsgradierungen dar (zum Vergleich siehe Stammbaum der Globine, Abb. 98). Mit anderen Worten, die Mehrzahl der nichtisoakzeptorischen tRNA-Fraktionen von gleichen oder unterschiedlichen Arten weist etwa die gleiche Zahl von Unterschieden auf, d. h. sie sind in der gleichen Epoche entstanden. Nur einige Isoakzeptor-tRNA, meist mit den gleichen Anticodons, unterscheiden sich durch eine wesentlich geringere Zahl von Basen, d. h. ihre Divergenz erfolgte auf späteren Etappen der Phylogenese. Diese Ereignisse hängen wahrscheinlich schon nicht mehr mit der Codeentstehung zusammen, sondern stellen eine Variante der Dublierung und Stabilitätserhöhung des bereits formierten Kodierungssystems dar.

14.4. Populationsmodell der „Erfassung“ freier nonsense-Tripletts durch Codeserien

Nach den wichtigsten Etappen und Mechanismen der Entstehung des Translationsapparates und des genetischen Codes betrachten wir nun die vereinfachte Variante eines Populationsmodells der Erfassung eines einzelnen Tripletts, das ursprünglich als freies Nonsense-Triplett fungiert hat, durch den genetischen Code [418 bis 420].
Wir betrachten eine haploide Population von Individuen mit einem funktionierenden

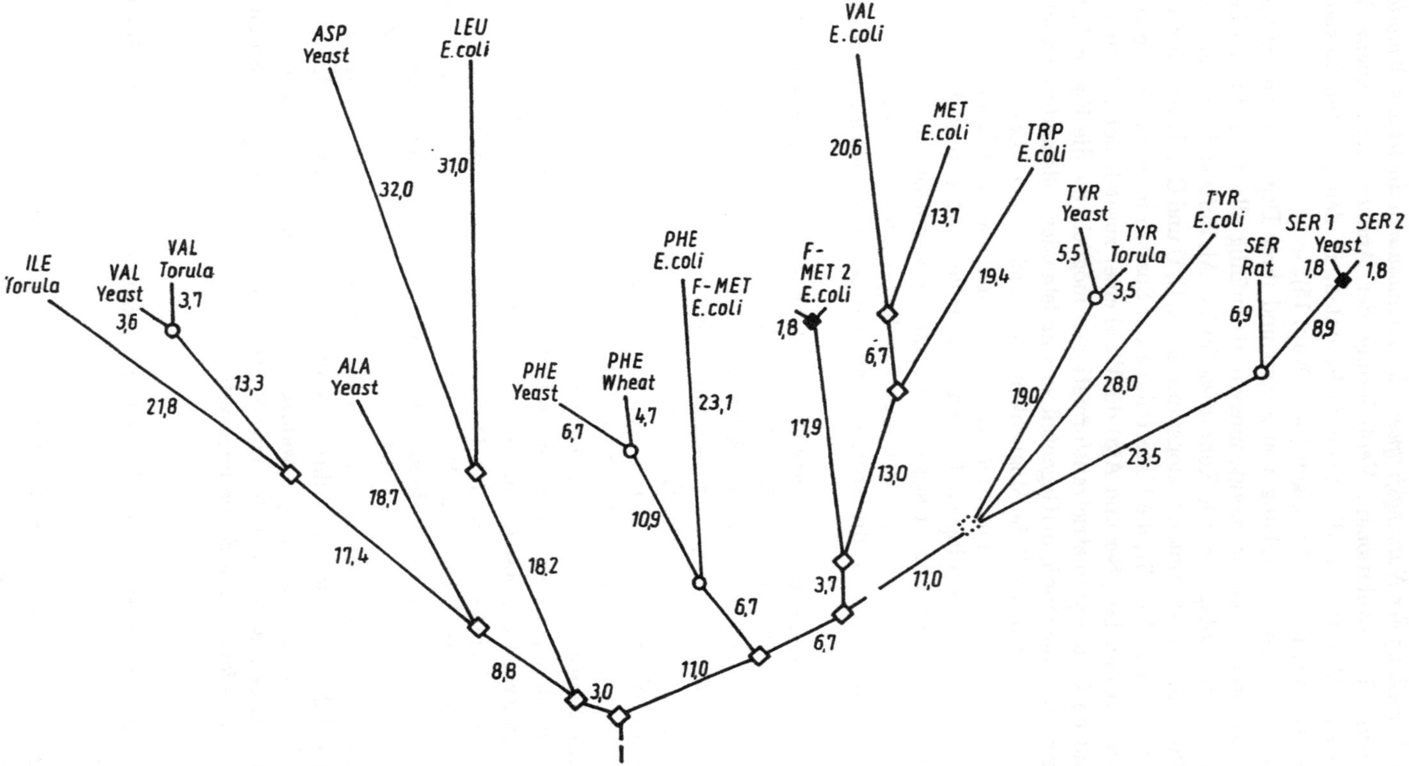

Abb. 95. Phylogenetischer Stammbaum für 20 tRNA-Fraktionen unterschiedlicher Artherkunft [64].

genetischen Kodierungssystem. Als Vorbild soll eine Population von *E. coli* dienen. Wir nehmen an, daß die Individuen eine einzige Kopplungsgruppe besitzen und sich durch einfache Teilung ohne Rekombination vermehren. Das Genom von *E. coli* besitzt ca. $3 \cdot 10^6$ Basenpaare, das entspricht ungefähr 10^6 Tripletts [2, 9]. Die Summen der Codonzahl der verschiedenen Serien schwanken von 1,2% für Tryptophan bis zu 8% für Alanin (siehe Tab. 12), d. h. sie entsprechen bei *E. coli* 12000—80000 synonymen Codons. Für jede tRNA-Fraktion existieren im *E. coli*-Genom nur wenige Loci [421]. Die Zahl der Positionen, die bestimmte Anticodons kodieren, ist also um einige Größenordnungen kleiner als die Zahl der Positionen, in denen die entsprechenden Codons lokalisiert sind.

Wir betrachten zwei Codonserien. Mit A bezeichnen wir die Codons der Aminosäure α; mit D die Codons der Aminosäure δ, mit B die tRNA-Loci für die Anticodons zu den A-Codons; mit E die tRNA-Loci für die Anticodons zu den D-Codons.

Wir setzen voraus, daß der Satz der Aminoacyl-tRNA-Synthetasen bereits fixiert ist, d. h. die Grenzen der Serien sind festgelegt, aber nicht alle Tripletts besitzen sie erkennende tRNA-Anticodons. Es existieren also *freie nonsense-Tripletts*, die potentiell für bestimmte Serien vorgesehen sind. Die Entstehung neuer tRNA-Fraktionen kann durch die Duplikation von tRNA-Loci und Mutationen erfolgen, die nur die Anticodons erfassen.

Folgende Varianten, die zu einem Austausch von Codons und Anticodons führen, sollen möglich sein:

$$A \rightleftharpoons a,\ D \rightleftharpoons a,\ B \rightleftharpoons b,\ E \rightleftharpoons e.$$

a — freies nonsense-Triplett, das aus Codons zweier Serien entsteht;

b — mutiertes Anticodon, das vor dem Einbau der Aminosäure α a suppressiert (unabhängig von seiner Herkunft);

e — mutiertes Anticodon, das vor dem Einbau der Aminosäure δ a suppressiert.

Die Wahrscheinlichkeit dieser Mutation in Triplett, Genom und Generation bezeichnen wir mit μ. Der normale Phänotyp wird durch folgende Kombinationen gewährleistet:

A—B	a—b	A—B
D—E	D—E	a—e
Norm	Suppression 1	Suppression 2

Wir nehmen an, daß Genotypen, die wenigstens ein nichtsuppressiertes oder nicht richtig suppressiertes nonsense-Triplett enthalten, letal sind. Obwohl sich die zweite Voraussetzung auf nichtaustauschbare Aminosäuren bezieht [419, 420], gibt es praktisch für jedes Aminosäurepaar eine große Anzahl von Positionen, in denen Missense-Mutationen letal sind (siehe Tab. 13).

Entsprechend dem fixierten Satz von Aminoacyl-tRNA-Synthetasen ist jedes Codon für eine bestimmte Serie „vorgesehen". Wir nehmen an, daß zwei Suppressionsvarianten für das freie nonsense-Triplett a möglich sind: 1. Duplikation des tRNA-Loci und 2. Mutation des Anticodons *innerhalb einer bestimmten Serie oder zwischen Serien.* In Abhängigkeit von der Art der Wechselwirkung zwischen tRNA und Synthetase können diese Varianten für die Population ein unterschiedliches Resultat ergeben.

Wenn die Wechselwirkung auf „primitive" Art erfolgt (die Synthetase erkennt nur einige Schlüsselbasen des Anticodons, z. B. die 1. und 2. Base — siehe 14.2.), wird die *existierende tRNA unabhängig von ihrer Herkunft* effektiv durch die entsprechende Synthetase erkannt. Wenn die Synthetase einen bestimmten Abschnitt außerhalb des Anticodons erkennt, wird die Suppressor-tRNA nur von der Synthetase der Ausgangsserie effektiv erkannt, und das freie nonsense-Triplett ist für keine Serie „vorgesehen". Auf Populationsebene entspricht diese Variante bezüglich ihrer Adaptivität einem Genotyp ohne Suppression. Wenn die Synthetase sowohl die Basen des Anticodons als auch andere Abschnitte der tRNA erkennt [415—417], wird die *innerhalb der Serie* entstandene Suppressor-tRNA *effektiv durch die Ausgangssynthetase*, die durch interseriale Mutation des Anticodons entstandene tRNA wird durch die alte und neue Synthetase,

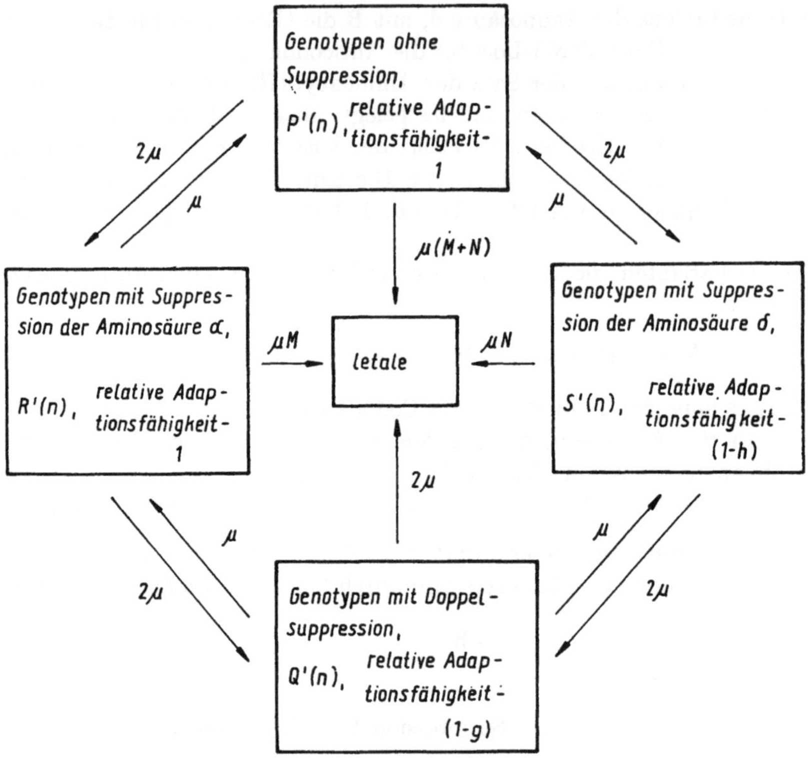

Abb. 96. Entstehung und Manifestierung der Degeneration im genetischen Code: schematische Darstellung der wichtigsten Genotypklassen einer Population, der Mutationsübergänge zwischen ihnen und Bezeichnung der Frequenzen und Adaptionsfähigkeit der Klassen.

jedoch mit *verringerter Effektivität* erkannt. Die Verringerung der Effektivität der Suppression von Nonsense-Tripletts führt auf Populationsebene zu einer Verringerung der Adaptionsfähigkeit.

Mortimer konnte zeigen [422], daß — wenn ein essentielles Protein als limitierender Faktor fungiert — die Zellteilung erst nach der Verdoppelung der Menge dieses Proteins erfolgt. Ein Geschwindigkeitsabfall in der Synthese des limitierenden Proteins ruft deshalb eine Verlängerung der Generationszeit hervor. Der Populationseffekt einer solchen

Verlangsamung des Vermehrungstempos ist gleichbedeutend mit einer Verringerung der Adaptionsfähigkeit der entsprechenden Genotypen.
Wir setzen weiterhin voraus, daß Genotypen, die zwei Suppressoren (b und e) für ein nonsense-Triplett (a) besitzen, ebenfalls eine verringerte Suppressionsfähigkeit (auf Grund der Konkurrenz der Suppressor-tRNA-Fraktionen) und entsprechend auch eine verringerte Adaptionsfähigkeit auf Populationsebene aufweisen, und nehmen an, daß die Genotypen bereits zwei Duplikate der Loci B oder b und E oder e enthalten. Die Zahl der Tripletts, die die Aminosäuren α und δ in voneinander unabhängigen Genpositionen kodieren, bezeichnen wir mit N und M. Abb. 96 stellt die Genotypklassen, ihre relative Adaptionsfähigkeit und die Frequenzbezeichnungen dar. Die Frequenzen der Genotypklassen nach der Elimination bezeichnen wir wie folgt:

$P'(n)$ — Gesamtfrequenz der Genotypen ohne Suppression, relative Adaptionsfähigkeit $= 1$;

$R'(n)$ — Gesamtfrequenz der Genotypen mit Suppression der Aminosäure α; es wird angenommen, daß die Suppressor-tRNA-Fraktion hier innerhalb der Serie entsteht, relative Adaptionsfähigkeit $= 1$;

$S'(n)$ — Gesamtfrequenz der Genotypen mit Suppressionen der Aminosäure δ; es wird angenommen, daß die Suppressor-tRNA-Fraktion interserialer Herkunft ist, deshalb ist die Adaptionsfähigkeit dieser Klasse verringert: $(1 - h)$, mit $h \geqq 0$;

$Q'(n)$ — Gesamtfrequenz der Genotypen mit Suppression beider Aminosäuren α und δ; die Konkurrenz der Suppressor-tRNA-Fraktion an einem Nonsense-Triplett kann die Adaptionsfähigkeit der Genotypen dieser Klasse verringern $(1 - g)$, mit $g \geqq$.

Diese Werte sind nach folgender Beziehung normiert:

$$P'(n) + R'(n) + S'(n) + Q'(n) = 1.$$

Wenn wir nun eine vereinfachte Variante des Problems betrachten, in der nur die wichtigsten Selektions- und Mutationsverluste jeder Genotypklasse berücksichtigt werden, (siehe auch [418—420]), ist leicht festzustellen, daß jede Genotypklasse einen letalen Mutationssatz aufweist, der der Zahl derjenigen Codonpositionen proportional ist, bei denen keine Suppression auftritt. Daraus folgt unter Berücksichtigung der Adaptionsfähigkeit der Klassen:

$$F(n)\,P'(n+1) \simeq [1 - \mu(M + N)]\,P'(n),$$

$$F(n)\,R'(n+1) \simeq [1 - \mu M]\,R'(n),$$

$$F(n)\,S'(n+1) \simeq [1 - \mu N]\,S'(n)\,(1 - h),$$

$$F(n)\,Q'(n+1) \simeq (1 - g)\,Q'(n).$$

Der Ausdruck $F(n) \simeq 1 - \mu[(M + N)\,P'(n) + MR'(n) + N(1 - h)\,S'(n)] - hS'(n) - gQ'(n)$ ist hier ein Normierungsmultiplikator, der die Bedeutung einer mittleren, allgemeinen Adaptionsfähigkeit der Population besitzt [423].

Wenn wir zu den Differentialgleichungen der Populationsdynamik übergehen, erhalten wir — unter Berücksichtigung der Normierung — drei unabhängige Gleichungen:

$$\frac{dR'}{dt} = \frac{\mu R'}{F}\left\{N - NR' - \left(M + Nh - \frac{h}{\mu}\right)S' - \left(M + N - \frac{g}{\mu}\right)Q'\right\},$$

$$\frac{dS'}{dt} = \frac{\mu S'}{F}\left\{\left(M + Nh - \frac{h}{\mu}\right) - NR' - \left(M + Nh - \frac{h}{\mu}\right)S' - \left(M + N - \frac{g}{\mu}\right)Q'\right\},$$

$$\frac{dQ'}{dt} = \frac{\mu Q'}{F}\left\{\left(M + N - \frac{g}{\mu}\right) - NR' - \left(M + Nh - \frac{h}{\mu}\right)S' - \left(M + N - \frac{g}{\mu}\right)Q'\right\}.$$

Dieses Gleichungssystem besitzt vier Stationärzustände (alle trivial):

1) $\hat{R}' = 0, \hat{S}' = 0, \hat{Q}' = 0, \hat{P}' = 1;$

2) $\hat{R}' = 0, \hat{S}' = 0, \hat{Q}' = 1, \hat{P}' = 0;$

3) $\hat{R}' = 0, \hat{S}' = 1, \hat{Q}' = 0, \hat{P}' = 0;$

4) $\hat{R}' = 1, \hat{S}' = 0, \hat{Q}' = 0, \hat{P}' = 0.$

Es gibt keine nichttrivialen Punkte.

Der Zustand 1) ist stets instabil, unabhängig von g und h. 2) und 3) sind nur bei sehr kleinen g und h stabil: $g, h < \mu M \simeq \mu(M + N) \simeq \mu N \simeq 10^{-2}$ bis 10^{-3} mit $\mu = 10^{-7}$ bis 10^{-8} [4, 419, 420, 426] und $M \simeq N \leqq 10^5$. Der Zustand 4) ist bei fast allen Werten von g und h stabil, außer bei sehr kleinen: $g > N, h \lesssim \mu(N - M)$.

Interpretation der Resultate: Wenn verringerte Effektivität und Nichteindeutigkeit der Suppression zu einer Verringerung der Adaptionsfähigkeit in der Population führen, wird das freie nonsense-Triplett, das durch die Aminoacyl-tRNA-Synthetase für eine bestimmte Serie „vorgesehen" ist, fast immer auf Populationsebene von dieser Serie erfaßt. In 3.4. wurden die Stabilitätsvarianten unter heuristischen Gesichtspunkten betrachtet. In realen Situationen ist eine genaue Einhaltung oder das Auftreten nur geringfügiger Abweichungen von Parametern nicht garantiert. Deshalb sind diejenigen stabilen Zustände, die bereits gegenüber geringfügigen Änderungen der Parameter sensitiv sind, praktisch nicht real. In der Population werden nur die Varianten realisiert, deren Stabilität nur wenig empfindlich gegenüber Änderungen der Parameter ist. Zu dieser Gruppe von stabilen Zuständen gehören der Zustand 4) und das zu ihm hinführende Evolutionsregime der Population. Bei fixierten Begrenzungen der Serien ist stets eine Ausweitung der Erkennungseigenschaften von bereits vorhandenen Anticodons auf Grund von Mutationen der Typen A → G → I und C → U in der dritten Position vorteilhaft, die einen Wobble-Mechanismus ohne zusätzliche Duplikationen ermöglichen [418].

Es bestehen jedoch noch zusätzliche Interpretationsmöglichkeiten. Der betrachtete Fall beruht auf der Voraussetzung, daß die Aminoacyl-tRNA-Synthetasen sowohl das Anticodon als auch andere Abschnitte der tRNA erkennen, was zur Verringerung der Adaptionsfähigkeit von Genotypen mit Suppressionen auf Grund interserialer tRNA-Übergänge führt. Nehmen wir an, daß die Synthetasen nur das Anticodon erkennen (primitive Variante) und daß die Effektivität der Suppression sehr hoch ist ($h = 0$). Dann ist der Zustand 1) weiterhin stets instabil, der Zustand 2) ist stabil unter der bereits formulierten Bedingung (siehe oben), 3) ist stabil bei M > N, und 4) ist stabil bei N > M. D. h. *das Codon a wird stets von derjenigen Serie erfaßt, für die es — über die Synthetase — „vorgesehen" ist.*

Nehmen wir nun an, daß die Synthetase lediglich einen tRNA-Abschnitt außerhalb des Anticodons erkennt. In diesem Fall existiert „keinerlei Vorbestimmung" der Codons für bestimmte Serien, jedes freie Nonsense-Triplett kann von einer beliebigen angrenzenden Serie erfaßt werden [418 bis 420]. Die Effektivität der einzelnen Suppression ist dann ebenfalls vollwertig (h = 0), und es sind die gleichen Zustände stabil. Jedoch muß sich die Interpretation des Resultats verändern: *Das freie nonsense-Triplett wird stets von derjenigen Serie erfaßt, deren Codons relativ oft für die Primärstruktur der Proteine verwendet werden* [419, 420].

14.5. Die Stabilität des entstandenen Kodierungssystems in der Population

Wir betrachten nun eine Population von Individuen mit einem genetischen Kodierungssystem in seiner gegenwärtigen Form. Wir wollen nachweisen, daß dieses System auf Populationsebene gegenüber Störungen der Eindeutigkeit der Kodierung dann stabil ist, wenn die hauptsächlichen Mutationsverluste nicht durch die Entstehung von nonsense-Tripletts, sondern durch missense-Mutationen hervorgerufen werden [424, 425]. Wir behalten die Bezeichnungen des Problems von 14.4. bei; das Nonsense-Triplett a fällt heraus, M interpretieren wir als Zahl der Cistronpositionen, welche nichtaustauschbare Aminosäuren kodieren. Nichtsuppressorische Mutationen dieser Positionen werden als letal angesehen. Wir nehmen an, daß Genotypen mit einer Suppressor-tRNA-Fraktion, die mit der Normalfraktion um ein Codon konkurriert (d. h. mit der Nichteindeutigkeit dieses Codons) einer verringerte Adaptionsfähigkeit (1 — h), Genotypen mit Doppelsuppression (und doppelter Nichteindeutigkeit) die Adaptionsfähigkeit (1 — g) besitzen.

Das Gleichungssystem der Populationsdynamik, das die wichtigsten Mutations- und Selektionsverluste erfaßt, unterscheidet sich nicht von dem im letzten Abschnitt beschriebenen, jedoch müssen einige Details der Beweisführung und Interpretation näher erläutert werden. Zunächst ist festzustellen, daß jede Nichteindeutigkeit in der Kodierung auf interseriale tRNA-Übergänge zurückgeführt werden kann. Da der Code in seiner gegenwärtigen Form eine Reihe von Suppressor-tRNA-Fraktionen mit Mutationen im Anticodon aufweist, welche die Spezifität gegenüber der normalen Synthetase (wenigstens mit verminderter Effektivität) beibehalten [424, 425], muß angenommen werden, daß die Synthetase einen tRNA-Abschnitt außerhalb des Anticodons erkennt. Die Suppressor-tRNA-Fraktion konkurriert in dieser Variante stets mit der Normalfraktion, die dasselbe Codon erkennt, und ermöglicht die Produktion einer geringen Menge der aktiven Proteinfraktionen auf dem Hintergrund der Hauptmasse des nichtaktiven Proteins des mutierten Cistrons [424, 425]. Dadurch wird häufig die Lebensfähigkeit der Zelle garantiert. Jeder Genotyp mit nicht eindeutiger Kodierung hat jedoch eine verminderte Suppressionseffektivität, d. h. eine verringerte Lebensfähigkeit innerhalb der Population.

Deshalb setzen wir in der Aufgabe aus 14.4. $R' \equiv 0$ und $N \equiv 0$; Genotypen mit Einzelsuppression und nichteindeutiger Kodierung betrachten wir als eine gemeinsame Klasse. Unter diesen Bedingungen erhalten wir ein System von zwei Gleichungen für S' und Q' mit je zwei Stationärzuständen. Die Stabilität der Zustände ändert sich wie folgt: Der Zustand 1) (Numerierung wie in 14.4.) ist fast immer stabil ($h > \mu M$ und $g > 0$) mit verringerter Adaptionsfähigkeit von Genotypen mit beliebigen Suppressionen; der Zu-

stand 2) ist nur bei $g < \mu M$ und $g < h$, 3) nur bei $h < \mu M$ und $h < g$ stabil, d. h. der Wertebereich für g oder h ist für die letzten beiden Zustände sehr klein.
Es ist also *fast immer derjenige Zustand der Population stabil, in dem die Kodierung eindeutig erfolgt*. Eine nichteindeutige Codierung kann kurzzeitig oder auch relativ lange nur dann in der Population aufrechterhalten werden, wenn die Suppression so schwach ist, daß sie auf Populationsebene keine wesentliche Verminderung der Adaptionsfähigkeit hervorruft ($h < \mu M$). Im Fall von missense-Mutationen reaktiviert eine solche Situation die Lebensfähigkeit; in nichtmutierten Genotypen wird sie nicht sichtbar [424, 425]. Da jedoch niemals konstante Parameter garantiert werden können, sind solche Populationszustände unwahrscheinlich.
Mit anderen Worten, *die herausgebildete Struktur des genetischen Codes einschließlich Symmetrie, Zusammenhang, Degenerationscharakter usw. wird in Populationen durch stabilisierende Auslese kontrolliert und manifestiert, d. h. der Code ist im weiteren Sinn stabil.*

Kapitel 15: Evolutionsprinzipien von Cistrons und Proteinen

15.1. Mikroevolution und Makroevolution. Vielfalt synonymer Proteine

Wir gehen von folgenden Definitionen der Prozesse der Mikro- und Makroevolution aus [2, 427 bis 429]: Als *Mikroevolution* bezeichnen wir die Umformung der genetischen Struktur einer Gruppe von Individuen, die untereinander zumindest teilweise, durch den Austausch von genetischem Material (sexuelle und asexuelle Prozesse) verbunden sind. Die Prozesse der Mikroevolution laufen in taxonomischen Einheiten bis zur Ebene der Art ab (in Populationen, Rassen, Unterarten, Arten) — unter der Voraussetzung, daß die Art im genetischen Sinn das höchste zusammenhängende und das niedrigste isolierte Taxon darstellt [430]. Im geologischen Zeitmaßstab beanspruchen Mikroevolutionsprozesse relativ kurze Zeiten. Zu solchen Prozessen zählen die Herstellung von Gleichgewichten in großen Populationen, die selektive Verdrängung bestimmter Allele durch andere, die Gendrift in kleinen Populationen, welche zur zufallsbedingten Fixierung von Allelen führt, die primäre Divergenz von Populationen, die Entstehung von Arten usw.

Unter *Makroevolution* verstehen wir die Umformung der genetischen Struktur taxonomischer Gruppen oberhalb der Artebene, die sich in isolierte Subtaxa unterteilen lassen. Diese Prozesse umfassen große geologische Zeitintervalle. Die wichtigsten Prozesse der Makroevolution sind die Divergenz und Konvergenz von Artformen innerhalb der Gattungen, Familien, Klassen usw., die Entstehung oder der Verlust von Teilen genetischer Systeme und der von ihnen kontrollierten morpho-physiologischen Merkmale, die Verdrängung bestimmter Arten durch andere in Zönosen, das Aussterben von Arten usw.

Mikroevolution und Makroevolution stehen in engem Zusammenhang und basieren auf einheitlichen molekulargenetischen Prozessen in den Populationen. Jeden Prozeß der Mikroevolution kann man als ein Elementarereignis der Makroevolution betrachten. Die Berechnung der Anzahl dieser Elementarereignisse erlaubt die quantitative Beschreibung einiger wichtiger Prozesse der Makroevolution.

Gleichzeitig erlangen jedoch während großer Zeitintervalle stochastische Besonderheiten des Evolutionsprozesses wesentliche Bedeutung. Gemäß der populationsgenetischen Theorie (siehe z. B. [431]) läßt sich die Evolution nur in genügend großen Populationen oder Gruppen dieser Populationen und relativ kleinen Zeitintervallen, die in den Bereich der Mikroevolution fallen, als determiniert betrachten. In relativ kleinen Populationen folgt der Prozeß jedoch schon im Rahmen der Mikroevolution stochastischen Gesetzen. Der wichtigste stochastische Prozeß auf dieser Ebene besteht in der *zufallsbedingten Fixierung* genetischer Varianten, die keine sichtbaren adaptiven Vorteile aufweisen. Varianten mit großem Selektionsvorteil vermehren sich fast immer relativ schnell und verdrängen die anderen Varianten oder bilden die Grundfolge für einen lang anhaltenden balancierten Polymorphismus. Schließlich treten in großen Zeiträumen neben der adaptiven oder zufallsbedingten Fixierung von Varianten noch einige stochastische Ereig-

nisse auf — einerseits das *zufallsbedingte Aussterben* von Populationen und Arten [431] und andererseits der Erwerb wichtiger Gensysteme breiter Bestimmung.
Betrachten wir unter diesen Gesichtspunkten die Probleme der Evolution genetischer Nachrichten auf Cistronebene. Als Elementarereignisse der Mikroevolution fungieren in diesem Fall Substitutionen, Deletionen, Einbau und Duplikationen von Basengruppen und den entsprechenden Aminosäuren. Als Elementarereignisse der Makroevolution sind die Prozesse der Fixierung dieser Varianten anzusehen. Wir können dabei nur diejenigen Varianten beurteilen, die im Verlauf der Makroevolution nicht ausgestorben sind, sondern entweder existieren oder Vorläufer heute existierender Varianten darstellen.
Im weiteren wollen wir uns folgenden Fragen zuwenden:

1. dem Verhältnis neutraler und adaptiver Resultate von Mikroevolution und Makroevolution und der Rolle synonymer Cistrons und Proteine dabei;
2. der Aufstellung phylogenetischer Stammbäume und der Rolle der Synonymie in der Makroevolution von Cistrons und Proteinen;
3. dem Verhältnis von Divergenz und Konvergenz bei der Makroevolution von Cistrons und Proteinen.

Wir betrachten ein bestimmtes Cistron und das ihm entsprechende Protein sowie eine Vielzahl von Varianten, welche durch eine kleine Zahl genetischer Elementarereignisse erhalten wird (Substitution, Deletion, Duplikation usw. von Monomeren) (Cistronumgebung siehe 7.2.). Die Cistronumgebung enthält alle Allele der Ausgangsvariante, unter denen auch Synonyme auftreten. Die Mehrzahl der synonymen Varianten des Cistrons beschränkt sich jedoch nicht auf seine nächste Umgebung. Es ist vielmehr bekannt, daß die Synonymie sogar bei einer großen Zahl von Unterschieden auftreten kann (siehe 6.4.).
Unter dem Gesichtspunkt der Entstehungswahrscheinlichkeit sind die Varianten der nächsten Umgebung des Cistrons stets bevorzugt, zumindest dann, wenn sich die Geschwindigkeit oder andere Charakteristika des Mutationsprozesses nicht rapide ändern. Dabei können synonyme wie auch nichtsynonyme Varianten auftreten, darunter auch nichtkodierende. Unabhängig von der Art der Varianten ist die Evolution der Nachrichten deshalb auf ein *lokales Prinzip* beschränkt: *Einem kleinen Zeitintervall entspricht eine Variation lediglich in der nächsten Umgebung des Cistrons*, d. h. eine Variation seiner Allele. Den Prozeß der Evolution eines Cistrons kann man sich somit als eine sequentielle, lokale Verschiebung (determiniert oder zufallsbedingt) eines Punktes über eine Vielzahl von Varianten vorstellen.
Wenden wir uns der potentiellen und realen Vielfalt existierender Proteine, einschließlich synonymer Eiweiße in unterschiedlichen Familien, zu. Obwohl die Schätzung dieser Vielfalt stets ungenau sein wird, erlaubt sie eine bessere Orientierung. Wir berücksichtigen dabei nur Varianten mit Substitution von Aminosäuren, ohne Veränderung ihrer Zahl.
Gegenwärtig sind einige Familien ähnlich funktionierender Proteine in verschiedenen Arten untersucht: ca. 70 Globine, einige Dutzend Cytochrom c, Immunglobuline usw. [64] (siehe 15.4.). In den meisten Proteinfamilien unterscheidet sich fast jedes Polypeptid durch bestimmte Merkmale von den übrigen. Deshalb können wir mit relativ hoher Wahrscheinlichkeit voraussetzen, daß alle (oder fast alle) Polypeptide jeder Familie bei verschiedenen Arten unterschiedlich sind. Die Zahl der lebenden und ausgestorbenen Arten wird auf $5 \cdot 10^8$ geschätzt [432]. Viele Arten sind polymorph. In vielen Fällen

werden die Proteine einer Familie bei jedem Individuum durch eine Gruppe von mehreren Isoenzymen repräsentiert. Dies kann zu einer Erhöhung der Vielfalt um nicht mehr als eine Größenordnung — auf $5 \cdot 10^9$ — führen. Für viele Proteinfamilien erscheint diese Zahl zu hoch, da bei weitem nicht alle Familien in allen Arten vorkommen. So schwankt in den meisten Polypeptidfamilien die reale Vielfalt in den Grenzen von 10^7 bis 10^8. Zu dieser Zahl sind alle jene Varianten zu addieren, die in der Evolution von den Vorläufern der existierenden Arten durchlaufen worden sind. Eine gewisse Vorstellung davon läßt sich auf der Grundlage phylogenetischer Stammbäume unterschiedlicher Polypeptidfamilien (siehe 15.4.) gewinnen. Als Varianten sind dann Strukturen, die sich wenigstens in einer Aminosäure unterscheiden, anzusehen. Die Zahl dieser Varianten kann durch die Addition der Längen (unter „Länge" ist die Zahl der Substitutionen zu verstehen) aller Äste des phylogenetischen Stammbaums erhalten werden. Das führt zu einer Erhöhung der Gesamtvariantenanzahl um maximal 1 bis 2 Größenordnungen in jeder Familie und ergibt 10^9 bis 10^{10} Varianten als *untere* grobe Schätzung.
Um die *obere* Grenze abzuschätzen, wählen wir unter den untersuchten Varianten jeder Familie (Globine, Cytochrome c u. a.) eine Gruppe genügend entfernter Proteine aus und ermitteln die *Variantenanzahl der Aminosäuren in den einzelnen Positionen* (n_i). Wenn wir die Gruppe vergrößern und dieselbe Prozedur wiederholen, erweist sich, daß diese Zahl nur sehr langsam ansteigt. Dies bedeutet, daß viele Varianten Kombinationen von Substitutionen darstellen, die bei anderen Varianten auftreten. Unter der Voraussetzung, daß jede dieser Substitutionen unabhängig und synonym ist, ergibt sich für die obere Grenze der Zahl der synonymen Varianten

$$\prod_{i=1}^{\max} n_i .$$

Für die Globinfamilie erhält man auf diesem Wege 10^{86} Varianten [64]! (Die vollständige Anzahl von Variationen der Monomere einer Kette aus 140 Aminosäuren beträgt $\sim 10^{185}$.)
Die Vielfalt der Synonyme in den einzelnen Familien ist also sehr groß, für die Globine liegt sie im Intervall

$$10^9 < N < 10^{86} \text{ Varianten.}$$

Eine so stark entwickelte Synonymie ist das Resultat der großen Länge genetischer Cistron„phrasen" (10^2 bis 10^3 Nukleotide).
Abschließend soll die Zahl der in der Natur vorkommenden Proteinfamilien geschätzt werden. Wenn man für höhere Tiere und Pflanzen die haploide DNA-Menge mit $3 \cdot 10^9$ Basen ansetzt [64], entspricht dies 10^6 Polypeptiden mittlerer Größe. Unter Berücksichtigung von Isoenzymen und Dublierungen läßt sich ihre Zahl auf ein Minimum von 10^5 herabsetzen. Berücksichtigt man andere taxonomische Gruppen (Pflanzen, Mikroorganismen, Wirbellose) mit einheitlichem Bau auf der Ebene der Proteinfamilien, erhöht sich die geschätzte Zahl um höchstens eine Größenordnung auf 10^6. Dies entspricht der Anzahl der in der Natur vorkommenden Proteinfamilien. Im Prozeß der Evolution dürfte sich diese Zahl kaum merkbar verringert haben. Unter der Voraussetzung, daß die Schätzung für die Globine annähernd auch für andere Familien gilt, kann man folgern: Im Verlauf der Evolution sind in den aufsteigenden Linien existierender und ausgestorbener Arten $10^9 \cdot 10^6 \simeq 10^{15}$ Polypeptidvarianten erprobt und fixiert worden; der obere Grenzwert der Varianten, die dafür zur Auswahl standen, beträgt 10^{92}.

Wir betrachten nun Prozesse der Mikroevolution von Cistrons und Proteinen, die — in vollständiger Form — die Rolle von Elementarereignissen der Makroevolution spielen können. Die Mutantenvielfalt entstehender Varianten enthält hauptsächlich Allelvarianten der nächsten Umgebung bereits existierender Cistrons, die in erster Linie durch Basensubstitution und weniger durch Deletionen, Duplikationen, Translokationen und Rekombinationen entstehen. Unter dem Aspekt der Makroevolution sind Prozesse der selektiven Verdrängung oder zufallsbedingten Fixierung erneut entstehender Allele von besonderem Interesse.
Nach der deterministischen Evolutionstheorie [430] verdrängen die Allele, welche im homozygoten Zustand die höchste Adaptionsfähigkeit besitzen, die übrigen Allele aus der Population. Deshalb werden in großen Populationen die hinsichtlich der Adaption deutlich bevorzugten synonymen Allele stets fixiert.
In der stochastischen Evolutionstheorie werden die deutlich bevorzugten Allele gegenüber neutralen Allelen mit erhöhter Effektivität fixiert. Wir betrachten eine endliche Population mit der effektiven Individuenzahl N_e. Wir nehmen an, daß ein dialleler Locus (A_1, A_2) existiert und eine Gametenauslese erfolgt: Die Gamete A_1 besitzt die Adaptionsfähigkeit 1, A_2 — $(1 - s)$, wobei $-\infty < s \leqq 1$. Wenn die Anfangsfrequenz des Allels A_2 mit p gegeben ist, kann man nach KIMURA [433 bis 435] mit Hilfe der Diffusionstheorie einige wichtige Größen definieren: die Wahrscheinlichkeit der Fixierung des neuen Allels $u(p, s)$ und die mittlere Fixierungszeit $\bar{t}(p, s)$.
Mit v bezeichnen wir die Wahrscheinlichkeit der Mutationsentstehung des Allels A_2 pro Zeiteinheit, seine Anfangsfrequenz $p = \frac{1}{2N_e}$. Nun läßt sich die Geschwindigkeit der Fixierung neuer Allele mit denselben Populationseigenschaften berechnen, wie sie A_2 besitzt:

$$K = 2N_e v \cdot u(p, s).$$

Ohne die aufgeführten Größen explizit darzustellen, weisen wir auf folgende interessante Sonderfälle hin:

1. *Alle Mutationen sind neutral* $(s = 0)$:

$$\bar{t}_0(p) = 4N_e, \quad u_0(p) = \frac{1}{2N_e},$$

es folgt $K_0 = v$.

Bei neutralen Allelen hängt die Geschwindigkeit ihrer Fixierung nicht von der Größe der Population ab und ist mit der Frequenz ihrer Mutationsentstehung identisch.

2. *Alle Mutationen sind adaptiv* $(s < 0)$:

$$\bar{t}_+(p, s) < \bar{t}_0(p) = 4N_e, \quad u_+(p, s) > u_0(p) = \frac{1}{2N_e},$$

$$K_+ = 2N_e v u_+(p, s) > K_0,$$

d. h. *adaptive Mutationen werden schneller fixiert als neutrale* [435, 436].

3. *Alle Mutationen sind nichtadaptiv* ($s > 0$):

$$\bar{t}_-(p, s) > \bar{t}_0(p),\ u_-(p, s) < u_0(p),\ K_- = 2N_e v u_-(p, s) < K_0,$$

d. h. *nichtadaptive Mutationen werden langsamer fixiert als neutrale.* Wenn unter den entstehenden Mutationen Vertreter jeder dieser drei Gruppen mit den Entstehungswahrscheinlichkeiten $v(s)$ auftreten, so läßt sich die Gesamtgeschwindigkeit der Fixierung einführen:

$$K = 2N_e \int_{-\infty}^{1} v(s)\, u(p, s)\, ds.$$

Natürlich hängt auch in diesem Fall die Geschwindigkeit der Fixierung von der effektiven Individuenanzahl der Population (N_e) ab. Dieses Problem wird in 15.4. ausführlicher behandelt.

Die Populationsneutralität von Allelen steht in engem Zusammenhang mit der Synonymie alleler Cistrons und Polypeptide. Wenn das Ausgangscistron mehrere Funktionen kodiert, so sind die selektiv neutralen oder fast neutralen Allele notwendigerweise synonym. Umgekehrt läßt sich das jedoch nicht behaupten. Betrachten wir diese Frage am Beispiel der Hämoglobin-Mutanten beim Menschen.

Unter den isolierten Mutanten (erhalten auf Grund von Ladungsänderungen), die das hämspezifische Zentrum der α- oder β-Untereinheit erfassen, gibt es kaum synonyme Varianten, da die molekulare Funktion stark gestört ist (siehe Tab. 16 in 6.3.). Dies führt zu einer deutlich ausgeprägten phänotypischen Pathologie in den Heterozygoten. Mutationen in den übrigen Zentren führen oft zu pathologischen Symptomen (bereits in den Heterozygoten), jedoch brauchen derartige Symptome auch nicht aufzutreten (siehe Tab. 16). Die Aminosäuren dieser Positionen sind für alle Säuger invariant, d. h. ihr Mutationsaustausch ist über lange Zeit nicht fixiert worden. Deshalb ist anzunehmen, daß sie, unter populationsgenetischem Aspekt betrachtet, nicht neutral sondern defekt sind. Bezüglich der Substitutionen in äußeren Positionen, die die Zentren der Moleküle nicht beeinträchtigen (Tab. 16), läßt sich feststellen, daß ein großer Teil von ihnen keine funktionellen Unterschiede auf molekularer Ebene aufweist, d. h. sie sind deutlich synonym und betreffen Positionen, die bei Säugern variabel sind und nicht zu pathologischen Veränderungen in den Heterozygoten führen. Jedoch lassen sich keinerlei Behauptungen über die Populationsneutralität der Mutationen und über die Bevorteilung der Heterozygoten aufstellen. Es steht lediglich fest, daß sie im heterozygoten Zustand keinen Einfluß auf die Adaptionsfähigkeit in menschlichen Populationen besitzen, d. h. sie sind rezessiv.

Die Varianten der Globine und anderer Proteine unterschiedlicher Artherkunft sind synonym. Die Frage nach ihrer selektiven Neutralität zu stellen, ist nicht sinnvoll, da sie infolge der interspezifischen genetischen Isolation nicht innerhalb einer Population verglichen werden können.

15.3. Makroevolution von Proteinen: Mutationsaustausch und phylogenetische Stammbäume

Als Elementarereignisse der Makroevolution betrachten wir abgeschlossene Prozesse der Fixierung von Basen- und Aminosäure-Substitutionen (d. h. Allelsubstitutionen) im Prozeß der Mikroevolution. Die Berechnung der Zahl dieser Elementarereignisse erlaubt es, einige wichtige Prozesse der Makroevolution, u. a. die *Divergenz* und *Konvergenz* der Primärstrukturen von Cistrons und Proteinen, quantitativ zu beschreiben.

Zunächst betrachten wir die *Familien* homologer Cistrons und Proteine: Globine, Cytochrome c, Fibrinopeptide, Immunglobuline, Ferradoxine usw. [64]. Diese Auswahl basiert auf der funktionellen Ähnlichkeit (genauer — der *synonymen Äquivalenz*) der entsprechenden Proteine und in einigen Fällen auch auf der strukturellen Ähnlichkeit (z. B. Tertiärstruktur der Globine, Ähnlichkeit von Primär- und Sekundärstruktur der Elastase und der Trypsine [64] usw.) Die Vielfalt der Cistrons und damit der Proteine einer Familie hat zwei Ursachen [2, 429]: eine *intraspezifische* (innerhalb der Art), wenn die einzelnen Individuen mehrere verschiedene Exemplare von Cistrons in einer Familie aufweisen, die *untereinander nicht rekombinieren*, und eine *interspezifische*, wenn die Cistrons (und Proteine) einer Familie verschiedenen Species angehören. In beiden Fällen muß gewährleistet sein, daß die unterschiedlichen Cistronexemplare einer Familie *genetisch isoliert* sind (d. h. daß sie untereinander nicht rekombinieren). Nur dann kann ihre Struktur über lange Zeiträume streng vererbt werden.

Im folgenden wollen wir uns mit dem homologen Vergleich der Primärstrukturen von Cistrons oder Polypeptiden einer Familie befassen und versuchen, eine maximale Zahl *gegenseitig kolinearer Entsprechungen* zweier oder einer größeren Zahl ausgewählter Sequenzen zu finden. Dies ist nur dann relativ einfach, wenn die zu vergleichenden Nachrichten die gleiche Länge und ähnliche Eigenschaften aufweisen (z. B. die Unterfamilie der β-Hämoglobine, siehe Abb. 98). Im allgemeinen unterscheiden sich die synonymen Nachrichten in ihrer Länge und einer größeren Zahl von Monomeren. In diesen Fällen wird eine aufwendige Prozedur der Variation der Vergleichsobjekte notwendig, die eine geringe Zahl von Deletionen und Translokationen von Fragmenten zuläßt. Dazu werden Computer eingesetzt [438].

Praktisch erforscht sind die Primärstrukturen der Polypeptide, nicht die der Cistrons. Jedes Paar kolinearer Polypeptide kann durch die Zahl der Aminosäureunterschiede charakterisiert werden. Nicht jede Aminosäuresubstitution kann jedoch durch eine einzige Basensubstitution durchgeführt werden. Es läßt sich die *minimale Anzahl* von Basensubstitutionen benutzen, die die Aminosäureserien untereinander verbinden [439, 440]. Indem man nacheinander und paarweise den Vergleich aller Polypeptide der Familie durchführt, kann man eine Matrize der Aminosäureunterschiede in den Paaren und der minimalen Mutationsunterschiede aufstellen. Die Matrizen für die Globinfamilie zeigt Tab. 19.

Die Basis für die weiteren Betrachtungen liefern folgende Überlegungen:

1. Infolge der großen potentiellen Vielfalt der Polypeptidvarianten, die während sinnvoller Zeiten der Makroevolution keiner vollständigen Variation unterliegen kann, ist die unabhängige Entstehung kolinearer und ähnlicher Polypeptidketten praktisch nicht möglich.
2. Die betrachtete Ähnlichkeit von Polypeptidketten muß deshalb als Resultat der makroevolutionären *Divergenz* der Ketten interpretiert werden, obwohl Prozesse der partiellen Konvergenz nicht ausgeschlossen werden können.
3. Wir postulieren als Voraussetzung, daß die genetische Isolation (intra- und interspezifisch) der Cistrons *dichotomisch* erfolgt.
4. Je größer die Zahl der Mutationsunterschiede zwischen den Polypeptiden, um so früher sind diese Ketten in der Phylogenese divergiert.

Auf der Grundlage dieser Überlegungen wird ein der Äquivalenzmatrize der minimalen Mutationsunterschiede entsprechender *dichotomer Stammbaum* aufgestellt [64, 439, 441 bis 443]. Nach der Graphentheorie wird als Stammbaum ein endlicher, zusammenhängender Graph ohne Zyklen mit nicht weniger als zwei Knoten bezeichnet [444]. Die Knoten verbinden wir durch orientierte Äste (Ast: Kante zwischen zwei Knoten). Wir bezeichnen den Stammbaum als dichotom, wenn zu jedem seiner Knoten (außer zur Wurzel) ein einziger Ast (Kante) führt und von einem Knoten entweder 0 oder 2 Äste abzweigen. Knoten, die keine abzweigenden Äste aufweisen, bezeichnen wir als *hängend*, alle übrigen als *Verzweigungen* [444]. Der einzige Knoten ohne zuführenden Ast heißt *Wurzel* des Baumes. Jedes beliebige Paar von Knoten des dichotomen Stammbaums wird durch eine einzige Kette von Ästen (= Folge von Kanten) verbunden. Wir benutzen folgende Bezeichnungen: n — Zahl der Knoten; m — Zahl der Äste, k — Zahl der hängenden Knoten und h — Zahl der dichotomen Verzweigungen, einschließlich der Wurzel. Zwischen diesen Größen existieren für jeden dichotomen Stammbaum folgende Beziehungen:

$$m = n - 1, \; k = \frac{n+1}{2}, \; h = \frac{n-1}{2}, \; k = h + 1.$$

Auf der Grundlage der Matrizen der minimalen Mutationsunterschiede wurden Algorithmen für die Computerbearbeitung dichotomer Stammbäume aufgestellt [64, 439, 442]. Die hängenden (unteren) Enden des dichotomen Stammbaums entsprechen den heute bekannten divergenten Nachrichten, die Verzweigungen den Prä-Nachrichten im Moment ihrer Divergenz. Jedem Ast (Kante) des Baumes ist eine Zahl zugeordnet, die die minimale Anzahl der Mutationsunterschiede zwischen den Nachrichten in den Knoten, die durch diesen Ast verbunden werden, repräsentiert. Es sind die „Längen" aller $\frac{k(k-1)}{2}$ Astketten (Folgen von Kanten) gegeben, die die hängenden Knoten verbinden. Es ist erforderlich, einen dichotomen Stammbaum mit $k - 1 = h$ Verzweigungen aufzustellen und die „Länge" aller Äste zu bestimmen. Das Resultat ist nicht eindeutig, auf dieser Basis kann eine große Anzahl dichotomer Bäume konstruiert werden. Die beste Variante ist diejenige, welche die geringste Gesamtzahl (bezüglich aller Äste) von minimalen Mutationsunterschieden aufweist.

Mit Hilfe der beschriebenen Prozedur wurden dichotome Stammbäume für die Familien der Globine [64, 440, 442, 445], der Cytochrome c [64, 439, 443], der Immunoglobuline [64, 443], der Fibrinopeptide [64, 442] und anderer Proteine aufgestellt.

Mit Hilfe des dichotomen Stammbaums einer Proteinfamilie lassen sich die wahrscheinlichen Primärstrukturen der Prä-Proteine rekonstruieren, die den verschiedenen Verzweigungspunkten entsprechen [64, 439, 440, 442, 443]. Dabei geht man folgendermaßen vor: Für jede Aminosäureposition werden gegen die entsprechenden hängenden Knoten des Baumes die Aminosäuren aufgetragen, die in den Polypeptiden diese Position einnehmen. Den weiteren Operationen unterliegen folgende heuristische Regeln [64, 439, 440]:

1. Minimierung der Gesamtzahl an Mutationsaustauschen;
2. Minimierung der Zahl der Astketten, die vielfache Mutationen aufweisen;
3. Minimierung der Zahl der Retromutationen;
4. Minimierung der beteiligten Aminosäuretypen.

In einigen Fällen ist das Resultat der Rekonstruktion nicht eindeutig. Dann werden Alternativvarianten aufgestellt. Abb. 97 zeigt die Rekonstruktion einer Aminosäure in der Prä-Kette der Globine mit Hilfe einer vereinfachten Stammbaumvariante [440]. In den folgenden Abschnitten werden Resultate der Anwendung der hier beschriebenen Prozeduren für verschiedene Proteinfamilien angeführt. Es muß noch erwähnt werden,

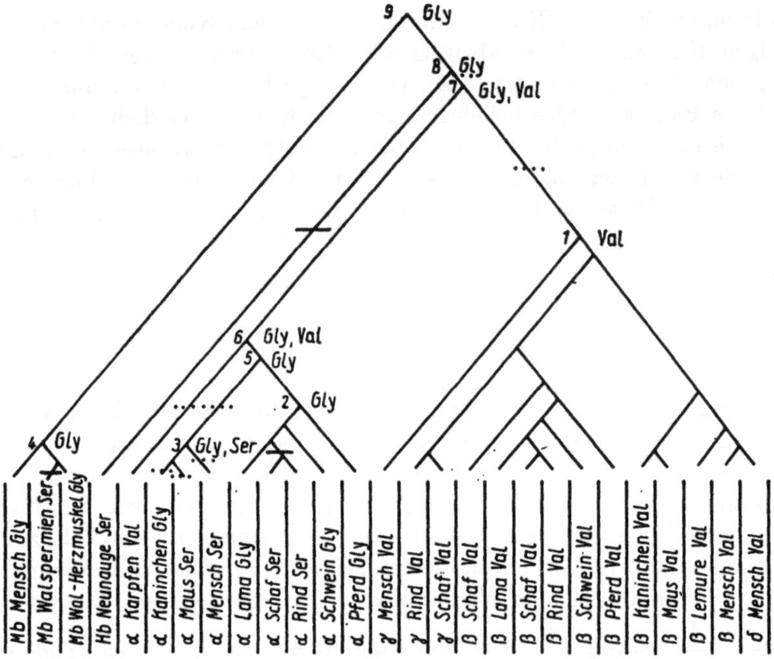

Abb. 97. Rekonstruktion einer Aminosäureposition in der Prä-Kette der Globine bei bekannter Struktur des Stammbaums [440]. Einzelheiten im Text.

daß anstelle der Matrizen der minimalen Mutationsunterschiede auch eine Matrize der Frequenzen der Mutationsunterschiede in einer festgelegten Zeit [64] oder andere, ähnliche Größen für die Kontruktion dichotomer Stammbäume und die Rekonstruktion von Prä-Strukturen verwendet werden können. Die Resultate unterscheiden sich kaum von denen der oben beschriebenen Prozeduren.

15.4. Interpretation phylogenetischer Stammbäume: die Familie der Globine

Die wichtigste Voraussetzung für die Interpretation dichotomer Stammbäume von Proteinfamilien besteht darin, daß der Stammbaum den phylogenetischen Prozeß der sequentiellen Divergenzen widerspiegelt. Die vertikale Richtung des Graphen steht somit auf bestimmte monotone Weise mit der Zeit, die nach der Divergenz vergangen ist, in Zusammenhang. Pauling [445] hat eine einfache Methode vorgeschlagen, mit deren Hilfe der dichotome Stammbaum der Divergenzen der paläontologischen Zeitskala zugeordnet werden kann.

Wir müssen berücksichtigen, daß im Laufe der Zeit nach der Divergenz der Nachrichten die Wahrscheinlichkeit wiederholter Substitutionen zunimmt. Betrachten wir eine einzelne Monomerposition. Die mittlere Substitutionszahl pro Position und Zeiteinheit bezeichnen wir mit K. Die Substitutionsentstehung ist ein wenig wahrscheinlicher Prozeß, deshalb läßt er sich durch eine zeitabhängige POISSON-Verteilung beschreiben. Die Substitutionswahrscheinlichkeit l im Verlauf des Zeitintervalls t ergibt sich dann wie folgt,

$$P_n(t) = \frac{(Kt)^l e^{-Kt}}{l!},$$

die Wahrscheinlichkeit, daß keine Veränderung erfolgt:

$$P_0(t) = e^{-Kt}.$$

Unter der Annahme, daß diese Größe mit dem Monomeranteil identisch ist, der nach der zufallsbedingten Divergenz unverändert bleibt, läßt sich die relative (in %) Anzahl der Unterschiede zwischen den Nachrichten berechnen:

$$Q(t) = 1 - e^{-Kt}.$$

Die Konstante K, die den Sinn einer mittleren Geschwindigkeit der Substitution (Fixierung) besitzt oder die reziproke Konstante $\tau = 1/K$ (mittlere Zeit pro Fixierung, Monomerposition und Genom) können folgendermaßen definiert werden: Man wählt einen kleinen Kurvenabschnitt, für den über unabhängige Daten (z. B. paläontologische) die Zeit der Divergenz der untersuchten Nachrichten bestimmt werden kann: $t \ll \tau = 1/K$. In diesem Fall gilt

$$Q \simeq Kt \text{ und } K = \frac{Q}{t}.$$

Nach der Bestimmung der Konstanten ist die Funktion $Q(t)$ der paläontologischen Zeitskala zugeordnet (siehe Abb. 99). Die einzelnen fixierten Divergenzereignisse können im Zusammenhang mit der Evolution anderer Formen, anderen ökologischen Bedingungen, bedeutsamen geologischen Veränderungen der Umwelt usw. interpretiert und untersucht werden.

Abb. 98 zeigt den dichotomen Stammbaum der 68 erforschten Globine [442]. Die meisten Hämoglobine wurden bei Säugern untersucht, es wurden aber auch das Myoglobin des Wals und des Pferdes, die Hämoglobine des Neunauges, des Karpfens und Huhns, die Globine von *Chironomus* u. a. aufgenommen. Da sich die Globine in ihrer Aminosäureanzahl geringfügig unterscheiden, wurden die Mutationsabstände, die sich in einer minimalen Anzahl von Mutationsunterschieden äußern, auf eine Kette von 100 Aminosäuren umgerechnet. Die Mehrzahl der in dieser Hinsicht untersuchten Säuger besitzt mehrere verschiedene Globinketten, beim Menschen z. B. findet man α, γ-, β-, δ- und ε-Ketten des Hämoglobins und Myoglobin (ε ist nicht untersucht). Auf Grund dieser Besonderheit können die Daten der intra- und interspezifischen Divergenz der Ketten kombiniert werden [2, 429, 442, 445, 446].

Der Globin-Stammbaum zeigt eine ausgeprägte hierarchische Struktur. Die Globine von *Chironomus*, Neunauge und Myoglobin unterscheiden sich am stärksten von den übrigen Ketten. Die nächste wichtige Verzweigung entspricht der Divergenz der α-Ketten des Hämoglobins von den β-ähnlichen Ketten. Bei den α-Ketten stehen die weiteren Verzweigungen in Zusammenhang mit artspezifischen Unterschieden, wobei zuerst die α-Ketten der Vögel und Säuger divergieren, die anderen Verzweigungen folgen dann.

Abb. 98. Dichotomischer Stammbaum der Globine [442].

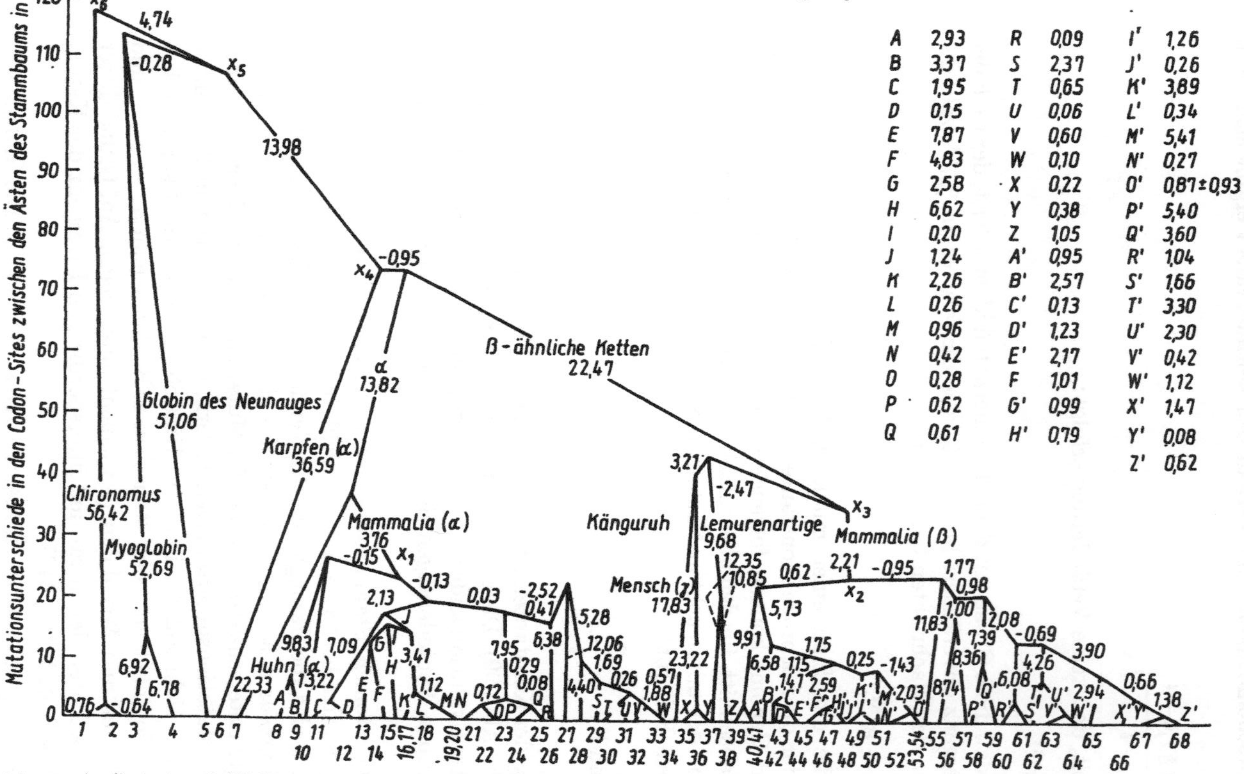

A	2,93	R	0,09	I'	1,26
B	3,37	S	2,37	J'	0,26
C	1,95	T	0,65	K'	3,89
D	0,15	U	0,06	L'	0,34
E	7,87	V	0,60	M'	5,41
F	4,83	W	0,10	N'	0,27
G	2,58	X	0,22	O'	0,87±0,93
H	6,62	Y	0,38	P'	5,40
I	0,20	Z	1,05	Q'	3,60
J	1,24	A'	0,95	R'	1,04
K	2,26	B'	2,57	S'	1,66
L	0,26	C'	0,13	T'	3,30
M	0,96	D'	1,23	U'	2,30
N	0,42	E'	2,17	V'	0,42
O	0,28	F	1,01	W'	1,12
P	0,62	G'	0,99	X'	1,47
Q	0,61	H'	0,79	Y'	0,08
				Z'	0,62

Bezeichnung der Vertreter: 1-HB *Chironomus thummi*; 2-HB-Variante von *Chironomus thummi* (39-Thr, 57-Ileu); 3-Myoglobin des Wals; 4=Mb Pferd; 5-Globin des Neunauges; 6-α Karpfen; 7-α Huhn; 8-α Kaninchen; 9-α Kaninchen (Variante: 29-Leu, 48-Leu, 70-Thr, 76-Val, 80-Ser, 113-His); 10-α Spitzmaus; 11-α Maus; 12-α Maus C-57 Bl; 13-α Sifaka; 14-α Lemure; 15-α *Galago crassicandatus*; 16-α *Macaca mulatta*; 17-α *Macaca fuscata*; 18-α Gorilla; 19-α Schimpanse; 20-α Mensch; 21-α Esel; 22-langsame α-Pferd; 23-schnelle α-Pferd; 24-Variante der schnellen α-Kette des Pferdes (24-Tyr); 25-Variante der langsamen α-Kette des Pferdes (24-Tyr); 26-α Schwein; 27-α Lama; 29-α Ziege, II-Fraktion (nichtallele Variante); 30-α Ziege, B-Fraktion (allele Variante); 31-α Ziege, A-Fraktion; 32-α Schaf, Fraktion D; 33-α Schaf, Fraktion A; 34-γ Mensch; 35-ß Känguruh; 36-ß Känguruh-2 (2-$GluNH_2$); 37-ß Sifaka; 38-ß Lemure; 39-ß Maus AKR; 40-ß Maus Sec; 41-ß Maus C-57 Bl; 42-ß Kaninchen; 43-ß Eichhornaffe; 44-ß Tamarin; 45-ß *Ateles geoffroyi*; 46-δ Eichhornaffe; 47-δ Tamarin; 48-δ *Ateles geoffroyi*; 49-ß *Macaca fuscata*; 50-ß *Macaca mulatta*; 51-δ Mensch; 52-ß Gorilla; 53-ß Schimpanse; 54-ß Mensch; 55-ß Pferd, langsame Fraktion; 56-ß Schwein; 57-ß Lama; 58-ß (fötal) Rind; 59-ß (fötal) Schaf; 60-ß Rind, Fraktion A; 61-ß Rind, Fraktion B; 62-ß Wildschaf, Fraktion C; 63-ß Ziege, Fraktion C; 64-ß Schaf, Fraktion C; 65-ß Schaf, Fraktion B; 66-ß Schaf, Fraktion A; 67-ß Ziege, Fraktion A; 68-ß Ziege, Fraktion A (allel). $x_1, \ldots, x_6$ – wichtigste Verzweigungspunkte des Stammbaums, für die die wahrscheinlichen

Nur auf den letzten Etappen werden intraspezifische Divergenzen der α-Ketten bei Pferd, Maus, Ziege, Makak und anderen sichtbar. Bei den β-ähnlichen Ketten erfolgt eine wichtige Verzweigung im Zusammenhang mit der Divergenz der γ-Ketten beim Menschen (und der verwandten β-ähnlichen Ketten von Känguruh und Lemuren) und der übrigen β-Ketten der Säuger. Die weitere Divergenz besitzt in erster Linie interspezifischen Charakter, Nager und Primaten zweigen so z. B. von den Huftieren ab. Auf den letzten Etappen tritt jedoch bei fast allen kleineren Gruppen eine intraspezifische Divergenz der β-ähnlichen Ketten auf (beim Menschen: Abzweigung der β- von δ-Ketten). In den Stammbaumlinien der Arten erfolgen interspezifische Divergenzen somit viel häufiger als intraspezifische. Jede intraspezifische Verzweigung ist mit dem Entstehen einer zusätzlichen Genkopie verbunden, d. h. mit einer *Duplikation*. Dabei erfolgt die Fixierung der Duplikation bedeutend seltener als die Fixierung von Substitutionen.

Im folgenden sollen die Geschwindigkeit der Fixierung von Mutationen (K) in den einzelnen Ästen des Stammbaums und im Gesamtbaum berechnet und der Zusammenhang zwischen den Duplikationsmomenten und den Besonderheiten der entsprechenden Phylogeneseperioden untersucht werden. Die gemeinsamen Vorfahren der Primaten und

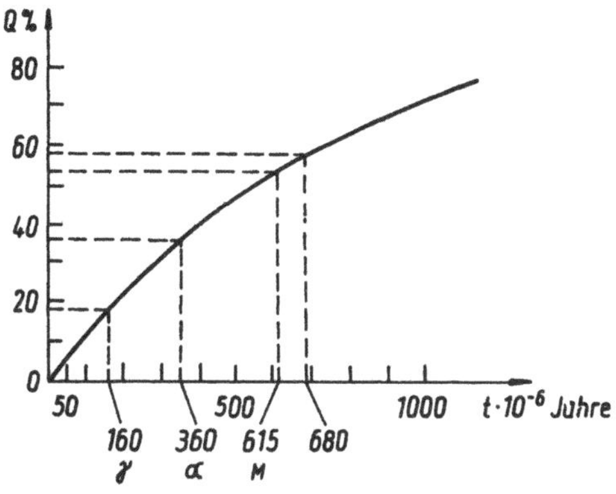

Abb. 99. PAULING-Skala für die Umrechnung der Mutationsunterschiede der Globine in Zeiteinheiten [445, 446].

anderer Säugerordnungen lebten vor ca. 80 Millionen Jahren in der Kreidezeit [64]. Aus dem Globinstammbaum wählen wir die Äste der α- und β-Ketten aus, die zur gleichen Zeit der interspezifischen Divergenz unterlagen. Der mittlere Mutationsunterschied für alle Ketten zur Prä-α-Kette der Säuger beträgt, umgerechnet auf 100 Aminosäuren (siehe Abb. 98), für den Zweig der α-Ketten $\sim$9,17 $\pm$ 2, 2 und für den Zweig der β-Ketten (Unterschied zur Prä-β-Kette der Säuger) 11,5 $\pm$ 1, 6, d. h. während der gleichen Zeit erfolgte die Divergenz der α-Ketten etwas langsamer als die der β-Ketten ($P > 0{,}999$). Die mittlere Geschwindigkeit der Fixierung von Mutationen beträgt dann für die α-Ketten $K_\alpha \approx 1{,}14 \cdot 10^{-9}$ Mutationen pro Jahr und Codon, und für die β-Ketten $K_\beta \approx 1{,}43 \cdot 10^{-9}$ Mutationen pro Jahr und Codon.

Abb. 99 zeigt die PAULING-Skala für die Umrechnung von Mutationsunterschieden in Zeiteinheiten. Mit Hilfe dieser Skala lassen sich die Entstehungsmomente der wichtigsten Duplikationen der Globincistrons berechnen [2, 429, 445, 446]. Die erste, mit der Abzweigung der Myoglobine von den Hämoglobinen verbundene Duplikation fällt in das Ende des Präkambriums (vor ca. 615 Mill. Jahren), die Zeit wirbelloser Meerestiere.

Die zweite Duplikation, Trennung der α- und β-ähnlichen Ketten, erfolgte im Devon (vor ca. 360 Mill. Jahren), als sich die ersten Lurche entwickelten. Die dritte Duplikation, die zur Abzweigung der γ-ähnlichen Ketten (γ-Kette des Menschen, des Känguruhs, von Lemuren usw.) von den β-δ-Ketten führte, kann der Juraperiode (vor ca. 160 Mill. Jahren), der Entstehungszeit der Beuteltiere, zugeordnet werden. Die vierte Duplikation schließlich der unabhängigen α- und β-Cistrons erfolgte auf der letzten Evolutionsetappe zwischen Pliozän (vor ca. 3 Mill. Jahren) und Oligozän (vor ca. 50 Mill. Jahren).

Die Duplikationen der Globincistrons wurden also in Perioden fixiert, als eine bedeutende phylogenetische Veränderung der Atemfunktion einsetzte [2, 429, 442, 445, 446]. Die Abzweigung der Myoglobine von den Hämoglobinen bei wirbellosen Meerestieren steht wahrscheinlich im Zusammenhang mit der Funktionsteilung zwischen Sauerstoffübertragung im Blutkreislauf und Gewebsatmung, die Trennung der Zweige von α- und β-ähnlichen Ketten der Hämoglobine mit dem Übergang zum Landleben und zur Lungenatmung. Die Abzweigung der γ- von den β-ähnlichen Ketten korreliert mit der Entstehung der pränatalen Entwicklung (γ-ähnliche Ketten werden auch bei Beuteltieren gefunden) und der Unterteilung der Ontogenese in embryonale und postnatale Entwicklungsstadien, die sich im Atmungstyp unterscheiden. Das embryonale Hämoglobin erhält den Sauerstoff durch die Plazenta vom Mutter-Hämoglobin, im postnatalen Stadium wird das Hämoglobin durch den Sauerstoff der Luft oxidiert. Die γ-Kette wird beim Menschen interessanterweise nur im embryonalen Stadium synthetisiert, die β- und δ-Ketten hingegen in der postnatalen Periode [2, 429, 446]. Die letzte Verzweigung der α- und der β-Ketten läßt sich nicht in so direkter Weise motivieren; aber bei vielen Arten, die Duplikate von α- oder β-Ketten aufweisen, arbeiten die verschiedenen Varianten unter jeweils unterschiedlichen Sauerstoffbedingungen: bei Anämien [442], möglicherweise unter Hochgebirgsbedingungen usw., d. h. ihre Fixierung muß im Zusammenhang mit der weiten territorialen Verbreitung dieser Arten und der Vielfalt der von ihnen bewohnten ökologischen Nischen gesehen werden.

Während der Evolution der Globine sind auch andere Aberrationen, hauptsächlich Deletionen oder Translokationen einer relativ kleinen Triplettzahl fixiert worden, jedoch mit bedeutend geringeren Geschwindigkeiten (10 bis 100mal geringer als die Geschwindigkeit der Substitutionsfixierung). Gleiche Deletionen oder Translokationen wurden nie zweimal fixiert. Deshalb lassen sich solche Aberrationen als unabhängige qualitative molekulargenetische Marker für die phylogenetische Verwandtschaft benutzen. Abb. 100 zeigt einen auf der Grundlage von Deletionen, Translokationen und Duplikationen beruhenden Globinstammbaum.

Mit Hilfe der Prozedur für die Rekonstruktion von Prä-Sequenzen [439,446] sollen die wahrscheinlichen Strukturen der Prä-Globine in den wichtigsten Verzweigungspunkten des Stammbaums aufgestellt und weiterhin die funktionellen Prä-Zentren bzw. homologen Abschnitte bestimmt werden. Tab. 20 und 21 zeigen die Aminosäuregruppen, die an der Struktur des hämspezifischen und der Kontaktzentren ($\alpha_1-\beta_1$ und $\alpha_1-\beta_2$) der Hämoglobine und Prä-Globine beteiligt sind. Schließlich lassen sich gesonderte phylogenetische Stammbäume für die Zentren und extrazentralen Abschnitte aufstellen, auf deren Basis die Pauling-Konstanten, d. h. die Geschwindigkeiten der Fixierung der Substitutionen bestimmt werden können (Abb. 101). Diese Untersuchungen führen zu folgenden Resultaten [447]: Die phylogenetischen Stammbäume der Zentren sind nahezu identisch mit dem Stammbaum der extrazentralen Abschnitte und dem der Gesamtmoleküle. Dies ist auch zu erwarten, denn die Topologie des Stammbaumes (Lage der

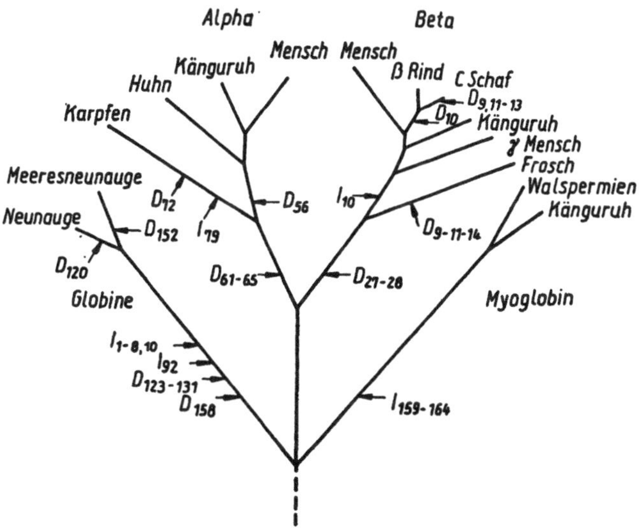

Abb. 100. Phylogenetischer Stammbaum der Globine auf der Grundlage der intracistronalen Aberrationen [64].

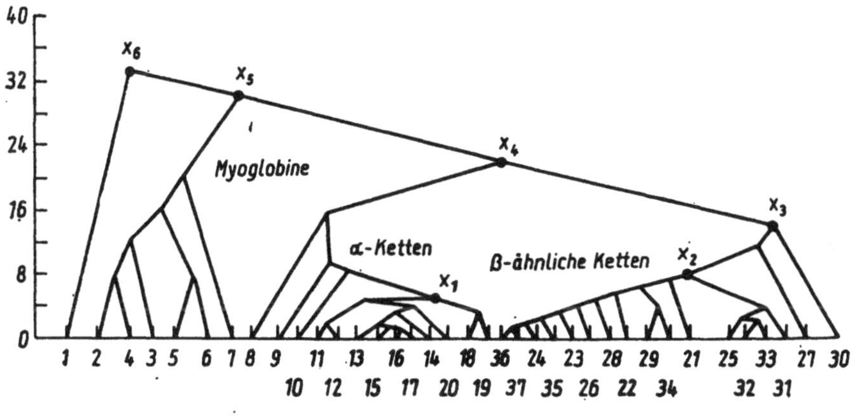

Abb. 101. Phylogenetischer Stammbaum der Kontaktzentren der Globinfamilie [447].

Bezeichnung der Vertreter: 1 — Globin von *Chironomus*; 2 — Mb Pferd; 3 — Mb Mensch; 4 — Mb Rind; 5 — Mb Wal; 6 — Mb Känguruh; 7 — Mb Neunauge; 8 — α Karpfen; 9 — α Huhn; 10 — α Känguruh; 11 — α Kaninchen; 12 — α Maus; 13 — α Sifaka, 14 — α Schwein; 15 — α Schaf; 16 — α Rind; 17 — α Ziege; 18 — α Pferd; 19 — α Lama; 20 — α Hund; 21 — γ Mensch; 22 — β Pferd; 23 — β Schwein; 24 — β Lama; 25 — β Hund; 26 — β Schaf; 27 — β Känguruh; 28 — β Huhn; 29 — β Maus; 30 — β Frosch; 31 — β Affe; 32 — δ Mensch; 33 — β Mensch; 34 — β Kaninchen; 35 — β Rind; 36 — β-A-Schaf; 27 — β Ziege. x_1 und alle anderen gekennzeichneten Punkte entsprechend Prä-Ketten, für die eine wahrscheinliche Primärstruktur rekonstruiert werden konnte (siehe Tab. 20).

Tabelle 20

Vergleich der homologen Positionen der Kontaktzentren $\alpha_1-\beta_1$ der Hämoglobine des Pferdes mit den wahrscheinlichen Strukturen der Präzentren $\alpha_1-\beta_1$ der Globinfamilie [447].

Die Aminosäurepositionen der Kontaktzentren der Hämoglobine des Pferdes wurden von Perutz et al. bestimmt [180, 181]. Die ihnen homologen Positionen in den Ketten anderer Globine besitzen eine ähnliche Lage in der Tertiärstruktur, es ist jedoch nicht eindeutig erwiesen, ob sie Bestandteil der Kontaktzentren sind. — bedeutet, daß die entsprechenden Aminosäuren nicht zum Kontaktzentrum gehören. Die Prä-Ketten der Globine entsprechen den Hauptverzweigungen des phylogenetischen Stammbaums der Globine (siehe Abb. 99, 102), in denen sich die angeführten Vertreter der Familie vereinigen. Diese Punkte sind mit x_1, x_2 usw. bezeichnet.

$\alpha_1(\beta_1)$ Pferd	$\beta_1(\alpha_1)$ Pferd	Prä-α-8 $x_1\alpha$-33	Prä-β-39 x_2 β-68	Prä-γ-34 x_3 β-68	Prä-α-6 x_4 β-68	Prä-M-3 x_5 β-68	Prä-C-1 x_6 β-68
Glu-30	—	Glu	Glu	Glu	Glu	Gly	Gly
Arg-31	Arg-30	Arg	Arg	Arg	Arg	Arg	Arg
Leu-34	Val-33	Leu	Val	Val	Leu, Val	Val	Lys
Gly-35	Val-34	Ser	Val	Val	Val	Gly	Ala, Gly
Phe-36	Tyr-35	Phen	Tyr	Tyr	Tyr	Tyr, His	His, $AspNH_2$
—	Pro-51	—	Ala	Ala	Ser	Ala, Glu	Ala
—	Met-55	—	Met	—	Lys	Lys	—
His-103	$AspNH_2$-108	His	$AspNH_2$	$AspNH_2$	$GluNH_2$	Asp	Asp
Cys-104	—	Cys	Cys	Cys	Cys	Ala	Gly
Leu-106	—	Leu	Leu	Leu	Val	Val, Ileu	Val
Ser-107	Leu-112	Val	Val	Val	Val, Ileu	Val	Ser
Lys-109	—	Leu	Leu	Leu	Ileu, Leu	Ileu, Leu	Met, Leu
—	Ala-115	Ala	Ser	Ala	Met, Ala	Ala	Lys
Val-111	Arg-116	Ser	His	His	Ser	Ser	Ser
Pro-114	Gly-119	Pro	Gly	Gly	Pro	Pro	Pro
Phe-117	Phe-122	Phe	Phe	Phe	Phe	Phe	Phe
—	Thr-123	Thr	Thr	Thr	Pro	Gly	Gly
Pro-119	Pro-124	Pro	Pro	Pro	Pro	Pro	Ala
—	Glu-125	$GluNH_2$	$GluNH_2$	$GluNH_2$	Glu	Asp, Glu	Glu
His-122	$GluNH_2$-127	His	$GluNH_2$	$GluNH_2$	His	His, Glu	$GluNH_2$
Ala-123	Ala-128	His	Ala	Ala	Met	Gly	Gly
Asp-126	$GluNH_2$-131	$AspNH_2$ $AspNH_2$	$GluNH_2$	$GluNH_2$	Asp	Asp, $AspNH_2$	Asp

Tabelle 21

Vergleich der homologen Positionen der Kontaktzentren $\alpha_1-\beta_2$ des Hämoglobins des Pferdes mit den wahrscheinlichen Strukturen der Prä-Zentren $\alpha_1-\beta_2$ der Globinfamilie [447].

$\alpha_1(\beta_2)$ Pferd	$\beta_2(\alpha_1)$ Pferd	Prä-α-8 α-33	Prä β-39 β-68	Prä-γ-34 β-68	Prä-α-6 β-68	Prä-M-3 β-68	Prä-C-1 β-68
Pro-37	Pro-36	Pro	Pro	Pro	Pro	Pro	Pro
Thr-38	Thr-37	Thr	Thr	Thr	$GluNH_2$, Thr	$GluNH_2$, Glu	Ser, Glu
Lys-40	$GluNH_2$-39	Lys	Lys	Lys	$GluNH_2$	$GluNH_2$	Met, $GluNH_2$
Thr-41	Arg-40	Thr	Arg	Arg	Arg, Thr	Arg, Thr	Ala
Thr-42	—	Thr	Thr	Thr	Lys, Thr	Lys, Thr	Lys
Pro-44	—	Pro	Pro	Pro	Asp	Asp	Pro
Leu-91	—	Leu	Leu	Leu	Leu	Leu	Leu
Arg-92	His-97	Arg	His	His	Arg	Lys, $GluNH_2$	His, Lys
Val-93	Val-98	Val	Val	Val	Val	Val, Ileu	Ileu, Asp
Asp-94	Asp-99	Asp, $AspNH_2$	Asp	Asp	Asp	Asp, Pro	Asp, $GluNH_2$
Pro-95	Pro-100	Pro	Pro	Pro	Pro	Pro, Cys	Pro, Leu
Val-96	Gly-101	Val	Glu	Glu	Ala, Val	Lys, Glu	Glu
—	$AspNH_2$-102	Asp, $AspNH_2$	Asp, $AspNH_2$	Asp, $AspNH_2$	Asp, $AspNH_2$	Asp,NH_2, Tyr	Asp
Tyr-140	Tyr-145	Tyr	Tyr	Tyr	Tyr	Tyr	Tyr, Met
—	His-146	Arg	His	His	Arg	Arg	Arg, —

Verzweigungspunkte) wird nicht durch die Substitutionen, sondern durch Duplikationen und interspezifische Divergenzen bestimmt, die für alle Proteinabschnitte gleich sind. Die Fixierungsgeschwindigkeiten für die Substitutionen betragen in den hämospezifischen Zentren $2 \cdot 10^{-10}$ bis $3 \cdot 10^{-10}$ Substitutionen pro Jahr, Codon und Genom, in den Zentren $\alpha_1 - \beta_2$: $2 \cdot 10^{-10}$ bis $7 \cdot 10^{-10}$, $\alpha_1 - \beta_1$: $8 \cdot 10^{-10}$ bis $10 \cdot 10^{-10}$ und in den extrazentralen Abschnitten: $10 \cdot 10^{-10}$ bis $3 \cdot 10^{-10}$. Das Zentrum $\alpha_1(\beta_2)$ wird in keiner der α-Ketten von Säugern verändert. Die Funktionszentren der Globine sind also einer 2 bis 10mal langsameren Evolution ausgesetzt als die extrazentralen Abschnitte, die viele Positionen ohne funktionelle Bedeutung aufweisen. Die Vielfalt der Substitutionen pro Positionen ist in den Zentren ungefähr um die Hälfte geringer als in den extrazentralen Abschnitten.

Der Vergleich der wahrscheinlichen Strukturen der Prä-Zentren untereinander erlaubt bereits einige Aussagen über den Charakter der Substitutionen. Wir nennen eine Substitution *bedeutend*, wenn sich die Größe oder die Polarität der Aminosäure ändern (siehe 5.3.). Alle übrigen Substitutionen bezeichnen wir als *wenig bedeutend*. Wir wollen die Bindungen zwischen den Aminosäuren in den Kontaktzentren durch die Eigenschaften des jeweiligen Aminosäurepaares charakterisieren. Wir bezeichnen die Substitutionen zweier kontaktierender Aminosäuren als *koadaptiv*, wenn beide bedeutend sind und sich der Charakter der Bindung nicht ändert. Die hämspezifischen Zentren haben im Laufe der Phylogenese hauptsächlich wenig bedeutende Substitutionen angesammelt. Das erscheint verständlich, da das zu erkennende Objekt — das Häm — unverändert blieb. In diesem Fall kann man von einer zufallsbedingten synonymen Evolution des Zentrums sprechen. Die Zentren $\alpha_1 - \beta_1$ und $\alpha_1 - \beta_2$ hingegen haben bis zum Auftreten der Divergenz der α- und β-Ketten noch gar nicht existiert, sind dann in jedem Paar aus einem gemeinsamen Abschnitt entstanden und verhalten sich untereinander spezifisch. Mit anderen Worten, hier sind koadaptive Substitutionen zu erwarten. Tatsächlich wurden in den letzten Phylogenesephasen (nach der Verzweigung der α- und der β-Ketten) in den Zentren $\alpha_1 - \beta_1$ mehrere Paare koadaptiver Substitutionen gefunden; in den frühen Phasen konnten diese nicht nachgewiesen werden [447]. Im Fall der Globine läßt sich also der Entstehungsprozeß der spezifischen Kontaktzentren im Verlauf der molekularen Phylogenese verfolgen. In Abb. 102 ist der Stammbaum der Familie der A- und B-Fibrinopeptide von Säugern dargestellt [442]. Nur ein bis zwei Aminosäuren sind invariant, alle übrigen sind für phylogenetische Veränderungen leicht zugänglich. Die PAULING-Konstante beträgt für die Fibrinopeptide $K = 4{,}87 \cdot 10^{-9}$ Substitutionen pro Jahr und Codon, d. h. die Fixierungsgeschwindigkeit der Substitutionen liegt höher als in allen anderen untersuchten Proteinfamilien. Die Fibrinopeptide stellen Fibrinogenfragmente dar, die durch Thrombin abgebaut werden. Möglicherweise besitzen sie keine bedeutsame eigenständige Funktion, was gut mit ihrer hohen Evolutionsgeschwindigkeit korrelieren würde [64]. Es läßt sich jedenfalls vermuten, daß die *Mehrzahl der Substitutionen in dieser Familie neutralen Charakter besitzt.*

Ohne auf das vorliegende Material einzugehen, sei noch darauf hingewiesen, daß die Histone die Familie mit der langsamsten Evolution sind. Die PAULING-Konstante ist für die Histone ca. 1500mal kleiner als für die Fibrinopeptide [64].

Die Prinzipien dichotomer Stammbäume sind natürlich nicht nur auf Cistron- und Proteinfamilien, sondern auch auf jede andere divergierende Sequenz anwendbar. So konnten z. B. Stammbäume für ca. 20 tRNA-Moleküle unterschiedlicher Herkunft und Spezifität aufgestellt werden (s. 14.3.). Die Interpretation dieser Stammbäume folgt im wesentlichen der von Protein-Stammbäumen.

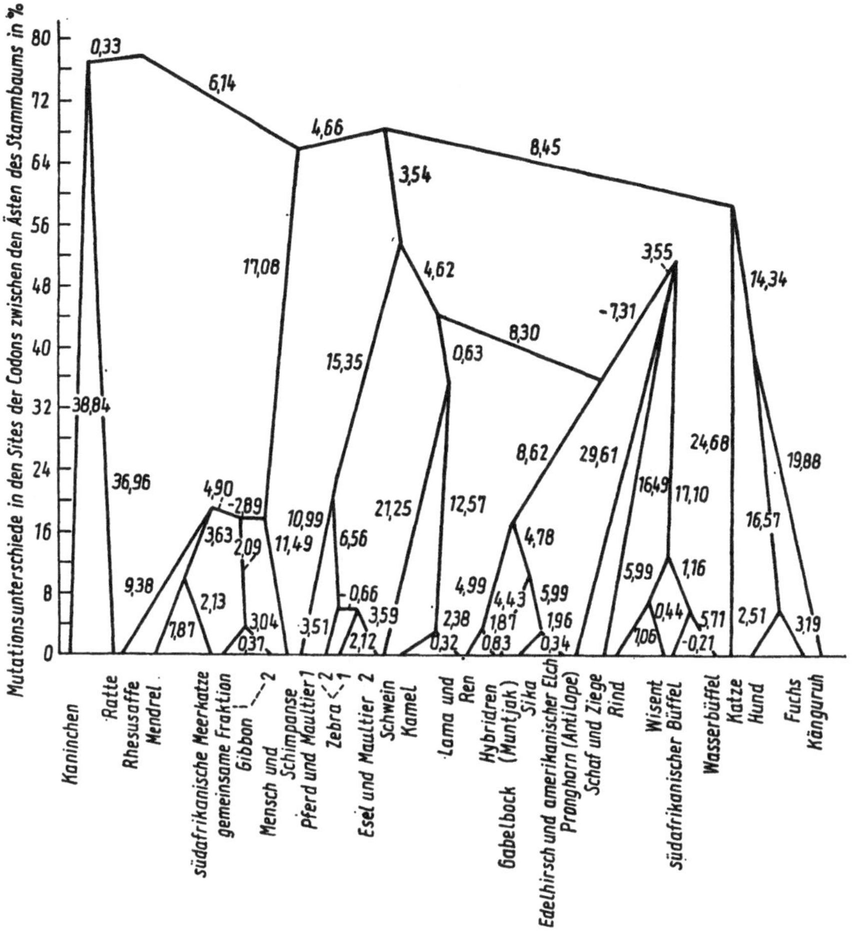

Abb. 102. Phylogenetischer Stammbaum der Fibrinopeptide A und B der Säugetiere [442].

15.5. Evolutionsprinzipien von Cistrons und Proteinen

In diesem Abschnitt sollen die Besonderheiten der Evolution von Cistrons und Proteinen unter linguistischen Aspekten betrachtet werden. Wie bereits ausgeführt (siehe 2.2., 15.1.) ist die vollständige Variation aller Cistron- und Proteinvarianten in sinnvollen Zeitabschnitten der Evolution praktisch unmöglich. Dies führt zur Notwendigkeit der Cistronreproduktion nach dem Matrizenprinzip und gewährleistet die Kontinuität der Nachrichten in der Evolution. Da genetische Systeme keine Kodierungseinrichtungen zur Produktion von Nachrichten besitzen, wird diese Aufgabe vom Evolutionsprozeß übernommen, der die durch Mutation, Rekombination und anderweitig entstandenen Nachrichten aus den bereits in der Population vorhandenen filtriert. Gleichzeitig sind im Verlaufe der Evolution Proteinvarianten von ca. 10^6 Familien entstanden und erprobt worden (s. 15.1.).

Für das Verständnis der Evolutionsprinzipien von Cistrons und Proteinen erscheint es somit notwendig, Bedingungen anzugeben, unter denen die folgenden Besonderheiten ihres Evolutionsprozesses in Einklang gebracht werden können:

1. eine sehr geringe Wahrscheinlichkeit für die zufällige Entstehung einer einzelnen Cistron- oder Proteinvariante, unabhängig von der Art der Variation;
2. die reale Existenz einer sehr großen Vielfalt an Proteinfamilien (bis zu 10^6);
3. eine kleine mittlere Geschwindigkeit der Fixierung von Mutationen (Substitutionen) innerhalb der Proteinfamilien ($\sim 10^{-9}$ Mutationen pro Codon und Jahr) und die mögliche Nichtadaptivität vieler Substitutionen (siehe unten);
4. eine streng festgelegte funktionelle und adaptive Notwendigkeit für die Individuen nahezu jeder der untersuchten Proteinfamilien.

Man kann sich leicht davon überzeugen, daß diese Besonderheiten dann miteinander vereinbar sind, wenn 1. eine entwickelte *Synonymie* der Cistrons und Proteine vorliegt (d. h. bei einer großen potentiellen Variantenanzahl in den Familien) und 2. die *Evolutionsprozesse der Entstehung von Cistrons neuer Familien aus Cistrons bereits vorhandener Familien* oder aus anderem genetischen Material, u. a. durch Divergenz, *relativ schnell ablaufen.*

Das Problem der Synonymie nimmt eine zentrale Stellung in der Theorie der Entstehung und Evolution von Cistrons und Proteinen ein. Wie oben ausgeführt (siehe 15.1.) kann eine weit entwickelte Synonymie als gesichert angesehen werden — die funktionalen Allelvarianten der Proteine sind stets synonym. Die Proteinfamilien vereinen synonyme Varianten. Die möglichen Grenzen der Synonymie sind sehr weit gesteckt. Bei der Berechnung der oberen Grenze für die Zahl der synonymen Varianten ergeben sich nach Umrechnung auf eine Kettenlänge von 100 Aminosäuren für die Globinfamilie 10^{60} und für die Cytochrome c $\sim 10^{32}$ Varianten. Dies erlaubt, den Unterschied zwischen der vollständigen Variantenzahl und der überhöhten Schätzung der Zahl einer evolutionären Approbation zugänglicher Varianten um einige Dutzend Größenordnungen zu verringern (siehe 15.1.). Deshalb entfällt im Laufe der Evolution die Notwendigkeit der Bildung von Einzelvarianten von Cistrons und Proteinen für bestimmte molekulare Funktionen. *Es genügt, wenn eine der synonymen Varianten realisiert wird,* deren weitere Adaption durch die gewöhnlichen Populationsmechanismen, durch Auslese der synonymen Allele, erfolgen kann.

Jede Proteinfamilie mündet, wie aus der Struktur der phylogenetischen Stammbäume folgt (siehe Abb. 99 und 102), in eine Wurzel ein (Prä-Protein) und entsteht durch einen Prozeß von Divergenzereignissen. Obwohl beim Aufstellen der Stammbäume auch die Möglichkeit der Konvergenz von Sequenzen gegeben ist, d. h. der Verringerung der Zahl ihrer Mutationsunterschiede, wird dieser Prozeß nur sehr selten realisiert und bleibt wahrscheinlich im Rahmen von Zufallsfluktuationen. *Einer der wichtigsten Prozesse der Makroevolution von Cistron- und Proteinfamilien ist somit die langsame stochastische Divergenz im Rahmen der synonymen Varianten* [2, 429]. Die mittlere Geschwindigkeit der Divergenz beträgt $\sim 1{,}6 \cdot 10^{-9}$ Mutationen pro Codon und Jahr. *Die Konvergenz, d. h. die unabhängige Entstehung und Annäherung synonymer Varianten, kann praktisch ausgeschlossen werden.* In Fällen, wo eine Verringerung der Zahl der Mutationsunterschiede beobachtet wird, erfolgt dies auf der Basis vorheriger Divergenz. Hieraus folgt, daß die *Existenz wenigstens eines ähnlichen Cistrons oder Proteins bei Vertretern zweier entfernter*

Taxa als Beweis für die Abstammung dieser Taxa von einem gemeinsamen Vorfahren gewertet werden kann [2, 429].

Der Vergleich phylogenetischer Stammbäume einer Familie und von Stammbäumen unterschiedlicher Familien zeigt, daß die Fixierungsgeschwindigkeit der Substitutionen in unterschiedlichen Zweigen eines Stammbaums annähernd gleich ist [436, 448 bis 450], während sie sich zwischen den Familien beträchtlich unterscheiden kann (bis zu 1500al) [64]. D. h., *die Geschwindigkeit der synonymen Evolution eines Cistrons wird durch die Zugehörigkeit zu einer Proteinfamilie bestimmt und nicht durch die Artzugehörigkeit.* Mit anderen Worten: *die Ähnlichkeit synonymer Nachrichten determiniert die Unterschiede zwischen den Geschwindigkeiten ihrer weiteren synonymen Divergenz.* Diese wichtige Tatsache bildet eine Grundlage für das Verständnis der synonymen Evolution von Cistrons.

In 15.2. wurde eine Beziehung zwischen der Entstehungsgeschwindigkeit von Mutationen v und der Geschwindigkeit der stochastischen Mutationsfixierung K formuliert; damit sind faktisch die *wichtigsten Parameter von Mikro- und Makroevolution verbunden.* Schätzungen der Größe K für verschiedene Proteinfamilien wurden oben angeführt. Gegenwärtig existieren jedoch keine zuverlässigen Werte für die Mutationsfrequenzen v. Grobe Schätzungen betragen $v \approx 10^{-5}$ pro Cistron, Gamete, Generation für letale und $v \approx 10^{-4}$ für nichtletale Mutanten [451]; der Fehler kann jedoch 1 bis 2 Größenordnungen ausmachen. In dieser Situation ist es nicht sinnvoll, die Parameter K und v miteinander zu vergleichen.

Wenden wir unsere Aufmerksamkeit der folgenden wichtigen Tatsache zu: *Die Geschwindigkeit der Fixierung von Mutationen pro Zeiteinheit ist während langer phylogenetischer Phasen in unterschiedlichen Ästen eines Stammbaums annähernd konstant;* die phylogenetischen Phasen weisen dabei zweifellos Unterschiede in Auslesebedingungen, Populationsstärke, Generationsdauer, Geschwindigkeit der morphologischen Veränderungen auf [436, 448 bis 450]. Im Modell hängt K nur dann nicht von N_e ab, (siehe 15.2.), wenn *die Mehrzahl der zu fixierenden Allele neutral oder annähernd neutral ist und die Mutationswahrscheinlichkeit und die Geschwindigkeit ihrer Fixierung in jeder Familie annähernd konstant sind,* d. h. wenn die Fixierung durch bestimmte innere und sich nur sehr langsam verändernde Mechanismen bestimmt wird.

Dieses erstaunliche Resultat wurde zuerst von Kimura erhalten [435, 436, 448, 452] und dahingehend interpretiert, daß in den meisten Fällen die Substitutionen molekularer Allele in Populationen nicht selektiv erfolgt, d. h. daß eine *nichtdarwinistische Evolution der Cistrons und Proteine* vorliegt [453, 435, 436].

In diesem Zusammenhang müssen jedoch einige wichtige Umstände und andere Interpretationsmöglichkeiten in Betracht gezogen werden.

1. Wenn die Mehrzahl der fixierten Substitutionen in jeder Familie nichtadaptiv ist, so können die Unterschiede zwischen den Geschwindigkeiten ihrer Fixierung nur auf Grund unterschiedlicher Entstehungsgeschwindigkeiten (v) dieser Mutation in verschiedenen Familien entstehen. Dies erscheint völlig real, wenn sich die Familien deutlich durch die *Vielfalt* der synonymen Aminosäuresubstitutionen pro Positionen unterscheiden. Außerdem lassen sich auf die gleiche Weise die Unterschiede zwischen den Fixierungsgeschwindigkeiten *nichtadaptiver* Substitutionen in funktionellen Zentren und extrazentralen Abschnitten der Proteine erklären (siehe 15.4.).

2. Wenn die Entstehungswahrscheinlichkeiten der Mutationen jeder Adaptivitätsklasse $v(s)$ (siehe 15.2.) charakteristische Parameter der Proteinfamilien darstellen, können alle angeführten Schlußfolgerungen (Konstanz der mittleren Fixierungsgeschwindigkeit

innerhalb der Familien, langsames Tempo der synonymen Evolution usw.) auch *ohne Annahme einer Nichtadaptivität* erhalten werden. Es genügt vorauszusetzen, daß die erhöhte Fixierungswahrscheinlichkeit (u) bevorzugter Allele (siehe 15.2.) durch eine verminderte Wahrscheinlichkeit ihrer Mutationsentstehung (v) kompensiert wird. Qualitativ bedeutet dies, daß sich die Zeit der Fixierung jeder adaptiven Substitution aus einer langen Periode der „Erwartung" ihrer Mutationsentstehung und einer schnell ablaufenden Periode der Verdrängung weniger bevorzugter Allele durch diese Variante zusammensetzt.

Es muß jedoch unterstrichen werden, daß dieser langsame stochastische und möglicherweise nichtadaptive Makroevolutionsprozeß nur *innerhalb der Familien* erforscht ist und *allein die innere Synonym-Evolution der Familien charakterisiert.* Er hat keine direkte Beziehung zu den Entstehungsprozessen von Familien oder zu Übergängen zwischen Familien, die zweifellos durch die wichtigsten, darwinistischen, adaptiven Besonderheiten der Makroevolution von Cistrons und Proteinen charakterisiert werden.
Betrachten wir diese Frage ausführlicher. Der Vergleich der Proteine innerhalb einer Familie erlaubt, nicht nur die Variablen, sondern auch die für jede Familie Invarianten Aminosäurepositionen in der Primär-Struktur festzustellen. Die Zahl dieser Positionen beträgt für Fibrinopeptide 1 bis 2 (minimale Anzahl), für Globine 7, für Cytochrome c 38 und für Histone ca. 100 (maximale Anzahl). Extremfälle ausgenommen, kann man annehmen, daß jede Familie 10 bis 20 invariante Positionen aufweist. In den meisten Fällen gehören diese Aminosäuren zum aktiven Zentrum bzw. zu anderen funktionellen Zentren, oder sie sind für nichtsemantische Teile des Proteinmoleküls von Bedeutung (siehe 6.3., 6.4.). Die Gesamtheit dieser Aminosäuren ist charakteristisch für jede Familie. Weiterhin läßt sich eine Gruppe begrenzt variabler Positionen feststellen (ihre Zahl ist um einige Male größer als die der Invarianten). Die übrigen Positionen können als stark variabel betrachtet werden, die entsprechenden Aminosäuren als für die jeweilige Familie nicht charakteristisch. Die Bildung einer Familie ist in erster Linie auf die Formierung einer bestimmten Sequenz invarianter Aminosäuren, in geringerem Maße auf begrenzt variable und ganz geringfügig auf stark variable Aminosäuren zurückzuführen. Unter diesen Bedingungen kann die Zahl der Substitutionen, die für die Entstehung der neuen Cistrons aus einem Cistron einer anderen Familie notwendig ist, relativ klein sein.
Für die evolutionäre Entstehung neuer Cistron- und Proteinfamilien aus bereits vorhandenen, alten Familien, ist die oben berechnete Geschwindigkeit der Fixierung der Substitution innerhalb einer Familie nicht ausreichend. Weiterhin müssen die verschiedenen Substitutionen in ihrer Gesamtheit wie auch in jeder einzelnen Phase der Fixierung deutlich adaptiv sein, d. h. die Fixierung der ersten Varianten einer neuen Familie muß schnell erfolgen. Wir besitzen jedoch keinerlei Hinweise, daß der Unterschied zwischen verschiedenen Cistron- und Proteinfamilien durch eine kleine Zahl von Mutationssubstitutionen bestimmt wird. Sie unterscheiden sich wahrscheinlich eher durch eine solche Zahl von Substitutionen, die die invarianten Positionen der einen Familie beseitigen und zur Bildung invarianter Positionen der anderen, neuen Familie führen, d. h. diese Zahl muß wahrscheinlich mit einigen Dutzend angesetzt werden. Jede einzelne Substitution dieses Typs inaktiviert ein Cistron der Ausgangsfamilie, d. h. Intermediärvarianten sind nicht nur nichtadaptiv sondern wahrscheinlich auch letal. Möglicherweise ist die Divergenz des Lysozyms und des α-Laktalbumins nach diesem Prinzip erfolgt (siehe 6.3., 6.4.), denn diese Proteine weisen eine deutliche Homologie auf, üben jedoch unterschiedliche katalytische Funktionen an verschiedenen, aber ähnlichen Substraten

aus [64, 185]. Von 16 Aminosäuren des aktiven Zentrums unterscheiden sich bei ihnen 7, eine Substitution betrifft das katalytische Zentrum (siehe Abb. 14).
Als bedeutend effektiver für die Entstehung von Cistrons neuer Familien könnten sich Prozesse der massenhaften Mutierung von Aminosäuren dann erweisen, wenn Gruppen von Substitutionen eine größere Wahrscheinlichkeit besitzen als unter normalen Bedingungen und in Populationen real auftreten. Solche Ereignisse können z. B. dann eintreten, wenn die Aktivität der zellulären Reparatursysteme gehemmt ist oder Spezialsysteme arbeiten, die eine große, zufallsbedingte Vielfalt der Cistrons und Proteine hervorrufen (Mutatorgene oder Systeme der Bildung von variablen Abschnitten in Immunoglobulinen) [454, 455]. Eine bestimmte Rolle könnten außerdem auch andere Mutationstypen spielen, die ganze Gruppen von Aminosäuren gleichzeitig erfassen: Deletionen, Translokationen, Duplikationen, Mutationen mit Verschiebung der Translationsphase und einige Rekombinationsvarianten (z. B. intracistronale Konversion). Obwohl solche Ereignisse bei Divergenz innerhalb der Familien um 1 bis 2 Größenordnungen seltener als Substitutionen fixiert werden, könnten bedeutsame adaptive Varianten mit einer bedeutend höheren Geschwindigkeit fixiert werden.
In einigen Fällen erscheinen Substitutionen vom Typ Codon $\rightleftharpoons$ nonsense-Triplett oder Nichtcodon-Triplett $\rightleftharpoons$ Initiatortriplett für Cistrons als Deletionen oder Einbau terminaler Fragmente. Die Umgebung der nonsense-Serie wird von Codons der Tyr-, Glu-NH_2-, Lys-, Leu-, Ser-, Try-, Cys-, Arg- und Gly-Serie gebildet (s. 5.2.), die Umgebung des Initiatorcodons AUG von Codons der Leu-, Ileu-, Val-, Thre-, Lys- und Arg-Serie. Von Interesse ist, daß sich die Ketten in fast allen untersuchten Familien durch bedeutende terminale Fragmente unterscheiden (Globine, Cytochrome c, Ferradoxine u. a. [64]). Die ausgebauten C-terminalen Fragmente beginnen in vielen Fällen an Aminosäuren der oben genannten Typen, deren Codons zu nonsense-Tripletts mutieren können. Ausgebaute N-terminale Fragmente jedoch besitzen keine dafür notwendigen Codons in den entsprechenden Positionen.
Die Hauptmasse der in nichtinvarianten Positionen innerhalb einer Familie manifestierten Positionen und Mikroaberrationen kann in Homozygoten sowohl neutral als auch adaptiv sein. Veränderungen dagegen, die verschiedene Familien verbinden oder diese aus extracistronalem genetischem Material gebildet haben, müssen in Homozygoten adaptiv sein und die invarianten Positionen der Familien betreffen.
ZUCKERKANDL und PAULING [456] haben das Gebiet der vergleichenden Phylogenetik der Struktur von Proteinen, tRNA und anderen kodierenden Polymeren als *Paläogenetik* und die Moleküle der kodierenden Polymere als *molekulare Evolutionsdokumente* bezeichnet. Die Kontinuität und die genetische Isolation der Cistrons lassen nur eine äußerst langsame divergente phylogenetische Veränderung im Rahmen der Familien zu. Deshalb kann man die Struktur synonymer Nachrichten als evolvierendes Merkmal für Systematik und Phylogenie nutzen. Zum ersten Mal kann die Systematik mit *quantitativen Kriterien der Divergenz und Ähnlichkeit* operieren, die sich auf die Berechnung der Zahl der genetischen Elementarereignisse der Makroevolution (fixierte Substitutionen, Translokationen, Duplikationen usw.) gründet. Diese Kriterien sind für den Vergleich relativ großer taxonomischer Einheiten, die bedeutende Zeitabschnitte nach ihrer Divergenz durchlaufen haben, geeignet.
Die Existenz einer Reihe von Proteinfamilien mit unterschiedlichen Fixierungsgeschwindigkeiten bei ein und denselben Arten wie auch die Existenz mehrerer Typen von Elementarereignissen der Makroevolution erlauben die Erforschung verschiedener Etagen der phylogenetischen Stammbäume. Die langsamsten Substitutionen (in Histonen)

sowie Deletionen, Duplikationen und Translokationen können zur detaillierten Analyse der frühen Evolutionsetappen und der Beziehungen zwischen höheren Taxonen herangezogen werden (siehe Abb. 100), für die Rekonstruktion der unteren Etagen des Stammbaums sind sie jedoch nicht geeignet. Die schnellsten Substitutionen (in Fibrinopeptiden, siehe Abb. 101) hingegen lassen sich innerhalb von Klassen verwenden, sind aber ineffektiv für die Analyse der oberen Etagen des Stammbaums. Durch die Kombination verschiedener Proteinfamilien und Ereignistypen können relativ detaillierte phylogenetische Stammbäume aufgestellt werden.

Kapitel 16: Prinzipien der Entstehung und Evolution von Operons, Replicons und Segregons

16.1. Hypothese der Entstehung des Interpunktionssystems

Zellen mit einem Interpunktionssystem von Replicons, Scriptons und Cistrons weisen eine Reihe funktioneller und evolutionärer Vorteile auf: Ökonomie der Syntheseprozesse, Lokalisierung von Mutationsdefekten, Fähigkeit zur Steuerung usw. Der Verlust eines einzelnen Interpunktionszeichens ist in den meisten Fällen letal (siehe 4.2.) oder führt zu einer deutlichen Verringerung der Adaptionsfähigkeit der Individuen, d. h. existierende Interpunktionssysteme werden in den Populationen durch stabilisierende Auslese aufrechterhalten.
Da die Interpunktionszeichen vielfach und über das ganze Genom verteilt sind, müssen sie einen komplizierten und über viele Zwischenschritte führenden Entstehungsprozeß durchlaufen haben. In den meisten Fällen läßt sich dabei nur schwer feststellen, welchen realen, deutlichen Vorteil die Entstehung eines bestimmten Interpunktionszeichen in der Nähe bestimmter Funktionseinheiten bedeutet. Besonders interessant sind jene Fälle, bei denen sich die Varianten von Mutationsveränderungen angeben lassen, die auf jeder Stufe der Evolution stets einen ganz bestimmten und starken selektiven Vorteil für ihre Träger bringen.
Einige Untersuchungen von Spiegelman [457, 458] lösten die Vermutung aus, daß Mutationen, die zu einer rapiden Veränderung der Spezifität extracistronaler Genomabschnitte gegenüber *bereits existierenden* Proteinen führen, eine große Bedeutung für die Evolution besitzen. Wenn solche Veränderungen der Spezifität die Lebensfähigkeit oder das Vermehrungstempo der Individuen (oder ihrer Genome) erhöhen, so kann die mutante Form den Ausgangstyp aus der Population verdrängen. Diese Idee konnte durch Experimente in vitro untermauert werden, mit deren Hilfe ein Mikroevolutionsprozeß auf Makromolekülebene simuliert wurde [457–459].
Betrachten wir eine Population haploider Individuen ohne Initiations- und Terminationssignale in den wichtigsten genetischen Prozessen: Reduplikation, Transkription und Translation. Entsprechend der im Kap. 14 begründeten Konzeption wollen wir annehmen, daß die primären Cistrons und Replicons zunächst keine derartigen Interpunktionszeichen besaßen, diese im Verlauf der Evolution jedoch relativ schnell erworben haben. Die Interpunktionszeichen der Cistrons z. B. entstanden nicht später als der genetische Code in seiner heutigen Form. Die Interpunktionszeichen der Scriptons und Replicons sind wahrscheinlich nicht früher entstanden als die diese Prozesse ausführenden Enzyme, d. h. nicht früher als das Translationssystem, das die stabile Synthese dieser Enzyme gewährleistet.
Wir setzen voraus, daß die primitiven, aber reproduktionsfähigen Proteine dieser Systeme zufallsbedingt und unspezifisch sich mit den Matrizen assoziieren oder freigesetzt werden können, d. h. die Prozesse werden an beliebigen Matrizenabschnitten initiiert und terminiert. Dies soll zunächst für die Gewährleistung eines bestimmten (wenn auch niedrigen) Reproduktionstempos der Individuen genügen. Wir werden nun nachweisen,

daß selbst bei unverändertem Reduplikations-, Transkriptions- oder Translationsapparat *Mutationen in Genomabschnitten, die zum Entstehen von entsprechenden Initiationssignalen führen, stets einen selektiven Vorteil bedingen, d. h. wenn die anderen Bedingungen unverändert bleiben, verdrängen diese Mutanten stets die anderen Formen aus der Population.* Die Entstehung terminaler Interpunktionszeichen wird am Ende dieses Abschnittes besprochen.

Betrachten wir die angeführten Prozesse im einzelnen.

Translation: Wenn man annimmt, daß die primitiven, die Translation ausführenden Enzyme (oder Prä-Ribosomen) an beliebigen Abschnitten mit primitiven mRNA-Molekülen assozieren und durch Zufallsprozesse wieder von den Matrizen freigesetzt werden, sind 2/3 aller Assoziationen ineffektiv, da sie im Zusammenhang mit der Unterteilung der Matrize in Codons nicht phasengerecht erfolgen. Synthesen dieses Typs lassen sich in zellfreien Systemen unter Verwendung von künstlichen Polyribonukleotiden mit sich wiederholenden Basentripletts simulieren [76]. Unter dem restlichen Drittel sind nur jene Assoziationen effektiv, die im Bereich der N-ständigen Enden der kodierenden Prä-mRNA liegen, d. h. die Effektivität der Initiationsakte ist gering. Außerdem bedingt die niedrige Affinität zwischen Enzym und Prä-mRNA eine geringe Bindungswahrscheinlichkeit.
Unter der Gesamtheit der betrachteten Prä-mRNA-Moleküle und Prä-Cistrons läßt sich stets ein Cistron finden, dessen Produkt sehr langsam synthetisiert wird (oder in großem Umfang utilisiert wird) und als limitierender Faktor für die Reproduktionszeit des genetischen Systems (oder der Zelle) fungiert. Nach MORTIMER [422] ist die Generationsdauer von Zellen mit der Zeit identisch, die die Zelle für die vollständige Reproduktion (Verdopplung) des limitierenden Produkts benötigt. Als solche limitierenden Prä-Cistrons konnten anfangs die Prä-Cistrons der Translationsenzyme fungieren (siehe auch 14.2.), später — mit ihrem Erscheinen — die Prä-Cistrons der DNA- und RNA-Polymerase und anderer Enzyme fundamentaler genetischer Prozesse. Da die Erhöhung der Effektivität der Loci des zentralen Subsystems globale Folgen für die Lebenstätigkeit der Zellen hat und das Produktionsniveau *jedes* limitierenden Produkts erhöht, muß man vermuten, daß die Initiationssignale in erster Linie in der Region dieser Loci entstanden sind.
Wenn im Bereich des N-Endes eines limitierenden Prä-Cistrons durch eine Mutation ein assymmetrischer Abschnitt mit erhöhter Affinität zu den Translationsenzymen (oder Prä-Ribosomen) entsteht, wird sich nach Liquidierung des Limits in diesem Prä-Locus *stets ein anderer Prä-Locus finden, der dann den Autoreproduktionsprozeß limitiert,* wenn auch bei einer bereits höheren Geschwindigkeit des Gesamtprozesses. Die Situation wiederholt sich also. Es läßt sich stets eine Reihenfolge von Prä-Cistrons aufstellen, in der sich auf der Basis des hier beschriebenen Prinzips die Initiationssignale nacheinander manifestieren. Dieser Prozeß erfaßt alle bereits vorhandenen oder neu entstehenden Prä-Cistrons, die auf irgendwelchen Evolutionsetappen das Tempo der Autoreproduktion limitieren.

Transkription: Wir setzen voraus, daß die Moleküle der Prä-RNA-Polymerase mit beliebigen Abschnitten zweisträngiger DNA assoziieren, eine beliebige Transkriptionsrichtung wählen und durch Zufallsprozesse wieder von der Matrize freigesetzt werden. Die Affinität dieser Bindung ist gering. Beispiele für diesen Typ liefert die Transkription an DNA-Molekülen mit gestörter Interpunktion [3]. In diesem Fall besitzt die Hälfte aller RNA-Moleküle keine Code-Eigenschaften, da sie von nichtkodierenden DNA-Strängen transkribiert wird. Die übrigen RNA-Moleküle weisen einen hohen Anteil an

Fragmenten auf, bei denen Initiation oder Termination innerhalb von Cistrons oder anderen funktionellen Abschnitten erfolgt sind. Obwohl ein solcher Prozeß prinzipiell die Synthese aller RNA-Fraktionen gewährleisten kann, ist seine Effektivität gering. Wenn im Bereich des N-Endes des limitierenden Prä-Cistrons durch Mutation ein asymmetrischer Abschnitt mit erhöhter Affinität zur Prä-RNA-Polymerase entsteht, so erhöht diese Mutation die Effektivität der Transkription dieses Prä-Locus und verkürzt die Generationszeit der Zellen. In erster Linie betrifft dies Prä-Cistrons, welche Enzyme für die wichtigsten genetischen Prozesse kodieren (RNA- und DNA-Polymerase usw.). In einigen Fällen kann eine solche Mutation die Transkriptionseffektivität tandemartig lokalisierter und gleichartig orientierter Prä-Cistrons erhöhen. Es läßt sich stets eine Limitreihenfolge aufstellen, die den selektiven Vorteil der Entstehung der meisten Promotoren gewährleistet.

Reduplikation: Bei Fehlen von Replikatoren und Reduplikationsterminatoren assoziiert die DNA-Polymerase mit beliebigen Abschnitten zweisträngiger DNA, wählt eine beliebige Reduplikationsrichtung und wird durch Zufallsprozesse freigesetzt. Wenn die DNA-Moleküle linear sind, wird bei nahezu allen Assoziationsvarianten nur ein Teil des DNA-Moleküls repliziert. Ausnahmen bilden Assoziationen mit Molekülenden und die gemeinsame Bindung zweier Polymerasemoleküle, die in entgegengesetzten Richtungen zu arbeiten beginnen. Diese Systeme besitzen also eine niedrige Effektivität bei der Genomreduplikation, d. h. ein vermindertes Reproduktionstempo.

Im Fall von ringförmigen DNA-Molekülen liegt eine andere Situation vor. Jede Assoziation einer einzelnen DNA-Polymerase führt zu einer vollständigen, möglicherweise auch wiederholenden Replikation des Ringes. Die Unspezifität der Bindung bewirkt, daß die Initiationskomplexe (DNA-Polymerase) relativ instabil sind und leicht zerfallen, d. h. Initiationsakte erfolgen relativ selten. Die ringförmigen Replicons besitzen jedoch bereits auf dieser Stufe einen deutlichen Vorteil hinsichtlich der Reduplikationseffektivität gegenüber linearen Molekülen.

Im folgenden wollen wir uns auf die Betrachtung ringförmiger Replicons beschränken. Wir setzen voraus, daß in einem nichtkodierenden DNA-Abschnitt eine Mutation erfolgt, die zu einer Erhöhung der Affinität dieses Abschnittes zur DNA-Polymerase führt. Dabei bleibt die niedrige Affinität der übrigen Abschnitte erhalten. Falls der entstandene Replikator asymmetrisch ist, wird die Replikation einseitig orientiert, und ihre Effektivität liegt deutlich höher als im vorangegangenen Fall. Außerdem erhöht sich die Zahl der Initiationsakte und damit die Vermehrungsgeschwindigkeit des Genoms. Wenn die Dauer des Generationszyklus durch das Republikationstempo limitiert wird, sind diese Mutanten bei der Vermehrung bevorteilt und verdrängen die übrigen Formen aus der Population. Wenn jedoch ein anderer Locus des Genoms als limitierender Faktor fungiert, entsteht eine der oben betrachteten Situationen. Wo nach dem Entstehen des ersten Replikators das Replikationstempo erneut limitierend wird, ist die Entstehung zusätzlicher Replikatoren möglich und vorteilhaft, d. h. es entsteht ein polyrepliconales System [25].

Der selektive Vorteil der Entstehung von *Systemen* terminaler Interpunktionszeichen der Translation, Transkription und Reduplikation ist augenscheinlich. Die Translationsterminatoren entstanden im Prozeß der Entstehung des genetischen Codes (siehe 14.3.) und der ersten Cistrons. Andererseits ist es schwierig, einen deutlichen Selektionseffekt — außer der Syntheseökonomie — für die Entstehung eines Terminationssignales in einem einzelnen Locus nachzuweisen. Reduplikationsterminatoren können eine Rolle in der Koordinierung von Reduplikation und Zellteilung spielen. Transkriptionsterminatoren

stellen zusammen mit Promotoren offensichtlich notwendige Elemente für die Bildung primärer Formen der Steuerung von Scriptons und Ontogeneseprogrammen dar (siehe 10.1., 13.1.). Als entscheidender Vorteil wären dann die Möglichkeit einer organisierten Ontogenese und die sprunghafte Erhöhung der Überlebensrate der Individuen und der Reproduktionsgeschwindigkeit anzusehen.
Abschließend wollen wir festhalten, daß Transkriptions- und Translationssignale wahrscheinlich asymmetrisch sind, da sie einseitig orientierte Funktionen kodieren. Unter den Replikatoren und Terminatoren gibt es oft symmetrische Paare, die einen zweiseitigen Effekt realisieren (siehe 4.4., 11.2.). Es besteht jedoch keine sichtbare Notwendigkeit, daß Replikationssignale in symmetrischer Form entstanden sind. Sie sind wahrscheinlich in asymmetrischer Form entstanden und haben die Symmetrieeigenschaften erst im weiteren Verlauf der Evolution erworben.

16.2. Hypothetische Möglichkeiten der Operonentstehung

Wir betrachten das Problem der Operonentstehung unter den gleichen heuristischen Aspekten wie auch das Problem der Entstehung von Interpunktionszeichen.
Jede Hypothese muß versuchen, zumindest die folgenden Besonderheiten von Operons zu erklären:

1. den polycistronalen Charakter der Operons, d. h. die gemeinsame Transkription von Cistrons metabolischer Ketten (siehe Kap. 8);
2. die Existenz von Operatoren und anderen spezifischen Sites in den Promotorregionen der Operons;
3. die Existenz von Regulator-Cistrons, deren Produkte (Repressoren, Aktivatoren usw.) sich spezifisch und mit hoher Affinität auch die Operatoren und andere Sites binden;
4. die genetische Topographie von Cistrons und Operons, die allgemeine Stoffwechselwege kontrollieren.

Enterobakterien und niedrige Eukaryonten (niedere Pilze, Einzeller u. ä.) besitzen sehr ähnliche Hauptstoffwechselwege und für diese zuständige Enzyme [284], unterscheiden sich jedoch durch die Topographie der entsprechenden Cistrons und ihre Steuerung. Bei Bakterien werden viele Stoffwechselwege von einzelnen lokalen Operons kontrolliert, die alle oder einen großen Teil der entsprechenden Cistrons enthalten (Operons His, Trp, Leu, Lac, Gal, Ara usw.) (siehe Kap. 8). Bei *Neurospora, Saccharomyces* und anderen niederen Eukaryonten sind die Cistrons dieser Systeme delokalisiert [460]. Beim Vergleich der in einem Operon lokalisierten und der delokalisierten Topographievarianten isofunktioneller (synonymer) Cistrons kann man feststellen, daß der Übergang von der ersten zur zweiten Variante relativ einfach durch Aberrationen, die die Integrität des Operons zerstören, erreicht werden kann. Ein Übergang in der entgegengesetzten Richtung ist bedeutend weniger wahrscheinlich. Deshalb läßt sich annehmen, daß die polycistronalen Operons lokal entstanden und dann auf die eine oder andere Weise durch Aberrationen über die Genome verteilt worden sind. Im letzten Abschnitt wurde darauf verwiesen, daß die Entstehung von Promotoren die Transkriptionseffektivität nicht nur

des an ihn grenzenden Cistrons, sondern auch von Gruppen tandemartig lokalisierter und gleichartig orientierter Cistrons erhöht. Wenn diese Cistrons Enzyme eines allgemeinen Stoffwechselweges kodieren und *unter ihnen eine Gruppe sequentieller Limits für die Vermehrungsgeschwindigkeit zu finden ist, so kann die Entstehung eines einzelnen Promotors alle limitierenden Faktoren gleichzeitig ausschalten.* In diesen Fällen ist die Erhöhung der Vermehrungsgeschwindigkeit wahrscheinlich von besonderer Bedeutung. Die Entstehung von Tandemblocks der Cistrons allgemeiner Stoffwechselwege scheint nicht mit der Operonentstehung, sondern eher mit bestimmten frühen Prozessen der Evolution zusammenzuhängen, z. B. mit der Entstehung von Scriptons und Cistrons.
Wenden wir uns nun den möglichen Entstehungsmechanismen von gegenseitig spezifischen Regulatoren und Operatoren (und anderer Sites) zu. Operons und Operonsysteme mit Rückkopplungen sind am weitesten bei Enterobakterien entwickelt, die im Darm von tierischen Organismen angesiedelt sind — *in einem reichhaltigen und stark veränderlichen metabolischen Milieu.* Diese Operons kontrollieren die Synthese oder den Abbau von Metaboliten *massenhafter* Verwertung (Aminosäuren, Nukleotide, Zucker usw.). Die Eiweißproduktivität der Operons ist so hoch, daß die Zellen nicht gleichzeitig an vielen Operons induziert oder dereprimiert werden können. Die Regulatoren der Operons sind nicht streng lokalisiert, die Operatoren liegen stets in den Promotorregionen der Operons. Die Repressoren erkennen nur eine kleine Anzahl von Basen des spezifischen Operators [195, 105a]. Wir werden solche Varianten eines hypothetischen Schemas der Operonentstehung suchen, in denen die spezifische Beziehung Regulator-Operator auf einfachste Weise zustandekommt und die Regulationsstruktur des Operons unter Populationsaspekten sich als vorteilhaft erweist.
Die gemeinsame Lokalisation von Operatoren und Promotoren weist auf ihre gemeinsame Herkunft hin. Neben der Erhöhung der gegenseitigen Spezifität von Promotor und RNA-Polymerase gibt es eine zweite Möglichkeit der Aktivitätserhöhung der Transkriptionsinitiation — die *Tandemduplikation von Promotoren.* Wenn dabei die Cistrons der RNA-Polymerase oder ihrer Untereinheiten (z. B. σ-Faktor) dupliziert werden, können im weiteren Verlauf die Polymerasecistron-Promotor-Paare divergieren, und zwar unter Beibehaltung der gegenseitigen Spezifität und Verlust der katalytischen Aktivität des Proteins in einigen Fällen. Diese Gruppe von Loci ist bevorzugt für die Rolle von Regulatorcistron- und Operator-Präcursoren. Die Spezifität der Repressoren gegenüber dem Effektor (Metaboliten) und die Allosterie können durch eine relativ kleine Zahl von Mutationen im Regulator-Cistron entstehen.
Untersuchen wir nun Populationssituationen, in denen die Entstehung von Operon-Steuersystemen selektive Vorteile bietet. Wir nehmen an, daß ein Scripton existiert, das die Synthese eines für die Zelle notwendigen Massenprodukts (z. B. einer Aminosäure) kontrolliert und das bereits ein spezifisches Operator-Regulator-Paar besitzt. Die Zellen können sich systematisch in folgenden beiden Situationen befinden: 1. Anwesenheit bzw. 2. Abwesenheit des Syntheseprodukts im Milieu. Die Zellen sollen eine beschränkte Transkriptions- und Translationskapazität aufweisen, die durch die Zahl der Ribosomen, RNA-Polymerase-Moleküle usw. bestimmt wird. Im ersten Fall vermehren sich die Zellen unter diesen Bedingungen unabhängig von der Funktionsausübung des entsprechenden Scriptons, als limitierende Faktoren für die Vermehrungsgeschwindigkeit fungieren andere Stoffwechselwege. Die Höhe des Limits wird von der mittleren Produktivität der allgemeinen Synthesesysteme determiniert. Im 2. Fall können sich die Zellen nur dann vermehren, wenn das die Synthese kontrollierende Scripton normal funktioniert.

Der Vorteil von Genotypen, die auf Grund von Mutationen zur Erkennung eines Überschusses an exogenen Metaboliten und zur Repression der Synthese der entsprechenden mRNA und Enzyme befähigt sind, besteht darin, daß in Situationen vom Typ 1 diese Genotypen eine Enzymökonomie der allgemeinen Synthesesysteme gewährleisten. Aus diesem Grunde *erfolgt stets eine Konzentrationserhöhung der limitierenden Metabolite*, d. h. eine Erhöhung des Autoreproduktionstempos der Zellen. Genotypen dieser Art sind in Situationen vom Typ 1 dem Ausgangsgenotyp gleichwertig, in Situationen vom Typ 2 verdrängen sie den konstitutiven Typ aus der Population.

Auf ähnliche Weise läßt sich die Entstehung induzibler Operons erklären. Wir setzen die Existenz einer Reihe paralleler katabolischer Stoffwechselwege exogener oder endogener Substrate voraus, die alle zu einem notwendigen Endeffekt führen (alle Zucker und einige Aminosäuren z. B. können im Rahmen des Katabolismus als Kohlenhydrat- oder Energiequellen verwendet werden). Wir wollen folgende zwei Situationen betrachten, in denen jeweils nur eines der Substrate anwesend ist (einfachste Variante): Situation 1: Anwesenheit des Substrats des Scriptons C_1; Situation 2: Abwesenheit des Substrats C_1. In Situationen vom ersten Typ vermehren sich die Zellen nur dann, wenn das Scripton C_1 funktioniert (unabhängig davon, ob die Zellen konstitutiv oder induzibel sind), die Produktivität des Scriptons C_1 fungiert als limitierender Faktor für die Vermehrungsgeschwindigkeit. In Situationen vom 2. Typ spielt die Arbeit des Cistrons C_1 keine Rolle, als limitierender Faktor wirkt hier die Produktivität der übrigen parallelen Scriptons.

Genotypen mit Substratinduktion des Operons C_1 besitzen im ersten Fall keine Vorteile, in Situationen vom Typ 2 (keine Induktion von C_1) *gewährleisten sie jedoch die Enzymökonomie der allgemeinen Synthesesysteme und damit die Erhöhung der Produktivität des limitierenden Scriptons, d. h. des Vermehrungstempos der Zellen.* Als Resultat dieses Prozesses verdrängen Mutanten mit einer Induktion des Operons C_1 die konstitutiven Formen aus der Population. Diese Folgerung gilt für jedes der übrigen Scriptons der parallelen Stoffwechselwege.

Ein konstitutiv arbeitendes Regulator-Cistron kann nur dann eine ökonomische Proteinsynthese gewährleisten, wenn der Regulator sehr viel weniger Protein produziert als das von ihm gesteuerte Operon. Die Verringerung der Produktivität des Regulator-Cistrons ohne Effektivitätsverlust für die Steuerung ist jedoch nur unter der Bedingung einer Affinitätserhöhung von Regulatorprotein und Operator usw. gewährleistet. Der Selektionsdruck dürfte jedenfalls gerade in dieser Richtung zur Wirkung kommen. Interessanterweise ist die Produktivität der Regulator-Cistrons in den Operonssystemen lac, gal, trp und ara bei Enterobakterien (siehe Kap. 8), L_1 bei λ (s. Kap. 12) u. a. tatsächlich sehr gering (10—20 Repressormoleküle pro Zelle), während die Affinität der Repressoren zu den Operatoren sehr hoch ist.

16.3. Möglichkeiten der Entstehung und Evolution polyrepliconaler Systeme [313, 314]

In Kapitel 11 wurden die Besonderheiten polyrepliconaler Systeme beschrieben, u. a. auch die Habermann-Riggs-Variante, die ein Minimum an Aberrationsverlusten garantiert. Wenn es sich hierbei um ein fundamentales Organisationsprinzip polyrepliconaler Systeme handelt, läßt sich dieses als Kriterium für eine langzeitliche (obgleich auch schwache) Auslese in Populationen verwenden, die diese Systeme im Prozeß der Evolution ständig begünstigt. Dieses fundamentale Prinzip läßt sich nur auf experimenteller Basis durch autoradiographische Untersuchung der Reduplikation der DNA in Eukaryontenchromosomen beweisen (siehe auch [11, 117, 315, 315a]). Einige Argumente können jedoch bei der Analyse der Entstehungsmöglichkeiten der einen oder anderen Varianten erbracht werden.

Gleichartige symmetrische Interpunktionszeichen können nicht später entstanden sein als polyrepliconale Systeme, innerhalb derer sie in einer Vielzahl zur Verwendung gelangen. Sie müssen also entweder bereits bei den Prokaryonten, die die Vorläufer der heutigen Eukaryonten darstellen, vorhanden gewesen sein, oder aber sie haben sich

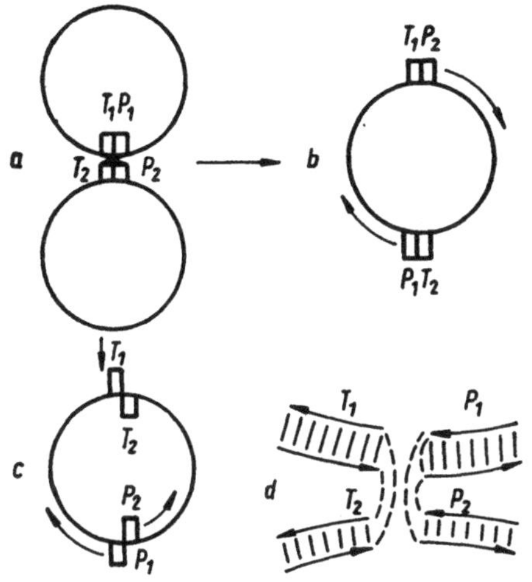

Abb. 103. Möglicher Evolutionsweg der Entstehung wechselnder Repliconorientierung bei Eukaryonten aus ringförmigen Prokaryonten-Replicons [314, 315].

a — Synapsis ringförmiger Replicons gleicher Interpunktion; b — ringförmiges birepliconales System mit gleicher Orientierung der Replicons, entstanden durch normale Rekombination; c — ringförmiges bireplikonales System mit gegensätzlichei Orientierung der Replicons, entstanden durch anormalen Zusammenschluß der Enden; d — Schema des anormalen Zusammenschlusses.

unmittelbar im Entstehungsprozeß der primären Eukaryonten herausgebildet. Die Existenz einer zweiseitigen Reduplikation bei λ [12, 25, 107], *E. coli* [108, 110] und anderen Objekten spricht für die erste Annahme.

Betrachten wir den ungünstigsten Fall. Wir wollen nachweisen, daß bei völlig realen Annahmen über die Eigenschaften dieses Prozesses ein einfacher Weg zur Entstehung benachbarter Paare gegensätzlich orientierter, gleichartiger Interpunktionszeichen führt, d. h. zur HABERMANN-RIGGS-Variante.

Als Vorläufer für primäre Eukaryonten wollen wir primäre Prokaryonten betrachten, die — wie auch die heutigen Prokaryonten-Formen — *einzelne ringförmige Replicons* hatten. Um das uns interessierende Resultat zu erhalten, muß man voraussetzen, daß die Prokaryontenzellen *mehrere (minimal 2) Replicons mit gleichartiger Interpunktion* besessen haben.

In diesem Fall würden benachbart lokalisierte Interpunktionszeichen verschiedener Replicons *homologe Abschnitte* darstellen, d. h. sie könnten eine Synapsis mit anschließendem Rekombinationsaustausch nach dem Modell von CAMPBELL [461] ausführen (Abb. 103a). Ein normaler Austausch (Abb. 103b) führt in diesem Fall zu einem bi-repliconalen System mit *gleichartiger Orientierung der Replicons.* Es existiert jedoch noch eine andere Art des Austauschs (Abb. 103c, d). Wir nehmen an, daß die Brüche beider DNA-Stränge homolog und genau zwischen Replikator und Terminator lokalisiert sind. Zufallsereignisse dieses Typs sind natürlich sehr unwahrscheinlich. Die gewaltigen Größen von Prokaryontenpopulationen lassen solche Ereignisse jedoch vollkommen real erscheinen. Wir setzen weiterhin voraus, daß sich *die linken und rechten Bruchenden bei der Wiedervereinigung einzeln zusammenschließen, d. h. als benachbart erweisen sich im polyrepliconalen System gleichartige, gegensätzlich orientierte Terminatoren oder Replikatoren.* Das entstandene System besteht aus *gegensätzlich orientierten Replicons.* Andere Varianten der kreuzartigen Wiedervereinigung sind nicht bekannt. Bedeutungsvoll ist, daß *Systeme des Typs (b) maximale Verluste* durch unzulässige Aberrationen aufweisen, *Systeme des Typs (c) — minimale Verluste.* In Populationen von derartiger genetischer Vielfalt wirkt die natürliche Auslese zugunsten der zweiten Variante; sie endet mit der vollständigen Verdrängung der Varianten des ersten Typs aus der Population.

Minimale Aberrationsverluste sind jedoch nicht der einzige Vorteil polyrepliconaler Systeme vom HABERMANN-RIGGS-Typ. Ringförmige Systeme dieses Typs (Abb. 103c) sind *rekombinatorisch irreversibel,* da die Synapsis zwischen symmetrischen Replikatoren und Terminatoren unmöglich ist [313, 314]. Außerdem haben sich diese Systeme in den unterschiedlichsten Situationen als bevorzugt erwiesen: bei uneingeschränkter Segregation gewährleisten sie eine durchschnittlich geringe Zahl von Kopplungsgruppen, d. h. geringe Segregationsverluste; symmetrischen Interpunktionszeichen folgende Rekombinationen sind stets zulässig, d. h. sie führen nicht zu Reduplikationsverlusten; im Falle von diffusen Centromeren verlieren die in HABERMANN-RIGGS-Systemen entstandenen Aberranten nicht ihre Zugehörigkeit zu dieser Gruppe mit minimalen Aberrationsverlusten; im Fall von lokalisierten Centromeren weisen diese Systeme im Vergleich zu anderen geringere Segregations- und Aberrationsverluste auf usw. [473].

Die Symmetrie der Interpunktionszeichen — als wichtigste Eigenschaft polyrepliconaler Systeme vom HABERMANN-RIGGS-Typ — erweist sich auf Populationsebene somit nahezu stets als vorteilhaft, d. h. sie stellt eine Evolutionsbesonderheit breiten Profils dar. Auf dieser Grundlage ist zu erwarten, daß die HABERMANN-RIGGS-Systeme von fundamentaler Bedeutung sind und in der lebenden Natur eine weite Verbreitung gefunden haben.

16.4. Populationsdynamik der Scriptonsequenz in Replicons und Segregons [462]

Bereits die klassischen Arbeiten der MORGAN-Schule haben gezeigt, daß sich eine Korrelation zwischen der Funktion der Gene und ihrer Lokalisation auf den Genkarten nur schwer erkennen läßt. Auf Grund der Unabhängigkeit der Transkriptionsprozesse der einzelnen Operons haben relative Lage und Orientierung der Operons keinen Einfluß auf ihre Funktion [463]. Die sequentielle Reduplikation großer, zu Replicons gehörender Scriptons gewährleistet die Vererbung der Reihenfolge dieser Gene als individuelles Merkmal [9, 10].

In Populationen existieren jedoch Zufallsfaktoren, die eine Störung der ererbten Scriptonreihenfolge hervorrufen: Inversionen, Translokationen usw. (siehe 11.2.). Wenn man sich auf die Betrachtung solcher Aberrationen beschränkt, die die Scriptonfolge verändern, Reduplikation, Vollständigkeit und Zahl der Scriptons jedoch unbeeinträchtigt lassen, unterscheiden sich die Genome der Aberranten funktionell nicht vom Genom der Ausgangsform. Die Überlebenswahrscheinlichkeit ist für beide gleich.

Andererseits ist jedoch die Reihenfolge der Gene im Genom — wie die Aufstellung von Genkarten gezeigt hat — ein deutliches Artmerkmal. Folglich müssen Populationsmechanismen existieren, die die Genfolge stabilisieren und bei Fehlen anderer Faktoren die aberranten Formen verdrängen. Man kann vermuten, daß dieser stabilisierende Faktor die Gruppenauslese hinsichtlich der Identität der Genreihenfolge bei allen Individuen ist. Seine Realisation erfolgt durch Konjugation und Crossingover in den Heterozygoten. Im folgenden wollen wir dieses Problem in einfacher Weise quantitativ beschreiben.

Beschreibung genetischer Prozesse: Wir betrachten eine Population diploider Individuen von unendlicher Größe. Jedes Individuum soll lediglich eine Kopplungsgruppe besitzen. Wir setzen voraus, daß die Allelzustände der Gene gleichwertig sind, im weiteren werden sie nicht gesondert gekennzeichnet. Die Gene werden somit nur durch Lokalisation im Genom charakterisiert. Die genetische Struktur der Gameten bezeichnen wir mit $(1\ldots|\,i\ldots j|\,\ldots k)$ usw., die genetische Struktur der Zygoten mit $\dfrac{(1\ldots|i\ldots j|\ldots k)}{(1\ldots|i\ldots j|\ldots k)}$ usw.

Die vertikalen Striche begrenzen die uns interessierenden Segregonabschnitte.

Wir berücksichtigen folgende genetische Prozesse in der Population: 1. Gametenbildung; 2. Zygotenbildung; 3. Crossingover im Prozeß der Gametenbildung. Mit r_{ij} bezeichnen wir die Wahrscheinlichkeit des Crossingovers (Rekombinationsabstand) zwischen den

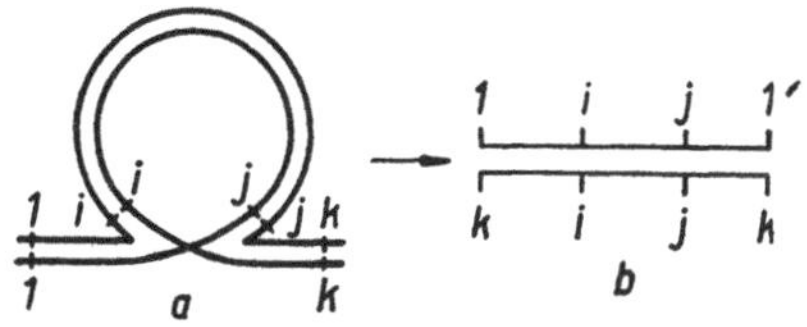

Abb. 104. Entstehung unvollständiger Gameten durch Crossingover innerhalb des invertierten Abschnittes bei Inversionsheterozygoten.

a — Konjugation zweier Chromatiden, die sich durch Inversion zwischen den Genen i und j unterscheiden; b — Produkte des Crossingovers innerhalb des invertierten 'Abschnittes.

Genen i und j. Wenn bei Heterozygoten Konjugation und Crossingover innerhalb invertierter Abschnitte möglich sind, entstehen bei einer ungeraden Zahl von Austauschakten Gameten mit unvollständigem Gensatz (Abb. 104). Diese Gameten kennzeichnen wir durch Sternchen. Wir nehmen an, daß aus diesen Gameten entstandene Zygoten nicht lebensfähig sind. Als 4. genetischen Prozeß betrachten wir die Mutationsübergänge zwischen zwei Gametentypen, die sich durch eine einzige Geninversion im Abschnitt $i\ldots j$ unterscheiden:

$$(1\ldots|i\ldots j|\ldots k) \rightleftharpoons (1\ldots|j\ldots i|\ldots k).$$

Mit $\varkappa ij$ bezeichnen wir die Entstehungswahrscheinlichkeit von direkten und Retroinversionen pro Gamete und Generation. Die Inversion wird als im Replikationssinn zulässig betrachtet (siehe 11.2.). Auf die Indizes von r_{ij} und $\varkappa_{ij}$ verzichten wir im weiteren: $r_{ij} = r$ und $\varkappa_{ij} = \varkappa$. Weiterhin führen wir ein:

p_n, q_n, w_n : Konzentration der verschiedenen Gameten, die nach Mutationsübergängen in der n-ten Generation in einer Zygote vereinigt sind;

p_n', q_n', w_n' : Konzentration der entsprechenden Chromosomen in den Zygoten nach Testung ihrer Lebensfähigkeit;

p_n'', q_n'', w_n'': Konzentration der Gameten vor den Mutationsübergängen.

Tab. 22 stellt alle berücksichtigten genetischen Prozesse dar, die die Struktur der Population und die Konzentration der entsprechenden Gameten, Zygoten und Chromosomen verändern. Nach jeder Umbildung müssen die Konzentrationen neu normiert werden Es ist leicht zu erkennen, daß $p_n + q_n = 1$ gilt. Deshalb erscheint es vorteilhaft, Differentialgleichungen für p_n' und q_n' aufzustellen.

Gleichung der Populationsdynamik: Wenn die Größen p_n' und q_n' aufeinanderfolgender Generationen in Zusammenhang zu bringen sind, müssen Zygotenbildung und Mutationsübergänge der Gameten berücksichtigt werden:

$$p_{n+1} = p''_{n+1}(1 - \varkappa) + \varkappa q''_{n+1},$$
$$q_{n+1} = q''_{n+1}(1 - \varkappa) + \varkappa p''_{n+1}.$$

Unter Berücksichtigung des Verlustes vollständiger Gameten im Resultat des Crossingovers erhalten wir:

$$\begin{aligned} p_{n+1} &= [p_n'^2 + p_n'q_n'(1 - r)]\,(1 - \varkappa) + \varkappa[q_n'^2 + p_n'q_n'(1 - r)] \\ &= p_n'(\,1 - q_n'r) + \varkappa(q_n' - p_n'), \\ q_{n+1} &= [q_n'^2 + p_n'q_n'(1 - r)]\,(1 - \varkappa) + \varkappa[p_2'^n + p_n'q_n'(1 - r)] \\ &= q_n'(1 - p_n'r) + \varkappa(p_n' - q_n'), \\ w_{n+1} &= 2p_n'q_n'. \end{aligned}$$

Der Normierungsnenner ist in diesem Fall gleich 1, da sich die Chromosomenzahl im Prozeß der Inversionsentstehung und beim Crossingover nicht verändert. Die entsprechenden Formeln berücksichtigen diesen Tatbestand.

Berücksichtigen wir die Nichtlebensfähigkeit der aus defekten Gameten entstandenen Zygoten und transnormieren wir die Konzentrationen, erhalten wir:

$$p'_{n+1} = \frac{p^2_{n+1} + p_{n+1}q_{n+1}}{(p_{n+1} + q_{n+1})^2} = \frac{p_{n+1}}{p_{n+1} + q_{n+1}};$$

$$q'_{n+1} = \frac{q_{n+1}}{p_{n+1} + q_{n+1}}.$$

Die Verwendung der für p_{n+1} und q_{n+1} erhaltenen Beziehung ergibt

$$p'_{n+1} = \frac{p_n'(1 - q_n'r) + \varkappa(q_n' - p_n')}{1 - 2p_n'q_n'r},$$

$$q_{n+1} = \frac{q_n'(1 - p_n'r) + \varkappa(p_n' - q_n')}{1 - 2p_n'q_n'r}.$$

Tabelle 22

Zwei aufeinanderfolgende Generationen einer Population verbindende genetische Prozesse.

Gameten der n-ten Generation	$(1\ldots\|i\ldots j\|\ldots k)$	$(1\ldots\|j\ldots i\|\ldots k)$	nicht lebensfähig		
Konzentration der Gameten	p_n	q_n	w_n		
Genotypen der Zygoten der n-ten Generation	$(1\ldots\|i\ldots j\|\ldots k)$ $(1\ldots\|i\ldots j\|\ldots k)$	$(1\ldots\|i\ldots j\|\ldots k)$ $(1\ldots\|j\ldots i\|\ldots k)$	$(1\ldots\|j\ldots i\|\ldots k)$ $(1\ldots\|j\ldots i\|\ldots k)$	$(\ldots\ldots)^*$ $(\ldots\ldots)$	$(\ldots\ldots)^*$ $(\ldots\ldots)^*$
Konzentration der Zygoten	p_n^2	$2p_nq_n$	q_n^2	$2(p_n + q_n)\, w_n$	w_n^2
Selektionsdruck (Überleben der Zygoten)	1	1	1	0	0
Konzentration der überlebenden Zygoten	$p_n'^2$	$2p_n'q_n'$	$q_n'^2$	0	0
Genotypen der Tetraden nach dem Crossingover	$(1\ldots\|i\ldots j\|\ldots k)$ $(1\ldots\|i\ldots j\|\ldots k)$	$(1\ldots\|i\ldots j\|\ldots k)$ $(1\ldots\|j\ldots i\|\ldots k)$	$(1\ldots\|i\ldots j\|\ldots 1)^*$ $(k\ldots\|i\ldots j\|\ldots k)^*$	$(1\ldots\|j\ldots i\|\ldots k)$ $(1\ldots\|j\ldots i\|\ldots k)$	
Konzentration der Tetraden	p_n^2	$2p_n'q_n'(1 - r)$	$2p_n'q_n'r$	$q_n'^2$	
Gameten der $(n + 1)$-ten Generation vor dem Auftreten von Aberrationen	$(1\ldots\|i\ldots j\|\ldots k)$	$(1\ldots\|j\ldots i\|\ldots k)$	nicht lebensfähig		
Konzentration der Gameten	p''_{n+1}	q''_{n+1}	w''_{n+1}		
Konzentration der Gameten nach dem Auftreten von Aberrationen	p_{n+1}	q_{n+1}	w_{n+1}		
Genotypen der Zygoten der $(n + 1)$-ten Generation	$(1\ldots\|i\ldots j\|\ldots k)$ $(1\ldots\|i\ldots j\|\ldots k)$	$(1\ldots\|i\ldots j\|\ldots k)$ $(1\ldots\|j\ldots i\|\ldots k)$	$(1\ldots\|j\ldots i\|\ldots k)$ $(1\ldots\|j\ldots i\|\ldots k)$	$(\ldots\ldots)^*$ $(\ldots\ldots)$	$(\ldots\ldots)^*$ $(\ldots\ldots)^*$
Konzentration der Zygoten	p_{n+1}^2	$2p_{n+1}\; q_{n+1}$	q_{n+1}^2	$2(p_{n+1} + q_{n+1} + q_{n+1})\, w_{n+1}$	w_{n+1}^2
Selektionsdruck (Überleben der Zygoten)	1	1	1	0	0
Konzentration der überlebenden Zygoten	p'^2_{n+1}	$2p'_{n+1}\; q'_{n+1}$	q'^2_{n+1}	0	0

Gameten und Chromosomen mit unvollständigem Gensatz: $(1\ldots|i\ldots j|\ldots 1)$ und $(k\ldots|i\ldots j|\ldots k)$. Es wird angenommen, daß aus derartigen Gameten entstandene Zygoten nicht lebensfähig sind.

Die Konzentrationsänderung pro Generation berechnet sich somit nach

$$\Delta p_n' = p_{n+1}' - p_n' = \frac{(p_n' - q_n')\,(p_n' q_n' r - \varkappa)}{1 - 2p_n' q_n' r},$$

$$\frac{dp'}{dt} = \frac{(p' - q')\,(p' q' r - \varkappa)}{1 - 2p' q},$$

(t ist hierbei dimensionslos).

Stabilität der Gleichgewichtszustände der Population: Wir untersuchen die Lösung dieser Differentialgleichung für $dp'/dt = 0$. In Abhängigkeit von der Beziehung der beiden Koeffizienten r und $\varkappa$ besitzt die Gleichung eine oder drei Lösungen. Bei $r \leqq 4\varkappa$ existiert nur die Lösung $p' = q' = 1/2$; bei $r > 4\varkappa$ gibt es drei Lösungen:

$$\hat{p}' = \hat{q}' = 1/2 \quad \text{und} \quad \hat{p}_{(1,2)} = 1/2 \left(1 \pm \sqrt{1 - \frac{4\varkappa}{r}}\right).$$

Wir untersuchen diese Lösungen hinsichtlich der Stabilität:

1. $r > 4\varkappa$

Der Punkt $\hat{p}' = \hat{q}' = 1/2$ ist in diesem Fall instabil, während die beiden anderen Lösungen stabil sind. Bei $p' > q'$ evolviert die Population in Richtung der größeren der stabilen Lösungen $\hat{p}'_{(1)}$, bei $p' < q'$ in Richtung der kleineren (Abb. 105).

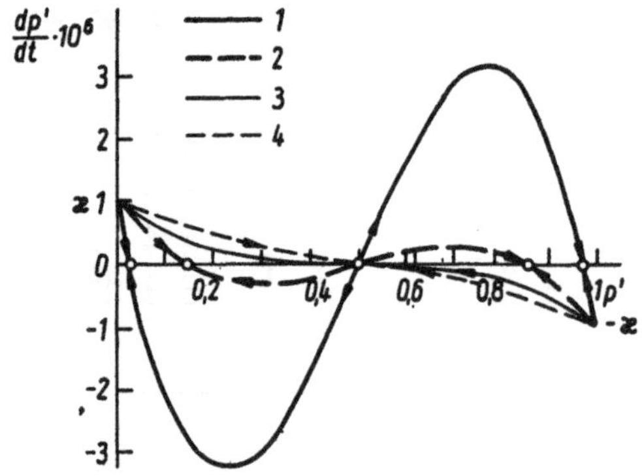

Abb. 105. Stabilität der Gleichgewichtszustände einer Population. Für jeden Wert $4\,\varkappa/r$ sind die stabilen Zustände durch zusammenführende Pfeile dargestellt. $\varkappa = 10^{-6}$. Kurven: 1: $4\,\varkappa/r = 0{,}1$; 2: $4\,\varkappa/r = 0{,}5$; 3: $4\,\varkappa/r = 1$; 4: $4\,\varkappa/r = 2$. Weitere Erläuterungen im Text.

Interessant sind Fälle mit $r \gg 4\varkappa$ (große Inversionen). Die Reihenzerlegung (bei Berücksichtigung lediglich der ersten Glieder) ergibt für die Gleichgewichtskonzentrationen:

$$\hat{p}'_{(1)} \approx 1 - \frac{\varkappa}{r}, \quad \hat{q}'_{(1)} \approx \frac{\varkappa}{r}; \quad \hat{p}'_{(2)} \approx \frac{\varkappa}{r}, \quad \hat{q}'_{(2)} \approx 1 - \frac{\varkappa}{r}.$$

Das heißt, in jedem dieser Fälle enthält die Population praktisch einen Chromosomentyp (den mit der größeren Ausgangskonzentration); der zweite Typ (Inversion) tritt nur

sehr selten auf. Bezüglich großer Inversionen kann man die Population somit als monomorph betrachten, die Genfolge als charakteristisches Populationsmerkmal.
Für kleine Inversionen ($r \gtrsim 4\varkappa$ und $r \lesssim 4\varkappa$) trifft diese Schlußfolgerung nicht zu. Bei $4\varkappa/r = 0{,}36$ ergibt sich für $\hat{p}'_{(1)} = 0{,}9$ und $\hat{q}'_{(1)} = 0{,}1$, d. h. die Gleichgewichtspopulation ist deutlich polymorph.

2. $r \lesssim 4\varkappa$.

In diesem Fall stellen die Lösungen $\hat{p}'_{(1)}$ und $\hat{p}'_{(2)}$ entweder komplexe Zahlen dar oder sind mit der reellen Lösung $\hat{p}' = \hat{q}' = 1/2$ identisch. Aus $r \lesssim 4\varkappa$ folgt $p'qr - \varkappa \leqq 0$ für alle Werte von p'. Deshalb ist der Punkt $\hat{p}' = \hat{q}' = 1/2$ stabil (siehe Abb. 105). Bezüglich sehr kleiner Inversionen ist die Population also stabil polymorph.
Genetisch lassen sich die erhaltenen Resultate wie folgt interpretieren. In einer MENDEL-Population, die zwei Segregontypen mit unterschiedlicher Scriptonfolge (Inversion) ohne adaptive Unterschiede in den Zygoten enthält, stellt ein automatischer dynamischer Prozeß ein Gleichgewicht her. Dieser Mechanismus basiert auf der Wechselwirkung direkter und rückläufiger Mutationsprozesse (die die Inversionen hervorrufen) und dem Crossingover in den Heterozygoten, das einen Teil der Inversionen verwirft. Als Resultat besitzen die Heterozygoten (ungeachtet gleicher Lebensfähigkeit und vollständiger Panmixie) hinsichtlich der Inversion eine geringere Fortpflanzungsfähigkeit als jeder Homozygotentyp. Diese Situation ist der disruptiven Selektion äquivalent. Als Selektionsdruck wirkt dabei die Rekombinationslänge des invertierten Abschnitts r. Je größer die Inversion, um so kleiner ist die Fortpflanzungsfähigkeit der Heterozygoten und um so effektiver die genetische Isolation zwischen den zwei Homozygotentypen.
Bei genügend großen Inversionen ($r \gg 4\varkappa$) können erneut auftretende Inversionen durch das Crossingover verworfen werden, und der Chromosomentyp mit der größeren Konzentration verdrängt den invertierten Typ. Für kleine Inversionen ($r \leqq 4\varkappa$) ergibt sich eine andere Situation. Innerhalb der Inversion erfolgt nur selten Crossingover, und die erneut auftretenden Inversionen können nicht verworfen werden. Beide Chromosomentypen erweisen sich als gleichwertig, die Population erreicht ein stabiles Gleichgewicht unter der Bedingung des Polymorphismus. Mittlere Inversionen ($r \gtrsim 4\varkappa$) führen bei unterschiedlichen Konzentrationen der beiden Chromosomentypen zum Polymorphismus (siehe Abb. 105).
Streng genommen läßt sich deshalb die Reihenfolge der Gene im Genom nur dann als charakteristisches Populationsmerkmal betrachten, wenn es sich um Gene handelt, die durch genügend große Rekombinationsabstände ($r \gg 4\varkappa$) voneinander getrennt sind. In allen übrigen Fällen ist diese Schlußfolgerung nur bis zu einer bestimmten (meist relativ kleinen) Zahl von Mikroinversionen gültig, durch die sich die Chromosomentypen unterscheiden.
Jedoch sind die Einschränkungen für kleine Inversionen unter realen Bedingungen wahrscheinlich unwesentlich. Nach DOBZHANSKY sind in Chromosomen von *Drosophila pseudoobscura* nur in 2 von 100000 Fällen strukturelle Veränderungen aufgetreten [464]; man kann deshalb annehmen, daß die Wahrscheinlichkeit der spontanen Entstehung einer bestimmten Inversion $\varkappa \ll 10^{-5}$ pro Chromosom und Generation beträgt. Unter diesen Bedingungen besitzen bereits Inversionen, die ein einzelnes Scripton erfassen, einen bedeutend größeren Rekombinationsabstand. Für den Locus rosy bei *Drosophila* beträgt $r \geqq 9 \cdot 10^{-5}$ [465], d. h. $r \gg 4\varkappa$; Inversionen mit einer geringeren Rekombinationsgröße (intrascriptonale Inversionen) sind praktisch nicht lebensfähig, da sie in den meisten Fällen zu einer vollständigen Störung der Cistronstruktur führen

und durch Auslese beseitigt werden [466]. Somit kann lediglich das Regime der Stabilisierung der Genfolge als real angesehen werden.
Das Problem der Dynamik der Scriptonfolge in Replicons und Segregons ist jedoch bedeutend komplizierter als das hier betrachtete einfache Modell. Ohne auf Details einzugehen, sollen die Resultate anderer Modelluntersuchungen qualitativ beschrieben werden. Wird die Eliminierung defekter Gameten anstelle von Zygoten berücksichtigt, kommt man zu den gleichen Resultaten wie mit dem oben beschriebenen Modell. Andererseits ist bekannt, daß in einer Reihe von natürlichen und experimentellen Populationen unterschiedlicher Objekte ein Inversionspolymorphismus stark verbreitet ist, d. h. es gibt nicht nur eine einzige Scriptonfolge, die vererbt wird [428, 464, 467, 468]. Die deterministische Analyse der Inversionsdynamik führt in Fällen, in denen die Selektion an den Allelen zweier an den Inversionsenden lokalisierter dialleler Loci angreift, zu folgendem wichtigen Resultat: Bei Inversionsheterozygoten spielt der Rekombinationsprozeß im invertierten Abschnitt eine wichtige Rolle für den Ausgang der Evolution der Population. *Für die Entstehung eines stabilen Inversionspolymorphismus ist der Stop (oder die rapide Frequenzverringerung) der Rekombinationen im invertierten Abschnitt in den Inversionsheterozygoten notwendig* [469]. Anderenfalls wird, in Abhängigkeit von der Ausgangsfrequenz, einer der Segregontypen eliminiert. Es ist nicht ausgeschlossen, daß die Möglichkeit des Inversionspolymorphismus aus der Existenz von Mechanismen des „Crossingover-Stops“ in den invertierten Abschnitten folgt, der z. B. durch Elimination defekter Gameten oder auf Grund der Konjugationsstörung von Chromosomen, die sich durch kleine Inversionen unterscheiden, erfolgen kann [470, 471].
Einen interessanten Aspekt gewinnt dieses Problem unter stochastischen Gesichtspunkten [472]. Die Beschreibung der Dynamik zweier sich durch Inversion unterscheidender Segregonvarianten ist ohne Berücksichtigung der Auslese in großer Näherung mit der Beschreibung dialleler Loci und disruptiver Selektion vergleichbar [462]. Die Drift der Frequenzen kann zu einer Fixierung sowohl der normalen als auch der invertierten Reihenfolge führen. Wenn die Mutationsfrequenz der Entstehung der invertierten Genfolge sehr klein ist, ergibt sich die mittlere Fixierungszeit $\bar{t}_r$ wie folgt:

$$\bar{t}_{1/2} \leqq \bar{t}_r \leqq \bar{t}_{r=0} \simeq 4N_e$$

wobei
$\bar{t}_{r=0}$ die mittlere Fixierungszeit sehr kurzer, oder nicht rekombinierender Inversionen ($r \to 0$) und $\bar{t}_{1/2}$ die mittlere Fixierungszeit rekombinierender Inversionen mit der Länge $r = 1/2$ sind.
In 15.4. wurde erwähnt, daß man fixierte Aberrationen als Elementarereignisse der Makroevolution betrachten kann. Dies gilt auch für die Fixierung von Inversionen. Je länger die Inversion, um so früher, je bevorzugter in der Heterozygote, um so später kann sie fixiert werden. Gegenwärtig gibt es jedoch keine Möglichkeiten, die reale makroevolutionäre Geschwindigkeit der Fixierung von Inversionen zu berechnen.

Schlußbemerkung

Vor ungefähr 10 Jahren schrieb I. I. SCHMALHAUSEN [1]: „... Bereits heute kann man davon sprechen, daß alle Voraussetzungen für eine *Theorie der genetischen Information* vorhanden sind. Diese Theorie sollte folgende Gebiete umfassen: Substrat und Übergangsmechanismus der genetischen Information, chemische und morphologische Struktur des genetischen Codes (diskreter Charakter und Zusammenhang der Informationselemente), Qualität und Quantität der genetischen Information, Mechanismen und Gesetzmäßigkeiten der Informationsveränderung in der Individualentwicklung, Einfluß von Störungen auf die Informationsübertragung und Maßnahmen zur Bekämpfung dieser Störungen, gesetzmäßige Veränderung der Information (Evolution des genetischen Codes) und Möglichkeiten ihrer gezielten Beeinflussung". In den seitdem vergangenen Jahren hat sich gezeigt, daß diese Prognose konkrete Gestalt annimmt.
Die Ideen und Grundlagen einer Theorie der Steuersysteme, wie sie in den Arbeiten von A. A. LJAPUNOV [83—85] und I. A. POLETAJEV [86] formuliert wurde, können zur Beschreibung der Hauptproblematik der theoretischen Molekulargenetik herangezogen werden. Auf dieser Basis können heuristische Arbeitsprinzipien formuliert und die reichhaltigen experimentellen Daten verallgemeinert werden. Dabei entsteht eine Vielfalt von Problemen und konkreten Aufgabenstellungen theoretischen Charakters, die der Formalisierung und Untersuchung mit logischen und mathematischen Mitteln zugänglich sind. Die Möglichkeit der biologischen Interpretation der Resultate derartiger Untersuchungen qualifiziert diesen Standpunkt als nützlich, produktiv und vollkommen gerechtfertigt.

Literatur

[1] SCHMALHAUSEN, I. I.: Problemy kibernetiki **16** (1966), 23–35.

[2] RATNER, V. A.: Principy organizacii i mechanismy molekularnogenetičeskich processov, Novosibirsk 1971. (Organisationsprinzipien und Mechanismen molekular-genetischer Prozesse).

[3] STENT, S.: Molecular genetics. Freeman Co. San-Francisco, 1971.

[4] DRAKE, J. W.: The molecular basis of mutation. Holden-Day San-Francisco, 1970.

[5] BRESLER, S. J., et al.: Elementarnye processy genetiki. Nauka, Leningrad 1973. (Genetische Elementarprozesse).

[6] KISELJOV, L. L. et al.: Molekuljarnye osnovy biosinteza belkov. Nauka, Moskau 1971. (Molekulare Grundlagen der Proteinbiosynthese).

[7] KUŠJEV, V. V.: Mechanismy genetičeskoi rekombinacii. Nauka, Leningrad 1971. (Mechanismen der genetischen Rekombination).

[8] BRESLER, S. J.: Vvedenje v molekularnuju biologiju. Nauka, Leningrad 1973. (Einführung in die Molekularbiologie).

[9] CAIRNS, J.: Sintez i struktura nukleinovych kislot. Mir, Moskau 1966, 23–28. (Synthese und Struktur der Nukleinsäuren).

[10] OISHI, M., H. YOSHIKAWA, N. SUEOKA: Nature **204** (1964) 4963, 1069.

[11] HUBERMAN, J. A., A. D. RIGGS: J. Mol. Biol. **32**, 2 (1968), 327–341.

[12] SCHNÖS, M., R. B. INMAN: J. Mol. Biol. **51**, 1 (1970), 61–73.

[13] JACOB, F., S. BRENNER, F. CUSIN: Sintez i struktura nukleinovych kislot. Mir, M. (1966), 323–368.

[14] GILBERT, W., D. DRESSLER: Cold Spring Harbour Symp. Quant. Biol. **33** (1968), 473–484.

[15] KLEIN, A., F. BONHOEFFER: Ann. Rev. Biochem. **41** (1972), 301–332.

[16] GOULIAN, M.: Ann. Rev. Biochem. **40** (1971), 955–988.

[17] OKAZAKI, R., et al.: Cold Spring Harbour Symp. Quant. Biol. **33** (1968), 129–143.

[18] OKAZAKI, T., R. OKAZAKI: Proc. Nat. Acad. USA **64**, 4 (1969), 1242–1248.

[19] OKAZAKI, R. et al.: Nature **228** 5268 (1970), 223–226.

[20] INMAN, R. B., M. SCHNÖS: J. Mol. Biol. **56** (1971), 319–325.

[21] WANG, J. C.: J. Mol. Biol. **55**, 3 (1971), 523–533.

[22] HASKELL, E. H., C. J. DAVERN: Proc. Nat. Acad. Sci. USA **64** 3 (1969), 1065–1071.

[23] ERHAN, S., et al.: Nature **225**, 5230 (1970), 340–342.

[24] FUCHS, E., P. HANAWALT: J. Mol. Biol. **52**, 2 (1970), 301–322.

[25] RATNER, V. A., V. A. KULIČKOV: Genetika **7**, 12 (1971), 144–147.

[26] VAPNEK, D., W. D. RUPP: — J. Mol. Biol. **53**, 3 (1970), 287–303.

[27] BURGESS, R. R.: Ann. Rev. Biochem. **40** (1971), 711–740.

[28] CHAMBERLIN, M.: Cold Spring Symp. Harbour Quant. Biol. **35** (1070), 851–873.

[29] GOLDSTEIN, A., et al.: Proc. Nat. Acad. Sci. USA **54**, 6 (1965), 1669–1675.

[30] KAMEYAMA, T., A. MATSUKAGE, Y. TANAKA: J. Cell. Physiol. **74** (1969), Suppl. I, part. II, 219–222.

[31] BAUTZ, E. K. F., F. A. BAUTZ: Cold Spring Harbour Symp. Quant. Biol. **35** (1970), 227–232.

[32] BECKMANN, J. S., et al.: Biochem. Biophys. Res. Coms. **43**, 4 (1971), 806–813.

[33] GRIERSON, D., et al.: Cold Spring Harbour Symp. Quant. Biol. **35** (1970), 589–598.
[34] DANOHOLT, B., et al.: Cold Spring Harbour Symp. Quant. Biol. **35** (1970), 513–519.
[35] DARNELL, J. E., et al.: Cold Spring Harbour Symp. Quant. Biol. **35** (1970), 555–560.
[36] PELLING, C.: Cold Spring Harbour Symp. Quant. Biol. **35** (1970), 521–531.
[37] ZILLIG, W., et al.: Cold Spring Harbour Symp. Quant. Biol. **35** (1970), 47–58.
[38] ROBERTS, J. W.: Cold Spring Harbour Symp. Quant. Biol. **35** (1970), 121–126.
[39] TRAVERS, A.: Cold Spring Harbour Symp. Quant. Biol. **35** (1970), 241–251.
[40] ROEDER, R. G., et al.: Cold Spring Harbour Symp. Quant. Biol. **35** (1970), 727–735.
[41] BLATTI, S. P. et al.: Cold Spring Harbour Symp. Quant. Biol. **35** (1970), 649–657.
[42] BLATTNER, F. R., J. E. DAHLBERG: Nature New Biol. **237**, 77 (1972), 227–232.
[43] BLATTNER, F. R. et al.: Nature New Biol. **237**, 77 (1972), 232–236.
[44] REINHARDT, L., A. D. KAISER: Proc. Nat. Acad. Sci. USA **68**, 9 (1971), 2185–2189.
[45] BAUERLE, R. H., P. MARGOLIN: Proc. Nat. Acad. Sci. USA **56**, 1 (1966), 111–118.
[46] MILLER, O. L., et al.: Science **144** (1969), 955–959.
[47] SPIEGELMAN, S., et al.: Cold Spring Harbour Symp. Quant. Biol. **33** (1968), 101–124.
[48] CORY, S., P. F. SPAHR, J. M. ADAMS: Cold Spring Harbour Symp. Quant. Biol. **35** (1970), 1–12.
[49] SCHONBERG, M., et al.: Proc. Nat. Acad. Sci. USA **68**, 2 (1971), 505–508.
[50] MISUTANI, S., H. M. TEMIN: Cold Spring Harbour Symp. Quant. Biol. **35** (1970), 847–849.
[51] BALTIMORE, D.: Cold Spring Harbour Symp. Quant. Biol. **35** (1970), 843–846.
[52] GOODMAN, N. C., S. SPIEGELMAN: Proc. Nat. Acad. Sci. USA **68**, 9 (1971), 2203–2206.
[53] ACKERMANN, W. W., et al.: Biochem. Biophys. Res. Coms. **42**, 4 (1971), 723–729.
[54] PENNER, P. E., L. H. COHEN, L. A. LOCH: Biochem. Biophys. Res. Coms. **42**, 6 (1971), 1228–1234.
[55] SPIRIN, A. S., L. P. GAWRILOWA: Ribosoma, Nauka, M. (1971).
[56] MUENCH, K. H., P. A. SAFILLE: Biochemistry **7**, 8 (1968), 2799–2809.
[57] GALLO, R. C., S. PESTCA: J. Mol. Biol. **52**, 2 (1970), 195–219.
[58] DINZIS, G., P. KNOPF. In: Informacionnye makromoljekuly. Mir, Moskau 1965, 291–300. (Informationstragende Makromoleküle).
[59] THACH, R., et al., Cold Spring Harbour Symp. Quant. Biol. **31** (1966), 85–97.
[60] SUNDARARAJAN, T., R. THACH: J. Mol. Biol. **19**, 1 (1966), 74–90.
[61] SARABHAI, A. S., et al.: Nature **201**, 4914 (1964), 13–17.
[62] BRENNER, S., A. O. W. STRETTON, S. KAPLAN: Nature **206**, 4988 (1965), 994–998.
[63] BRENNER, S., et al.: Nature **213**, 5075 (1967), 449–450.
[64] DAYHOFF, M. O.: Atlas of protein sequence and structure **5** (1972) Nat. Biomed. Res. Found., Silver Spring.
[65] ROSE, J. K., R. D. MOSTELLER, C. YANOFSKI: J. Mol. Biol. **51**, 3 (1970), 541–550.
[66] SCOLNICK, E., et al: Proc. Nat. Acad. Sci. USA **61**, 2 (1968), 768–774.
[67] CUSIN, F., F. JACOB: Ann. Inst. Pasteur **112**, 5 (1967), 529–545.
[68] SPEYER, J. F.: Biochem. Biophys. Res. Coms. **21**, 1 (1965), 6–8.
[69] COX, E. C.: J. Mol. Biol. **50**, 1 (1970), 129–135.
[70] HOTTA, Y., H. STERN: J. Mol. Biol. **55**, 3 (1971), 357–378.
[70a] STERN, H., Y. HOTTA: Proc. XIII Int. Congr. Genet. 1974.
[71] HOLLIDAY, R.: Gent. Res. **5** (1964), 282.
[72] ECHOLS, H.: Ann. Rev. Biochem. **40** (1971), 827–854.
[73] WU, R.: J. Mol. Biol. **51**, 3 (1970), 501–521.
[74] KUWANO, M., D. SCHLESINGER, D. APIRION: J. Mol. Biol. **51**, 1 (1970), 75–82.
[75] NIRENBERG, M. W., et al.: Cold Spring Harbour Symp. Quant. Biol. **31** (1966), 11–24.
[76] KHORANA, N. G., et al.: Cold Spring Harbour Symp. Quant. Biol. **31** (1966), 39–49.
[76a] RIEGER, R., A. MICHAELIS: Genetičeski i citogenetičeski slovar, Kolos, Moskau 1967. (Genetisches und zytogenetisches Wörterbuch).

[77] Ratner, V. A.: Genetičeskije upravlajuščije sistemy. Nauka, Novosibirsk 1966. (Genetische Steuersysteme).
[78] Klark, J. M., et al.: Proc. Nat. Acad. Sci. USA 54, 4 (1965), 1193—1197.
[79] Eigen, M.: Selforganization of matter and the evolution of biological macromolecules. Naturwiss. (1971), 465—523.
[80] Poltorak, O. M., J. C. Čuchrai: Fisiko-chimičeskije osnovy fermentativnowo kataliza. Wysšaja Škola, Moskau 1971. (Physikochemische Grundlagen der enzymatischen Katalyse).
[81] Timofejev-Resovskij, N. V., R. R. Rompe: Problemy kibernetiki 2 (1959), 213—228.
[82] von Neumann, J.: Teorija samoproizvodjaščichsja avtomatov. Mir, Moskau 1971. (Theorie autoreproduktiver Automaten).
[83] Ljapunov, A. A.: Problemy kibernetiki 10 (1963), 179—193.
[84] Ljapunov, A. A., S. W. Jablonski: Problemy kibernetiki 9 (1963), 5—22.
[85] Jablonski, S. W.: Problemý kibernetiki 2 (1959), 7—38.
[86] Poletajev, I. A.: In: Issledovanja po kibernetike, Sovjetskoje radio, Moskau 1970, 211 bis 226. (Kybernetische Untersuchungen).
[87] Crick, F. H. C.: In: Biological replication of macromolecules, 12-th Symp. Soc. Exp. Biol. 1958, 138—163.
[88] Crick, F. H. C.: Nature 227, 5258 (1970), 561—563.
[89] Demetrius, L.: Math. Biosci. 14, 3—4 (1972), 297—304.
[90] Ratner, V. A.: In: Progress in theoretical biology 3 (1974) Acad. Press, 143—328.
[91] Chomsky, N., J. Miller: Kibernetičeski sbornik. Nowaja seriā. Mir, Moskau 1965 1, 229—290.
[92] Yčas, M.: Biologičeski kod. Mir, Moskau 1971. (Der biologische Code).
[93] Crick, F. H. C., J. S. Griffith, L. E. Orgel: Proc. Nat. Acad. Sci. USA 43 (1957), 416 bis 421.
[94] Golomb, S. W., B. Gordon, L. R. Welch: Kibernetičeski sbornik. Mir, Moskau 1962, 5, 33—41.
[95] Shannon, K.: Matematičeskaja teorija svjazi. In: Raboty po teorii informacii i kibernetike. IL, Moskau 1963, 143—232 . (Mathematische Netztheorie. In: Probleme zur Informationstheorie und Kybernetik).
[96] Fano, R. M.: Techn. Rep. Nr. 65. Res. Labor. Electronics, MTT, Cambr., Mass. 1949.
[97] Haffman, D. A.: Kibernetičeski sbornik. IL, Moskau 1961 3, 79—87.
[98] Frieden, C.: Ann. Rev. Biochem. 40 (1971), 653—696.
[99] Klotz, J. M., N. R. Langerman, D. W. Darnell: Ann. Rev. Biochem. 39 (1970), 25—62.
[100] Kushner, D. J.: Bacter. Rev. 33, 2 (1969), 302—345.
[101] Green, D. F., et al.: Arch. Biochem. Biophys. 119 (1967), 312—335.
[102] Szybalski, W., et al.: J. Cell. Physiol. 74 (1969) Suppl. I, part. II, 33—70.
[103] Stevens, A.: J. Cell. Physiol. 74 (1969) Suppl. I, part. II, 205—218.
[104] Sadler, J. R., T. F. Smith: J. Mol. Biol. 62, 1 (1971), 139—169.
[105] Adler, K., et al.: Nature 237, 5354 (1972), 322—327.
[105a] Gilbert, W., A. Maxam: Proc. Nat. Acad. Sci. USA 70, 12 (1973), part. I, 3581—3585.
[106] Schnös, M., R. B. Inman: J. Mol. Biol. 55, 1 (1971), 31—38.
[107] Stevens, W. F., S. Adhya, W. Szybalski: In: Bacteriophage lambda, Cold Spring Harbour Labor., Cold Spring Harbor 1971.
[108] Masters, M., P. Broda: Nature New Biol. 232 (1971), 137—140.
[109] Yahara, J.: Jap. J. Genet 47 (1972), 33—44.
[110] Prescott, D. M., P. L. Kuempel: Proc. Nat. Acad. Sci. USA 69, 10 (1972), 2842—2845.
[111] Wolfson, J., D. Dressler, M. Magazin: Proc. Nat. Acad. Sci. USA 69, 2 (1972), 499—504.
[112] Delius, H., C. Howe, A. W. Kozinski: Proc. Nat. Acad. Sci. USA 68, 12 (1971), 3049—3053.
[113] Wu, R., E. Taylor: J. Mol. Biol., 57, 3 (1971), 491—511.
[114] Kelly, T. J., H. O. Smith: J. Mol. Biol., 51, 2 (1970), 393—409.

[115] Hedgpeth, J., H. M. Goodman, H. W. Boyer: Proc. Nat. Acad. Sci. USA **69**, 11 (1972), 3448–3452.
[116] Goodman, H. M., et al.: Proc. Nat. Acad. Sci. USA **67** (1970), 921–928.
[117] Weintraub, H.: Nature New Biol. **236**, 68 (1972), 195–197.
[118] Sobell, H. M., et al.: Cold Spring Harbour Symp. Quant. Biol. **36** (1971), 263–270.
[119] Ratner, W. A.: In: Matematičeskoje modelirovanije žiznennych processov. Mgsl, Moskau 1968, 108–123. (Mathematische Modellierung von Lebensprozessen).
[120] Grammatika sovremjennogo russkogo literaturnogo jazyka. Nauka, Moskau 1970. (Grammatik der gegenwärtigen russischen Literatursprache).
[121] Obščeje jazykosnanije. Vnutrennjaja struktura jazyka. Nauka, Moskau 1972. (Allgemeine Sprachwissenschaft. Innere Struktur der Sprache).
[122] Gladki, A. W., I. A. Melčuk: Ėlementy matematičeskoi lingvistiki. Fizmatgiz, Moskau 1969. (Elemente der mathematischen Linguistik).
[123] Schreider, Ju. A.: Ravenstwo, schodstvo, porjadok. Fizmatgiz, Moskau 1971. (Gleichheit, Ähnlichkeit, Reihenfolge).
[124] Gamov, G.: Nature **173** (1954), 318.
[125] Gamov, G.: Dansk. Biol. Medd. **22** (1954), 1–13.
[126] Gamov, G., A. Rich, A. Yčas: Adv. Biol. Med. Phys. **4** (1956), 23–68.
[127] Ratner, V. A.: Bjull. MOIP **69**, 6 (1964), 110–119.
[128] Ratner, V. A.: Biofizika **9**, 5 (1964), 621–625.
[129] Ratner, V. A.: Problemy kibernetiki **12** (1964), 181–199.
[130] Benzer, S.: Proc. Nat. Acad. Sci. USA **47** (1961), 403.
[131] Champe, S. P., S. Benzer: Proc. Nat. Acad. Sci. USA **48** (1962), 532.
[132] Venkstern, T. W.: Perwičnaja struktura transportnych ribonukleinovych kislot. Nauka, Moskau 1970. (Die Primärstruktur der Transport-Nukleinsäuren).
[133] Sonneborn, T. M.: Science **148**, 3676 (1965), 1410.
[134] Agarwal, K. L., et al.: Nature **227**, 5253 (1970), 27–34.
[135] Cold Spring Harbour Symp. Quant. Biol. **31** (1966).
[136] Thomas, B. R.: Biochem. Biophys. Res. Coms. **40**, 6 (1970), 1289–1296.
[137] Marshall, R. E., T. S. Caskey, M. W. Nirenberg: Science **155** (1967), 820–826.
[138] Schöch, G. K.: Zitiert nach [89].
[139] Crick, F. H. C.: Progr. Nucl. Acid. Res. Mol. Biol. **1** (1963), 163–217.
[140] Crick, F. H. C., et al.: Nature **192**, 4809 (1961), 1227–1232.
[141] Ishikura, H., et al.: Biochem. Biophys. Res. Coms. **37**, 6 (1969), 990–995.
[142] Steitz, J. A.: Nature **224**, 5223 (1969), 957–964.
[143] Ghosh, K., H. P. Ghosh: Biochem. Biophys. Res. Coms. **40**, 1 (1970), 135–143.
[144] Crick, F. H. C.: J. Mol. Biol. **19**, 2 (1966), 548–555.
[145] Söll, D., et al.: Proc. Nat. Acad. Sci. USA **54**, 5 (1965), 1378–1385.
[146] Kan, J., M. W. Nirenberg, N. Sueoka: J. Mol. Biol. **52**, 2 (1970), 179–193.
[147] Rumer, J. B.: Dokl. Ak. Nauk SSSR **167**, 6 (1966), 1394–1396.
[148] Rumer, J. B.: Dokl. Ak. Nauk SSSR **183**, 1 (1968), 225–226.
[149] Rexer, E.: Biol. Zbl. **90**, 3 (1971), 273–287.
[150] Bresch, C., R. Hausmann: Klassische und Molekulare Genetik. Springer-Verlag, Berlin–Heidelberg–New York 1970.
[151] Wolkenštein, M. V.: Genetika **1**, 2 (1965), 54–62.
[152] Bernhardt, S.: Struktura i funkcija fermentow. Mir, Moskau 1971. (Struktur und Funktion der Enzyme).
[153] Wolkenštein, M. V.: Genetika **2**, 4 (1966), 119–122.
[154] Woese, C. R.: Progr. Mol. Subcell. Biol. **1** (1969), 5–46.
[155] Szer, W., S. Ochoa: J. Mol. Biol. **8**, 6 (1964), 823–834.

[156] Batschinski, A. G., W. A. Ratner: In: Voprosy matematičeskoj genetiki. IZG, Nowosibirsk 1974, 242–263. (Fragen der mathematischen Genetik).
[157] MacKay, A. L.: Nature **216**, 5111 (1967), 159–160.
[158] Ašmarin, I. P., M. S. Lojcjanskaja, J. P. Charčenko: In: Strojenje DNK i položenije organismov w sisteme. MGU 1972, 135–146. (DNA-Struktur und Stellung der Organismen im System).
[159] Speyer, J. F., et al.: Cold Spring Harbour Symp. Quant. Biol. **28** (1963), 559–568.
[160] Eck, R. V.: Science **140**, 3566 (1963), 477–480.
[161] Lutschnik, N. W.: Statističeskij analiz problemy aminokislotnovo koda. Trudy in-ta biol. UFAN SSSR **37** (1963). (Statistische Analyse des Problems des Aminosäurekodes).
[162] Handbook of Biochemistry. Chem. Rubb. Co., Cleveland 1970.
[163] Schutzenberge, M. R.: Zitiert nach [91], 420–422.
[164] Jeppesen, P. G. N., et al.: Cold Spring Harbour Symp. Quant. Biol. **35** (1970), 13–19.
[165] Steitz, J. A.: Nature New Biol. **236**, 64 (1972), 71–75.
[166] Hindley, J. et al.: Proc. Nat. Acad. Sci. USA **67**, 3 (1970), 1180–1187.
[167] Gupta, S. L., et al.: Biochem. Biophys. Res. Coms. **39**, 5 (1970), 883–888.
[168] Staples, D. H., et al.: Nature New Biol. **234**, 50 (1971), 202–204.
[169] Staples, D. H., J. Hirdley: Nature New Biol. **234**, 50 (1971), 211–212.
[170] Bernardi, A., Spahr, P. F.: Proc. Nat. Acad. Sci. USA **69**, 10 (1972), 3033–3037.
[171] Weismann, C., et al.: In: FEBS Proc. 8-th Meeting. Amsterdam **27**, (1972), 1–18.
[172] Pauling, L.: In: Sovremennye problemy biochimii. IL, Moskau 1957, 24. (Gegenwärtige Probleme der Biochemie).
[173] Leberman, R.: J. Mol. Biol. **55**, 1 (1971), 23–30.
[174] Lewis, P. N., et al.: Proc. Nat. Acad. Sci. USA **65**, 4 (1970), 810–815.
[175] Koteltchuk, D., H. A. Scheraga: Proc. Nat. Acad. Sci. USA **61**, 4 (1968), 1163.
[176] Robson, B., R. H. Pain: J. Mol. Biol. **58**, 1 (1971), 237–259.
[177] Perutz, M. F.: J. Mol. Biol. **13** (1965), 646–668.
[178] Birktoft, J. J., D. M. Blow: J. Mol. Biol. **68**, 2 (1972), 187–140.
[179] Lewis, P. N., F. A. Momany, H. A. Scheraga: Proc. Nat. Acad. Sci. USA **68**, 9 (1971), 2293–2297.
[180] Perutz, M. F., et al.: Nature **219**, 5150 (1968), 131–139.
[181] Bolton, W., M. F. Perutz: Nature **228**, 5271 (1970), 551–552.
[182] Hendricson, W. A., W. E. Love: Nature New Biol. **232**, 33 (1971), 197–203.
[183] Perutz, M. F.: Nature **228**, 5273 (1970), 726–739.
[184] Phillips, D.: In: Molekuly i kletki. Mir, Moskau 1968 **3**, 9–28. (Moleküle und Zellen).
[185] Browne, W. J., et al.: J. Mol. Biol. **42**, 1 (1969), 65–86.
[186] Blake, C. C. F., J. D. A. Swan: Nature New Biol. **232**, 27 (1971), 12–15.
[187] Canfield, R. E., et al.: Nature New Biol. **232**, 27 (1971), 16–17.
[188] Hess, G. P., J. A. Rupley: Ann. Rev. Biochem. **40** (1971), 1013–1042.
[189] Henderson, R., et al.: Cold Spring Harbour Symp. quant. Biol. **36** (1971), 63–70.
[190] Shotton, D. M., H. C. Watson: Nature **225**, 5235 (1970), 811–816.
[191] Stroud, R. M., Kay, L. M., Dickerson, R. E.: Cold Spring Harbour Sym. Quant. Biol. **36**, (1971), 125–140.
[192] Huber, R. et al.: Cold Spring Harbour Symp. Quant. Biol. **36** (1971), 141–150.
[193] Perutz, M. F., H. Lehmann: Nature **219**, 5157 (1968), 902–909.
[194] Morimoto, H., H. Lehmann, M. Perutz: Nature **232**, 5310 (1971), 408–413.
[195] Greer, J.: J. Mol. Biol. **59**, 1 (1971), 99–105.
[196] Perutz, M. F., et al.: Nature New Biol. **232**, 31 (1971), 147–149.
[197] Fincham, J.: Genetitčeskaja komplementacija, Mir, Moskau 1968. (Genetische Komplementation).
[198] Gillie, O. J.: Genet. Res. (Cambr.) 8, 1 (1966), 9–31.
[199] Gillie, O. J.: Genetics **58**, 4 (1968), 543–555.

[200] SOJDLA, T. R., S. G. INGE-WEČTOMOV, V. W. SIMAROV: In: Issledovanija po genetike, 3 LGU 1967, 148–164.
[201] RATNER, V. A., S. N. RODIN: Genetika (Moskva) 7, 11 (1971), 154–171.
[202] RATNER, V. A., S. N. RODIN, A. N. ŠENDEROV: Uspech. sovr. biol. (1975).
[203] ISHIKAWA, T.: J. Mol. Biol. 13 (1965), 586–591.
[204] RATNER, W. A., S. N. RODIN: In: Voprosy matematičeskoi genetiki. IZG Nowosibirsk 1974, 214–241. (Fragen der mathematischen Genetik).
[205] CRICK, F. H. C., ORGEL, L. E.: J. Mol. Biol. 8, 1 (1964), 161–165.
[206] PONTECORVO, G.: The trends in genetic analysis. Columb. Univ. Press, N. Y., 1958.
[207] ELSTON, R. C., GLASSMAN, E.: Genet. Res. (Cambr.) 9, 2 (1967), 141–147.
[208] GOLUBOWSKI, M. D.: Genetika (Moskva) 8, 5 (1972), 143–157.
[209] LEWIS, E. B.: Adv. Genetics 3 (1950), 73–115.
[210] SEREBROWSKI, A. S., N. P. DUBININ: Uspech. exsp. biol., ser. B, 8, 4 (1929).
[211] DUBININ, N. P.: Žurn. exp. biol. 6, 4 (1930).
[212] DUBININ, N. P.: Žurn. exp. biol. 7, 5–6 (1930), 525–551.
[213] DUBININ, N. P.: Bjull. MOIP 69, 1 (1964), 5–19.
[214] RATNER, V. A., D. P. FURMAN, S. S. NIKORO: Genetika (Moskva) 5, 6 (1969), 72–85.
[215] GREEN, M., K. GREEN: Proc. Nat. Acad. Sci. USA 35 (1949), 586–591.
[216] JACOB, F., J. MONOD: In: Molekuljarnaja biologija. Nauka, Moskau 1964, 14–40. (Molekularbiologie).
[217] JACOB, F., J. MONOD: In: Reguljatornye mechanizmy kletki. Mir, Moskau 1964, 278–306. (Regulationsmechanismen der Zelle).
[218] SZYBALSKI, W. et al.: Cold Spring Harbour Symp. Quant. Biol. 35 (1970), 341–353.
[219] EPSTEIN, W., J. R. BECKWITH: Ann. Rev. Biochem. 37 (1968), 411–436.
[220] MARTIN, R. G.: Ann. Rev. Genet. 3 (1969), 181–216.
[221] IPPEN, K., et al.: Nature 217, 5131 (1968), 825–827.
[222] PASTAN, J., R. PERLMAN: Science 169, 3943 (1970), 339–350.
[223] MÜLLER-HILL, B., L. CRAGO, W. GILBERT: Proc. Nat. Acad. Sci. USA 59, 4 (1968), 1259 bis 1264.
[224] DE CROMBRUGGHE, B., et al.: Nature New Biol. 231, 22 (1971), 139–142.
[225] ERON, L., R. BLOCK: Proc. Nat. Acad. Sci. USA 68, 8 (1971), 1828–1832.
[226] SHAPIRO, J., et al.: Nature 224, 5221 (1969), 768–774.
[227] DAVIS, J., F. JACOB: J. Mol. Biol. 36, 3 (1968), 413–417.
[228] GILBERT, W., MÜLLER-HILL, B.: Proc. Nat. Acad. Sci. USA 56, 6 (1967), 1891–1898.
[229] JACOB, F., A. ULLMAN, J. MONOD: C. R. Acad. Sci. Paris 258, 11 (1964), 3125.
[230] CHEN, B., et al.: Nature New Biol. 233, 37 (1971), 67–70.
[231] RANDO, R. R.: Nature New Biol. 234, 49 (1971), 183–184.
[232] RIGGS, A. D., H. SUZUKI, S. BOURGEOIS: J. Mol. Biol. 48, 1 (1970), 67–83.
[233] RIGGS, A. D., R. F. NEWBY, S. BOURGEOIS: J. Mol. Biol. 51, 2 (1970), 303–314.
[234] NOVICK, A., J. M. MCCOY, J. R. SADLER: J. Mol. Biol. 12, 2 (1965), 328–330.
[235] RIGGS, A. D., S. BOURGEOIS, M. COHN: J. Mol. Biol. 53, 3 (1970), 401–417.
[236] PLATT, T., J. H. MILLER, K. WEBER: Nature 228, 5277 (1970), 1154–1156.
[237] KAEMPFER, R. O. R., B. MAGASANIK: J. Mol. Biol. 27, 3 (1967), 475–494.
[238] OHSHIMA, Y., T. HORIUCHI, Y. IIDA, T. KAMEYAMA: Cold Spring Harbour Symp. Quant. Biol. 35 (1970), 425–432.
[239] JACQUET, M., KEPES, A.: J. Mol. Biol. 60, 3 (1971), 453–472.
[240] KEPES, A.: Biochem. Biophys. Acta 138, 1 (1967), 107–123.
[241] ADESNIK, M., C. LEVINTAL: Cold Spring Harbour Symp. Quant. Biol. 35 (1970), 451–459.
[242] GILBERT, W., MÜLLER-HILL, B.: Proc. Nat. Acad. Sci. USA 58, 6 (1967), 2415–2421.
[243] KOLBER, A. R., W. D. STEIN: Nature 209, 5024 (1966), 691–694.
[244] CHAMNESS, G. C., C. D. WILSON: J. Mol. Biol. 53, 3 (1970), 561–565.
[245] MYERS, G. L., SADLER, J. R.: J. Mol. Biol. 58, 1 (1971), 1–28.

[246] SAEDLER, H., et al.: Mol. Gen. Genet. **102** (1968), 79—88.
[247] HUA, S. S., A. MARKOVITZ: J. Bacter. **110**, 3 (1972), 1089—1099.
[248] SMITH, G. R., B. MAGASANIK: Proc. Nat. Acad. Sci. USA **68**, 7 (1971), 1493—1497.
[249] TAYLOR, A. L.: Bacter. Rev. **34**, 2 (1970), 155—175.
[250] GERMAINE, G. R., P. ROGERS: J. Mol. Biol. **47**, 2 (1970), 121—135.
[251] WUESTHOFF, G., R. H. BAUERLE: J. Mol. Biol. **49**, 1 (1970), 171—196.
[252] CALLAHAN, R. III., A. J. BLUME, E. BALBINDER: J. Mol. Biol. **51**, 3 (1970), 709—715.
[253] MATSUSHIRO, A., et al.: J. Mol. Biol. **11**, 1 (1965), 54—63.
[254] MORSE, D. E., R. F. BAKER, C. YANOFSKI: Proc. Nat. Acad. Sci. USA **60**, 4 (1968), 1428 bis 1435.
[255] RESNIKOFF, W. S., THORNTON, K. P.: J. Bacter. **109**, 2 (1972), 526—532.
[256] ZUBAY, G., et al.: Proc. Nat. Acad. Sci. USA **69**, 5 (1972), 1100—1103.
[257] BAKER, R., C. YANOFSKI: Cold Spring Harbour Symp. Quant. Biol. **35** (1970), 467—470.
[258] MOSTELLER, R. D., J. K. ROSE, C. YANOFSKI: Cold Spring Harbour Symp. Quant. Biol. **35** (1970), 461—466.
[259] HARTMAN, P. E., et al.: Adv. Genet. **16** (1971), 1—34.
[260] BRENNER, M., B. N. AMES: In: Metabolic Regulation (H. VOGEL, Edit.), Acad. Press, N. Y. 1971, 349—387.
[260a] BLASSI, F., et al.: Proc. Nat. Acad. Sci. USA **70**, 9 (1973), 2692—2696.
[261] ROTH, J. R., et al.: Cold Spring Harbour Symp. Quant. Biol. **31** (1966), 383—392.
[262] AMES, B. N., P. E. HARTMAN: Cold Spring Harbour Symp. Quant. Biol. **28** (1963), 349 bis 356.
[263] GUHA, A., I. SATUREN, W. SZYBALSKI: J. Mol. Biol. **56**, 1 (1971), 53—62.
[264] McGINNIS, E., L. S. WILLIAMS: J. Bacter. **109**, 2 (1972), 505—511.
[265] WILCOX, G., et al.: Proc. Nat. Acad. Sci. USA **68**, 9 (1971), 2145—2148.
[266] ZUBAY, G., L. GIELOW, E. ENGELSBERG: Nature New Biol. **233**, 40 (1971), 164—166.
[267] DOYLE, M. E., et al.: J. Bacter. **110**, 1 (1972), 56—65.
[268] SCHLEIF, R.: Proc. Nat. Acad. Sci. USA **69**, 11 (1972), 3479—3484.
[269] GREENBLATT, J., R. SCHLEIF: Nature New Biol. **233**, 40 (1971), 166—170.
[270] SCHLEIF, R. F.: J. Mol. Biol. **61**, 1 (1971), 275—279.
[271] POWER, J.: Genetics **55**, 3 (1967), 557—568.
[272] HOFNUNG, M., M. SCHWARTZ, D. HATFIELD: J. Mol. Biol. **61**, 3 (1971), 681—694.
[273] GAREN, A., H. ECHOLS: J. Bacter. **83**, 2 (1962), 297—300.
[274] GAREN, A., N. OTSUJI: J. Mol. Biol. **8**, 6 (1964), 841—852.
[275] DOHAN, F. C., R. H. RUBMAN, A. TORRIANI: J. Mol. Biol. **58**, 2 (1971), 469—479.
[276] YAGIL, E., BRACHA, M., N. SILBERSTEIN: Mol. Gen. Genet. **109**, 1 (1970), 18—26.
[277] WILKINS, A. S.: J. Bacteriol. **110**, 2 (1972), 616—623.
[278] BRESLER, S. J., et al.: Genetika (Moskva) **6**, 5 (1970), 116—124.
[279] BRESLER, S. J., J. I. ČEREPENKO, D. A. PERUMOV: Genetika (Moskva) **7**, 11 (1971), 117—123.
[280] BRESLER, S. J., J. I. ČEREPENKO, D. A. PERUMOV: Genetika (Moskva) **6**, 7 (1970), 126—139.
[281] BRESLER, S. J., J. A. GLAZUNOV, D. A. PERUMOV: Genetika (Moskva) **8**, 2 (1972), 107—118.
[282] UMBARGER, H. E.: Ann. Rev. Biochem. **38** (1969), 323—370.
[283] McFALL, F., W. K. MAAS: In: Molecular Genetics, part. 2 (1967), 255—321.
[284] DAGLI, S., S. NICOLSON: Metaboličeskye puti. Mir, Moskau 1973. (Stoffwechselwege).
[285] SANDERSON, K. E.: Bacter. Rev. **34** (1970), 176—193.
[286] HAFTFIELD, G. H., R. O. BURNS: Proc. Nat. Acad. Sci. USA **66** (1970), 1027—1035.
[287] CALVO, J. M., G. R. FINK: Ann. Rev. Biochem. **40** (1971), 943—968.
[288] CUNIN, R., et al.: Mol. Gen. Genet. **106**, 1 (1969) 32—47.
[289] WOOLFOLK, C. A., E. R. STADTMAN: Arch. Biochem. Biophys. **118**, 3 (1967), 736—755.
[290] SHAPIRO, B. M., E. R. STADTMAN: Ann. Rev. Microbiol. **24** (1970), 501—524.
[291] ORNSTON, L. N.: Bacter. Rev. **35**, 2 (1971), 87—116.
[292] WHEELIS, M. L., L. N. ORNSTON: J. Bacter. **109**, 2 (1972), 790—795.

[293] Boisford, J. L., R. D. de Moss: J. Bacter. **109**, 1 (1972), 74–80.
[294] Sanwal, B. D.: Bacter. Rev. **34**, 1 (1970), 20–39.
[295] Fraenkel, D. G., S. Banerjee: J. Mol. Biol. **56**, 1 (1971), 183–194.
[296] Hagen, D. C., B. Magasanik: Proc. Nat. Acad. Sci. USA **70**, 3 (1973), 808–812.
[297] von Hippel, P. H., J. D. McChree: Ann. Rev. Biochem. **41** (1972), 231–300.
[298] Kurganov, B. I.: In: Itogy nauki. Serija biochimija. Allosteričeskaja reguljacija dejstvija fermentov. WINITI, Moskau 1971, 57–98. (Allosterische Regulation der Enzyme).
[299] Monod, J., F. Jacob: In: Reguljatornye mechanismy kletki. Mir, Moskau 1964, 477–497. (Regulationsmechanismen der Zelle).
[300] Čurajev, R. N., V. A. Ratner: In: Issledovanija po teoretičeskoi genetike. IZG, Nowosibirsk, 210–227. (Untersuchungen zur theoretischen Genetik).
[301] Ratner, V. A., R. N. Čurajev: Genetika (Moskva) **7**, 9 (1971), 175–179.
[302] Heinmetz, F.: In: Electron. Aspects. Biochem. Acad. Press. N. Y. 1964, 465–479.
[303] Čurajev, R. N., V. A. Ratner. Genetika (Moskva) **9**, 3 (1973), 164–166.
[304] Simon, Z., E. Ruckenstein: J. Theor. Biol. **11**, 2 (1966), 314–333.
[305] Simon, Z.: Studia Biophys. **20**, 3 (1970), 139–145.
[306] Černawski, D. S., A. N. Grigorow, M. S. Poljakova: In: Kolebatelnye processy w biologičeskich i chimičeskich sistemach. Nauka, Moskau 1967, 138–149. (Oszillationsprozesse in biologischen und chemischen Systemen).
[307] Sugita, M.: J. Theor. Biol. **1**, 4 (1961), 415–430.
[308] Sugita, M.: J. Theor. Biol. **4**, 2 (1963), 179–192.
[309] Sugita, M., N. Fukuda: J. Theor. Biol. **5**, 3 (1963), 412–425.
[310] Barbour, S. D., C. Gross, A. Novick: J. Mol. Biol. **33**, 3 (1968), 967–969.
[311] Ogawa, T., J. Tomizawa: J. Mol. Biol. **23**, 2 (1967), 225–247.
[312] Luria, S., J. Darnell: Obščaja virusologija. Mir, Moskau 1970. (Allgemeine Virologie).
[313] Ratner, V. A., V. A. Kuličkov: In: Issledovanija po teoretičeskoi genetike. IZG, Nowosibirsk 1972, 183–209. (Untersuchungen zur theoretischen Genetik).
[314] Ratner, V. A., V. A. Kuličkov: Theor. Appl. Genet. **42**, 4 (1972), 145–150.
[315] Callan, H. G.: Proc. Roy. Soc. Lond. B **181** (1972), 19–41.
[315a] Huberman, J. A., A. Tsai: J. Mol. Biol. **75**, 1 (1973), 5–12.
[316] Nishioka, Y., A. Eisenstark: J. Bacter. **102** (1970), 320–333.
[317] Quinn, W. G., N. Sueoka: Proc. Nat. Acad. Sci. USA **67**, 2 (1970), 717–723.
[318] Ratner, V. A.: Genetika (Moskva) **6**, 5 (1970), 150–154.
[319] Jaenisch, R., A. Mayer, A. Levine: Nature New Biol. **233**, 37, (1971), 72–75.
[320] Imae, I., T. Fukusawa: J. Mol. Biol. **54**, 3 (1970), 585–597.
[321] Ratner, V. A., V. A. Kuličkov: Genetika (Moskva) **8**, 11 (1972), 180–182.
[322] Hopwood, D. A.: Bacter. Rev. **31**, 4 (1967), 373–403.
[323] Lindsley, D. L., E. H. Grell: Genetic variations of Drosophila melanogaster, Carnegie Inst. Wash. Publ. Nr. 627, 1968.
[324] Neubauer, Z., E. Calef: J. Mol. Biol. **51**, 1 (1970), 1–13.
[325] Oppenheim, A. B., Z. Neubauer, E. Calef: Nature **226**, 5240 (1970), 31–32.
[326] Nijkamp, H. J. J., W. Szybalski, E. Calef: In: Informative molecules in biological systems. North-Holland Publ. Co., Amst., 1970.
[327] Kumar, S., W. Szybalski: Virology **41** (1970), 665–679.
[328] Helmstetter, C., et al.: Cold Spring Harbour Sym. Quant. Biol. **33** (1968), 809–822.
[329] Yoshikawa, H., M. Haas: Cold Spring Harbour Symp. Quant. Biol. **33** (1968), 843–855.
[330] Witkin, E. M.: Proc. Nat. Acad. Sci. USA **57**, 5 (1967), 1275–1279.
[331] Beyersmann, D., M. Schlicht, H. Schuster: Mol. Gen. Genet. **111**, 2 (1971), 145–158.
[332] Novick, R. P.: Bacter. Rev. **33**, 2 (1969), 210–235.
[333] Zeuthen, J., M. L. Pato: Mol. Gen. Genet. **III**, 3 (1971), 242–255.
[334] Palchoudhury, S. R., V. N. Iyer: J. Mol. Biol. **57**, 2 (1971), 319–333.
[335] Cusin, F., F. Jacob: Ann. Inst. Pasteur **112**, 4 (1967), 397–418.

[336] Cusin, F., F. Jacob: Ann. Inst. Pasteur **113**, 2 (1967), 145—155.
[337] Kasamatsu, H., R. Rownd: J. Mol. Biol. **51**, 3 (1970), 473—489.
[338] Meynell, E., M. Cooke: Genet. Res. Cambr. **14**, 3 (1969), 309—313.
[339] Frydman, A., et al.: J. Mol. Biol. **48**, 1 (1970), 177—179.
[340] Finnegen, D. J., N. S. Willetts: Mol. Gen. Genet. **III**, 3 (1971), 256—264.
[341] Nishimura, Y., et al.: J. Mol. Biol. **55**, 3 (1971), 441—456.
[342] Lodish, H. F., H. D. Robertson: Cold Spring Harbour Symp. Quant. Biol. **34** (1969), 655—673.
[343] Calender, R.: Ann. Rev. Microbiol. **24** (1970), 241—296.
[344] Radding, C. M.: Ann. Rev. Genet. **3** (1969), 363—394.
[345] Sedat, J. W., R. L. Sinsheimer: Cold Spring Harbour Symp. Quant. Biol. **35** (1970), 163—170.
[346] Kolakofsky, D., C. Weissmann: Biochem. Biophys. Acta **246** (1971), 596.
347] Summers, W. C., R. B. Siegel: Cold Spring Harbour Symp. Quant. Biol. **35** (1970), 253 bis 257.
[348] Davis, R. W., R. W. Hyman: Cold Spring Harbour Symp. Quant. Biol. **35** (1970), 269—281.
[349] Chamberlin, M., J. McGrath: Cold Spring Harbour Symp. Quant. Biol. **35** (1970), 259 bis 262.
[350] Ratner, V. A.: Uspech. sovr. biol. **77**, 1 (1974), 3—17.
[351] Ratner, V. A.: Trudy konferencii reguljacija bio-chimičeskich processov u mikroorganismov. Puščino, 1972, 139—142 (Konferenzmaterialien Regulation biochemischer Prozesse bei Mikroorganismen).
[352] Szybalski, W.: In: Handbook of Biochemistry. Chem. Rubb. Co., Cleveland **1** (1970), 1.35—1.38.
[353] Szybalski, W.: Karl-August-Forster-Lectures **6** (1971), 1—45, Mainz.
[354] Dove, W. F.: Ann. Rev. Genet. **2** (1968), 305—340.
[355] Spiegelman, W. G., et al.: Cold Spring Harbour Symp. Quant. Biol. **35** (1970), 325—330.
[356] Kumar, S., E. Calef, W. Szybalski: Cold Spring Harbour Symp. Quant. Biol. **35** (1970), 331—339.
[357] Echols, H., L. Green: Proc. Nat. Acad. Sci. USA **68**, 9 (1971), 2190—2194.
[358] Reinhardt, L., A. D. Kaizer: Proc. Nat. Acad. Sci. USA **68**, 9 (1971), 2185—2189.
[359] Couturier, M., C. Dambly, R. Thomas: Mol. Gen. Genet. **120**, 3 (1973), 231—252.
[360] Heinemann, S. F., W. G. Spiegelman: Cold Spring Harbour Symp. Quant. Biol. **35** (1970), 315—317.
[361] Schwartz, M.: Virology **40**, 1 (1970), 23—33.
[362] Cassuto, E., et al.: Proc. Nat. Acad. Sci. USA **68**, 7 (1971), 1639—1643.
[363] Cohen, S. N., A. C. Y. Chang: J. Mol. Biol. **49**, 3 (1970), 557—575.
[364] Nijkamp, H. J. J., K. Børve, W. Szybalski: Molec. Gen. Genet. **III**, I (1971), 22—34.
[365] Choudhury, M. R., S. Dunbar, A. Becker: Virology **49**, 1 (1972), 319—321.
[366] Kourilski, P., et al.: Cold Spring Harbour Symp. Quant. Biol. **35** (1970), 305—314.
[367] Crodzicker, R., R. Arditti, H. Eisen: Proc. Nat. Acad. Sci. USA **69**, 2 (1972), 366—370.
[368] Herskowitz, J., E. Signer: Cold Spring Harbour Symp. Quant. Biol. **35** (1970), 355—368.
[369] Herskowitz, J., E. Signer: J. Mol. Biol. **47**, 3 (1970), 545—556.
[370] Ptashne, M., N. Hopkins: Proc. Nat. Acad. Sci. USA **60**, 4 (1968), 1282—1287.
[371] Ratner, V. A.: Ontogenez **1**, 2 (1970), 166—175.
[372] Maniatis, T., M. Ptashne: Proc. Nat. Acad. Sci. USA **70**, 5 (1973), 1531—1535.
[373] Hong, J. S., G. R. Smith, B. N. Ames: Proc. Nat. Acad. Sci. USA **68**, 9 (1971), 2258—2262.
[374] Perlman, R., et al.: Cold Spring Harbour Symp. Quant. Biol. **35** (1970), 419—423.
[375] Rolfe, B., et al.: Molec. Gen. Genet. **120**, 1 (1973), 1—16.
[376] Pearson, M. L.: Virology **49**, 2 (1972), 605—609.
[377] Greenblatt, J.: Proc. Nat. Acad. Sci. USA **70**, 2 (1973), 421—424.
[378] Korn, D., H. Thomas: Proc. Nat. Acad. Sci. USA **68**, 9 (1971), 2047—2051.

[379] Wood, W. B., R. Edgar: Scient. Amer. 217, 1 (1967), 60–75.
[380] Wood, W. B., et al.: Feder. Proc. 27, 5 (1968), 1160–1165.
[381] Guha, A., et al.: J. Mol. Biol. 59, 2 (1971), 329–349.
[382] Mosig, G.: J. Mol. Biol. 53, 3 (1970), 503–514.
[383] Salser, W., A. Bolle, R. Epstein: J. Mol. Biol. 49, 2 (1970), 271–295.
[384] Dickson, R. C., S. L. Barnes, F. A. Eiserling: J. Mol. Biol. 53, 3 (1970), 461–479.
[385] Edgar, R. C., J. Lielausis: J. Mol. Biol. 32, 2 (1968), 263–276.
[386] King, J.: J. Mol. Biol. 32, 2 (1968), 231–262.
[387] King, J., W. B. Wood: J. Mol. Biol. 39, 3 (1969), 583–601.
[388] Wood, W. B., M. Heiringer: J. Mol. Biol. 39, 3 (1969), 603–618.
[389] Pulitzer, J. F.: J. Mol. Biol. 49, 2 (1970), 473–488.
[390] Meezan, E., W. B. Wood: J. Mol. Biol. 58, 3 (1971), 685–692.
[391] King, J.: J. Mol. Biol. 58, 3 (1971), 693–709.
[392] Luftig, R. B., W. B. Wood, R. Okinaka: J. Mol. Biol. 57, 3 (1971), 555–573.
[393] Yanagida, M., et al.: J. Mol. Biol. 50, 1 (1970), 35–58.
[394] Laemnili, U. K., et al.: J. Mol. Biol. 49, 1 (1970), 99–113.
[395] Yanagida, M., C. Ahmad-Zadeh: J. Mol. Biol. 51, 1 (1970), 411–421.
[396] Ward, S., et al.: J. Mol. Biol. 54, 1 (1970), 15–31.
[397] Wilson, J. H., R. B. Luftig, W. B. Wood: J. Mol. Biol. 51, 2 (1970), 423–434.
[398] Terzaghi, E.: J. Mol. Biol. 59, 2 (1971), 319–327.
[399] Bonner, J.: Molekuljarnaja biologia rasvitija. Mir, Moskau 1967. (Molekularbiologie der Entwicklung).
[400] Hamlin, J., J. Zabin: Proc. Nat. Acad. Sci. USA 69, 2,(1972), 412–416.
[401] Hayes, S., W. Szybalski: Feder. Proc. 32, 3 (1973), part. I, 529 Abs.
[402] Lindegren, C. C.: J. Theor. Biol. 5, 2 (1963), 192–210.
[403] Lindegren, C. C., D. D. Pittman: Nature 182, 4630 (1958), 271–272.
[404] Hwang, D. S., et al.: Canad. J. Genet. Cytol. 64 (1964), 414–418.
[405] Serebrowski, A. S.: Dokl. Ak. Nauk SSSR 19, (1938) 77.
[406] Stern, C.: Cold Spring Harbour Symp. Quant. Biol. 21 (1956), 375–382.
[407] Georgijev, G. P.: J. Theor. Biol. 35, 3 (1969), 473–490.
[408] Georgijev, G. P.: Usp. biol. chimii 14 (1973), 3–46.
[409] Chesin, R. B.: Usp. biol. chimii 74, 2 (5) (1972), 171–197.
[410] Woese, C. R.: Proc. Nat. Acad. Sci. USA 59, 1 (1968), 110–117.
[411] Crick, F. H. C.: J. Mol. Biol. 38 (1968), 367–379.
[412] Woese, C. R.: Bio Science 20, 8 (1970), 471–485.
[413] Black, S.: Biochem. Biophys. Res. Coms. 43, 2 (1971), 267–272.
[414] Quastler, G.: Voznikowenije biologičeskoi organizacii. Mir. Moskau 1967. (Entstehung der biologischen Organisation).
[415] Squires, C., J. Carbon: Nature New Biol. 233, 43 (1971), 274–277.
[416] Clothers, D. M., T. Seno, D. G. Söll: Proc. Nat. Acad. Sci. USA 69, 10 (1972), 3063–3067.
[417] Chambers, R. W., et al.: Feder. Proc. 32, 3 (1973) part I, 585 Abs.
[418] Ratner, V. A.: Genetika (Moskva) 6, 10 (1970), 142–154.
[419] Ratner, V. A., A. G. Bačinski: Genetika (Moskva) 8, 2 (1972), 179–184.
[420] Ratner, V. A., A. G. Bačinski: In: Issledowanija po teoretičeskoi genetike. Nowosibirsk 1972, 240–257. (Untersuchungen der theoretischen Genetik).
[421] Oishi, M., A. Oishi, N. Sueoka: Proc. Nat. Acad. Sci. USA 55, 5 (1966), 1095.
[422] Mortimer, R. K.: Genetics 61, 1 (1969), 329–334.
[423] Ratner, V. A.: In: Issledovanija po teoretičeskoi genetike. Nowosibirsk 1972, 10–26. (Untersuchungen zur theoretischen Genetik).
[424] Ratner, V. A., A. G. Bačinski: Genetika (Moskva) 8, 3 (1972), 153–160.

[425] Ratner, V. A., A. G. Bačinski: In: Issledovanija po theoretičeskoi genetike. Nowosibirsk 1972, 258—279. (Untersuchungen zur theoretischen Genetik).
[426] Yanofski, C., J. Ito, V. Horn: Cold Spring Harbour Symp. Quant. Biol. **31** (1966), 151—162.
[427] Timofejew-Resowski, N. W., A. V. Jablokov, N. N. Voroncow: Kratki očerk teorii ėvoljucii. Nauka, Moskau 1969. (Kurzer Abriß der Evolutionstheorie).
[428] Dubinin, N. P.: Ėvoljucija populjacij i radiacija. Atomizdat Moskau 1966. (Evolution von Populationen und Strahlenwirkung).
[429] Ratner, V. A.: In: Problemy ėvoljucii, Band II, Nowosibirsk 1972, 5—27. (Probleme der Evolution, II).
[430] Ratner, V. A.: In: Problemy ėvoljucii, Band III, Nowosibirsk 1973, 151—213. (Probleme der Evolution, III).
[431] Korostyševski, M. A., V. A. Ratner, M. R. Štabnoj: In: Voprosy matematičeskoj genetiki. Nowosibirsk 1974, 5—33. (Fragen der mathematischen Genetik).
[432] Mayr, E.: Zoologičeski vid i sistematika. Mir, Moskau 1972. (Zoologische Art und Systematik).
[433] Kimura, M.: J. Appl. Probability **1**, 1 (1964), 177—232.
[434] Kimura, M., T. Ohta: Genetics **61**, 3 (1969), 763—771.
[435] Kimura, M.: Theor. Popul. Biol. **2**, 2 (1971), 174—208.
[436] Kimura, M., T. Ohta: Theoretical aspects of population genetics. Princeton Univ. Press, 1972.
[437] Crow, J., M. Kimura: The introduction to the population genetic theory. Harper & Row, 1970.
[438] Fitch, W. M.: J. Mol. Biol. **161** (1966), 9—16.
[439] Fitch, W. M., E. Margoliash: Science **155**, 3760 (1967), 278—284.
[440] Zuckerkandl, E., J. Derancourt, H. Vogel: J. Mol. Biol. **59**, 3 (1971), 473—490.
[441] Moore, G. W.: Ph. D. Dissertation, Raleigh, 1971.
[442] Goodman, M., et al.: Nature **233**, 5322 (1971), 604—613.
[443] Margoliash, E., W. M. Fitch, R. E. Dickerson: Brookhaven Sympos. Biol. **21** (1969), 259—305.
[444] Berge, C.: Teorija grafov i jejo primenenija, Kap. 16. IL, Moskau 1962. (Graphentheorie und ihre Anwendung).
[445] Zuckerkandl, E., L. Pauling: In: Evolving genes and proteins. Acad. Press 1965, 97—166.
[446] Zuckerkandl, E.: Scient. Amer. **212**, 5 (1965), 110—118.
[447] Ratner, V. A., G. Ch. Kananjan: Matematičeskije modeli genetičeskich sistem. Nowosibirsk 1975 (in Druck). (Mathematische Modelle genetischer Systeme).
[448] Kimura, M.: Proc. Nat. Acad. Sci. USA **63**, 4 (1969), 1181—1188.
[449] Kimura, M., T. Ohta: J. Mol. Evolution **1**, 1 (1971), 1—17.
[450] Ohta, T., M. Kimura: J. Mol. Evolution **1**, 1 (1971), 18—25.
[451] Ono, S.: Genetičeskije mechanismy progressivnoi ėvoljucii. Mir, Moskau 1973. (Genetische Mechanismen der fortschreitenden Evolution).
[452] Kimura, M.: Nature **217**, 2129 (1968), 624—626.
[453] King, J. H., Th. H. Jukes: Science **164**, 3881 (1969), 788—800.
[454] Bernet, F.: Kletočnaja immunologija. Mir, Moskau 1971. (Zellulare Immunologie).
[455] Smith, G. P., L. Hood, W. M. Fitch: Ann. Rev. Biochem. **40** (1971), 969—1012.
[456] Zuckerkandl, E., L. Pauling: In: Problemy ėvoljucionnoi i techničeskoi biochimii. Nauka, Moskau 1964, 54—62. (Probleme der Evolutionsbiochemie und der technischen Biochemie).
[457] Mills, D. R., R. L. Peterson, S. Spiegelman: Proc. Nat. Acad. Sci. USA **58** (1967), 217—224.
[458] Saffhill, R., et al.: J. Mol. Biol. **51**, 3 (1970), 531—539.
[459] Biebricher, C. K., L. E. Orgel: Proc. Nat. Acad. Sci. USA **70**, 3 (1973).
[460] Berlyn, M. B.: Genetics **57**, 3 (1967), 561—570.
[461] Campbell, A. M.: Episome, Akademie-Verlag, Berlin 1971.

[462] RATNER, W. A.: Genetika (Moskva) 5, 1 (1969), 136–143.
[463] BECKWITH, J., E. SIGNER, W. EPSTEIN: Cold Spring Harbour Symp. Quant. Biol. 31 (1966), 393–401.
[464] DOBZHANSKY, TH.: Genetics and the origin of species. Columbia Univ. Press, N. Y., 1965.
[465] CHOVNICK, A.: Proc. Roy. Soc. B 164 (1966), 198–208.
[466] SPIEGELMAN, S., M. HAJASHI: In: Sintez i struktura nukleinovych kislot. Mir, Moskau 1966, 189–233. (Synthese und Struktur der Nukleinsäuren).
[467] DOBZHANSKY, TH., A. M. HOLZ, B. SPASSKY. Genetics 27 (1942), 463–490.
[468] WRIGHT, S., TH. DOBZHANSKY: Genetics 31 (1946), 125–256.
[469] RATNER, V. A., V. A. KULIČKOV, I. G. MEDNIK: In: Issledovanija po teoretičeskoj genetike. Nowosibirsk 1972, 103–137. (Untersuchungen zur theoretischen Genetik).
[470] BEADLE, G. W., A. H. STURTEVANT: Proc. Nat. Acad. Sci. USA 21 (1935).
[471] BURNCHEM, C. B.: Discussions in Cytogenetics. Burgess Press Minneapolis, 1962.
[472] RATNER, V. A., M. R. ŠTABNOI: In: Matematičeskije modeli genetičeskich sistem. Nowosibirsk, IZG, 1975 (Mathematische Modelle genetischer Systeme).
[473] KULIČKOV, V. A., V. A. RATNER: In: Woprosy matematičeskoi genetiki. Nowosibirsk IZG 1974, 272–304. (Fragen der mathematischen Genetik).

Anhang

Mathematisch-kybernetische Simulationsmodelle der Regulation der Genexpression

von K. Bellmann

Im folgenden werden vier Modelle hinsichtlich Zielstellung, Aufbau und erzielten Resultaten beschrieben.
Das erste Modellsystem (GENIP) beschreibt den Prozeß der Genexpression mittels der beteiligten Subprozesse, beginnend mit der Transkription und endend mit dem Pool des metabolisch aktiven Enzyms durch ein gekoppeltes System von nichtlinearen Differenzengleichungen. Es können mehrere Genexpressionseinheiten zu einem Netz verschaltet werden.
Das zweite Modell (Progammiersystem SIMTRA) dient der Analyse des procaryontischen Transkriptionsprozesses unter Einbeziehung von verschiedenen Typen von Regulatorzonen.
Das dritte Modell (EUTRANSCRIPT) ist ein spezielles operatives Modell, das in enger Anlehnung an experimentelle Befunde entwickelt wurde und der Analyse der Konformation des Chromatins und der damit verbundenen Regulationsmechanismen der Transkription dient.
Das vierte Modell (VIRIO) bildet das genetische System eines RNA-Phagen adäquat ab und dient der Analyse der inhärenten Regulationsmechanismen der RNA-Phagen-Entwicklung.

GENIP, ein universelles Simulationsmodell zur Analyse der Regulation der Genexpression und der Funktionsprinzipien molekulargenetischer Steuersysteme

von R. Böttner[1]) und T. Ciercynski[2])

1. Problemstellung

Nachdem die Grundstruktur der Genexpression (DNA-RNA-Protein) aufgeklärt wurde und auch die Erforschung der molekularen Mechanismen der an der Genexpression beteiligten Einzelprozesse große Fortschritte macht, ist es möglich und notwendig, die dynamischen Aspekte der Genexpression, einem wichtigen Grundprozeß von Differenzierung, Entwicklung und Wachstum, zu untersuchen.
Die Zelle gibt in den verschiedenen Stadien ihrer Differenzierung im Rahmen der Entwicklung des Gesamtorganismus und während der verschiedenen Phasen des Zellzyklus unterschiedliche Anteile der in ihrer DNA enthaltenen genetischen Information

---

[1]) Zentralinstitut für Kybernetik und Informationsprozesse der AdW der DDR, DDR-1199 Berlin, Rudower Chaussee 5.

[2]) Zentralinstitut für Mathematik und Mechanik der AdW der DDR, DDR-108 Berlin, Mohrenstraße 39.

ab. Die reife, ausdifferenzierte Zelle kann ihre Genexpression sehr flexibel an eine Reihe von Umweltveränderungen anpassen. Es ist deshalb für das Verständnis der Differenzierung und Entwicklung sowie der Mechanismen und Prinzipien, mit deren Hilfe die Zelle sich an physiologische und pharmakologische Reize anpaßt, sehr wichtig, die Regulation der Genexpression genau zu untersuchen:
Wie regelt die Zelle den zeitlichen Verlauf der Anzahlen der am Grundprozeß der Genexpression beteiligten Makromoleküle, welche Rolle spielen dabei Synthese und Zerfall der biologischen Makromoleküle? Welche funktionalen Eigenschaften haben gekoppelte Systeme der Genexpression, welche Wechselwirkungen zwischen verschiedenen Ebenen der Genexpression sind wesentlich für die Koordination und Integration epigenetischer Systeme? Ein weiteres wichtiges Problem ist die Untersuchung des Zusammenhangs zwischen der Struktur der biologischen Makromoleküle, der Struktur der molekulargenetischen Steuersysteme und der Funktion und Verhaltensweise des epigenetischen Systems der Zelle. Wesentlich für dieses Problem ist das Verständnis der Eigendynamik des epigenetischen Systems. Sie ist durch vielfältige Wechselwirkungen und Rückkopplungen zwischen Nukleinsäuren, Proteinen, Metaboliten und höheren Struktureinheiten der Zelle bedingt.
Die Komplexität des molekulargenetischen Steuersystems ist sehr hoch, und die Experimentiermöglichkeiten am Originalsystem sind eingeschränkt. Es ist nicht möglich, das System experimentell in seiner funktionalen, integrierten Form zu untersuchen. Man ist auf Teilsysteme beschränkt, kann nur wenige Faktoren kontrollieren und die Auswirkungen der Variation der Faktoren nur unvollständig erfassen. Das Verhalten derartiger stark vernetzter, nichtlinearer Systeme kann meist nicht allein durch deskriptive Analyse erkannt und verbal beschrieben werden. Um eine Annäherung zwischen experimenteller Molekularbiologie und integrativer Biologie zu erreichen, ist es deshalb erforderlich, neben dem bisher dominierenden System rein analytischer Untersuchungsmethoden auch das System synthetischer Methoden auszubauen, d. h. Simulationsalgorithmen zu entwickeln.

2. *Beschreibung des Modells*

Das entwickelte mathematisch-kybernetische Modell GENIP der Regulation der Genexpression ist durch ein Baukastenprinzip gekennzeichnet, das es gestattet, aufbauend auf dem Grundelement Weiterentwicklungen, Kombinationen und Anpassungen an spezifische Probleme und Systeme vorzunehmen. Elementarer Baustein ist die Grundeinheit der Genexpression, die alle wesentlichen Prozesse der Realisierung der genetischen Information (Transkription, Processing der RNA, Degradation der RNA, Translation, Proteinmodifikationen, Aktivitätsänderung der Proteine, Degradation der Proteine (siehe Abb. A-1) einer Transkriptionseinheit mit einem Cistron umfaßt. Die funktionalen und regulatorischen Eigenschaften der beteiligten Prozesse werden durch makroskopische (deterministische oder stochastische) Parameter und elementare mathematische Operationen und Funktionen beschrieben. Die Steuerbarkeit der Prozesse wird durch die Multiplikation der Prozeßparameter mit Steuertermen der Form

$$X_{0s}(t) = \frac{\left[\dfrac{X_s(t - i_1)}{a_1}\right]^m}{1 + \left[\dfrac{X_s(t - i_1)}{a_1}\right]^n}$$

erreicht. Durch geeignete Wahl der Parameter m, n und a_1 können hyperbolische und sigmoide Repressions- und Induktionskennlinien (im Grenzfall Schwellenwertkontrollcharakteristiken) sowie Kennlinien vom Typ der Substrathemmung erzeugt werden. Da die betrachteten Synthese- und Degradationsprozesse diskreter Natur sind (die Polykondensation der Makromoleküle erfolgt zum Beispiel in diskreten Schritten), wurde im Modell eine diskrete Zeitvariable gewählt. Die Schrittweite (Taktlänge) muß dabei jeweils an die Zeitkonstanten und die Form der nichtlinearen Kontrollcharakteristiken angepaßt werden. Das resultierende System von nichtlinearen Differenzengleichungen kann nur durch Computersimulation gelöst werden.
Das Modell ist als ein flexibles Programm auf den Rechnern R 300 und BESM 6 realisiert. Die speziellen Eigenschaften der benötigten Grundeinheiten der Genexpression (Form der Kontrollcharakteristiken, der Prozeßparameter), ihre Anzahl und die Topologie ihrer Wechselwirkungen (welche Variable der i-ten Einheit auf welcher Ebene der

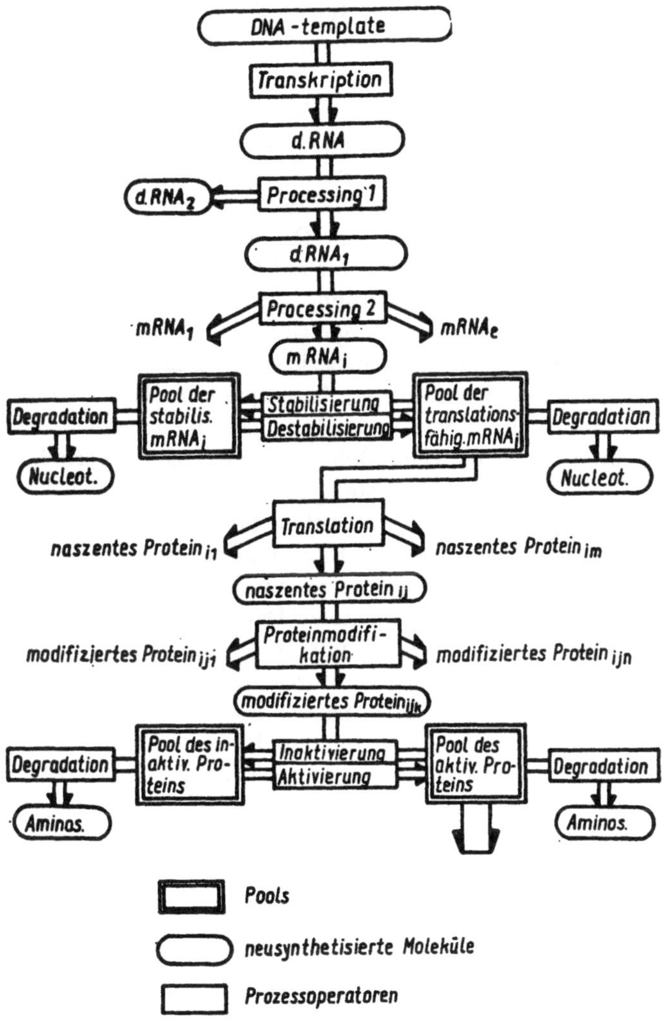

Abb. A-1. Grundstruktur der Genexpression.

j-ten Einheit regulierend eingreift) sind durch die Eingabedaten frei wählbar. Es können durch entsprechende Eingaben auch einzelne Prozesse völlig ausgeschaltet werden, so daß sowohl pro- als auch eukaryontische Systeme modelliert werden können.
Man hat damit ein universelles Modellsystem (GENIP 1 bis GENIP 5 als deterministische Varianten mit unterschiedlicher graphischer Ausgabe, GENIP-STOCH: stochastische Variante; GENIP-SEN 1, GENIP-SEN 2: Varianten für Sensitivitätsuntersuchungen; GENIP-REPLI: Variante mit Replikation) zur dynamischen Analyse molekulargenetischer Steuersysteme auf den wichtigsten Regulationsebenen der Genexpression zur Verfügung.[1])

3. *Anwendungsmöglichkeiten und Simulationsbeispiele*

Mit Hilfe des Modells können komplizierte Transkriptionseinheiten mit mehreren Cistrons und Regulationssequenzen (auch zwischen oder am Ende der Cistrons) konstruiert und z. B. intercistronische Wechselwirkungen dynamisch untersucht werden. Ebenso sind die Analyse des Processings und der Translationsregulation polycistronischer m-RNA möglich.
Neben der genauen Analyse von Subprozessen der Genexpression können auch die dynamischen Eigenschaften der gekoppelten Prozesse der Genexpression untersucht werden. Durch die Berechnung von Parametersensitivitäten kann man quantitative Aussagen über die Bedeutung einzelner Parameter (und der ihnen entsprechenden Prozesse) für die Regulation des Gesamtsystems erhalten. Das Modell kann auch zur Testung der Wirkung von biologisch aktiven Verbindungen auf die Dynamik der Genexpression verwendet werden, wenn Angriffsort und Wirkungsspezifität der Effektoren bekannt sind. Ist dies nicht der Fall, können aus dem Vergleich von gezielten kinetischen Experimenten am Realobjekt mit einer entsprechenden Serie von Simulationsexperimenten mit dem formalen Modell Hinweise auf den möglichen Ansatzpunkt und die Wirkungsqualität der zu untersuchenden biologisch aktiven Verbindung gewonnen werden. Abb. A-2a und b zeigen z. B. den unterschiedlichen Einfluß der Veränderung der Zerfallsraten von Proteinen und RNA auf die Dynamik des Proteinpools. Es ist auch möglich, Aussagen über die gleichzeitige Wirkung von Effektoren auf mehrere Regulationsebenen und über Wechselwirkungen zwischen verschiedenen Ebenen der Genexpression durch den qualitativen Vergleich von theoretischen und experimentellen Kurvenscharen zu erhalten.
Die Interpretation und Deutung experimenteller Daten kann also mit Hilfe des Modells erleichtert werden. Erkenntnisse über den physiko-chemischen Mechanismus der Wirkung der Effektoren können dagegen nur durch biochemische und biophysikalische Experimente gewonnen werden. Das mathematisch-kybernetische Modell der Regulation der Genexpression stellt ein fast unbegrenzt manipulierbares Abbild des realen Prozesses der Genexpression dar, mit dem man theoretische Voraussagen unter experimentell schwer realisierbaren Bedingungen machen und das man zur Hypothesenprüfung über die dynamischen Eigenschaften und die Struktur epigenetischer Steuersysteme verwenden kann.
Die Ergebnisse der Modelluntersuchungen liefern einen Beitrag zur Theorie der molekulargenetischen Steuersysteme und zur Untersuchung der Eigendynamik von Differen-

---

[1]) Auf dem Gebiet der Modellierung von Polyoperonsystemen gibt es eine Zusammenarbeit mit dem Institut für Zytologie und Genetik der Sibirischen Abteilung der AdW der UdSSR, Novosibirsk 90 (Ratner, Churaev).

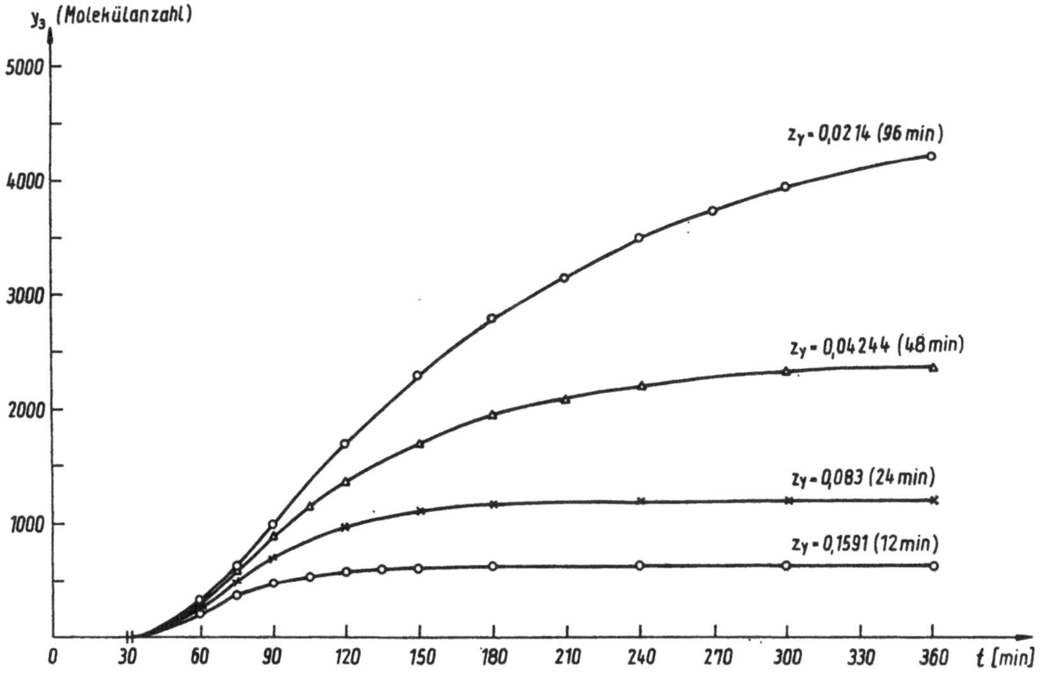

Abb. A-2a. Induktionskinetik des Proteinpools für verschiedene Zerfallsraten z_y des Proteins (Transkriptionsrate: 5 Moleküle je 3 min, Translationsrate: 5 Moleküle je 3 min und je m-RNA-Molekül, Halbwertszeit der m-RNA: 24 min ($z_x = 0.16$; 24 min).

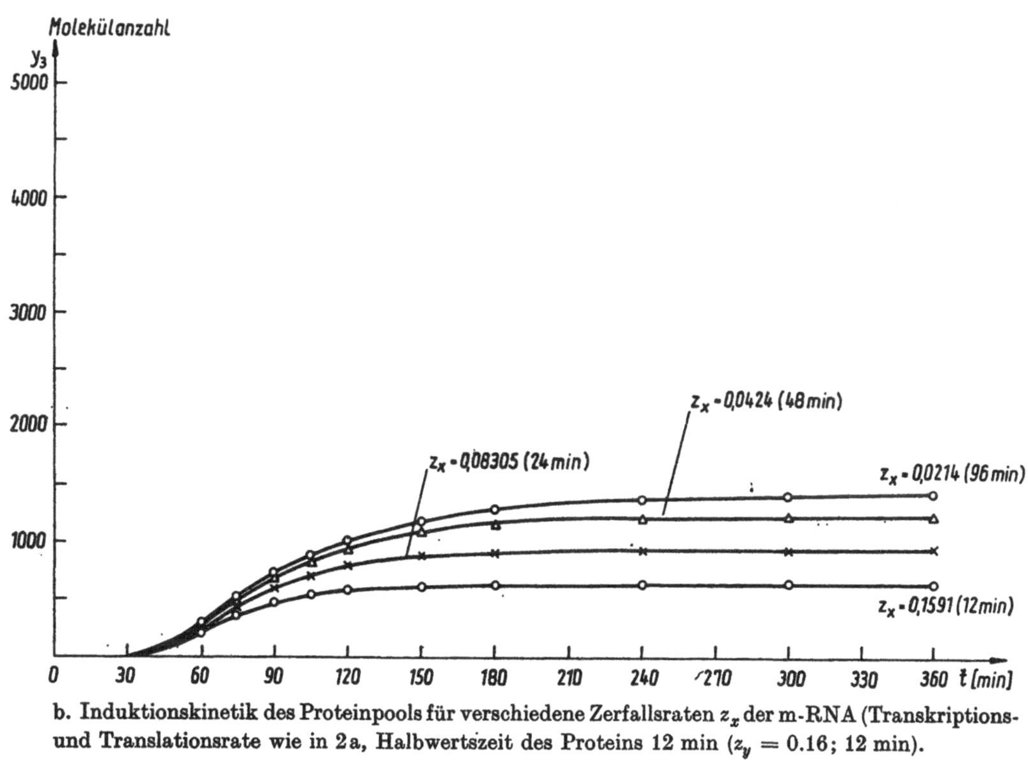

b. Induktionskinetik des Proteinpools für verschiedene Zerfallsraten z_x der m-RNA (Transkriptions- und Translationsrate wie in 2a, Halbwertszeit des Proteins 12 min ($z_y = 0.16$; 12 min).

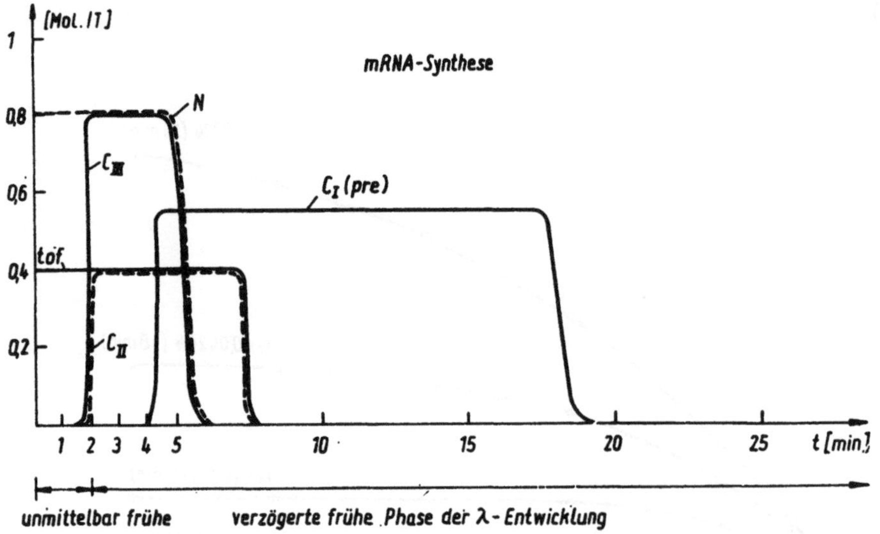

Abb. A-3a. Kinetik der Synthese der m-RNA-Arten, die die regulatorischen Proteine der frühen Phase der Genexpression der Mutante des Phagen λ, sus O_{29} kodieren (lysogene Entwicklung).

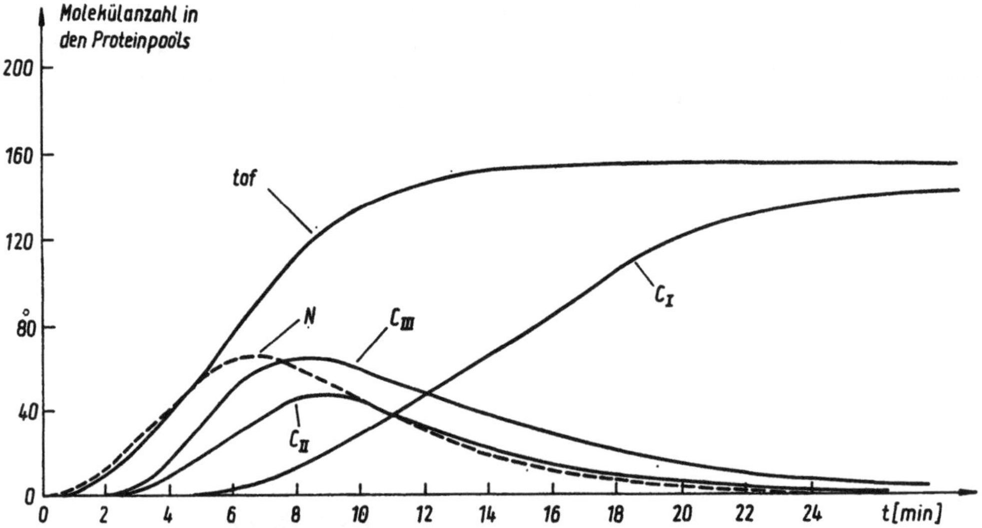

b. Kinetik der an der Regulation der frühen Phase der Genexpression der Mutante des Phagen λ, sus O_{29} beteiligten regulatorischen Proteine (lysogene Entwicklung).

zierung und Entwicklung. Das Modell stellt für die Realisierung einzelner Proteine *ein quantitativ* faßbares Subprogramm der Genexpression dar. Die Modellierung der Wechselwirkungen zwischen Grundeinheiten der Genexpression ist ein Ansatz zur formalen Beschreibung der Überlagerung und Koordinierung solcher Subprogramme zu einfachen Differenzierungsprogrammen. Damit sind die Voraussetzungen gegeben, schrittweise die Zusammenhänge zwischen einfachen Prozessen der Genexpression und Teilabschnitten der Sekundärdifferenzierung zu untersuchen.

Die Anwendung des Modells auf spezielle Systeme (z. B. auf die Regulation der frühen Entwicklung des Bakteriophagen λ, Abb. A-3a, b) liefert Einsichten in die Arbeitsweise der molekulargenetischen Steuersysteme und in die Abhängigkeit des Globalverhaltens der Systeme von den funktionalen Eigenschaften ihrer Elemente, die durch ihre physikochemische Struktur bedingt sind. Es können damit Hinweise für ein gezieltes Eingreifen in die Funktion und Entwicklung medizinisch oder ökonomisch wichtiger biologischer Systeme gewonnen werden. Siehe [A-4, A-5, A-6, A-7].

MKMII, ein Modell zur Beschreibung prokaryotischer Transkriptionssysteme

von H. Neumann[1]) und U. Kreischer[2])

1. Anliegen und Ziel

Der Grad der Kompliziertheit und Komplexität des Systems der Transkription korreliert im wesentlichen mit der Organisationsstufe des Organismus, die pro- oder eukaryontischer Natur sein kann. Die *eigentliche* Aufgabe der Modelluntersuchung ist im Studium der Transkriptionsvorgänge eukaryontischer Systeme zu suchen, da diese in der Praxis von besonderer Bedeutung sind. Auf Grund des hohen Kompliziertheits- und Komplexitätsgrades eukaryontischer Systeme konnte die experimentelle Forschung noch nicht in dem Maße Fakten und Daten liefern, die zum Aufbau eines *grundlegenden,* allgemeinen Modells, insbesondere eines Modells mathematisch-kybernetischer Art, notwendig wären. Ausgehend davon, muß das Bestreben der Modellentwicklung darin liegen, von einfachen, überschaubaren und gut untersuchten Systemen prinzipielle Aussagen zu gewinnen, um dann auf jener Grundlage kompliziertere und komplexere Systeme behandeln und von experimentellen Einzelbefunden auf Gesamtzusammenhänge schließen zu können. Es liegt also nahe, zunächst das Transkriptionssystem prokaryontischer Organismen auf seine grundlegende Struktur zu untersuchen. Für erste Betrachtungen wurde ein Trainingsmodell auf der Basis des klassischen Operons erarbeitet (Neumann 1973, Neumann und Kreischer 1975 [A-14]. Das *Anliegen* der hier vorgestellten Arbeit [A-13] besteht in einer detaillierten, geschlossenen theoretischen Darstellung möglicher Organisationsformen der prokaryontischen Transkriptionseinheit und der mit diesen verbundenen Regulationsprinzipien. Die Konstruktion des Transkriptionsmodells hat zum *Ziel,*

1. die prinzipiellen Regulationstypen und deren Wirkung auf das Globalverhalten eines Transkriptionssystems zu analysieren,
2. Vorhersagen über die Art der Wirkungsweise eines Transkriptionssystems bestimmter Organisationsform und
3. über die Wechselbeziehungen seiner Elemente zu treffen.

---

[1]) Zentralinstitut für Molekularbiologie der AdW der DDR, DDR-1115 Berlin, Lindenberger Weg 70

[2]) Zentrum für Rechentechnik der AdW der DDR, DDR - 1199 Berlin, Rudower Chaussee 5.

Diese Aufgabenstellung bildet die Grundlage für

1. die Analyse von Transkriptionseinheitsnetzen,
2. die oben geforderten Studien zum eukaryontischen Transkriptionssystem und auch
3. die Beschreibung anderer prinzipiell gleichartiger biologischer Prozesse.

Des weiteren läßt sich bei entsprechender Dynamik zwischen Modell und Experiment durch fortschreitende Konkretisierung der Modellparameter

4. ein Übergang von qualitativer zu quantitativer Systemanalyse vollziehen.

2. *Zur Modellmethode*

Ausgangspunkt der Modellierung sind

1. eine gegebene Aufgabe, die in Abschnitt 1 fixiert wurde, sowie
2. bestimmte wesentliche Bedingungen und Eigenschaften des Originals, des prokaryontischen Transkriptionssystems, die nach Analyse der Systemstruktur des Realobjekts in der Schaffung eines abstrakt-ideellen Modells, das alle bekannten und einige mögliche Organisationsformen des Transkriptionssystems umfaßt, verknüpft mit der Definition eines *Prototyps*, ihren Ausdruck finden.

Die Prototypdefinition beinhaltet zusätzlich Folgeprozesse der Transkription, wie Translation, Peptidkettenaggregation und Proteindegradation. Diese Prozesse der Proteinpoolbildung, die zur Darstellung von Feedbackmechanismen oder gekoppelten Transkriptionssystemen notwendig sind, werden in ihrem Prozeßcharakter, d. h. ohne detaillierte Abbildung von Strukturelementen und Regulationsmechanismen, beschrieben.
Die Überführung des Prototyps in die Modellebene verlangt eine exakte Systemdefinition im mathematisch-kybernetischen Sinne. Die angewandte Betrachtungsweise wurde der Theorie abstrakter Automaten entlehnt. Der auf dem Prototyp definierte *Automat* $\mathfrak{a}_P$ läßt sich in fünf Komponentenautomaten zerlegen: $\mathfrak{a}$-Induktion, $\mathfrak{a}^\circ$-Initiation, $\mathfrak{a}'$-Elongation, $\mathfrak{a}^+$-Termination und $\mathfrak{a}^*$-Proteinpoolbildung. Die Eingabesignale X, X°, X', X^+, X^* für die einzelnen Komponenten berechnen sich aus dem eigentlichen Input X_P, einer Menge von Vektoren, für deren Komponenten die Konzentrationsmaße der beteiligten regulatorischen Moleküle stehen, und den jeweiligen Zuständen bestimmter anderer Komponentenautomaten. Der Zustandsvektor Z_P des Automaten $\mathfrak{a}_P$ wird von den Zuständen Z, Z°, Z', Z^+, Z^* der Komponentenautomaten erzeugt. Dabei beschreibt Z das Induktionsmuster (Transkriptionseinheit operatorseitig aktiviert oder reprimiert), Z° das Initiationsmuster (Zustand der Polymerase im Initiationsprozeß an der Promotorregion), Z' das Elongationsmuster (Belegung der Transkriptionseinheit mit transkribierenden Polymerasen), Z^+ das Terminationsmuster (an End- und Zwischenterminatoren abgelöste Polymerasen) und Z^* das Proteinpoolmuster (Art und Zahl derjenigen Proteinmoleküle, die von der betreffenden Transkriptionseinheit kodiert werden).
Die die Zustandsüberführung realisierenden Funktionen δ, δ°, δ', δ^+, δ^* der Komponentenautomaten und damit δ_P des Automaten $\mathfrak{a}_P$ lassen sich auf Grund der gegebenen Problemstellung mathematisch-analytisch kaum angeben. Zudem würde eine analytische Darstellung eine nicht gerechtfertigte Idealisierung bedeuten, weshalb diese Funktionen durch einen Algorithmus $A_P =_{DF} \{A, A^\circ, A', A^+, A^*\}$ realisiert werden. Die Gesamtheit der Relationen zwischen den Elementen des Transkriptionssystems ist im Algorithmus A_P abgebildet, wobei dieser allgemein durch eine Menge von Operationen gekenn-

zeichnet ist und die Folge der Operationen jeweils vom Ergebnis der vorangegangenen Operation abhängt. Da Zufallsprozesse (z. B. Anlagerungs- und Terminationsereignisse) Abbildung finden, ist der Algorithmus A_P und somit der Automat $\mathfrak{a}_P$ indeterminiert. Das mathematisch-kybernetische Modell ergibt sich als konkrete Realisierung des indeterminierten Automaten $\mathfrak{a}_P$ und ist seiner Art nach ein (algorithmisches) Simulationsmodell auf der theoretischen Basis des definierten Automaten.
Im Finalschritt des Modellierungsprozesses wurde das Simulationsmodell mit Hilfe der algorithmischen Sprache FORTRAN in ein problemorientiertes Maschinenprogramm überführt, dessen Realisierung auf der Rechenanlage BESM-6 erfolgte.
Dieses Programm wurde modular aufgebaut, um durch entsprechende Erweiterung auch gekoppelte Transkriptionssysteme modellieren zu können. Das daraus resultierende Programmiersystem „SIMTRA" [A-11] befindet sich in der Systembibliothek des Zentrums für Rechentechnik, Berlin-Adlershof, und steht Nutzern zur Verfügung. Das Programmsystem „SIMTRA" stellt adäquat den molekulargenetischen Prozessen Sprachelemente bereit, so daß jeder Nutzer ohne jegliche Kenntnisse auf dem Gebiet der Programmierung sein Modell selbst aufstellen kann. Literatur siehe [A-11, A-13, A-14].

EUTRANSCRIPT, ein algorithmisches Simulationsmodell zur Analyse der Konformation des Kernchromatins und des Transkriptionsprozesses

von K. Bellmann[1]), R. Lindigkeit[2]) und R. Schulz[3])

Das Modell ist in Form eines numerischen Algorithmus realisiert und enthält im wesentlichen algebraische Funktionen, die die Zeitabhängigkeit von dRNA-Molekülkonzentrationen in spezifischen RNA-Pools unter bestimmten Randbedingungen des Chromatinaufbaus beschreiben [A-3]. Dieses spezifische Modell ist für den unmittelbaren Einsatz bei der experimentellen Analyse der Chromatinstruktur und des daran ablaufenden RNA-Syntheseprozesses durch das B-Enzym aufgebaut und enthält Parameter, die Strukturen beschreiben, welche aufgrund von in-vitro-Transkriptionsexperimenten an isolierten Zellkernen der Rattenleberzelle hypothetisch zu vermuten sind. Es wurde gefunden, daß bei der Neusynthese RNA-Ketten deutlich verschiedener Kettenlängen l_i auftreten, die nicht durch Spaltung original längerer Ketten entstanden sein können (chase-Experimente). Die Häufigkeit des Auftretens der verschiedenen Kettenlängen ist durch 0,3 bis 0,1 M Ammonium-Sulfat-Zugabe veränderbar und kann mit dem Effekt der Ablösung von F 1-Histon in Zusammenhang gebracht werden [A-12].
EUTRANSKRIPT 1 ist die deterministische Variante des Simulationsalgorithmus, der 2 Parametertypen enthält:

1) internale Systemzustandsparameter x, die die für die Fragestellung wesentlichen Struktur- und Funktionselemente des Transkriptionsapparates beschreiben und

[1]) Zentralinstitut für Kybernetik und Informationsprozesse der AdW der DDR, DDR - 1199 Berlin, Rudower Chaussee 5.
[2]) Zentralinstitut für Molekularbiologie der AdW der DDR, DDR-1115 Berlin, Lindenberger Weg 42.
[3]) Zentralinstitut für Mathematik und Mechanik der AdW der DDR, DDR-108 Berlin, Mohrenstraße 39.

2) externale output-Parameter y, die das Resultat des mittels der Polymerase (B-Enzym) an den Struktur- und Funktionselementen ablaufenden Transkriptionsprozesses beschreiben.

Es wird ein Modelltemplat T angenommen, auf dem in bestimmten Abständen Transkriptionsblocker B_j lokalisiert sind, welche sich ablösen lassen. Es ist

$$\boldsymbol{x} = (x_1, \boldsymbol{x}_2, \boldsymbol{x}_3{}^H, \boldsymbol{x}_4{}^H, x_5, x_6{}^H)$$

$$\boldsymbol{y}^M = (\boldsymbol{y}_1{}^M, y_2{}^M) \ (\boldsymbol{y}^R = (\boldsymbol{y}_1{}^R, y_2{}^R)$$

Über die mit H bezeichneten Parameter müssen Hypothesen $\boldsymbol{x}_y{}^H$ gemacht werden; sie betreffen die zu untersuchenden inneren Strukturen und Prozesse. Für die nicht mit H bezeichneten Parameter liegen Schätzungen $\hat{\boldsymbol{x}}$ aus Experimenten vor. Es sind

$x_1 = b$: Zahl der Blocker B_j auf dem Templat T
$\boldsymbol{x}_2 = \boldsymbol{A}(\boldsymbol{B}_j)$: Vektor der Positionen der B_j auf T
$\boldsymbol{x}_3{}^H = \boldsymbol{P}_B$: Matrix von Zeitfunktionen $P_{B_j}(t_\tau)$, die die Wahrscheinlichkeit für das Abgelöstsein eines Blockers B_j auf T zur Zeit t_τ angeben.
$\boldsymbol{x}_4{}^H = \boldsymbol{C}(t_0)$: Vektor von Wahrscheinlichkeiten $C_j(t_0)$ dafür, daß zur Zeit t_0 (Anfang) eine synthesebreite Polymerase von B_j lokalisiert ist $\left(\sum_j c_j(t_0) = 1\right)$.
$x_5 = v$: Polymerase-Synthesegeschwindigkeit (S-Einheiten je sec.)
$\boldsymbol{x}_6{}^H = P_L$: $(P_L(t_0), \ldots, P_2(t_\tau), \ldots, P_2(t^*))$:
Vektor von Wahrscheinlichkeiten $PL(t_\tau)$, der angibt, mit welcher Wahrscheinlichkeit zur Zeit t_τ eine Polymerase letal (d. h. syntheseunfähig) ist.

$\boldsymbol{y}_1{}^R = \boldsymbol{p}^R(l) = (p^R(l_1), p^R(l_2), \ldots, p^R(l_i), \ldots p^R(l_k)$ und
$\boldsymbol{y}_1{}^M = \boldsymbol{p}^M(l) = \left(p^M(l_1), p^M(l_2), \ldots, p^M(l_i), \ldots p^M(l_k)\right)$
die relativen Häufigkeiten der Kettenlängen, echt gemessen im Realsystem bzw. erhalten im Modell, sowie

$\boldsymbol{y}_2{}^R \triangleq \boldsymbol{Y}^R = \left(Y^R(t_1), \ldots, Y^R(t_\tau), \ldots, Y^R(t^*)\right)$ und
$\boldsymbol{y}_2{}^M = \boldsymbol{Y}^M = \left(Y^M(t_1), \ldots, Y^M(t), \ldots, Y^M(t)\right)$
die bis zur Zeit t_τ de-novo Gesamt-RNA-Synthese.

Mit EUTRANSKRIPT können Hypothesen über die $\boldsymbol{x}^H$ mittels Vergleich von $(\boldsymbol{y}_1{}^R, \boldsymbol{y}_2{}^R)$ und $(\boldsymbol{y}_1{}^M, \boldsymbol{y}_2{}^M)$ geprüft werden; durch Ausschluß von Varianten von internalen Parameterwerten $\boldsymbol{x}^H$ erhält man in engem Kontakt mit dem echten Experiment Vorstellungen über Struktur und Funktion des Templates. Abb. A-4 und A-5 zeigen ein echtes und ein Simulationsexperiment.
Bei der stochastischen Variante EUTRANSKRIPT 2 ist die sehr diskrete Verteilung der Kettenlängen stochastisch gestört und kommt damit dem Experiment sehr nahe (Berücksichtigung des experimentellen Fehlers bei der Kettenlängenbestimmung).
Das heuristische Vorgehen beim Entwurf und der Anpassung von Modellen komplexer biologischer Systeme wurde ausführlich von Bellmann beschrieben [A-2].
Das Modell ist auf dem Automaten BESM 6 realisiert. Literatur siehe [A-1, A-3, A-4, A-12].

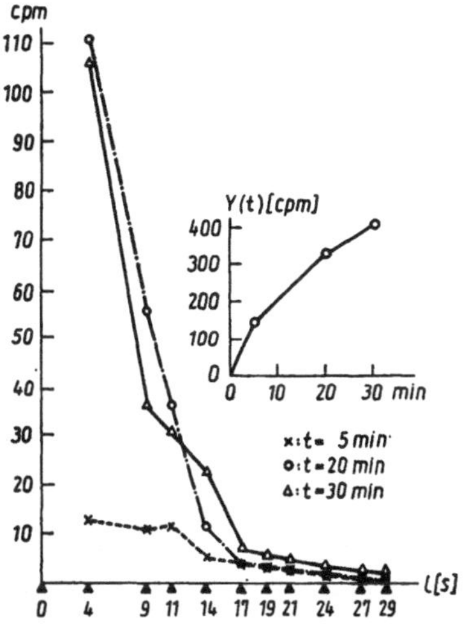

Abb. A-4. Verteilung (in cpm) von RNA-Kettenlängen in einem echten Experiment (aus [A-12]) und Totalmenge an de novo synthetisierter RNA nach 30 min in vitro.

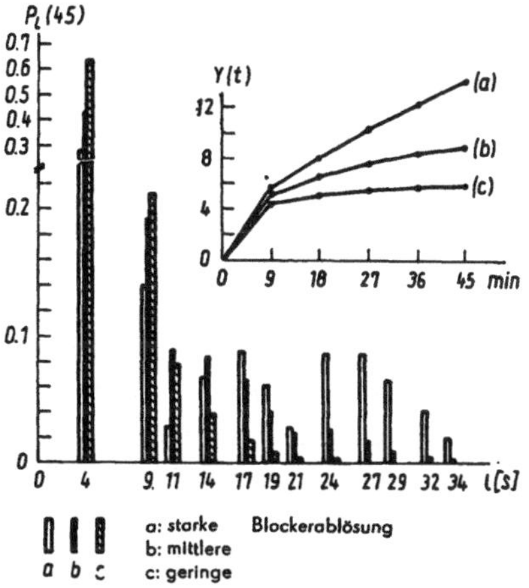

Abb. A-5. Verteilungen p(l) von RNA Kettenlängen in einem Simulationsexperiment (aus [A-3]) und Totalmenge an de novo synthetisierter RNA nach 45 min Echtzeit (20″ Computerzeit) unter Zugrundelegung eines ausgewählten Parametersatzes x unter Variieren von x_3^H (Blocker-Ablöse-Funktion).

VIRIO, ein algorithmisches Simulationsmodell der RNA-Bakteriophagen-Vermehrung

von A. Knijnenburg[1]) und U. Kreischer[2])

Das algorithmische Simulationsmodell ist ein Grundmodell der Entwicklung eines RNA-Bakteriophagen-Systems in der Wirtszelle während des Vermehrungsprozesses. Die methodologische Aufgabenstellung war die Entwicklung eines Trainingsmodells für die algorithmische Simulation von Syntheseprozessen von Nukleinsäuren, Proteinen und Nukleoproteiden auf der Ebene einzelner Moleküle und Molekülkomplexe. Die biologisch-kybernetische Fragestellung lautet: Welche Regelmechanismen impliziert der Wachstumsprozeß eines sich selbst organisierenden informationsverarbeitenden Biosystems, und in welcher Weise sind diese aus der Struktur des systemspezifischen genetischen Informationsspeichers ableitbar? Im Rahmen dieser theoretischen Fragestellung sind mit Hilfe von Simulationsexperimenten Hypothesen über das Realobjekt, über Beziehungen zwischen Virus und Wirtszelle und Probleme der Wirkung äußerer Störfaktoren auf die Phagenvermehrung zu prüfen. Es liegen erste Ergebnisse vor, und es wird gegezeigt, wie die Nutzung des Modells für konkrete Probleme zu verstehen ist. Für die Wahl der RNA-Bakteriophagen als Modellierungsobjekt waren folgende Vorteile dieser

[1]) Zentralinstitut für Kybernetik und Informationsprozesse der AdW der DDR, DDR-1199 Berlin, Rudower Chaussee 5.

[2]) Zentrum für Rechentechnik der AdW der DDR, DDR-1199 Berlin, Rudower Chaussee 5.

Gruppe ausschlaggebend: Während des Infektionsprozesses bilden die Phagen in der Zelle ein natürlich abgegrenztes System, das nur einige wesentliche molekularbiologische Grundprozesse enthält, welche unterhalb der metabolischen Ebene liegen, so daß Auswirkungen von Einzelprozessen auf das Gesamtverhalten direkt meßbar sind. Das System ist genügend klein und überschaubar, um auf einer elektronischen Datenverarbeitungsanlage auf molekularer Ebene simuliert werden zu können, und es liegen in ausreichendem Maße experimentelle Daten vor. RNA-Bakteriophagen bilden eine biologische Verallgemeinerungseinheit. Als erster Schritt der Modellierung wird ein Prototyp gebildet, der auf der Basis der gemeinsamen Merkmale und unter Abstraktion von allen unwesentlichen Eigenschaften definiert wird. Das methodologische Vorgehen stützt sich auf einen definierten allgemeinen Systembegriff sowie auf einige grundsätzliche Annahmen über den Prototyp. Durch diese Annahmen wird vom Wirtszellsystem so abstrahiert, daß alle für die Phagen-Vermehrung nötigen zelleigenen Faktoren in unbegrenztem Maße vorhanden sind und somit das Wesen der Entwicklung des Phagensystems allein durch dessen systeminhärente Gesetzmäßigkeiten bestimmt wird. Dadurch wird eine vollständige Trennung der zelleigenen und der phagenspezifischen Mechanismen möglich. Für die Abbildung des definierten Prototyp-Systems mit Hilfe eines mathematischen Apparates ist eine Reihe einschränkender Bedingungen notwendig.
Das System des RNA-Bakteriophagen-Prototyps ist durch einen autonomen initialen stochastischen Automaten ohne Ausgabe beschreibbar:

$$\mathfrak{a} = [\{z_T | \, z_T = A^T \circ z_0, \; T = 0, 1, \ldots, T_{\max}\}, A, z_0].$$

Der Systemzustand z_T ist ein Vektor der Anzahlen der einzelnen Systemelemente des definierten Prototyps in der Wirtszelle. Die Gesamtheit der Beziehungen zwischen den Systemelementen ist im Algorithmus A abgebildet. A ist ein stochastischer Algorithmus, da die während der Systementwicklung vorkommenden Zufallsprozesse abgebildet werden. Aus der Art der Zustandsdefinition und der in A enthaltenen Stochastik ergibt sich eine nicht aufzählbare Anzahl möglicher Zustände des Automaten. Deshalb muß sein Verhalten anhand von Beispielentwicklungen simuliert werden, indem — ausgehend von einem genau definierten Anfangszustand z_0 — für jeden Zustand z_T genau ein z'_{T+1} aus der Menge der wahrscheinlichen Folgezustände bis zu einem Zeitpunkt $T_{\max}$ auf einer EDVA realisiert wird. Die Definition des Systemzustandes und des stochastischen Algorithmus werden aus den konkreten molekularen Strukturen abgeleitet.
Das Modellverhalten wurde entsprechend einer vorgegebenen Strategie an das definierte Verhalten des RNA-Bakteriophagen-Prototyps in einer Serie von 11 Experimenten angepaßt. Der erhaltene Parametersatz spiegelt wesentliche Strukturmerkmale des Phagen-Prototyps wider, da das Simulationsmodell in der Lage ist, bezüglich der *qualitativen* Merkmale des Prototypverhaltens Reaktionsäquivalenz zu zeigen. Die erzielten Ergebnisse widersprechen nicht der These, daß Phagen während des Vermehrungsprozesses *in* der Wirtszelle ein *eigenständiges System* bilden, das zwar morphologisch nicht abgegrenzt, aber funktionell in sich geschlossen und informationell unabhängig ist. Der Virusinfektionsprozeß kann — wenigstens für RNA-Bakteriophagen — nicht nur auf einen pathologischen Sonderfall der infizierten Zelle reduziert werden. Für alle variierten Parameter wurde die Wirkungsrichtung erkannt, quantitative Aussagen sind jedoch noch nicht möglich. Unabhängig von der Parameterkonstellation zeigt das Konzentrationsverhältnis Hüllenprotein/ribosomal gebundene RNA zu einem bestimmten Zeitpunkt charakteristisches Verhalten. Bei biologisch relevanten Parametern beginnt zu diesem Zeitpunkt die Repression der Polymeraseproduktion, und das Systemwachstum

geht von der exponentiellen in die lineare Wachstumsphase über, in welcher das Systemverhalten dauerhaft stabil bleibt. Auf der Grundlage der Definition von Teilsystemen wird anhand der zeitlichen Veränderung von cistronspezifischen Ribosomenpopulationen gezeigt, daß Entwicklungsetappen im Globalverhalten aus dem Zustand der Ablesbarkeit von Einheiten des genetischen Speichers des Phagen-Systems ableitbar sind; und es wird auf mögliche Äquivalenzen bezüglich der Grundmechanismen bei zellulären Differenzierungsprozessen hingewiesen (Abb. A-6).
Die Simulationsexperimente wurden auf der sowjetischen Großrechenanlage BESM 6 des Zentrums für Rechentechnik der AdW der DDR realisiert. Das Programmsystem VIRIO enthält mehrere Subroutinen, die jeweils einzelne molekulare Prozesse abbilden. Literatur siehe [A-4, A-8, A-9, A-10].

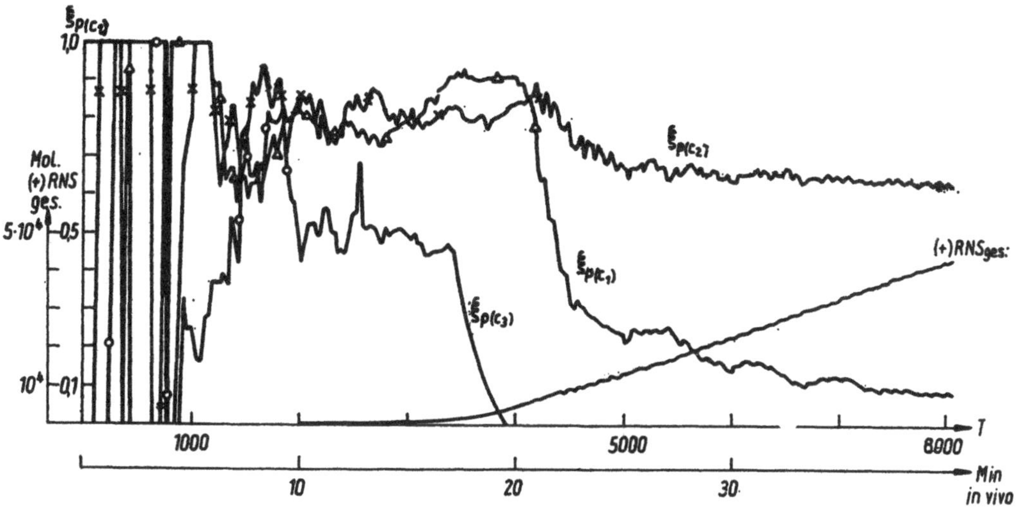

Abb. A-6. Vergleich der Translatierbarkeit der Cistronpopulationen. Für den genetischen Speicher des Systems insgesamt, d. h., für die Summe aller translatierfähigen RNA (RNA-(+)Stränge jeder Form, d. h. keine (±)- und (−)Stränge), muß eine Definition des Zustandes der Translatierbarkeit relevante Beziehungen zur Definition des Proteinpools als des wechselwirkenden Teilsystems aufweisen, wenn versucht werden soll, diese Wechselwirkungen in ihrem Wesen zu erfassen. Dann erscheint es sinnvoll, die Translatierbarkeit jeweils für die Summen von Cistrons gleicher Qualität über die einzelnen (+)RNA-Stränge hinweg zu definieren. Aus dem diskreten binären Maß der Translatierbarkeit eines Cistrons eines einzelnen (+)RNA-Stranges wird somit ein stetiges Maß zwischen 0 und 1, das den Anteil translatierbarer Cistrons aus der Menge aller Cistrons der zugehörigen Qualität angibt. Eine solche Menge wird als Cistronpopulation bezeichnet, entsprechend sind die cistronspezifischen Ribosomen in ihrer Gesamtheit eine cistronspezifische Ribosomenpopulation. Das Maß der Translatierbarkeit einer Cistronpopulation ergibt sich nach folgender Gleichung:

$$\xi_{c_i} = \frac{C_{\mathrm{RIB}_{c_i}}}{C_{(+)\mathrm{RNAges.}} \cdot L_{c_i} \cdot p_{c_i}}$$

c_i — Cistron i, $i = 1$ = Reifungsprotein, $i = 2$: Hüllenprotein, $i = 3$: Polymerase
ξ_{c_i} — Translatierbarkeit der Cistronpopulation,
$C_{\mathrm{RIB}_{c_i}}$ — Zellkonzentration der c_i-spezifischen Ribosomenpopulation,

$C_{(+)RNAges.}$ — Zellkonzentration an (+)RNA gesamt,
L_{c_i} — Länge des Cistrons c_i, gemessen in Einheiten,
p_{c_i} — Wahrscheinlichkeit der Initiation von Ribosomen am Cistron c_i, (p_{c_i} ist nicht identisch mit der durch den spezifischen Ribosomenbindungsort codierten Ribosomenbindungswahrscheinlichkeit für c_i).

Literatur zum Anhang (A)

[1] BELLMANN, K.: Formalisierungen des Prozesses der molekulargenetischen Informationsverarbeitung als Zugang zur abstrakten Beschreibung von Differenzierungsvorgängen und der Selbstorganisation. In: Widerspiegelung und Information: Prozesse der Informationsspeicherung und Verarbeitung. IV. Kühlungsborner Kolloquium zu philosophischen und ethischen Problemen der Biowissenschaften 1974. Akademie-Verlag, Berlin 1976 (im Druck).

[2] BELLMANN, K.: Simulationsmodelle komplexer biologischer Systeme, Vortrag 1975. In: Modellierung in Naturwissenschaft und Technik (Hrsg.: SYDOW, KLIX, SCHMELOWSKI, ZWICK). Akademie-Verlag, Berlin, 1976, 197–208.

[3] BELLMANN, K., R. LINDIGKEIT, R. SCHULZ: A computer simulation model for analysis of conformation of nuclear chromatin and of the transcription process. Biosystems 7 (1975), 196–205.

[4] BELLMANN, K., R. BÖTTNER, A. KNIJNENBURG, H. NEUMANN: Computer simulation models of gene expression. Proc. of the 27. FEBS Adv. Course about Models of Metabolic Regulation. Dobogokö 1974. Symp. Biol. Hung. 18, 227–256.

[5] BÖTTNER, R.: Mathematisch-kybernetische Modellierung der Regulation der Genexpression. Vortrag auf der Tagung der Akademie der Landwirtschaftswissenschaften der DDR „Anwendung mathematischer Methoden und der EDV in der Agrarforschung“ 1974. Tag.-Ber. Nr. 138, Akad. Landwirtsch.-Wiss. DDR, Berlin 1976, S. 153–174.

[6] BÖTTNER, R.: Mathematisch-kybernetische Modellierung der Regulation der Genexpression. Dissertation, Humboldt-Universität, Berlin 1975.

[7] BÖTTNER, R.: An universal simulation model for dynamic analysis of molecular genetic control systems. Biochem. Zeitschr. 19, 2 (1977), 131–142.

[8] KNIJNENBURG, A.: Algorithmisches Simulationsmodell der RNS-Bakteriophagen-Entwicklung. Dissertation, Berlin 1975.

[9] KNIJNENBURG, A., and U. KREISCHER: A new aspect of the RNA-bacteriophage's translation control mechanism. Bio-Systems 7 (1975), 245–249.

[10] KREISCHER, U., und A. KNIJNENBURG: Zur Methodologie der Simulation eines molekulargenetischen Systems. Biom. Zeitschr. 18, 1 (1976), 69–84.

[11] KREISCHER, U., und H. NEUMANN: Anwenderhandbuch zum Programmiersystem SIMTRA. Zentrum für Rechentechnik, AdW der DDR (1976).

[12] LINDIGKEIT, R., K. BELLMANN, H. FENSKE, M. BÖTTGER, M. HOLTZHAUER and I. EICHHORN: Effect of removal of F 1 histone on the conformation of nuclear chromatin and on the transcription process. FEBS Letters 44, 141–145 (1974).

[13] NEUMANN, H.: Ein mathematisch-kybernetisches Modell procaryontischer Transkriptionssysteme. Dissertation, 1976.

[14] NEUMANN, H., und U. KREISCHER: Algorithmisches Simulationsmodell zur Beschreibung einer procaryontischen Transkriptionseinheit. Biom. Zeitschr. 17 (1976) 373.

Sachregister

Tabelle 19

Mutationsabstände zwischen den Globinketten, umgerechnet au

	1	2	3	4	5	6	7	8	9	10	22	23	25	24	21	26	27	28	29	30	31	32	33	11	12	13	14	15	16	17	18
1	0																														
2	2	0																													
3	160	159	0																												
4	164	163	21	0																											
5	145	145	149	152	0																										
6	154	154	150	146	130	0																									
7	142	143	155	159	130	101	0																								
8	145	145	153	153	123	94	54	0																							
9	143	143	154	154	127	96	53	9	0																						
10	145	145	148	151	125	93	60	37	37	0																					
22	137	137	153	154	120	94	51	31	33	35	0																				
23	138	138	153	155	120	95	52	32	34	36	1	0																			
25	138	138	154	155	120	93	52	32	34	36	1	2	0																		
24	139	139	154	156	120	94	53	33	35	37	2	1	1	0																	
21	138	138	154	155	119	92	53	33	35	36	2	3	1	2	0																
26	138	138	146	148	119	88	56	28	29	31	21	20	21	20	22																
27	130	130	140	139	107	75	48	28	28	28	21	22	22	23	23	24	0														
28	141	142	143	146	120	92	50	29	31	29	23	23	24	24	25	18	26	0													
29	138	139	140	144	116	89	55	30	30	25	24	23	25	24	24	22	27	11	0												
30	138	139	141	145	116	89	53	31	33	25	21	20	22	21	21	20	27	10	5	0											
31	137	138	143	146	116	88	52	30	32	25	20	19	21	20	20	19	26	10	4	1	0										
32	138	139	145	150	118	95	56	34	36	29	25	25	26	26	26	20	30	14	8	35	5	0									
33	139	140	145	149	118	95	56	34	36	28	24	24	25	25	25	19	29	13	7	4	4	1	0								
11	143	144	149	150	119	91	54	34	32	28	28	29	29	30	30	29	26	24	27	27	26	31	30	0							
12	143	144	148	149	118	88	51	31	29	26	27	28	28	29	29	26	23	21	24	24	23	28	27	3	0						
13	148	148	154	156	120	96	57	34	33	33	37	38	38	39	39	32	32	34	34	36	35	38	38	30	27	0					
14	143	143	152	154	120	90	54	30	29	31	29	30	30	31	30	24	30	28	27	27	26	28	29	28	25	18	0				
15	144	144	153	156	118	93	49	32	31	30	27	28	28	29	29	25	26	25	24	24	23	27	27	25	22	25	19	0			
16	141	142	152	154	116	95	46	29	30	29	19	20	20	21	21	21	26.	19	23	21	20	25	24	21	20	24	20	14	0		
17	141	142	152	154	116	95	46	29	30	29	19	20	20	21	21	21	26	19	23	21	20	25	24	21	20	24	20	14	0	0	
18	137	138	146	148	109	89	45	28	29	31	21	22	22	23	23	20	22	20	23	22	21	26	25	22	19	24	18	13	6	6	0
19	140	141	151	153	113	93	45	28	29	31	22	23	23	24	24	20	23	20	24	23	22	27	26	22	19	23	18	14	5	5	1
20	140	141	151	153	113	93	45	28	29	31	22	23	23	24	24	20	23	20	24	23	22	27	26	22	19	23	18	14	5	5	1
34	165	164	159	157	138	105	109	105	105	108	99	100	99	100	99	98	90	101	102	100	100	102	101	104.	101	106	105	106	106	106	100
35	166	165	160	155	144	114	114	113	113	116	119	109	109	109	109	105	102	106	107	105	105	109	108	114	111	114	113	115	112	112	108
36	166	165	160	155	144	114	114	113	113	116	109	109	109	109	109	105	102	106	107	105	105	109	108	114	111	114	113	115	112	112	108
37	164	163	161	157	144	110	113	114	115	119	106	107	105	106	105	27	98	109	109	106	105	107	107	115	113	115	111	115	112	112	107
38	166	165	162	158	141	111	116	111	112	115	104	105	103	104	103	99	97	103	104	102	101	102	101	110	108	114	110	109	110	110	106
55	154	152	155	155	141	104	110	102	104	100	95	96	94	95	94	91	89	97	96	94	93	94	95	97	95	101	99	99	99	99	98
56	152	152	146	143	135	107	107	103	104	101	95	96	94	95	94	90	89	94	94	92	91	93	92	100	98	106	101	102	99	99	98
57	149	149	155	153	142	107	107	102	102	98	95	95	94	94	94	90	88	92	92	90	89	90	89	96	93	103	99	97	98	98	98
58	157	156	157	156	144	101	110	106	107	111	103	104	102	103	102	99	90	102	103	103	102	105	105	107	105	108	104	104	105	105	103
59	138	139	141	142	135	89	95	94	95	97	86	87	85	86	85	86	78	89	91	89	88	89	89	93	91	96	92	92	89	89	89
60	165	164	160	156	143	107	115	107	107	107	100	101	99	100	99	92	94	100	100	98	97	97	96	103	100	105	101	100	101	101	98
61	168	167	161	158	142	107	114	107	107	108	98	99	97	98	97	92	95	100	100	98	97	97	96	104	101	105	102	101	102	102	99
62	151	151	152	151	132	98	100	97	98	97	93	94	92	93	92	88	84	94	96	94	93	92	91	96	93	96	94	93	95	95	93
64	157	156	158	157	137	101	103	98	100	98	92	93	91	92	91	87	83	92	93	91	90	89	88	96	93	96	95	94	95	95	92
63	154	154	157	156	132	98	98	95	97	94	89	90	88	89	88	85	81	89	91	89	88	86	85	93	90	93	92	91	92	92	90
65	158	158	157	155	142	107	107	103	100	101	96	97	95	96	95	88	91	94	93	93	92	92	91	98	95	100	96	95	99	99	96
66	157	157	156	154	134	103	105	100	99	97	94	95	93	94	93	87	86	90	89	91	90	89	88	94	91	96	93	92	95	95	92
67	158	158	153	151	135	102	104	101	98	98	95	96	94	95	94	88	87	91	90	92	91	90	89	95	92	97	93	92	96	96	93
68	146	146	142	141	134	92	96	93	90	88	85	86	84	85	84	81	79	84	83	85	84	84	83	88	85	90	86	85	88	88	85
40	149	146	150	148	133	100	103	99	100	101	94	95	94	95	94	87	87	94	93	90	89	91	90	98	95	102	99	97	98	98	94
41	149	148	150	148	133	100	103	99	100	101	94	95	94	95	94	87	87	94	93	90	89	91	90	98	95	102	99	97	98	98	94
39	153	152	149	147	132	99	102	97	98	100	93	94	93	94	93	88	86	93	92	89	88	90	89	97	94	101	98	96	97	97	93
42	160	159	163	161	143	109	110	104	105	109	101	102	100	101	100	97	95	101	97	95	94	97	96	105	103	110	104	102	102	102	100
45	159	158	162	160	147	108	111	108	109	109	101	102	100	101	100	99	96	103	101	99	98	100	99	104	101	109	106	104	104	104	100
44	156	155	162	160	143	109	106	104	105	105	97	98	96	97	96	96	93	99	98	96	95	96	95	100	97	105	102	100	100	100	97
43	157	156	161	159	145	108	112	107	108	109	100	101	99	100	99	97	94	102	101	99	98	100	99	105	102	109	105	104	104	104	99
46	161	160	161	159	143	108	110	109	110	106	99	100	98	99	98	98	97	102	100	98	97	99	98	104	101	107	105	103	104	104	100
47	161	160	162	160	144	108	110	109	110	106	99	100	98	99	98	98	97	102	100	98	97	99	98	103	100	107	105	103	104	104	100
48	159	158	161	158	145	106	112	108	109	106	100	101	99	100	99	96	95	101	100	98	97	99	98	103	100	108	104	103	104	104	99
50	160	159	161	158	145	106	110	102	103	110	99	100	98	99	98	98	96	102	100	98	97	99	98	108	105	103	99	101	101	101	97
49	160	159	161	158	145	106	110	103	104	111	100	101	99	100	99	99	97	103	101	99	98	100	99	107	104	104	100	102	102	102	98
51	158	157	164	160	144	109	112	106	107	111	100	101	99	100	99	98	97	103	100	98	97	94	98	106	103	107	102	102	103	103	96
52	153	153	157	155	137	103	105	95	96	100	93	94	92	93	92	90	89	95	92	90	89	91	90	96	93	97	94	93	93	93	90
53	152	152	158	156	138	104	107	96	97	101	94	95	93	94	93	91	90	96	93	91	90	92	91	97	94	98	95	94	94	94	91
54	157	156	162	160	144	107	113	101	102	107	98	99	97	98	97	95	94	101	97	95	94	97	96	102	99	103	100	99	98	98	94

…400 Monomeren. Bezeichnungen siehe Abb. 98 [442].

0																																
2	0																															
[illegible]	34	0																														
[illegible]	44	41	0																													
[illegible]	43	39	26	0																												
[illegible]	49	44	29	25	0																											
[illegible]	45	47	34	28	34	0																										
[illegible]	43	43	38	31	37	12	0																									
[illegible]	52	45	30	26	25	26	28	0																								
[illegible]	51	45	31	26	29	27	27	4	0																							
[illegible]	49	48	38	30	28	29	24	22	24	0																						
[illegible]	48	48	35	32	24	34	28	23	25	9	0																					
[illegible]	46	45	34	31	25	32	26	23	25	8	1	0																				
[illegible]	50	45	36	25	32	31	27	14	16	21	22	21	0																			
[illegible]	50	45	37	30	32	30	28	17	19	19	18	16	7	0																		
[illegible]	51	45	39	30	33	30	27	14	16	18	19	17	7	4	0																	
[illegible]	48	39	38	30	34	31	28	15	17	19	20	18	8	5	1	0																
[illegible]	49	47	38	36	39	44	40	37	39	37	39	37	39	39	39	36	0															
[illegible]	49	47	38	36	39	44	40	37	39	37	39	37	39	39	39	36	0	0														
[illegible]	49	47	40	38	41	44	41	38	40	39	41	39	40	40	41	38	3	3	0													
[illegible]	42	39	30	27	25	37	36	30	32	33	37	34	31	32	32	30	32	32	33	0												
[illegible]	41	42	28	28	22	38	36	27	29	35	31	31	31	32	32	30	34	34	35	18	0											
[illegible]	39	39	28	30	25	40	37	30	32	36	33	32	32	34	34	32	35	35	36	16	5	0										
[illegible]	40	42	30	30	26	39	37	28	30	35	31	31	32	33	33	31	35	35	36	20	6	7	0									
[illegible]	41	44	33	32	27	38	37	28	28	32	30	28	33	33	33	32	33	33	34	21	11	13	13	0								
[illegible]	41	42	32	32	28	39	38	28	28	34	32	30	93	33	33	32	33	33	34	22	10	12	14	3	0							
[illegible]	40	41	30	30	26	38	37	25	27	34	30	30	31	32	32	31	32	32	33	22	8	11	10	5	4	0						
[illegible]	41	38	33	31	30	38	36	28	30	36	36	34	33	35	31	29	35	35	35	18	12	12	14	17	16	16	0					
[illegible]	40	37	32	30	29	37	36	27	29	35	35	33	32	33	30	28	34	34	34	17	11	11	13	16	15	15	1	0				
[illegible]	43	43	32	30	27	39	37	28	30	36	34	32	32	34	33	32	37	37	38	21	12	13	14	14	13	12	12	11	0			
[illegible]	41	38	31	29	26	37	36	23	25	34	33	33	32	34	32	30	31	31	33	16	9	10	11	16	14	13	9	8	12	0		
[illegible]	40	39	30	28	25	36	35	24	26	33	32	32	31	33	33	31	30	30	32	15	8	9	10	15	13	12	10	9	11	1	0	
[illegible]	42	40	30	28	25	37	35	25	27	34	33	33	32	33	33	31	31	31	32	16	8	9	10	15	13	12	10	9	11	1	0	0
	37	38	55	56	57	58	59	60	61	62	64	63	65	66	67	68	40	41	39	42	45	44	43	46	47	48	50	49	51	52	53	54

Bei Fragen zur Produktsicherheit wenden Sie sich bitte an:
If you have any questions regarding product safety,
please contact:

Walter de Gruyter GmbH
Genthiner Straße 13
10785 Berlin
productsafety@degruyterbrill.com